개념 루트

개념 완성의 올바른 길

확률과 통계

Structure / 구성과 특징

01 개념 이해

핵심 개념을 빠짐없이 익히자!

친절한 설명으로 개념별 **원리를 이해**하고,
문제로 개념을 확인하세요.

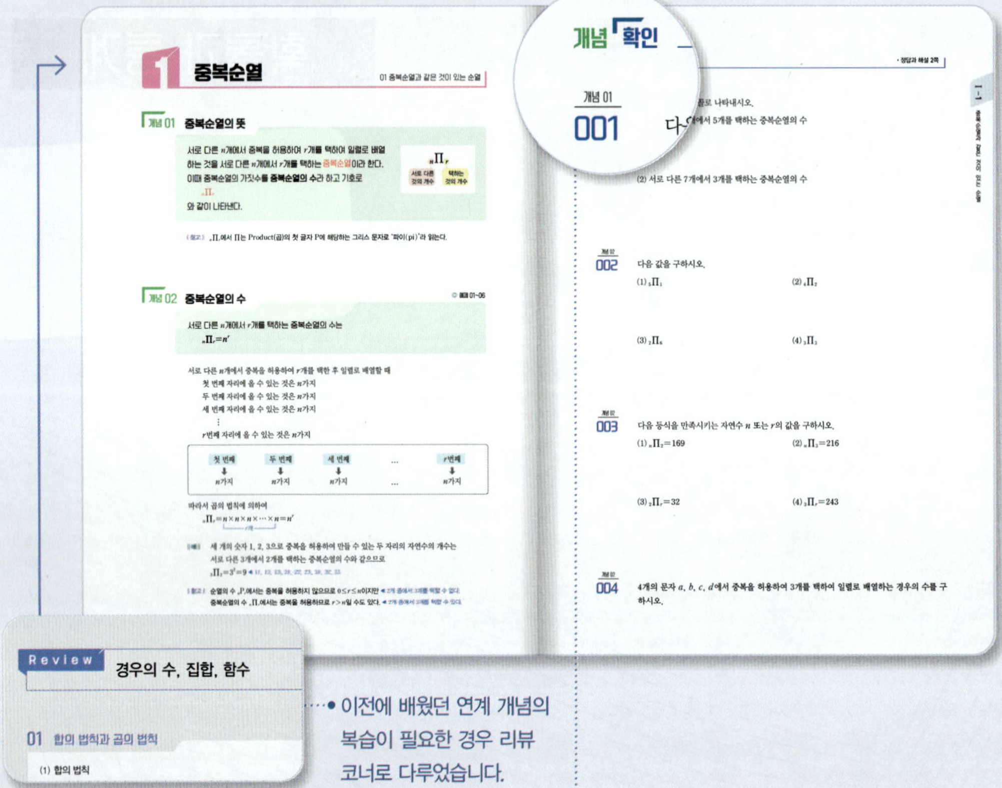

☑ 개념이 한눈에 잘 보이게 정리하였고,
친절한 설명을 실어주었으며, 서·논술형
시험에 대비하여 증명을 강화했습니다.

- 개념에 대한 | 증명 |, | 예 |, | 참고 |를 다루어 내용
을 이해하는 데 도움을 줍니다.

☑ 익힌 개념을 바로 확인할 수 있도록 기
초 문제를 제공하여 내용을 정확히 이해
했는지 확인할 수 있습니다.

- 문제마다 연계 개념의 번호를 제공하여 개념을
바로 찾아 확인할 수 있습니다.

······● 이전에 배웠던 연계 개념의
복습이 필요한 경우 리뷰
코너로 다루었습니다.

이 책을 검토해 주신 선생님

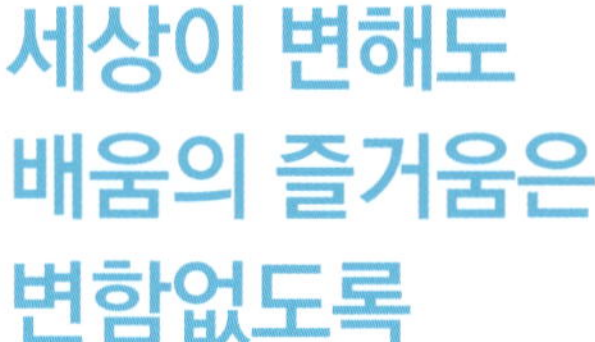

세상이 변해도
배움의 즐거움은
변함없도록

시대는 빠르게 변해도
배움의 즐거움은
변함없어야 하기에

어제의 비상은
남다른 교재부터
결이 다른 콘텐츠
전에 없던 교육 플랫폼까지

변함없는 혁신으로
교육 문화 환경의 새로운 전형을
실현해왔습니다.

비상은 오늘, 다시 한번
새로운 교육 문화 환경을 실현하기 위한
또 하나의 혁신을 시작합니다.

오늘의 내가 어제의 나를 초월하고
오늘의 교육이 어제의 교육을 초월하여
배움의 즐거움을 지속하는 혁신,

바로, 메타인지 기반 완전 학습을.

상상을 실현하는 교육 문화 기업 비상

메타인지 기반 완전 학습
초월을 뜻하는 meta와 생각을 뜻하는 인지가 결합한 메타인지는
자신이 알고 모르는 것을 스스로 구분하고 학습계획을 세우도록 하는
궁극의 학습 능력입니다. 비상의 메타인지 기반 완전 학습 시스템은
잠들어 있는 메타인지를 깨워 공부를 100% 내 것으로 만들도록 합니다.

꼭 익혀야 할 유형의 예제와 유제를 풀어 보자!

개념 키워드를 적용하여
수준별 중요 **예제**를 풀며 실력을 다지세요.

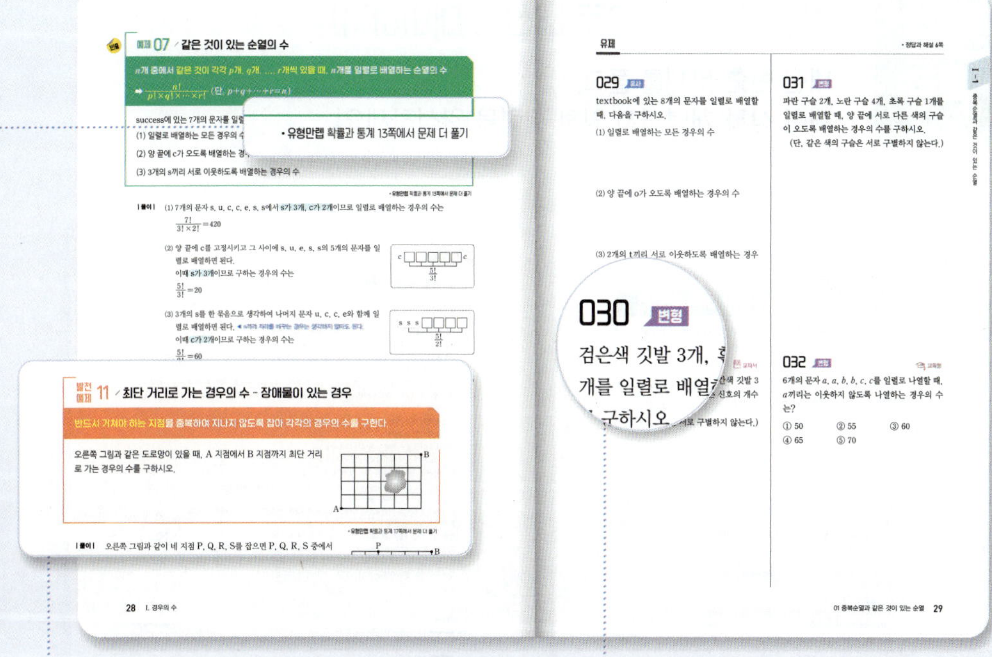

☑ 핵심 개념, 공식을 제공한 '**키워드 개념**'을
통해 예제를 쉽게 해결할 수 있습니다.

☑ 예제를 충분히 학습한 후 **발전 예제**를
풀어 수준별로 실력을 쌓을 수 있습니다.

● 예제별로 더 많은 유형 문제를 『유형만렙』 교재
에서 풀어볼 수 있게 『유형만렙』 쪽수를 제시합
니다.

● l **개념** l을 제시하여 배운 내용을 다시 짚어 보게
하고, l **다른 풀이** l **TIP** 을 제공하여 다양한 사
고를 하는 데 도움을 줍니다.

☑ 예제에 대한 쌍둥이 문제를 유사 에
서 풀어 확인하고, 조건을 바꾼 문제를
변형 에서 풀어 익힐 수 있습니다.

● 교과서에 실려 있는 문제의 유사 문제를 교과서
로 다루었습니다.

● 수능 및 모평·학평 기출 문제를 수능, 평가원,
교육청으로 다루었습니다.

03
개념 확장

빈틈없는 구성으로 내신도 대비하자!

내신 빈출 문제를 풀고,
내신 심화 개념까지 익혀 실력을 완성하세요!

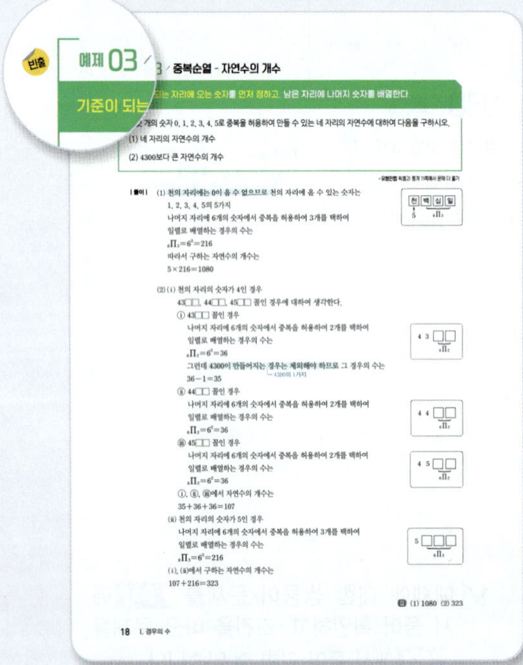

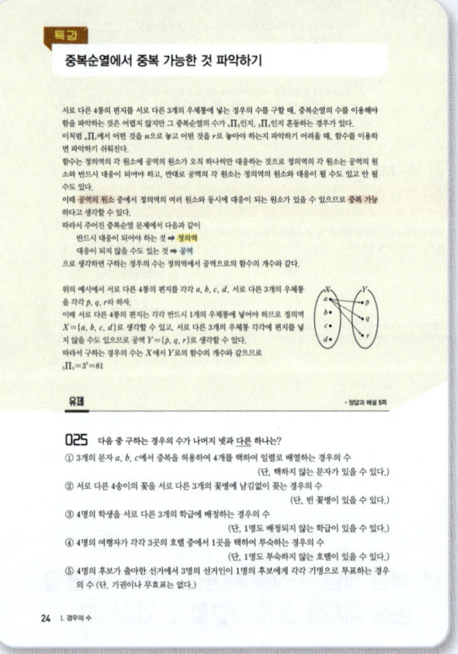

☑ 최근 3개년 전국 내신 기출 문제 분석을 통해 시험에 잘 나오는 문제를 '빈출'로 수록하여 최신 내신 기출 경향을 파악할 수 있습니다.

☑ 교육과정에서 다루지 않더라도 실전 개념 이해에 도움이 되거나 문제를 쉽게 해결할 수 있게 해주는 내용을 수록하였습니다. 또 관련 유제를 수록하여 빈틈없이 개념 학습을 마무리 할 수 있습니다.

수준별 3단계 문제로 단원을 마무리하자!

수준별 다양한 문제와 중요 **기출 문제**를 풀어
문제 해결력을 키우고, 내신 1등급에 도전하세요!

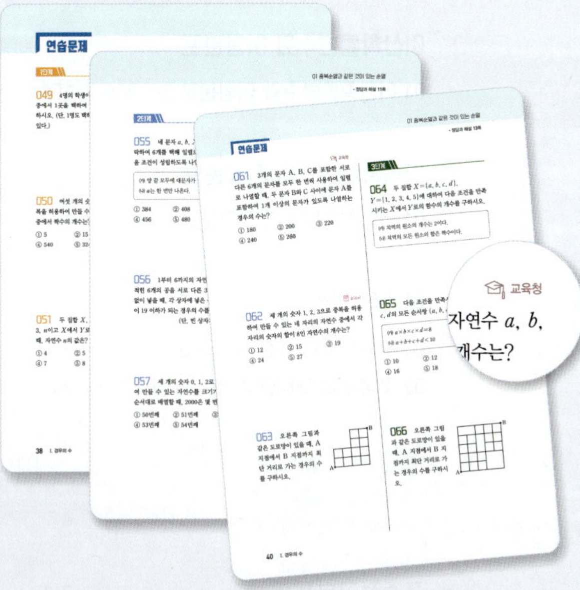

☑ 단원별 1단계, 2단계, 3단계의 수준별 문제,
중요 기출 문제, 서·논술형 문제를 풀어 1등
급으로 갈 수 있는 실력을 완성합니다.

● 📖 교과서 유사 문제, 🎓 교육청, 🎓 평가원, 🎓 수능
기출 문제의 동일 문제를 풀어 단원을 마무리합니다.

정답과 해설

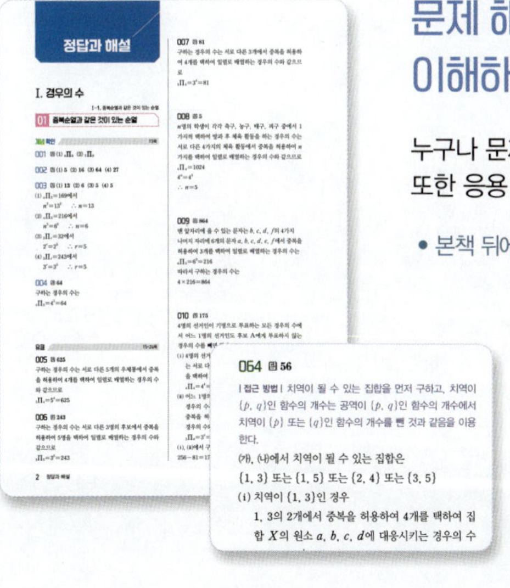

문제 해결을 돕는 접근 장치,
이해하기 쉬운 자세한 풀이 수록!

누구나 문제의 풀이를 쉽게 이해할 수 있도록 자세히 설명하였습니다.
또한 응용 문제에는 문제 해석에 도움이 되도록 | 접근 방법 |을 제시하였습니다.

● 본책 뒤에 제공되는 「빠른 정답」을 이용하여 답을 빠르게 확인할 수 있습니다.

Contents 차례

1

중복순열과
같은 것이 있는 순열

01 합의 법칙과 곱의 법칙

▶ 공통수학 1

(1) 합의 법칙

동시에 일어나지 않는 두 사건 A, B가 일어나는 경우의 수가 각각 m, n일 때,

사건 A 또는 사건 B가 일어나는 경우의 수는 ➡ $m+n$

(2) 곱의 법칙

사건 A가 일어나는 경우의 수가 m, 그 각각에 대하여 사건 B가 일어나는 경우의 수가 n일 때,

두 사건 A, B가 동시에 일어나는 경우의 수는 ➡ $m \times n$

02 순열

▶ 공통수학 1

(1) 서로 다른 n개에서 r개를 택하여 일렬로 배열하는 것을 n개에서 r개를 택하는 **순열**이라 한다.

➡ $_n\mathrm{P}_r = n(n-1)(n-2) \times \cdots \times (n-r+1)$ (단, $0 < r \leq n$)

(2) 1부터 n까지의 자연수를 차례대로 곱한 것을 n의 **계승**이라 한다.

➡ $n! = n(n-1)(n-2) \times \cdots \times 3 \times 2 \times 1$

|예| 남학생 2명, 여학생 4명이 있을 때, 다음을 구해 보자.

· 3명을 뽑아 일렬로 세우는 경우의 수 ➡ $_6\mathrm{P}_3 = 6 \times 5 \times 4 = 120$

· 남학생끼리 서로 이웃하도록 일렬로 세우는 경우의 수

➡ 남학생 2명을 한 묶음으로 생각하여 여학생 4명과 함께 일렬로 세우는 경우의 수는

$5! = 5 \times 4 \times 3 \times 2 \times 1 = 120$

남학생끼리 자리를 바꾸는 경우의 수는 $2! = 2 \times 1 = 2$

따라서 구하는 경우의 수는 $120 \times 2 = 240$

· 남학생끼리는 서로 이웃하지 않도록 일렬로 세우는 경우의 수

➡ 여학생 4명을 일렬로 세우는 경우의 수는 $4! = 4 \times 3 \times 2 \times 1 = 24$

여학생 사이사이와 양 끝의 5개의 자리 중에서 2개의 자리에 남학생 2명을 세우는 경우의 수는

$_5\mathrm{P}_2 = 5 \times 4 = 20$

따라서 구하는 경우의 수는 $24 \times 20 = 480$

· 적어도 한쪽 끝에 남학생이 오도록 일렬로 세우는 경우의 수

➡ 6명을 일렬로 세우는 경우의 수에서 양 끝에 여학생이 오도록 세우는 경우의 수를 빼면 된다.

(i) 6명을 일렬로 세우는 경우의 수는 $6! = 6 \times 5 \times 4 \times 3 \times 2 \times 1 = 720$

(ii) 양 끝에 여학생 4명 중에서 2명을 뽑아 세우는 경우의 수는 $_4\mathrm{P}_2 = 4 \times 3 = 12$

나머지 자리에 남은 4명을 일렬로 세우는 경우의 수는 $4! = 4 \times 3 \times 2 \times 1 = 24$

따라서 양 끝에 여학생이 오도록 세우는 경우의 수는 $12 \times 24 = 288$

(i), (ii)에서 구하는 경우의 수는 $720 - 288 = 432$

03 조합

(1) 서로 다른 n개에서 순서를 생각하지 않고 r개를 택하는 것을 n개에서 r개를 택하는 **조합**이라 한다.

$$\Rightarrow {}_n\mathrm{C}_r=\frac{{}_n\mathrm{P}_r}{r!}=\frac{n!}{r!\,(n-r)!}\ (단,\ 0<r\leq n)$$

(2) 조합의 수의 성질

① ${}_n\mathrm{C}_r={}_n\mathrm{C}_{n-r}$ (단, $0\leq r\leq n$) 　　② ${}_n\mathrm{C}_r={}_{n-1}\mathrm{C}_r+{}_{n-1}\mathrm{C}_{r-1}$ (단, $1\leq r<n$)

|예| 한국인 5명과 외국인 3명이 있을 때, 다음을 구해 보자.

- 3명을 뽑는 경우의 수 $\Rightarrow {}_8\mathrm{C}_3=\dfrac{8\times7\times6}{3\times2\times1}=56$

- 한국인 2명과 외국인 2명을 뽑는 경우의 수 $\Rightarrow {}_5\mathrm{C}_2\times{}_3\mathrm{C}_2={}_5\mathrm{C}_2\times{}_3\mathrm{C}_1=\dfrac{5\times4}{2\times1}\times3=30$

- 특정한 외국인 2명을 포함하여 3명을 뽑는 경우의 수

  $\Rightarrow$ 특정한 외국인 2명을 이미 뽑았다고 생각하고 나머지 6명 중에서 1명을 뽑으면 되므로 ${}_6\mathrm{C}_1=6$

- 특정한 한국인 3명을 포함하지 않고 4명을 뽑는 경우의 수

  $\Rightarrow$ 특정한 한국인 3명을 제외하고 나머지 5명 중에서 4명을 뽑으면 되므로 ${}_5\mathrm{C}_4={}_5\mathrm{C}_1=5$

- 한국인과 외국인을 각각 적어도 1명씩 포함하여 3명을 뽑는 경우의 수

  $\Rightarrow$ 8명 중에서 3명을 뽑는 경우의 수에서 3명을 모두 한국인만 뽑거나 모두 외국인만 뽑는 경우의 수를 빼면 된다.

  (i) 8명 중에서 3명을 뽑는 경우의 수는 ${}_8\mathrm{C}_3=\dfrac{8\times7\times6}{3\times2\times1}=56$

  (ii) 3명을 모두 한국인만 뽑거나 모두 외국인만 뽑는 경우의 수는

  $${}_5\mathrm{C}_3+{}_3\mathrm{C}_3={}_5\mathrm{C}_2+{}_3\mathrm{C}_3=\dfrac{5\times4}{2\times1}+1=11$$

  (i), (ii)에서 구하는 경우의 수는 $56-11=45$

04 집합

두 집합 A, B에 대하여

(1) A의 모든 원소가 B에 속할 때, A를 B의 **부분집합($A\subset B$)**이라 한다.

(2) A에 속하거나 B에 속하는 모든 원소로 이루어진 집합을 A와 B의 **합집합($A\cup B$)**이라 한다.
또 A에 속하고 B에도 속하는 모든 원소로 이루어진 집합을 A와 B의 **교집합($A\cap B$)**이라 한다.

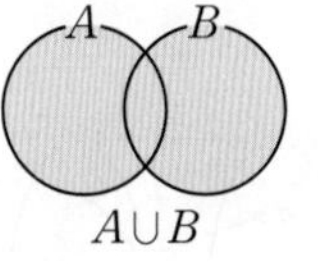

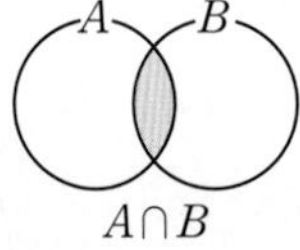

(3) 어떤 집합에 대하여 그 부분집합을 생각할 때, 처음에 주어진 집합을 **전체집합(U)**이라 한다.
A가 전체집합 U의 부분집합일 때, U의 원소 중에서 A에 속하지 않는 모든 원소로 이루어진 집합을 U에 대한 A의 **여집합(A^c)**이라 한다.

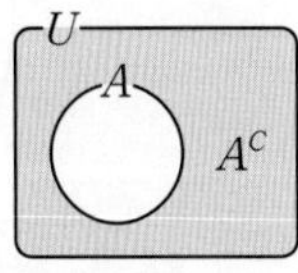

(4) A에는 속하지만 B에는 속하지 않는 모든 원소로 이루어진 집합을 A에 대한 B의 **차집합($A-B$)**이라 한다.
$\quad\rule{0.3em}{0.8em}\ A-B=A\cap B^c$

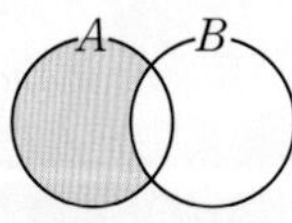

05 함수

(1) 함수

공집합이 아닌 두 집합 X, Y에 대하여 X의 각 원소에 Y의 원소가 오직 하나씩 대응할 때,
이 대응을 집합 X에서 집합 Y로의 **함수**라 하고, 기호로 $f : X \longrightarrow Y$와 같이 나타낸다.

(2) 정의역과 공역

함수 $f : X \longrightarrow Y$에서 집합 X를 **정의역**, 집합 Y를 **공역**이라 한다.

(3) 치역

함수 $f : X \longrightarrow Y$에서 정의역 X의 원소 x에 공역 Y의 원소 y가 대응할 때,
기호로 $\boldsymbol{y=f(x)}$와 같이 나타내고, $f(x)$를 x의 **함숫값**이라 한다.
이때 함숫값 전체의 집합 $\{f(x)\,|\,x\in X\}$를 함수 f의 **치역**이라 한다.

| 참고 | 치역은 공역의 부분집합이다.

| 예 | 오른쪽 그림에서 집합 X의 각 원소에 집합 Y의 원소가 오직 하나씩 대응
하므로 이 대응은 함수이다. 이 함수 $f : X \longrightarrow Y$에서
· 정의역: $\{a, b, c\}$
· 공역: $\{1, 2, 3\}$
· 치역: $\{1, 2\}$

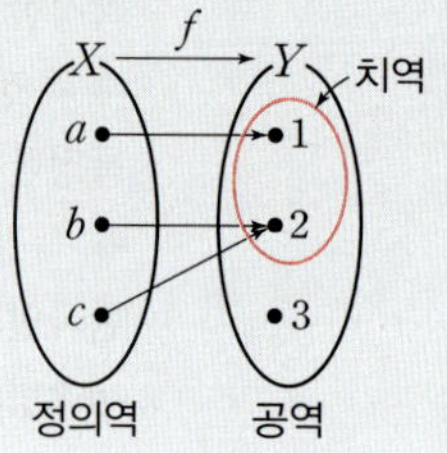

06 일대일함수와 일대일대응

(1) 일대일함수

함수 $f : X \longrightarrow Y$에서 정의역 X의 임의의 두 원소 x_1, x_2에 대하여
$$x_1 \neq x_2$$이면 $f(x_1) \neq f(x_2)$ ◀ 정의역의 서로 다른 원소에 공역의 서로 다른 원소가 대응하는 함수
일 때, 이 함수 f를 **일대일함수**라 한다.

(2) 일대일대응

함수 $f : X \longrightarrow Y$가 조건
　(ⅰ) 일대일함수이다.　　(ⅱ) 치역과 공역이 같다.
를 모두 만족시킬 때, 이 함수 f를 **일대일대응**이라 한다.

| 예 |　(1)

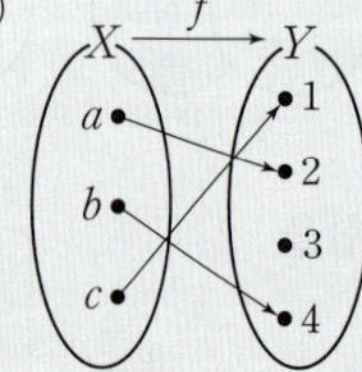

(2)

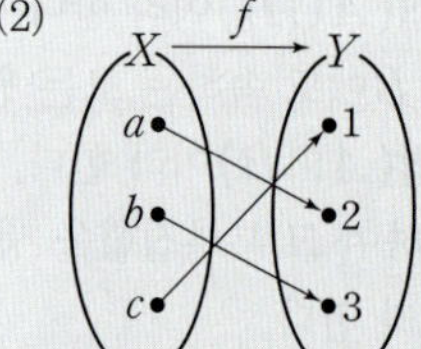

정의역의 서로 다른 두 원소에 대응하는
공역의 원소가 다르고 치역과 공역이 같지
않다.
➡ 일대일함수이지만
　 일대일대응은 아니다.

정의역의 서로 다른 두 원소에 대응하는
공역의 원소가 다르고 치역과 공역이 같다.
➡ 일대일대응이다.

 중복순열

개념 01 중복순열의 뜻

서로 다른 n개에서 중복을 허용하여 r개를 택하여 일렬로 배열하는 것을 서로 다른 n개에서 r개를 택하는 **중복순열**이라 한다. 이때 중복순열의 가짓수를 **중복순열의 수**라 하고 기호로

$$_n\Pi_r$$

와 같이 나타낸다.

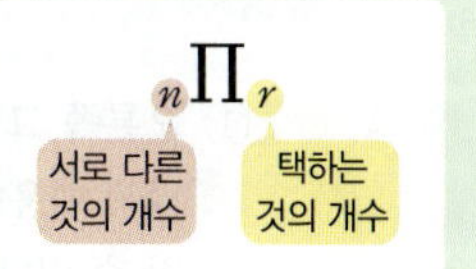

| 참고 | $_n\Pi_r$에서 Π는 Product(곱)의 첫 글자 P에 해당하는 그리스 문자로 '파이(pi)'라 읽는다.

개념 02 중복순열의 수

○ 예제 01~06

서로 다른 n개에서 r개를 택하는 중복순열의 수는

$$_n\Pi_r=n^r$$

서로 다른 n개에서 중복을 허용하여 r개를 택한 후 일렬로 배열할 때

첫 번째 자리에 올 수 있는 것은 n가지
두 번째 자리에 올 수 있는 것은 n가지
세 번째 자리에 올 수 있는 것은 n가지
$\vdots$
r번째 자리에 올 수 있는 것은 n가지

첫 번째	두 번째	세 번째	...	r번째
↓	↓	↓	...	↓
n가지	n가지	n가지	...	n가지

따라서 곱의 법칙에 의하여

$$_n\Pi_r=\underbrace{n\times n\times n\times\cdots\times n}_{r개}=n^r$$

| 예 | 세 개의 숫자 1, 2, 3으로 중복을 허용하여 만들 수 있는 두 자리의 자연수의 개수는
서로 다른 3개에서 2개를 택하는 중복순열의 수와 같으므로
$_3\Pi_2=3^2=9$ ◀ 11, 12, 13, 21, 22, 23, 31, 32, 33

| 참고 | 순열의 수 $_n\mathrm{P}_r$에서는 중복을 허용하지 않으므로 $0\le r\le n$이지만 ◀ 2개 중에서 3개를 택할 수 없다.
중복순열의 수 $_n\Pi_r$에서는 중복을 허용하므로 $r>n$일 수도 있다. ◀ 2개 중에서 3개를 택할 수 있다.

두 집합 $X=\{x_1,\ x_2,\ x_3,\ ...,\ x_m\}$, $Y=\{y_1,\ y_2,\ y_3,\ ...,\ y_n\}$에 대하여 X에서 Y로의
(1) 함수의 개수 ➡ $_n\Pi_m$ 정의역 $\rfloor$ $\rfloor$ 공역
(2) 일대일함수의 개수 ➡ $_n\mathrm{P}_m$ (단, $m \leq n$)
(3) 일대일대응의 개수 ➡ $n!$ (단, $m=n$)

(1) 오른쪽 그림과 같이 함수는 정의역의 각 원소에 공역의 원소가 오직 하
나씩 대응하고, 정의역의 서로 다른 두 원소에 공역의 같은 원소가 대응
할 수 있다.
즉, 공역의 원소를 중복하여 택할 수 있으므로
집합 X의 원소 x_1에 대응할 수 있는 집합 Y의 원소는
$y_1,\ y_2,\ y_3,\ ...,\ y_n$의 n가지
집합 X의 원소 x_2에 대응할 수 있는 집합 Y의 원소는
$y_1,\ y_2,\ y_3,\ ...,\ y_n$의 n가지
집합 X의 원소 x_3에 대응할 수 있는 집합 Y의 원소는 $y_1,\ y_2,\ y_3,\ ...,\ y_n$의 n가지
      ⋮
집합 X의 원소 x_m에 대응할 수 있는 집합 Y의 원소는 $y_1,\ y_2,\ y_3,\ ...,\ y_n$의 n가지
따라서 X에서 Y로의 함수의 개수는 집합 Y의 원소 n개에서 중복을 허용하여 m개를 택하여
집합 X의 원소에 대응시키는 순열의 수와 같으므로

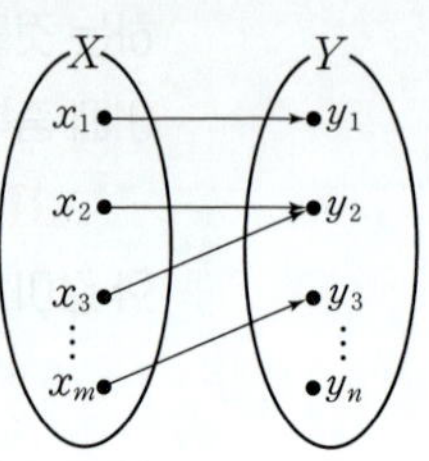

$$_n\Pi_m=\underbrace{n\times n\times n\times\cdots\times n}_{m개}=n^m$$

(2) 오른쪽 그림과 같이 일대일함수는 정의역의 각 원소에 공역의 서로 다
른 원소가 하나씩 대응한다.
즉, 공역의 원소를 중복하여 택할 수 없으므로
집합 X의 원소 x_1에 대응할 수 있는 집합 Y의 원소는
$y_1,\ y_2,\ y_3,\ ...,\ y_n$의 n가지
집합 X의 원소 x_2에 대응할 수 있는 집합 Y의 원소는
x_1에 대응한 원소를 제외한 $(n-1)$가지
집합 X의 원소 x_3에 대응할 수 있는 집합 Y의 원소는 $x_1,\ x_2$에 대응한 원소를 제외한 $(n-2)$가지
      ⋮
집합 X의 원소 x_m에 대응할 수 있는 집합 Y의 원소는 $x_1,\ x_2,\ ...,\ x_{m-1}$에 대응한 원소를 제외한
$(n-m+1)$가지
따라서 X에서 Y로의 일대일함수의 개수는 집합 Y의 원소 n개에서 서로 다른 m개를 택하여
집합 X의 원소에 대응시키는 순열의 수와 같으므로

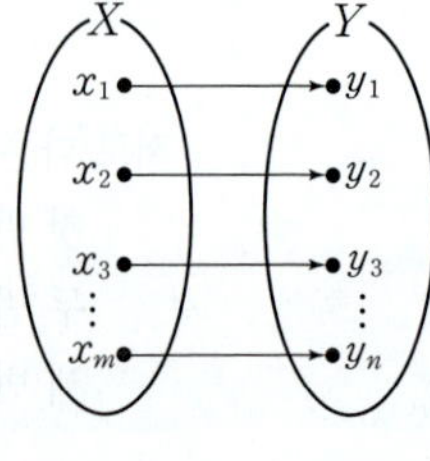

$$_n\mathrm{P}_m=n(n-1)(n-2)\times\cdots\times(n-m+1)\ (단,\ m\leq n)$$

(3) 일대일대응은 일대일함수에서 $m=n$인 경우이므로 그 개수는
$$_n\mathrm{P}_n=n!=n(n-1)(n-2)\times\cdots\times1 \quad ◀ \text{집합 } Y \text{의 원소 } n\text{개를 일렬로 배열하는 경우의 수}$$

개념 01

001 다음을 기호 $_n\Pi_r$ 꼴로 나타내시오.

(1) 서로 다른 4개에서 5개를 택하는 중복순열의 수

(2) 서로 다른 7개에서 3개를 택하는 중복순열의 수

개념 02

002 다음 값을 구하시오.

(1) $_5\Pi_1$　　　　　　　　　　　　　　(2) $_4\Pi_2$

(3) $_2\Pi_6$　　　　　　　　　　　　　　(4) $_3\Pi_3$

개념 02

003 다음 등식을 만족시키는 자연수 n 또는 r의 값을 구하시오.

(1) $_n\Pi_2=169$　　　　　　　　　　　(2) $_n\Pi_3=216$

(3) $_2\Pi_r=32$　　　　　　　　　　　　(4) $_3\Pi_r=243$

개념 02

004 4개의 문자 a, b, c, d에서 중복을 허용하여 3개를 택하여 일렬로 배열하는 경우의 수를 구하시오.

예제 01 / 중복순열의 수

서로 다른 n개에서 중복을 허용하여 r개를 택하여 일렬로 배열하는 경우의 수 ➡ $_n\Pi_r = n^r$

다음을 구하시오.

(1) 서로 다른 6개의 사탕을 3명의 학생에게 나누어 주는 경우의 수
(단, 사탕을 받지 못하는 학생이 있을 수 있다.)

(2) 2명의 후보 A, B가 출마한 선거에서 9명의 선거인이 1명의 후보에게 각각 기명으로 투표하는 경우의 수 (단, 기권이나 무효표는 없다.)

• 유형만렙 확률과 통계 10쪽에서 문제 더 풀기

| 풀이 |

(1) 서로 다른 6개의 사탕을 3명의 학생에게 나누어 주는 경우의 수는

서로 다른 3명의 학생에서 중복을 허용하여 6명을 택하여 일렬로 배열하는 경우의 수와 같으므로

$$_3\Pi_6 = 3^6 = 729$$

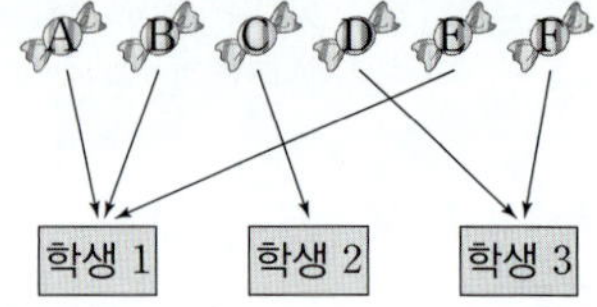

(2) 기명 투표는 선거인이 어느 후보에게 투표를 하였는지 밝히는 경우이므로 선거인이 어느 후보를 뽑았는지 구분이 된다. ◀ 기명 투표에 대한 문제가 나오면 중복순열을 이용한다.

즉, 2명의 후보에게 9명의 선거인이 각각 기명으로 투표하는 경우의 수는

서로 다른 2명의 후보에서 중복을 허용하여 9명을 택하여 일렬로 배열하는 경우의 수와 같으므로

$$_2\Pi_9 = 2^9 = 512$$

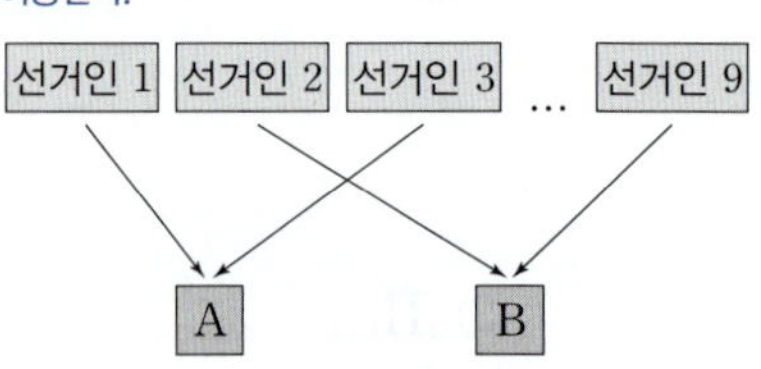

답 (1) 729 (2) 512

TIP 중복순열의 수 $_n\Pi_r$에서 n, r를 파악하는 방법

서로 다른 n개에서 r개를 택하는 중복순열의 수 $_n\Pi_r$를 구할 때, 어떤 것을 n으로 놓고 어떤 것을 r로 놓아야 하는지 파악이 어렵다면 중복이 가능한 것의 개수를 n으로 놓으면 된다.

예를 들어 예제 01의 (1)에서 각 종류의 사탕은 1개씩만 있으므로 중복이 가능하지 않고, 3명의 학생은 각각 사탕을 여러 개씩 받을 수 있으므로 중복이 가능하다.

따라서 $n=3$, $r=6$으로 놓으면 구하는 경우의 수는 $_3\Pi_6$이다.

또 예제 01의 (2)에서 2명의 후보는 표를 여러 개씩 받을 수 있으므로 중복이 가능하고, 9명의 선거인은 각각 1표씩만 투표할 수 있으므로 중복이 가능하지 않다.

따라서 $n=2$, $r=9$로 놓으면 구하는 경우의 수는 $_2\Pi_9$이다.

005 유사

서로 다른 4통의 편지를 서로 다른 5개의 우체통에 넣는 경우의 수를 구하시오.

007 변형

4명이 가위바위보를 한 번 할 때, 나오는 모든 경우의 수를 구하시오.

006 유사

어느 동아리에서 3명의 후보가 회장 선거에 출마하였을 때, 5명의 동아리 회원이 1명의 후보에게 각각 기명으로 투표하는 경우의 수를 구하시오. (단, 기권이나 무효표는 없다.)

008 변형

n명의 학생이 각각 축구, 농구, 배구, 피구 중에서 1가지씩 택하여 방과 후 체육 활동을 하는 경우의 수가 1024일 때, n의 값을 구하시오.
(단, 1명도 택하지 않는 체육 활동이 있을 수 있다.)

- **특정한 자리를 먼저 고정**하여 경우의 수를 구한다.
- **모든 경우의 수에서 반대가 되는 경우의 수를 빼서** 경우의 수를 구한다.

다음을 구하시오.

(1) 5개의 문자 a, b, c, d, e에서 중복을 허용하여 3개를 택하여 일렬로 배열할 때, 모음으로 시작하도록 배열하는 경우의 수

(2) 4명의 학생이 각각 떡볶이, 김밥, 라면 중에서 1개씩 주문할 때, 적어도 1명의 학생이 김밥을 주문하는 경우의 수 (단, 1명도 주문하지 않는 메뉴가 있을 수 있다.)

• 유형만렙 확률과 통계 10쪽에서 문제 더 풀기

| 풀이 |　(1) 맨 앞자리에 올 수 있는 문자는 a, e의 2가지 ◀ 특정한 자리 먼저 고정한다.

나머지 자리에 5개의 문자 a, b, c, d, e에서 중복을 허용하여 2개를 택하여 일렬로 배열하는 경우의 수는

$$_5\Pi_2 = 5^2 = 25$$

따라서 구하는 경우의 수는

$$2 \times 25 = 50$$

(2) 4명의 학생이 주문하는 모든 경우의 수에서 어느 1명의 학생도 김밥을 주문하지 않는 경우의 수를 빼면 된다.

(ⅰ) 4명의 학생이 각각 3개의 메뉴 중에서 1개씩 주문하는 경우의 수는

서로 다른 3개의 메뉴에서 중복을 허용하여 4개를 택하여 일렬로 배열하는 경우의 수와 같으므로

$$_3\Pi_4 = 3^4 = 81$$

(ⅱ) 어느 1명의 학생도 김밥을 주문하지 않는 경우의 수는

4명의 학생이 각각 김밥을 제외한 2개의 메뉴 중에서 1개씩 주문하는 경우의 수와 같다.

이는 서로 다른 2개의 메뉴에서 중복을 허용하여 4개를 택하여 일렬로 배열하는 경우의 수와 같으므로

$$_2\Pi_4 = 2^4 = 16$$

(ⅰ), (ⅱ)에서 구하는 경우의 수는

$$81 - 16 = 65$$

답 (1) 50 (2) 65

009 유사

6개의 문자 a, b, c, d, e, f에서 중복을 허용하여 4개를 택하여 일렬로 배열할 때, 자음으로 시작하도록 배열하는 경우의 수를 구하시오.

010 유사

4명의 후보 A, B, C, D가 출마한 선거에서 4명의 선거인이 1명의 후보에게 각각 기명으로 투표할 때, 적어도 1명의 선거인이 후보 A에게 투표하는 경우의 수를 구하시오.

(단, 기권이나 무효표는 없다.)

011 변형

 교과서

5개의 문자 a, b, c, d, e에서 중복을 허용하여 4개를 택하여 일렬로 배열할 때, 문자 b를 1개만 포함하도록 배열하는 경우의 수를 구하시오.

012 변형

서로 다른 연필 7자루를 서로 다른 2개의 필통에 나누어 담을 때, 각 필통에 적어도 1자루의 연필을 담는 경우의 수를 구하시오.

예제 03 / 중복순열 - 자연수의 개수

기준이 되는 자리에 오는 숫자를 먼저 정하고, 남은 자리에 나머지 숫자를 배열한다.

여섯 개의 숫자 0, 1, 2, 3, 4, 5로 중복을 허용하여 만들 수 있는 네 자리의 자연수에 대하여 다음을 구하시오.

(1) 네 자리의 자연수의 개수

(2) 4300보다 큰 자연수의 개수

• 유형만렙 확률과 통계 11쪽에서 문제 더 풀기

| 풀이 | (1) 천의 자리에는 0이 올 수 없으므로 천의 자리에 올 수 있는 숫자는

1, 2, 3, 4, 5의 5가지

나머지 자리에 6개의 숫자에서 중복을 허용하여 3개를 택하여

일렬로 배열하는 경우의 수는

$_6\Pi_3 = 6^3 = 216$

따라서 구하는 자연수의 개수는

$5 \times 216 = 1080$

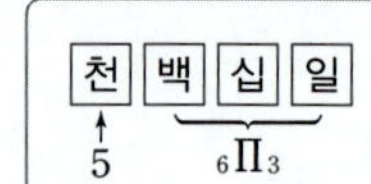

(2) (i) 천의 자리의 숫자가 4인 경우

43□□, 44□□, 45□□ 꼴인 경우에 대하여 생각한다.

ⓐ 43□□ 꼴인 경우

나머지 자리에 6개의 숫자에서 중복을 허용하여 2개를 택하여

일렬로 배열하는 경우의 수는

$_6\Pi_2 = 6^2 = 36$

그런데 4300이 만들어지는 경우는 제외해야 하므로 그 경우의 수는

└ 4300의 1가지

$36 - 1 = 35$

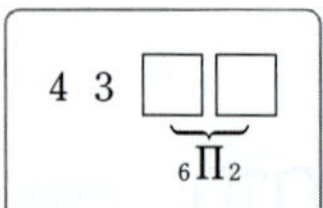

ⓑ 44□□ 꼴인 경우

나머지 자리에 6개의 숫자에서 중복을 허용하여 2개를 택하여

일렬로 배열하는 경우의 수는

$_6\Pi_2 = 6^2 = 36$

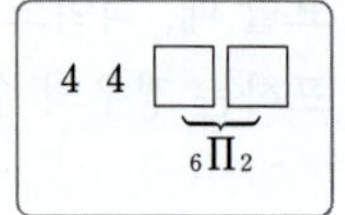

ⓒ 45□□ 꼴인 경우

나머지 자리에 6개의 숫자에서 중복을 허용하여 2개를 택하여

일렬로 배열하는 경우의 수는

$_6\Pi_2 = 6^2 = 36$

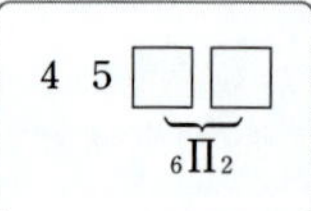

ⓐ, ⓑ, ⓒ에서 자연수의 개수는

$35 + 36 + 36 = 107$

(ii) 천의 자리의 숫자가 5인 경우

나머지 자리에 6개의 숫자에서 중복을 허용하여 3개를 택하여

일렬로 배열하는 경우의 수는

$_6\Pi_3 = 6^3 = 216$

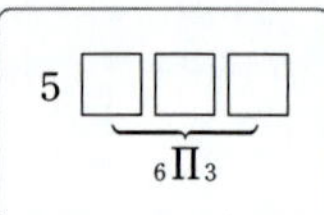

(i), (ii)에서 구하는 자연수의 개수는

$107 + 216 = 323$

답 (1) 1080 (2) 323

013 유사

다섯 개의 숫자 0, 1, 2, 3, 4로 중복을 허용하여 만들 수 있는 네 자리의 자연수에 대하여 다음을 구하시오.

(1) 네 자리의 자연수의 개수

(2) 2300보다 작은 자연수의 개수

014 변형   수능

숫자 1, 2, 3, 4, 5 중에서 중복을 허락하여 4개를 택해 일렬로 나열하여 만들 수 있는 네 자리의 자연수 중 4000 이상인 홀수의 개수는?

① 125   ② 150   ③ 175
④ 200   ⑤ 225

015 변형

세 개의 숫자 2, 3, 4로 중복을 허용하여 만들 수 있는 다섯 자리의 자연수 중에서 만의 자리의 숫자와 일의 자리의 숫자의 합이 6인 자연수의 개수를 구하시오.

016 변형

네 개의 숫자 1, 2, 3, 4로 중복을 허용하여 만들 수 있는 네 자리의 자연수 중에서 숫자 1을 반드시 포함하는 자연수의 개수를 구하시오.

서로 다른 n개의 기호에서 중복을 허용하여 최대 r개까지 사용하여 만들 수 있는 신호의 개수
➡ $_n\Pi_1+_n\Pi_2+_n\Pi_3+\cdots+_n\Pi_r$

두 기호 ●와 −를 일렬로 배열하여 신호를 만들 때, 이 기호들을 합해서 2개 이상 4개 이하로 사용하여 만들 수 있는 서로 다른 신호의 개수를 구하시오.

• 유형만렙 확률과 통계 12쪽에서 문제 더 풀기

| 풀이 | 두 기호 ●와 −를 2개 사용하여 만들 수 있는 신호의 개수는 ◀ 서로 다른 2개의 기호에서 중복을 허용하여 2개를 택하여 일렬로 배열하는 경우의 수와 같다.
$_2\Pi_2=2^2=4$

두 기호 ●와 −를 3개 사용하여 만들 수 있는 신호의 개수는 ◀ 서로 다른 2개의 기호에서 중복을 허용하여 3개를 택하여 일렬로 배열하는 경우의 수와 같다.
$_2\Pi_3=2^3=8$

두 기호 ●와 −를 4개 사용하여 만들 수 있는 신호의 개수는 ◀ 서로 다른 2개의 기호에서 중복을 허용하여 4개를 택하여 일렬로 배열하는 경우의 수와 같다.
$_2\Pi_4=2^4=16$

따라서 구하는 신호의 개수는
$4+8+16=28$

답 28

발전예제 **05** / 중복순열 – 집합의 결정

전체집합 U의 두 부분집합 A, B에 대하여 U의 각 원소는
네 집합 $A\cap B$, $A\cap B^c$, $A^c\cap B$, $(A\cup B)^c$ 중에서 **하나에 속함**을 이용한다.

전체집합 $U=\{1, 2, 3, 4, 5, 6\}$의 두 부분집합 A, B가 $A\cap B=\{1, 2\}$를 만족시킬 때, 두 집합 A, B를 정하는 경우의 수를 구하시오.

• 유형만렙 확률과 통계 12쪽에서 문제 더 풀기

| 풀이 | $A\cap B=\{1, 2\}$이므로 전체집합 U의 원소 중에서 1, 2를 제외한 원소인 3, 4, 5, 6은 $(A\cap B)^c$에 속해야 한다.
즉, 4개의 원소 3, 4, 5, 6은 세 집합 $A\cap B^c$, $A^c\cap B$, $(A\cup B)^c$ 중에서 어느 하나의 원소이다.
따라서 구하는 경우의 수는 서로 다른 3개의 집합에서 중복을 허용하여 4개를 택하여 일렬로 배열하는 경우의 수와 같으므로
$_3\Pi_4=3^4=81$

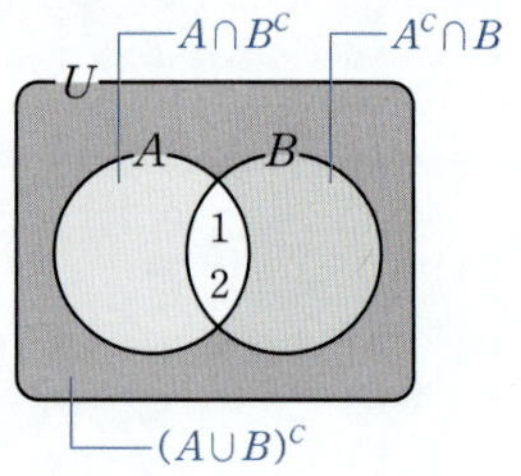

답 81

017 예제 04 유사

세 기호 ○, △, □를 일렬로 배열하여 신호를 만들 때, 이 기호들을 합해서 2개 이상 5개 이하로 사용하여 만들 수 있는 서로 다른 신호의 개수를 구하시오.

018 예제 05 유사 📖 교과서

전체집합 $U=\{1, 2, 3, 4, 5, 6, 7, 8\}$의 두 부분집합 A, B가 $A \cap B=\{1, 3, 5\}$를 만족시킬 때, 두 집합 A, B를 정하는 경우의 수를 구하시오.

019 예제 04 변형

검은색 깃발과 흰색 깃발이 각각 1개씩 있다. 이 깃발들을 6번 이하로 들어 올려서 만들 수 있는 서로 다른 신호의 개수를 구하시오.

　　(단, 2개의 깃발을 동시에 들어 올리지 않는다.)

020 예제 05 변형

전체집합 $U=\{1, 2, 3, 4, 5, 6, 7\}$의 두 부분집합 A, B가 $A-B=\{1, 2, 3, 4\}$를 만족시킬 때, 두 집합 A, B를 정하는 경우의 수를 구하시오.

두 집합 X, Y의 원소의 개수가 각각 m, n일 때, X에서 Y로의

- **함수의 개수** ➡ $_n\Pi_m$
- **일대일함수의 개수** ➡ $_n\mathrm{P}_m$ (단, $m \leq n$)

두 집합 $X = \{1, 2, 3\}$, $Y = \{a, b, c, d, e\}$에 대하여 다음을 구하시오.

(1) X에서 Y로의 함수의 개수

(2) X에서 Y로의 일대일함수의 개수

(3) X에서 Y로의 함수 f 중에서 $f(1) = b$인 함수의 개수

• **유형만렙** 확률과 통계 13쪽에서 문제 더 풀기

|풀이| (1) 집합 Y의 원소 a, b, c, d, e의 5개에서 중복을 허용하여 3개를 택하여 집합 X의 원소 1, 2, 3에 대응시키면 된다.

따라서 구하는 함수의 개수는 서로 다른 5개에서 중복을 허용하여 3개를 택하여 일렬로 배열하는 경우의 수와 같으므로 (Y의 원소의 개수, X의 원소의 개수)

$$_5\Pi_3 = 5^3 = 125$$

(2) 집합 Y의 원소 a, b, c, d, e의 5개에서 서로 다른 3개를 택하여 집합 X의 원소 1, 2, 3에 대응시키면 된다.

따라서 구하는 일대일함수의 개수는 서로 다른 5개에서 3개를 택하여 일렬로 배열하는 경우의 수와 같으므로 (Y의 원소의 개수, X의 원소의 개수)

$$_5\mathrm{P}_3 = 5 \times 4 \times 3 = 60$$

(3) $f(1) = b$로 정해졌으므로 집합 Y의 원소 a, b, c, d, e의 5개에서 중복을 허용하여 2개를 택하여 집합 X의 나머지 원소 2, 3에 대응시키면 된다.

따라서 구하는 함수의 개수는 서로 다른 5개에서 중복을 허용하여 2개를 택하여 일렬로 배열하는 경우의 수와 같으므로

$$_5\Pi_2 = 5^2 = 25$$

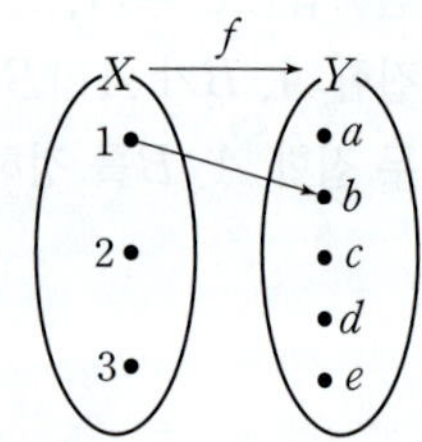

답 (1) 125 (2) 60 (3) 25

021 유사

두 집합 $X=\{1, 2, 3, 4\}$, $Y=\{a, b, c, d, e\}$ 에 대하여 다음을 구하시오.

(1) X에서 Y로의 함수의 개수

(2) X에서 Y로의 일대일함수의 개수

(3) X에서 Y로의 함수 f 중에서 $f(3)=d$인 함수의 개수

022 변형

집합 $X=\{1, 2, 3, 4\}$에 대하여 X에서 X로의 함수 f 중에서 $f(1)\neq 4$인 함수의 개수를 구하시오.

023 변형

두 집합 $X=\{1, 2, 3, 4, 5\}$, $Y=\{-2, 0, 2\}$ 에 대하여 X에서 Y로의 함수 f 중에서 $f(2)+f(3)=0$인 함수의 개수를 구하시오.

024 변형

두 집합 $X=\{1, 2, 3\}$, $Y=\{5, 6, 7, 8\}$에 대하여 다음 조건을 만족시키는 X에서 Y로의 함수 f의 개수를 구하시오.

> $x_1 \in X$, $x_2 \in X$에 대하여 $f(x_1)=f(x_2)$인 서로 다른 x_1, x_2가 존재한다.

중복순열에서 중복 가능한 것 파악하기

서로 다른 4통의 편지를 서로 다른 3개의 우체통에 넣는 경우의 수를 구할 때, 중복순열의 수를 이용해야 함을 파악하는 것은 어렵지 않지만 그 중복순열의 수가 $_4\Pi_3$인지, $_3\Pi_4$인지 혼동하는 경우가 있다.

이처럼 $_n\Pi_r$에서 어떤 것을 n으로 놓고 어떤 것을 r로 놓아야 하는지 파악하기 어려울 때, 함수를 이용하면 파악하기 쉬워진다.

함수는 정의역의 각 원소에 공역의 원소가 오직 하나씩만 대응하는 것으로 정의역의 각 원소는 공역의 원소와 반드시 대응이 되어야 하고, 반대로 공역의 각 원소는 정의역의 원소와 대응이 될 수도 있고 안 될 수도 있다.

이때 공역의 원소 중에서 정의역의 여러 원소와 동시에 대응이 되는 원소가 있을 수 있으므로 중복 가능하다고 생각할 수 있다.

따라서 주어진 중복순열 문제에서 다음과 같이

    반드시 대응이 되어야 하는 것 ➡ 정의역

    대응이 되지 않을 수도 있는 것 ➡ 공역

으로 생각하면 구하는 경우의 수는 정의역에서 공역으로의 함수의 개수와 같다.

위의 예시에서 서로 다른 4통의 편지를 각각 a, b, c, d, 서로 다른 3개의 우체통을 각각 p, q, r라 하자.

이때 서로 다른 4통의 편지는 각각 반드시 1개의 우체통에 넣어야 하므로 정의역 $X=\{a,\,b,\,c,\,d\}$로 생각할 수 있고, 서로 다른 3개의 우체통 각각에 편지를 넣지 않을 수도 있으므로 공역 $Y=\{p,\,q,\,r\}$로 생각할 수 있다.

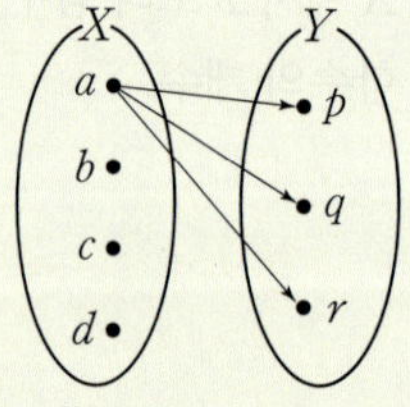

따라서 구하는 경우의 수는 X에서 Y로의 함수의 개수와 같으므로

$_3\Pi_4=3^4=81$

유제

• 정답과 해설 5쪽

025 다음 중 구하는 경우의 수가 나머지 넷과 다른 하나는?

① 3개의 문자 a, b, c에서 중복을 허용하여 4개를 택하여 일렬로 배열하는 경우의 수

        (단, 택하지 않는 문자가 있을 수 있다.)

② 서로 다른 4송이의 꽃을 서로 다른 3개의 꽃병에 남김없이 꽂는 경우의 수

        (단, 빈 꽃병이 있을 수 있다.)

③ 4명의 학생을 서로 다른 3개의 학급에 배정하는 경우의 수

        (단, 1명도 배정되지 않는 학급이 있을 수 있다.)

④ 4명의 여행자가 각각 3곳의 호텔 중에서 1곳을 택하여 투숙하는 경우의 수

        (단, 1명도 투숙하지 않는 호텔이 있을 수 있다.)

⑤ 4명의 후보가 출마한 선거에서 3명의 선거인이 1명의 후보에게 각각 기명으로 투표하는 경우의 수 (단, 기권이나 무효표는 없다.)

같은 것이 있는 순열

개념 01 같은 것이 있는 순열의 수

○ 예제 07~11

n개 중에서 같은 것이 각각 p개, q개, $\cdots$, r개씩 있을 때, n개를 일렬로 배열하는 순열의 수는

$$\frac{n!}{p! \times q! \times \cdots \times r!} \ (\text{단, } p+q+\cdots+r=n)$$

5개의 문자 a, a, b, b, b를 일렬로 배열하는 경우의 수를 x라 하고, x개의 순열 중에서 하나의 순열인 $aabbb$에 대하여 생각해 보자.

2개의 a는 a_1, a_2로 구별하고 3개의 b는 b_1, b_2, b_3으로 구별하면

a_1, a_2를 일렬로 배열하는 경우의 수는 $2!$, b_1, b_2, b_3을 일렬로 배열하는 경우의 수는 $3!$이므로

다음과 같이 하나의 순열에 대하여 $(2! \times 3!)$가지의 서로 다른 순열을 얻을 수 있다.

$a_1a_2b_1b_2b_3$	$a_1a_2b_1b_3b_2$	$a_1a_2b_2b_1b_3$	$a_1a_2b_2b_3b_1$		
$a_1a_2b_3b_1b_2$	$a_1a_2b_3b_2b_1$	$a_2a_1b_1b_2b_3$	$a_2a_1b_1b_3b_2$	➡	$aabbb$
$a_2a_1b_2b_1b_3$	$a_2a_1b_2b_3b_1$	$a_2a_1b_3b_1b_2$	$a_2a_1b_3b_2b_1$		

같은 방법으로 하면 x개의 순열에 대하여 $(2! \times 3!)$가지의 서로 다른 순열을 얻을 수 있으므로

5개의 문자 a_1, a_2, b_1, b_2, b_3을 일렬로 배열하는 경우의 수는

$$x \times (2! \times 3!)$$

이때 5개의 문자 a_1, a_2, b_1, b_2, b_3을 일렬로 배열하는 경우의 수는 $5!$이므로

$$x \times (2! \times 3!) = 5!$$

$$\therefore x = \frac{5!}{2! \times 3!} = 10$$

따라서 5개의 문자 a, a, b, b, b를 일렬로 배열하는 경우의 수는 10이다.

실제로 5개의 문자 a, a, b, b, b를 일렬로 배열하는 모든 경우를 구해 보면

$$aabbb, \ ababb, \ abbab, \ abbba, \ baabb, \ babab, \ babba, \ bbaab, \ bbaba, \ bbbaa$$

의 10가지가 나온다.

일반적으로 n개 중에서 같은 것이 각각 p개, q개, $\cdots$, r개씩 있을 때, n개를 일렬로 배열하는 순열의 수는

$$\frac{n!}{p! \times q! \times \cdots \times r!} \ (\text{단, } p+q+\cdots+r=n)$$

|예| 4개의 문자 a, a, b, b를 일렬로 배열하는 경우의 수는

$$\frac{4!}{2! \times 2!} = 6 \ \blacktriangleleft \ aabb, \ abab, \ abba, \ baab, \ baba, \ bbaa$$

개념 02 순서가 정해진 순열의 수

서로 다른 n개 중에서 특정한 r개의 순서가 정해졌을 때, n개를 일렬로 배열하는 순열의 수는

$$\frac{n!}{r!}$$

특정한 r개의 순서가 정해졌다는 것은 정해진 순서 안에서 자리의 바뀜이 없다는 뜻이므로 n개를 일렬로 배열할 때, 순서가 정해진 것들을 모두 같은 것으로 생각하여 같은 것이 있는 순열의 수를 이용한다.

예를 들어 3개의 문자 a, b, c를 일렬로 배열할 때, a, b는 이 순서대로 배열하는 경우는

$$abc, \ acb, \ cab \quad \cdots\cdots \ ㉠$$

의 3가지이다.

└ a, b가 반드시 이웃해야 하는 것은 아니고, a가 b보다 앞에 오면 된다.

한편 순서가 정해진 a, b를 모두 X로 바꾸어 X, X, c를 일렬로 배열하는 경우는 XXc, XcX, cXX 이고 첫 번째 X는 a, 두 번째 X는 b로 바꾸면 abc, acb, cab이다.

이는 ㉠과 같으므로 a, b, c를 일렬로 배열할 때, a, b는 이 순서대로 배열하는 경우의 수는 X, X, c를 일렬로 배열하는 경우의 수, 즉 $\dfrac{3!}{2!}=3$과 같음을 알 수 있다.

| 예 | 6개의 문자 a, b, c, d, e, f를 일렬로 배열할 때, a, b, c는 이 순서대로 배열하는 경우의 수를 구해 보자.

a, b, c를 모두 X로 바꾸어 X, X, X, d, e, f를 일렬로 배열한 후 첫 번째 X는 a, 두 번째 X는 b, 세 번째 X는 c로 바꾸면 되므로 구하는 경우의 수는 $\dfrac{6!}{3!}=120$

개념 03 최단 거리로 가는 경우의 수

오른쪽 그림과 같은 도로망의 A 지점에서 B 지점까지 최단 거리로 가려면 오른쪽으로 p칸, 위쪽으로 q칸 가야 하므로 최단 거리로 가는 경우의 수는

$$\frac{(p+q)!}{p! \times q!}$$

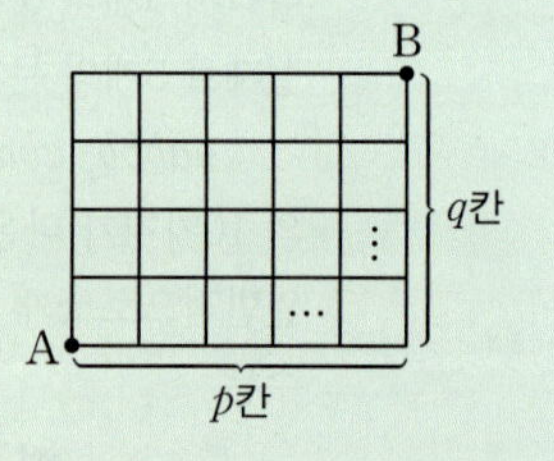

오른쪽 그림과 같은 도로망의 A 지점에서 B 지점까지 최단 거리로 갈 때, 오른쪽으로 한 칸 가는 것을 a, 위쪽으로 한 칸 가는 것을 b로 나타내면 최단 거리로 가는 것은 4개의 a와 3개의 b를 일렬로 배열하는 것과 같다.

예를 들어 $aabbaba$는 오른쪽 그림에서 색선으로 표시된 경로와 같다.

따라서 A 지점에서 B 지점까지 최단 거리로 가는 경우의 수는

$$\frac{(4+3)!}{4! \times 3!}=35$$

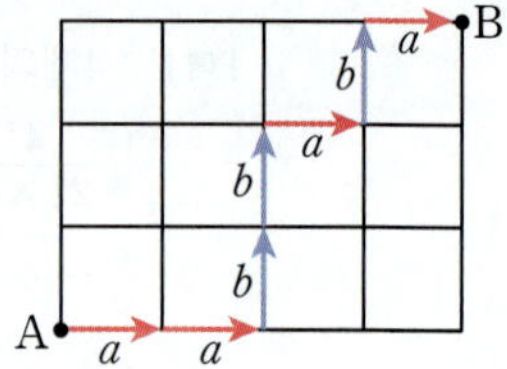

| 참고 | 오른쪽 그림과 같은 도로망의 A 지점에서 B 지점까지 최단 거리로
가는 경우의 수를 합의 법칙을 이용하면 다음과 같이 구할 수 있다.
A 지점에서 C 지점까지 최단 거리로 가는 경우의 수를 m이라 하고,
A 지점에서 D 지점까지 최단 거리로 가는 경우의 수를 n이라 하자.
이때 A 지점에서 E 지점까지 최단 거리로 가는 경우는
    A 지점에서 C 지점을 거쳐 E 지점으로 가는 경우와
    A 지점에서 D 지점을 거쳐 E 지점으로 가는 경우
가 있고, 이는 동시에 일어날 수 없으므로 합의 법칙에 의하여 그 경우
의 수는

    $m+n$

이와 같은 방법으로 하면 A 지점에서 B 지점까지 최단 거리로 가는
경우의 수는 오른쪽 그림과 같이 35이다.

개념 확인

• 정답과 해설 5쪽

개념 01

026 다음을 구하시오.

(1) 6개의 문자 a, a, a, a, b, b를 일렬로 배열하는 경우의 수

(2) 크기와 모양이 같은 빨간 공 5개와 파란 공 3개를 일렬로 배열하는 경우의 수

(3) 여섯 개의 숫자 1, 1, 2, 2, 3, 3을 모두 사용하여 만들 수 있는 여섯 자리의 자연수의 개수

개념 02

027 5개의 문자 a, b, c, d, e를 일렬로 배열할 때, d, e는 이 순서대로 배열하는 경우의 수를
구하시오.

개념 03

028 오른쪽 그림과 같은 도로망이 있을 때, A 지점에서 B 지점까지
최단 거리로 가는 경우의 수를 구하시오.

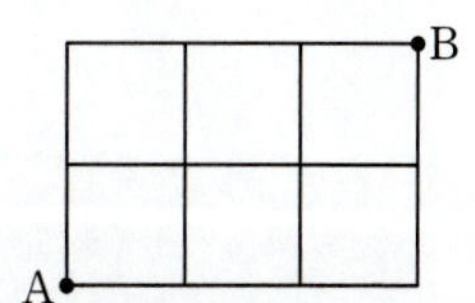

예제 07 / 같은 것이 있는 순열의 수

n개 중에서 **같은 것이 각각 p개, q개, $\cdots$, r개씩 있을 때**, n개를 일렬로 배열하는 순열의 수

➡ $\dfrac{n!}{p! \times q! \times \cdots \times r!}$ (단, $p+q+\cdots+r=n$)

success에 있는 7개의 문자를 일렬로 배열할 때, 다음을 구하시오.

(1) 일렬로 배열하는 모든 경우의 수

(2) 양 끝에 c가 오도록 배열하는 경우의 수

(3) 3개의 s끼리 서로 이웃하도록 배열하는 경우의 수

• 유형만렙 확률과 통계 13쪽에서 문제 더 풀기

| 풀이 | (1) 7개의 문자 s, u, c, c, e, s, s에서 s가 3개, c가 2개이므로 일렬로 배열하는 경우의 수는

$$\frac{7!}{3! \times 2!} = 420$$

(2) 양 끝에 c를 고정시키고 그 사이에 s, u, e, s, s의 5개의 문자를 일렬로 배열하면 된다.
이때 s가 3개이므로 구하는 경우의 수는

$$\frac{5!}{3!} = 20$$

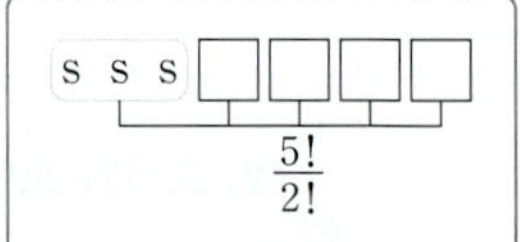

(3) 3개의 s를 한 묶음으로 생각하여 나머지 문자 u, c, c, e와 함께 일렬로 배열하면 된다. ◀ s끼리 자리를 바꾸는 경우는 생각하지 않아도 된다.
이때 c가 2개이므로 구하는 경우의 수는

$$\frac{5!}{2!} = 60$$

답 (1) 420 (2) 20 (3) 60

TIP   **조건이 주어진 같은 것이 있는 순열**

• 특정한 것의 자리가 정해진 경우
  ➡ 자리가 정해진 것을 먼저 고정시키고 나머지를 배열한다.

• 서로 이웃하는 조건이 주어진 경우
  ➡ 서로 이웃하는 것을 한 묶음으로 생각하여 나머지와 함께 배열한다.

• 서로 이웃하지 않는 조건이 주어진 경우
  ➡ 이웃해도 되는 것을 먼저 배열한 후 그 사이사이와 양 끝의 자리에 서로 이웃하면 안 되는 것을 배열한다.

029 유사

textbook에 있는 8개의 문자를 일렬로 배열할 때, 다음을 구하시오.

(1) 일렬로 배열하는 모든 경우의 수

(2) 양 끝에 o가 오도록 배열하는 경우의 수

(3) 2개의 t끼리 서로 이웃하도록 배열하는 경우의 수

030 변형　　📖 교과서

검은색 깃발 3개, 흰색 깃발 2개, 빨간색 깃발 3개를 일렬로 배열하여 만들 수 있는 신호의 개수를 구하시오.

　(단, 같은 색의 깃발은 서로 구별하지 않는다.)

031 변형

파란 구슬 2개, 노란 구슬 4개, 초록 구슬 1개를 일렬로 배열할 때, 양 끝에 서로 다른 색의 구슬이 오도록 배열하는 경우의 수를 구하시오.

　(단, 같은 색의 구슬은 서로 구별하지 않는다.)

032 변형　　🎓 교육청

6개의 문자 a, a, b, b, c, c를 일렬로 나열할 때, a끼리는 이웃하지 않도록 나열하는 경우의 수는?

① 50　　② 55　　③ 60
④ 65　　⑤ 70

예제 08 / 순서가 정해진 순열의 수

서로 다른 n개 중에서 **특정한 r개의 순서가 정해졌을 때**, n개를 일렬로 배열하는 순열의 수

➡ $\dfrac{n!}{r!}$

다음을 구하시오.

(1) access에 있는 6개의 문자를 일렬로 배열할 때, e는 a보다 앞에 오도록 배열하는 경우의 수

(2) 1부터 7까지의 자연수가 각각 하나씩 적힌 7장의 카드를 일렬로 배열할 때, 짝수가 적힌 카드는 크기가 작은 수부터 순서대로 배열하는 경우의 수

• 유형만렙 확률과 통계 15쪽에서 문제 더 풀기

|풀이| (1) e, a의 순서가 정해져 있으므로 e, a를 모두 X로 바꾸어

X, c, c, X, s, s의 6개의 문자를 일렬로 배열한 후

첫 번째 X는 e, 두 번째 X는 a로 바꾸면 된다.

이때 X가 2개, c가 2개, s가 2개이므로 구하는 경우의 수는

$$\dfrac{6!}{2! \times 2! \times 2!} = 90$$

(2) 7장의 카드 중에서 짝수가 적힌 카드는 2, 4, 6이 적힌 카드이다.

이 3장의 카드는 순서가 정해져 있으므로

2, 4, 6이 적힌 카드를 모두 X가 적힌 카드로 바꾸어

1, X, 3, X, 5, X, 7이 각각 적힌 7장의 카드를 일렬로 배열한 후

첫 번째 X는 2, 두 번째 X는 4, 세 번째 X는 6으로 바꾸면 된다.

이때 X가 3개이므로 구하는 경우의 수는

$$\dfrac{7!}{3!} = 840$$

답 (1) 90 (2) 840

033 유사

exercise에 있는 8개의 문자를 일렬로 배열할 때, x는 s보다 뒤에 오도록 배열하는 경우의 수를 구하시오.

034 유사

1부터 9까지의 자연수가 각각 하나씩 적힌 9장의 카드를 일렬로 배열할 때, 홀수가 적힌 카드는 크기가 큰 수부터 순서대로 배열하는 경우의 수를 구하시오.

035 변형

algebra에 있는 7개의 문자를 일렬로 배열할 때, 자음은 알파벳 순서대로 배열하는 경우의 수를 구하시오.

036 변형

5개의 문자 a, b, c, d, e를 일렬로 배열할 때, a는 b보다 앞에 오고 e는 d보다 뒤에 오도록 배열하는 경우의 수를 구하시오.

- 기준이 되는 자리에 오는 숫자를 먼저 정한다.
- 주어진 숫자 중에서 일부를 택하는 경우 **가능한 숫자의 쌍을 먼저 구한다.**

다음을 구하시오.

(1) 일곱 개의 숫자 0, 1, 1, 1, 2, 2, 3을 모두 사용하여 만들 수 있는 일곱 자리의 자연수의 개수

(2) 다섯 개의 숫자 1, 1, 2, 3, 3에서 4개의 숫자를 택하여 만들 수 있는 네 자리의 자연수의 개수

• 유형만렙 확률과 통계 15쪽에서 문제 더 풀기

| 풀이 | (1) 맨 앞자리에는 0이 올 수 없으므로 맨 앞자리에 올 수 있는 숫자는 1, 2, 3이다.

(i) 맨 앞자리에 1이 오는 경우

나머지 자리에 0, 1, 1, 2, 2, 3의 6개의 숫자를 일렬로 배열하는 경우의 수는 $\dfrac{6!}{2! \times 2!} = 180$

└ 1이 2개, 2가 2개

(ii) 맨 앞자리에 2가 오는 경우

나머지 자리에 0, 1, 1, 1, 2, 3의 6개의 숫자를 일렬로 배열하는 경우의 수는 $\dfrac{6!}{3!} = 120$

└ 1이 3개

(iii) 맨 앞자리에 3이 오는 경우

나머지 자리에 0, 1, 1, 1, 2, 2의 6개의 숫자를 일렬로 배열하는 경우의 수는 $\dfrac{6!}{3! \times 2!} = 60$

└ 1이 3개, 2가 2개

(i), (ii), (iii)에서 구하는 자연수의 개수는

$180 + 120 + 60 = 360$

(2) 1, 1, 2, 3, 3에서 4개의 숫자를 택하는 경우는

(1, 1, 2, 3) 또는 (1, 1, 3, 3) 또는 (1, 2, 3, 3)

(i) 1, 1, 2, 3을 일렬로 배열하여 만들 수 있는 자연수의 개수는 $\dfrac{4!}{2!} = 12$

└ 1이 2개

(ii) 1, 1, 3, 3을 일렬로 배열하여 만들 수 있는 자연수의 개수는 $\dfrac{4!}{2! \times 2!} = 6$

└ 1이 2개, 3이 2개

(iii) 1, 2, 3, 3을 일렬로 배열하여 만들 수 있는 자연수의 개수는 $\dfrac{4!}{2!} = 12$

└ 3이 2개

(i), (ii), (iii)에서 구하는 자연수의 개수는

$12 + 6 + 12 = 30$

답 (1) 360 (2) 30

| 다른 풀이 | (1) 일곱 개의 숫자 0, 1, 1, 1, 2, 2, 3을 일렬로 배열하는 경우의 수에서 맨 앞자리에 0이 오는 경우의 수를 빼면 되므로

$$\dfrac{7!}{3! \times 2!} - \dfrac{6!}{3! \times 2!} = 420 - 60 = 360$$

037 유사

여섯 개의 숫자 0, 0, 1, 1, 2, 3을 모두 사용하여 만들 수 있는 여섯 자리의 자연수의 개수를 구하시오.

039 변형 교육청

6개의 숫자 1, 1, 2, 2, 2, 3을 일렬로 나열하여 만들 수 있는 여섯 자리의 자연수 중 홀수의 개수는?

① 20   ② 30   ③ 40
④ 50   ⑤ 60

038 유사

일곱 개의 숫자 1, 1, 1, 2, 2, 2, 3에서 4개의 숫자를 택하여 만들 수 있는 네 자리의 자연수의 개수를 구하시오.

040 변형

다섯 개의 숫자 2, 2, 3, 3, 4를 모두 사용하여 만들 수 있는 다섯 자리의 자연수 중에서 4의 배수의 개수를 구하시오.

예제 10 / 최단 거리로 가는 경우의 수

오른쪽으로 p칸, 위쪽으로 q칸 가야 하는 도로망에서 최단 거리로 가는 경우의 수 ➡ $\dfrac{(p+q)!}{p! \times q!}$

오른쪽 그림과 같은 도로망이 있을 때, 다음을 구하시오.

(1) A 지점에서 B 지점까지 최단 거리로 가는 경우의 수

(2) A 지점에서 P 지점을 거쳐 B 지점까지 최단 거리로 가는 경우의 수

(3) A 지점에서 P 지점을 거치지 않고 B 지점까지 최단 거리로 가는 경우의 수

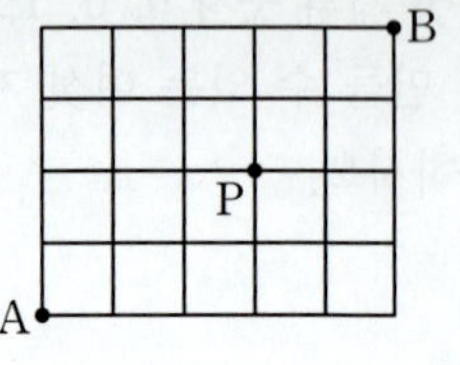

• 유형만렙 확률과 통계 16쪽에서 문제 더 풀기

| 풀이 | 오른쪽으로 한 칸 이동하는 것을 a, 위쪽으로 한 칸 이동하는 것을 b라 하자.

(1) A 지점에서 B 지점까지 최단 거리로 가려면

오른쪽으로 5칸, 위쪽으로 4칸 가야 한다.

따라서 구하는 경우의 수는 $a, a, a, a, a, b, b, b, b$를 일렬로 배열하는 경우의 수와 같으므로

$$\dfrac{9!}{5! \times 4!} = 126$$

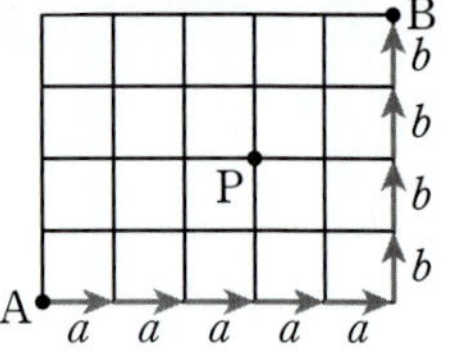

(2) A 지점에서 P 지점까지 최단 거리로 가려면

오른쪽으로 3칸, 위쪽으로 2칸 가야 한다.

즉, 그 경우의 수는 a, a, a, b, b를 일렬로 배열하는 경우의 수와 같으므로 $\dfrac{5!}{3! \times 2!} = 10$

P 지점에서 B 지점까지 최단 거리로 가려면

오른쪽으로 2칸, 위쪽으로 2칸 가야 한다.

즉, 그 경우의 수는 a, a, b, b를 일렬로 배열하는 경우의 수와 같으므로 $\dfrac{4!}{2! \times 2!} = 6$

따라서 구하는 경우의 수는

$$10 \times 6 = 60$$

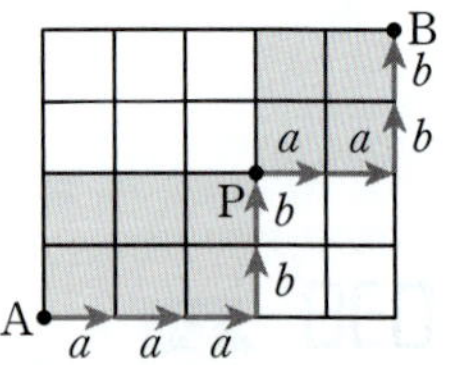

(3) 구하는 경우의 수는 A 지점에서 B 지점까지 최단 거리로 가는 경우의 수에서

A 지점에서 P 지점을 거쳐 B 지점까지 최단 거리로 가는 경우의 수를 뺀 것과 같으므로

$$126 - 60 = 66$$

답 (1) 126 (2) 60 (3) 66

| 다른 풀이 | 합의 법칙을 이용하면 다음과 같이 구할 수 있다.

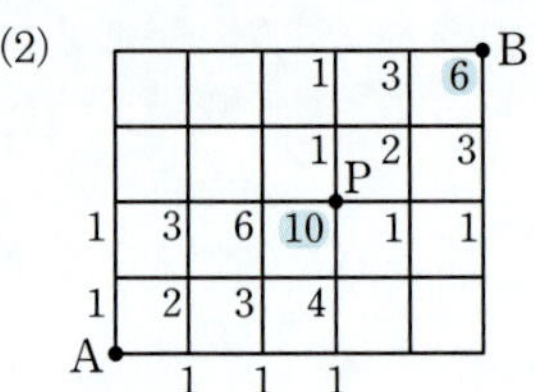

(1)

					B
1	5	15	35	70	126
1	4	10	20	35	56
1	3	6	10	15	21
1	2	3	4	5	6
A	1	1	1	1	1

따라서 구하는 경우의 수는 126

(2)

따라서 구하는 경우의 수는 $10 \times 6 = 60$

041 유사 교육청

그림과 같이 직사각형 모양으로 연결된 도로망이 있다. 이 도로망을 따라 A 지점에서 출발하여 P 지점을 지나 B 지점까지 최단 거리로 가는 경우의 수는?

(단, 한 번 지난 도로를 다시 지날 수 있다.)

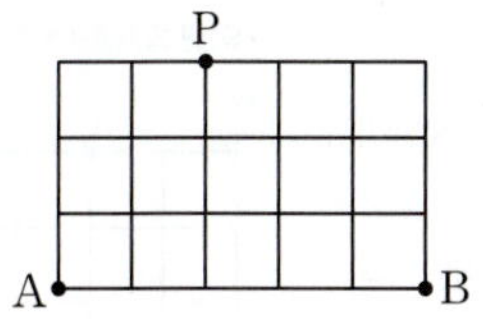

① 200   ② 210   ③ 220
④ 230   ⑤ 240

042 유사

다음 그림과 같은 도로망이 있을 때, A 지점에서 P 지점을 거치지 않고 B 지점까지 최단 거리로 가는 경우의 수를 구하시오.

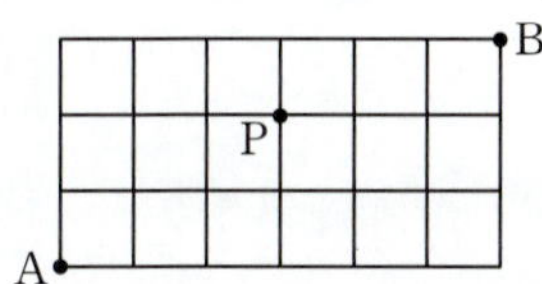

043 변형

다음 그림과 같은 도로망이 있을 때, A 지점에서 P 지점과 Q 지점을 거쳐 B 지점까지 최단 거리로 가는 경우의 수를 구하시오.

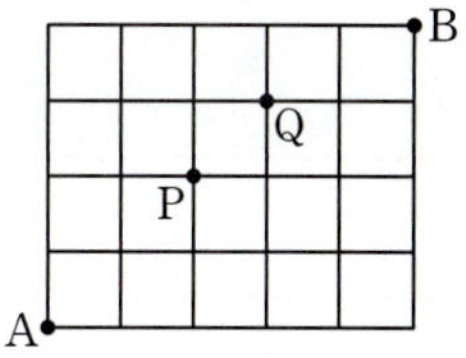

044 변형

다음 그림과 같은 도로망이 있을 때, A 지점에서 P 지점은 거치지 않고 Q 지점은 거쳐 B 지점까지 최단 거리로 가는 경우의 수를 구하시오.

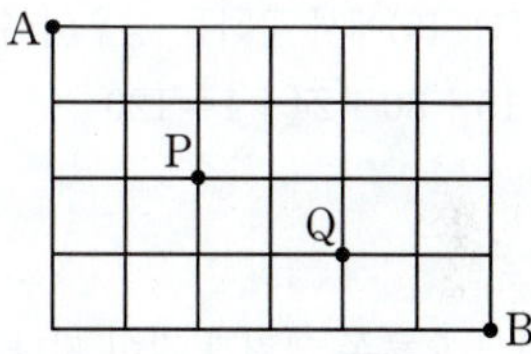

반드시 거쳐야 하는 지점을 중복하여 지나지 않도록 잡아 각각의 경우의 수를 구한다.

오른쪽 그림과 같은 도로망이 있을 때, A 지점에서 B 지점까지 최단 거리로 가는 경우의 수를 구하시오.

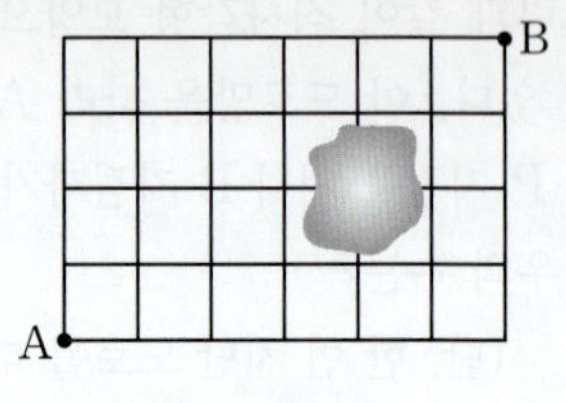

• 유형만렙 확률과 통계 17쪽에서 문제 더 풀기

| 풀이 | 오른쪽 그림과 같이 네 지점 P, Q, R, S를 잡으면 P, Q, R, S 중에서 어느 한 지점은 반드시 거치지만 두 지점 이상을 동시에 거쳐 최단 거리로 가는 경우는 없으므로 A 지점에서 B 지점까지 최단 거리로 가는 경우는

$$A \to P \to B \text{ 또는 } A \to Q \to B \text{ 또는 } A \to R \to B$$
$$\text{또는 } A \to S \to B$$

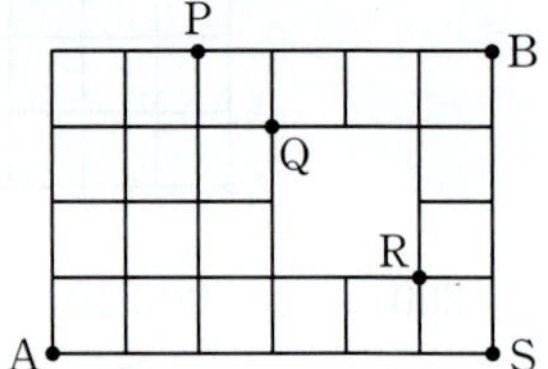

(ⅰ) A → P → B로 가는 경우의 수는 ◀ A → P는 오른쪽으로 2칸, 위쪽으로 4칸 가야 하고, P → B의 경우는 1가지이다.

$$\frac{6!}{2! \times 4!} \times 1 = 15 \times 1 = 15$$

(ⅱ) A → Q → B로 가는 경우의 수는 ◀ A → Q는 오른쪽으로 3칸, 위쪽으로 3칸 가야 하고, Q → B는 오른쪽으로 3칸, 위쪽으로 1칸 가야 한다.

$$\frac{6!}{3! \times 3!} \times \frac{4!}{3! \times 1!} = 20 \times 4 = 80$$

(ⅲ) A → R → B로 가는 경우의 수는 ◀ A → R는 오른쪽으로 5칸, 위쪽으로 1칸 가야 하고, R → B는 오른쪽으로 1칸, 위쪽으로 3칸 가야 한다.

$$\frac{6!}{5! \times 1!} \times \frac{4!}{1! \times 3!} = 6 \times 4 = 24$$

(ⅳ) A → S → B로 가는 경우의 수는 ◀ A → S, S → B의 경우는 각각 1가지이다.

$$1 \times 1 = 1$$

(ⅰ)~(ⅳ)에서 구하는 경우의 수는

$$15 + 80 + 24 + 1 = 120$$

답 120

| 다른 풀이 | 오른쪽 그림과 같이 지나갈 수 없는 길을 점선으로 연결하여 그 교점을 C라 하면 구하는 경우의 수는 A → B로 가는 경우의 수에서 A → C → B로 가는 경우의 수를 뺀 것과 같으므로

$$\frac{10!}{6! \times 4!} - \frac{6!}{4! \times 2!} \times \frac{4!}{2! \times 2!} = 210 - 15 \times 6 = 120$$

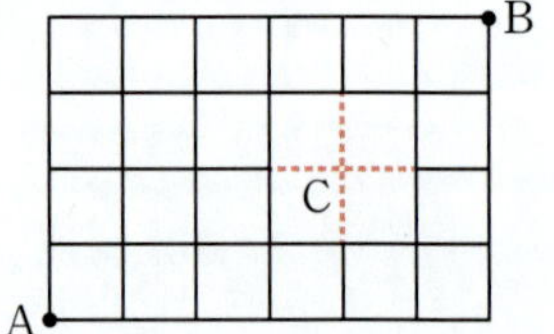

| 다른 풀이 | 합의 법칙을 이용하면 오른쪽 그림과 같다.
따라서 구하는 경우의 수는 120

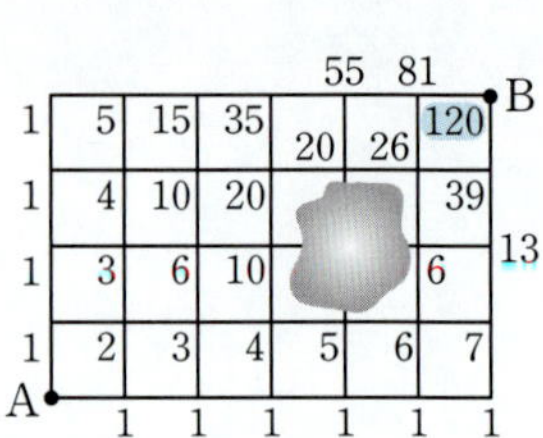

045 유사

오른쪽 그림과 같은 도로망이 있을 때, A 지점에서 B 지점까지 최단 거리로 가는 경우의 수를 구하시오.

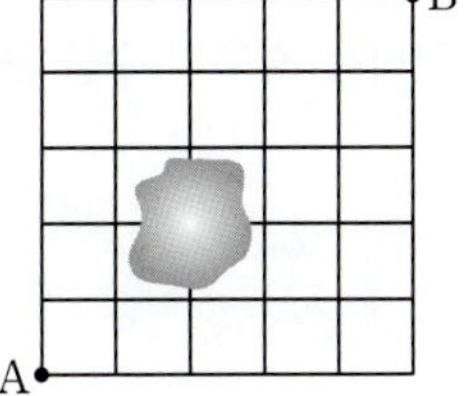

046 변형

오른쪽 그림과 같은 도로망이 있을 때, A 지점에서 B 지점까지 최단 거리로 가는 경우의 수를 구하시오.

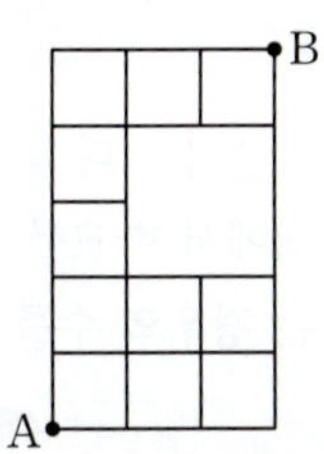

047 변형

교과서

오른쪽 그림과 같은 도로망이 있을 때, A 지점에서 B 지점까지 최단 거리로 가는 경우의 수를 구하시오.

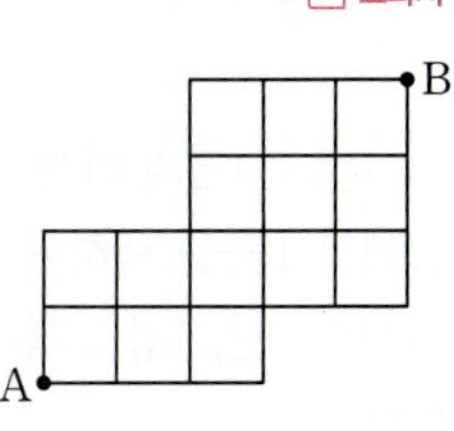

048 변형

다음 그림과 같은 도로망이 있을 때, A 지점에서 B 지점까지 최단 거리로 가는 경우의 수를 구하시오.

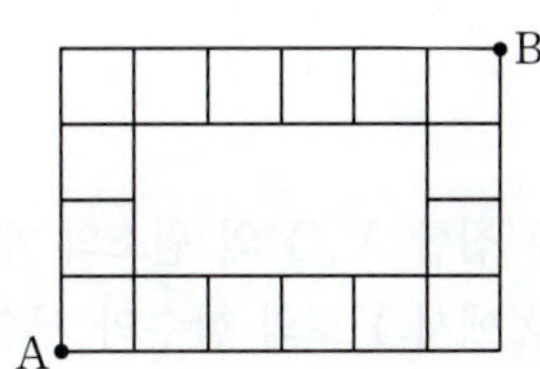

049 4명의 학생이 각각 세 대학교 A, B, C 중에서 1곳을 택하여 탐방하는 경우의 수를 구하시오. (단, 1명도 택하지 않는 대학교가 있을 수 있다.)

교과서

050 여섯 개의 숫자 0, 1, 2, 3, 4, 5로 중복을 허용하여 만들 수 있는 다섯 자리의 자연수 중에서 짝수의 개수는?

① 5 　　② 15 　　③ 90
④ 540 　　⑤ 3240

051 두 집합 X, Y의 원소의 개수가 각각 3, n이고 X에서 Y로의 함수의 개수가 216일 때, 자연수 n의 값은?

① 4 　　② 5 　　③ 6
④ 7 　　⑤ 8

052 newspaper에 있는 9개의 문자를 일렬로 배열할 때, 양 끝에 같은 문자가 오도록 배열하는 경우의 수를 구하시오.

053 어느 학생이 오늘 복습해야 할 과목은 A, B를 포함하여 6개이다. 먼저 복습을 시작한 과목을 마쳐야 다음 과목을 시작할 수 있고, 과목 A는 과목 B보다 먼저 복습해야 할 때, 복습의 순서를 정하는 경우의 수를 구하시오.

054 다음 그림과 같은 도로망이 있을 때, 집에서 학교를 거쳐 도서관까지 최단 거리로 가는 경우의 수를 구하시오.

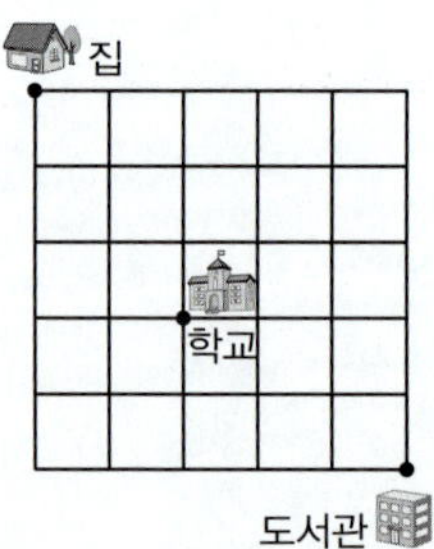

2단계

🎓 평가원

055 네 문자 a, b, X, Y 중에서 중복을 허락하여 6개를 택해 일렬로 나열하려고 한다. 다음 조건이 성립하도록 나열하는 경우의 수는?

> (개) 양 끝 모두에 대문자가 나온다.
> (내) a는 한 번만 나온다.

① 384 ② 408 ③ 432
④ 456 ⑤ 480

✏️ 서술형

056 1부터 6까지의 자연수가 각각 하나씩 적힌 6개의 공을 서로 다른 3개의 상자에 남김없이 넣을 때, 각 상자에 넣은 공에 적힌 수의 합이 19 이하가 되는 경우의 수를 구하시오.

(단, 빈 상자가 있을 수 있다.)

057 세 개의 숫자 0, 1, 2로 중복을 허용하여 만들 수 있는 자연수를 크기가 작은 것부터 순서대로 배열할 때, 2000은 몇 번째 수인가?

① 50번째 ② 51번째 ③ 52번째
④ 53번째 ⑤ 54번째

058 빨간색 깃발과 파란색 깃발이 각각 1개씩 있다. 이 깃발들을 n번 이하로 들어 올려서 만들 수 있는 서로 다른 신호가 200개 이상이 되도록 하는 n의 최솟값을 구하시오.
(단, 2개의 깃발을 동시에 들어 올리지 않는다.)

059 전체집합 $U=\{1,\ 2,\ 3,\ 4,\ 5,\ 6,\ 7\}$의 두 부분집합 A, B가 $A\cup B=U$, $A\cap B=\{1,\ 7\}$을 만족시킬 때, 두 집합 A, B를 정하는 경우의 수를 구하시오.

🎓 교육청

060 A, B, B, C, C, C의 문자가 하나씩 적혀 있는 6장의 카드가 있다. 이 6장의 카드 중에서 5장의 카드를 택하여 이 5장의 카드를 왼쪽부터 모두 일렬로 나열할 때, C가 적힌 카드가 왼쪽에서 두 번째의 위치에 놓이도록 나열하는 경우의 수는? (단, 같은 문자가 적힌 카드끼리는 서로 구별하지 않는다.)

① 24 ② 26 ③ 28
④ 30 ⑤ 32

• 정답과 해설 13쪽

교육청

061 3개의 문자 A, B, C를 포함한 서로 다른 6개의 문자를 모두 한 번씩 사용하여 일렬로 나열할 때, 두 문자 B와 C 사이에 문자 A를 포함하여 1개 이상의 문자가 있도록 나열하는 경우의 수는?

① 180　　② 200　　③ 220
④ 240　　⑤ 260

교과서

062 세 개의 숫자 1, 2, 3으로 중복을 허용하여 만들 수 있는 네 자리의 자연수 중에서 각 자리의 숫자의 합이 8인 자연수의 개수는?

① 12　　② 15　　③ 19
④ 24　　⑤ 27

063 오른쪽 그림과 같은 도로망이 있을 때, A 지점에서 B 지점까지 최단 거리로 가는 경우의 수를 구하시오.

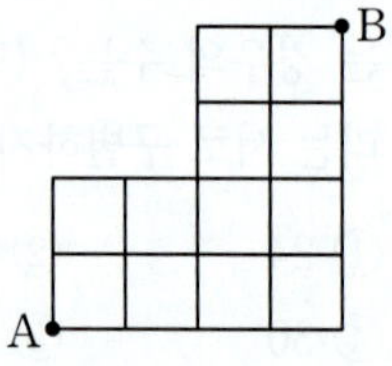

3단계

064 두 집합 $X=\{a, b, c, d\}$, $Y=\{1, 2, 3, 4, 5\}$에 대하여 다음 조건을 만족시키는 X에서 Y로의 함수의 개수를 구하시오.

> (가) 치역의 원소의 개수는 2이다.
> (나) 치역의 모든 원소의 합은 짝수이다.

교육청

065 다음 조건을 만족시키는 자연수 a, b, c, d의 모든 순서쌍 (a, b, c, d)의 개수는?

> (가) $a \times b \times c \times d = 8$
> (나) $a + b + c + d < 10$

① 10　　② 12　　③ 14
④ 16　　⑤ 18

066 오른쪽 그림과 같은 도로망이 있을 때, A 지점에서 B 지점까지 최단 거리로 가는 경우의 수를 구하시오.

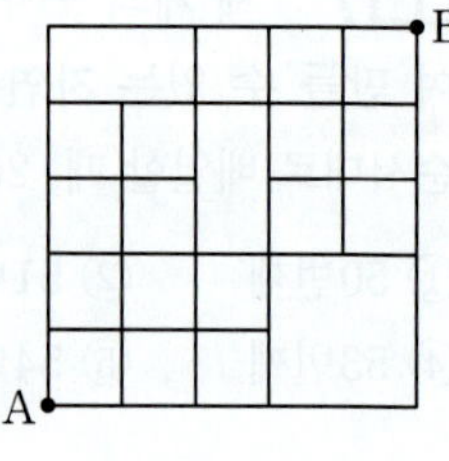

2

중복조합과 이항정리

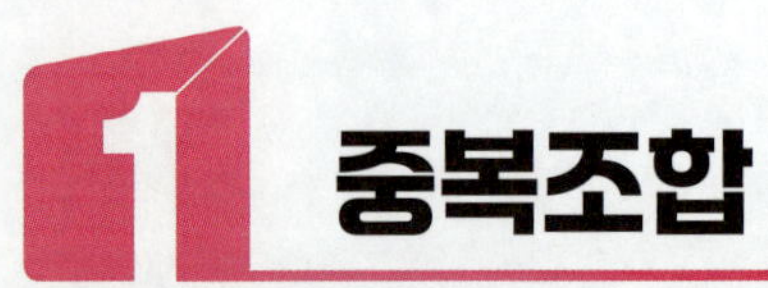

중복조합

개념 01 중복조합의 뜻

서로 다른 n개에서 중복을 허용하여 r개를 택하는 조합을
서로 다른 n개에서 r개를 택하는 **중복조합**이라 한다.
이때 중복조합의 가짓수를 **중복조합의 수**라 하고 기호로

$$_n\mathrm{H}_r$$

와 같이 나타낸다.

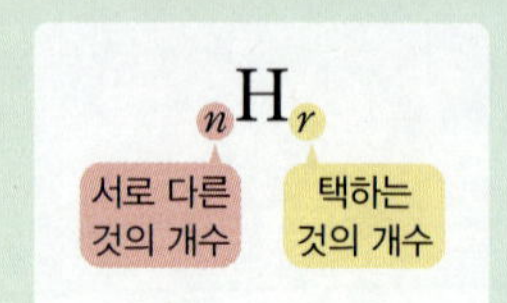

순열, 중복순열, 조합, 중복조합을 비교하면 다음 표와 같다.

	순서	중복	기호
순열	생각한다.	허용하지 않는다.	$_n\mathrm{P}_r$
중복순열	생각한다.	허용한다.	$_n\Pi_r$
조합	생각하지 않는다.	허용하지 않는다.	$_n\mathrm{C}_r$
중복조합	생각하지 않는다.	허용한다.	$_n\mathrm{H}_r$

이를 이용하여 3개의 문자 a, b, c에서 2개를 택하는 경우를 비교해 보자.

(1) 순열: 순서를 생각하고 서로 다른 2개를 택하는 경우
   ➡ ab, ac, ba, bc, ca, cb ➡ $_3\mathrm{P}_2=6$(가지)

(2) 중복순열: 순서를 생각하고 중복을 허용하여 2개를 택하는 경우
   ➡ aa, ab, ac, ba, bb, bc, ca, cb, cc ➡ $_3\Pi_2=9$(가지)

(3) 조합: 순서를 생각하지 않고 서로 다른 2개를 택하는 경우
   ➡ (a, b), (a, c), (b, c) ➡ $_3\mathrm{C}_2=3$(가지)

(4) 중복조합: 순서를 생각하지 않고 중복을 허용하여 2개를 택하는 경우
   ➡ (a, a), (a, b), (a, c), (b, b), (b, c), (c, c) ➡ $_3\mathrm{H}_2=6$(가지)

| 참고 | $_n\mathrm{H}_r$에서 H는 Homogeneous(서로 같은 종류의)의 첫 글자이다.

개념 02 중복조합의 수

◐ 예제 01~06

서로 다른 n개에서 r개를 택하는 중복조합의 수는

$$_n\mathrm{H}_r = {}_{n+r-1}\mathrm{C}_r$$

중복조합의 수 $_n\mathrm{H}_r$는 다음과 같이 두 가지 방법으로 구할 수 있다.

(1) 같은 것이 있는 순열의 수를 이용하는 경우

3개의 문자 a, b, c에서 중복을 허용하여 4개를 택할 때, 택하는 순서는 생각하지 않으므로
앞에서부터 순서대로 a의 묶음, b의 묶음, c의 묶음으로 나타내면 다음과 같이 15가지가 있다.

$aaaa$	$aaab$	$aaac$	$aabb$	$aabc$
$aacc$	$abbb$	$abbc$	$abcc$	$accc$
$bbbb$	$bbbc$	$bbcc$	$bccc$	$cccc$

이때 문자를 모두 ○로 나타내고 각 문자의 묶음을 구분하기 위하여 서로 다른 문자의 경계에는
□를 놓으면 다음과 같이 나타낼 수 있다.

└─ (a의 개수만큼 ○)□(b의 개수만큼 ○)□(c의 개수만큼 ○) 꼴

따라서 3개의 문자 a, b, c에서 중복을 허용하여 4개를 택하는 조합의 수 $_3\mathrm{H}_4$는

4개의 ○와 2개의 □를 일렬로 배열하는 경우의 수 $\dfrac{6!}{4! \times 2!}$과 같다.

└─ 같은 것이 있는 순열의 수

일반적으로 서로 다른 n개에서 r개를 택하는 중복조합의 수 $_n\mathrm{H}_r$는
r개의 ○와 $(n-1)$개의 □를 일렬로 배열하는 경우의 수와 같다.

$$\therefore {}_n\mathrm{H}_r = \frac{\{r+(n-1)\}!}{r! \times (n-1)!} = {}_{r+(n-1)}\mathrm{C}_r = {}_{n+r-1}\mathrm{C}_r$$

(2) 조합의 수를 이용하는 경우

세 개의 숫자 1, 2, 3에서 중복을 허용하여 4개를 택할 때, 택하는 순서는 생각하지 않으므로
앞의 숫자가 뒤의 숫자보다 크지 않도록 순서쌍으로 나타내면 다음과 같이 15가지가 있다.

$(1, 1, 1, 1)$	$(1, 1, 1, 2)$	$(1, 1, 1, 3)$	$(1, 1, 2, 2)$	$(1, 1, 2, 3)$	
$(1, 1, 3, 3)$	$(1, 2, 2, 2)$	$(1, 2, 2, 3)$	$(1, 2, 3, 3)$	$(1, 3, 3, 3)$	$\cdots\cdots$ ㉠
$(2, 2, 2, 2)$	$(2, 2, 2, 3)$	$(2, 2, 3, 3)$	$(2, 3, 3, 3)$	$(3, 3, 3, 3)$	

이때 택한 4개의 숫자가 중복이 되지 않도록 연속인 네 개의 수, 예를 들어 0, 1, 2, 3을 각 순서쌍
의 첫 번째 숫자, 두 번째 숫자, 세 번째 숫자, 네 번째 숫자에 각각 더하면 다음과 같은 순서쌍이
만들어진다.

$(1, 2, 3, 4)$	$(1, 2, 3, 5)$	$(1, 2, 3, 6)$	$(1, 2, 4, 5)$	$(1, 2, 4, 6)$	
$(1, 2, 5, 6)$	$(1, 3, 4, 5)$	$(1, 3, 4, 6)$	$(1, 3, 5, 6)$	$(1, 4, 5, 6)$	$\cdots\cdots$ ㉡
$(2, 3, 4, 5)$	$(2, 3, 4, 6)$	$(2, 3, 5, 6)$	$(2, 4, 5, 6)$	$(3, 4, 5, 6)$	

㉡에서 각 순서쌍은 중복이 되지 않으므로 ㉠, ㉡의 순서쌍의 개수는 서로 같고, ㉡의 순서쌍의
개수는 여섯 개의 숫자 1, 2, 3, 4, 5, 6에서 4개를 택하는 경우의 수 $_6\mathrm{C}_4$와 같다.

└─ 조합의 수

한편 $6 = 3+4-1$이고 ㉠의 순서쌍의 개수는 $_3\mathrm{H}_4$이므로

$$_3\mathrm{H}_4 = {}_{3+4-1}\mathrm{C}_4 = {}_6\mathrm{C}_4$$

일반적으로 서로 다른 n개에서 r개를 택하는 중복조합의 수 $_n\mathrm{H}_r$는 서로 다른 $(n+r-1)$개에서
r개를 택하는 조합의 수와 같다.

$$\therefore {}_n\mathrm{H}_r = {}_{n+r-1}\mathrm{C}_r$$

| 예 | 4개의 문자 a, b, c, d에서 중복을 허용하여 3개를 택하는 경우의 수는

서로 다른 4개에서 3개를 택하는 중복조합의 수와 같으므로

$$_4\mathrm{H}_3 = {}_{4+3-1}\mathrm{C}_3 = {}_6\mathrm{C}_3 = \frac{6 \times 5 \times 4}{3 \times 2 \times 1} = 20$$ ◀ aaa, aab, aac, aad, abb, abc, abd, acc, acd, add, bbb, bbc, bbd, bcc, bcd, bdd, ccc, ccd, cdd, ddd

| 참고 | 조합의 수 $_n\mathrm{C}_r$에서는 중복을 허용하지 않으므로 $0 \leq r \leq n$이지만 ◀ 2개 중에서 3개를 택할 수 없다.

중복조합의 수 $_n\mathrm{H}_r$에서는 중복을 허용하므로 $r > n$일 수도 있다. ◀ 2개 중에서 3개를 택할 수 있다.

개념 03 조합과 함수의 개수　　　　　　　　　　　　　　　　◎ 예제 06

실수를 원소로 갖는 두 집합 X, Y에 대하여 X, Y의 원소의 개수가 각각 m, n이고,

$f : X \longrightarrow Y$, $i \in X$, $j \in X$일 때

(1) $i < j$이면 $f(i) < f(j)$인 함수의 개수 ➡ $_n\mathrm{C}_m$ (단, $m \leq n$)

(2) $i < j$이면 $f(i) \leq f(j)$인 함수의 개수 ➡ $_n\mathrm{H}_m$

두 집합 $X = \{1, 2, 3, ..., m\}$, $Y = \{1, 2, 3, ..., n\}$에 대하여

(1) $i < j$이면 $f(i) < f(j)$를 만족시키려면

$$f(1) < f(2) < f(3) < \cdots < f(m)$$

이어야 하므로 공역 Y의 원소는 다음과 같이 정의역 X의 원소에 대응되어야 한다.

$f(1)$	<	$f(2)$	<	$f(3)$	<	$f(4)$	<	$\cdots$	<	$f(m)$
1		2		3		4		$\cdots$		m
1		2		3		5		$\cdots$		$m+1$
2		3		4		5		$\cdots$		$m+1$
$\vdots$		$\vdots$		$\vdots$		$\vdots$				$\vdots$

◀ 등호가 없으므로 각 정의역의 원소에 대응하는 공역의 원소가 중복될 수 없다.

따라서 함수 f의 개수는 집합 Y의 원소 n개에서 m개를 택하여 크기가 작은 것부터 순서대로 $f(1)$, $f(2)$, $f(3)$, ..., $f(m)$에 대응시키는 조합의 수와 같으므로

$$_n\mathrm{C}_m \text{ (단, } m \leq n)$$

(2) $i < j$이면 $f(i) \leq f(j)$를 만족시키려면

$$f(1) \leq f(2) \leq f(3) \leq \cdots \leq f(m)$$

이어야 하므로 공역 Y의 원소는 다음과 같이 정의역 X의 원소에 대응되어야 한다.

$f(1)$	≤	$f(2)$	≤	$f(3)$	≤	$f(4)$	≤	$\cdots$	≤	$f(m)$
1		1		1		1		$\cdots$		1
1		2		2		3		$\cdots$		m
1		2		3		4		$\cdots$		$m+1$
2		2		2		2		$\cdots$		2
$\vdots$		$\vdots$		$\vdots$		$\vdots$				$\vdots$

◀ 등호가 있으므로 각 정의역의 원소에 대응하는 공역의 원소가 중복될 수 있다.

따라서 함수 f의 개수는 집합 Y의 원소 n개에서 중복을 허용하여 m개를 택하여 크기가 작거나 같은 것부터 순서대로 $f(1)$, $f(2)$, $f(3)$, ..., $f(m)$에 대응시키는 조합의 수와 같으므로

$$_n\mathrm{H}_m$$

| 참고 | 조합과 중복조합을 이용하여 함수의 개수를 구할 때, 택한 것에서 순서는 자동으로 1가지로 정해지므로 택한 후 순서를 생각하지 않도록 주의한다.

개념 01
067 다음을 기호 $_n\mathrm{H}_r$ 꼴로 나타내시오.

(1) 서로 다른 6개에서 4개를 택하는 중복조합의 수

(2) 서로 다른 3개에서 7개를 택하는 중복조합의 수

개념 02
068 다음 값을 구하시오.

(1) $_3\mathrm{H}_5$

(2) $_5\mathrm{H}_4$

(3) $_6\mathrm{H}_0$

(4) $_2\mathrm{H}_2$

개념 02
069 다음 등식을 만족시키는 자연수 n 또는 r의 값을 구하시오.

(1) $_7\mathrm{H}_7 = {}_n\mathrm{C}_7$

(2) $_3\mathrm{H}_6 = {}_n\mathrm{C}_2$

(3) $_6\mathrm{H}_r = {}_{10}\mathrm{C}_5$

(4) $_5\mathrm{H}_r = {}_6\mathrm{C}_2$

개념 02
070 4개의 문자 a, b, c, d에서 중복을 허용하여 6개를 택하는 경우의 수를 구하시오.

(단, 택하지 않는 문자가 있을 수 있다.)

서로 다른 n개에서 중복을 허용하여 r개를 택하는 경우의 수 ➡ $_nH_r=_{n+r-1}C_r$

다음을 구하시오.

(1) 같은 종류의 연필 6자루를 3명의 학생 A, B, C에게 나누어 주는 경우의 수
(단, 연필을 받지 못하는 학생이 있을 수 있다.)

(2) 2명의 후보 A, B가 출마한 선거에서 8명의 선거인이 1명의 후보에게 각각 무기명으로 투표하는 경우의 수 (단, 기권이나 무효표는 없다.)

• 유형만렙 확률과 통계 24쪽에서 문제 더 풀기

| 풀이 | (1) 같은 종류의 연필 6자루를 3명의 학생에게 나누어 주는 경우의 수는

서로 다른 3명의 학생에서 중복을 허용하여 6명을 택하는 경우의 수와 같으므로

$$_3H_6=_{3+6-1}C_6=_8C_6=_8C_2=\frac{8\times7}{2\times1}=28$$

(2) 무기명 투표는 선거인이 어느 후보에게 투표를 하였는지 밝히지 않는 경우이므로 선거인이 어느 후보를 뽑았는지 구분이 되지 않는다. ◀ 무기명 투표에 대한 문제가 나오면 중복조합을 이용한다.

즉, 2명의 후보에게 8명의 선거인이 각각 무기명으로 투표하는 경우의 수는

서로 다른 2명의 후보에서 중복을 허용하여 8명을 택하는 경우의 수와 같으므로

$$_2H_8=_{2+8-1}C_8=_9C_8=_9C_1=9$$

답 (1) 28 (2) 9

TIP 중복조합의 수 $_nH_r$에서 n, r를 파악하는 방법

서로 다른 n개에서 r개를 택하는 중복조합의 수 $_nH_r$를 구할 때, 어떤 것을 n으로 놓고 어떤 것을 r로 놓아야 하는지 파악이 어렵다면 서로 구분을 할 수 없는 것의 개수를 r로 놓으면 된다.

즉, 주어진 문제에서 서로 다른 종류로 주어진 것의 개수는 n으로 놓고, 서로 같은 종류로 주어진 것의 개수는 r로 놓으면 된다.

예를 들어 예제 01의 (1)에서 연필 6자루는 서로 같은 종류이고, 3명의 학생 A, B, C는 서로 다른 사람이다.

따라서 $n=3$, $r=6$으로 놓으면 구하는 경우의 수는 $_3H_6$이다.

또 예제 01의 (2)에서 2명의 후보는 서로 다른 사람이고, 8명의 선거인이 투표한 8개의 표는 무기명이므로 서로 같은 종류이다.

따라서 $n=2$, $r=8$로 놓으면 구하는 경우의 수는 $_2H_8$이다.

• 정답과 해설 15쪽

071 유사

같은 종류의 초콜릿 8개를 서로 다른 4개의 접시에 나누어 담는 경우의 수를 구하시오.

(단, 빈 접시가 있을 수 있다.)

073 변형 교과서

어느 과일 가게에서 사과, 배, 복숭아 중 n개의 과일을 사는 경우의 수가 55일 때, n의 값을 구하시오. (단, 각 종류의 과일은 n개 이상씩 있고, 같은 종류의 과일은 서로 구별하지 않는다.)

072 유사

어느 동아리에서 3명의 후보가 회장 선거에 출마하였을 때, 12명의 동아리 회원이 1명의 후보에게 각각 무기명으로 투표하는 경우의 수를 구하시오. (단, 기권이나 무효표는 없다.)

074 변형 교육청

빨간색 볼펜 5자루와 파란색 볼펜 2자루를 4명의 학생에게 남김없이 나누어 주는 경우의 수는? (단, 같은 색 볼펜끼리는 서로 구별하지 않고, 볼펜을 1자루도 받지 못하는 학생이 있을 수 있다.)

① 560　　② 570　　③ 580
④ 590　　⑤ 600

일정 개수 이상 포함하여 택하는 조건이 주어졌을 때, 그 개수만큼 먼저 택하였다고 생각하고 나머지 개수만큼 택하는 중복조합의 수를 구한다.

다음을 구하시오.

(1) 축구공, 농구공, 야구공, 배구공 중에서 13개의 공을 사려고 할 때, 각 종류의 공을 적어도 1개씩은 사는 경우의 수 (단, 각 종류의 공은 13개 이상씩 있고, 같은 종류의 공은 서로 구별하지 않는다.)

(2) 같은 종류의 구슬 12개를 3개의 주머니 A, B, C에 나누어 담으려고 할 때, 주머니 A에는 2개 이상, 주머니 B에는 3개 이상의 구슬을 담는 경우의 수 (단, 빈 주머니가 있을 수 있다.)

• 유형만렙 확률과 통계 24쪽에서 문제 더 풀기

| 풀이 | (1) 서로 다른 4종류의 공 중에서 13개의 공을 살 때, 각 종류의 공을 적어도 1개씩은 사려면 각 종류의 공을 1개씩 먼저 사고 나머지 9개의 공을 사면 된다.

따라서 구하는 경우의 수는 서로 다른 4종류의 공 중에서 9개의 공을 사는 경우의 수와 같다.

이는 서로 다른 4종류의 공에서 중복을 허용하여 9개를 택하는 경우의 수이므로

$$_4H_9 = {}_{4+9-1}C_9 = {}_{12}C_9 = {}_{12}C_3 = \frac{12 \times 11 \times 10}{3 \times 2 \times 1} = 220$$

(2) 서로 다른 3개의 주머니에 12개의 구슬을 나누어 담을 때, 주머니 A에는 2개 이상, 주머니 B에는 3개 이상의 구슬을 담으려면 주머니 A, B에 각각 2개, 3개의 구슬을 먼저 담고 나머지 7개의 구슬을 나누어 담으면 된다.

따라서 구하는 경우의 수는 서로 다른 3개의 주머니에 같은 종류의 구슬 7개를 나누어 담는 경우의 수와 같다.

이는 서로 다른 3개의 주머니에서 중복을 허용하여 7개를 택하는 경우의 수이므로

$$_3H_7 = {}_{3+7-1}C_7 = {}_9C_7 = {}_9C_2 = \frac{9 \times 8}{2 \times 1} = 36$$

답 (1) 220 (2) 36

075 유사

딸기 우유, 바나나 우유, 커피 우유 중에서 20개의 우유를 사려고 할 때, 각 종류의 우유를 적어도 1개씩은 사는 경우의 수를 구하시오. (단, 각 종류의 우유는 20개 이상씩 있고, 같은 종류의 우유는 서로 구별하지 않는다.)

076 유사

같은 종류의 사탕 16개를 5개의 그릇 A, B, C, D, E에 나누어 담으려고 할 때, 그릇 A에는 3개 이상, 그릇 B에는 5개 이상의 사탕을 담는 경우의 수를 구하시오.

(단, 빈 그릇이 있을 수 있다.)

077 변형

🔲 교과서

빨간 장미, 노란 장미, 흰 장미, 분홍 장미가 각각 18송이씩 들어 있는 바구니에서 18송이의 장미를 꺼내어 꽃다발을 만들려고 한다. 각 색깔의 장미를 적어도 3송이씩은 포함하는 경우의 수를 구하시오.

(단, 같은 색깔의 장미는 서로 구별하지 않는다.)

078 변형

🎓 교육청

같은 종류의 연필 6자루와 같은 종류의 지우개 5개를 세 명의 학생에게 남김없이 나누어 주려고 한다. 각 학생이 적어도 한 자루의 연필을 받도록 나누어 주는 경우의 수는?

(단, 지우개를 받지 못하는 학생이 있을 수 있다.)

① 210 ② 220 ③ 230
④ 240 ⑤ 250

$(x_1+x_2+x_3+\cdots+x_m)^n$의 전개식에서 **서로 다른 항의 개수** ➡ $_m\mathrm{H}_n$

$(x+y+z)^5$의 전개식에서 서로 다른 항의 개수를 구하시오.

• 유형만렙 확률과 통계 25쪽에서 문제 더 풀기

| 풀이 |

$$(x+y+z)^5=\underset{(i)}{(x+y+z)}\,\underset{(ii)}{(x+y+z)}\,\underset{(iii)}{(x+y+z)}\,\underset{(iv)}{(x+y+z)}\,\underset{(v)}{(x+y+z)}$$

이므로 $(x+y+z)^5$의 전개식에서 각 항은 (i)~(v)의 5개의 인수에서 각각 x, y, z 중 한 개를 택하여 곱한 것이다.

예를 들어 (i), (ii)에서 x, (iii)에서 y, (iv), (v)에서 z를 택하여 곱하면 x^2yz^2항이고,

(i)에서 x, (ii)에서 y, (iii)에서 x, (iv), (v)에서 z를 택하여 곱하여도 x^2yz^2항이므로

택하는 순서는 항의 개수에 영향을 주지 않는다.

따라서 구하는 서로 다른 항의 개수는 서로 다른 3개에서 중복을 허용하여 5개를 택하는 경우의 수와

└ x, y, z

같으므로

$$_3\mathrm{H}_5=_{3+5-1}\mathrm{C}_5=_7\mathrm{C}_5=_7\mathrm{C}_2=\frac{7\times6}{2\times1}=21$$

답 21

두 자연수 m, $n\,(m<n)$에 대하여 $m\le a\le b\le c\le d\le n$을 만족시키는 자연수 a, b, c, d의 순서쌍 $(a,\,b,\,c,\,d)$의 개수 ➡ $_{n-m+1}\mathrm{H}_4$

$4\le a\le b\le c\le d\le11$을 만족시키는 자연수 a, b, c, d의 순서쌍 $(a,\,b,\,c,\,d)$의 개수를 구하시오.

• 유형만렙 확률과 통계 25쪽에서 문제 더 풀기

| 풀이 | $4\le a\le b\le c\le d\le11$을 만족시키는 자연수 a, b, c, d의 값은

4, 5, 6, …, 11의 8개의 자연수에서 중복을 허용하여 4개를 택하여 크기가 작거나 같은 것부터 순서대

└ $a\le b\le c\le d$에서 등호가 있으므로 중복을 허용하여 택한다.

로 대응시키면 된다.

따라서 구하는 순서쌍 $(a,\,b,\,c,\,d)$의 개수는 서로 다른 8개에서 중복을 허용하여 4개를 택하는 경우의 수와 같으므로

$$_8\mathrm{H}_4=_{8+4-1}\mathrm{C}_4=_{11}\mathrm{C}_4=\frac{11\times10\times9\times8}{4\times3\times2\times1}=330$$

답 330

079 예제 03 **유사**

$(x+y+z+w)^8$의 전개식에서 서로 다른 항의 개수를 구하시오.

080 예제 04 **유사**

$3 \leq a \leq b \leq c \leq 9$를 만족시키는 자연수 a, b, c의 순서쌍 $(a,\ b,\ c)$의 개수를 구하시오.

081 예제 03 **변형**

$(x+y+z)^3(a+b+c+d)^5$의 전개식에서 서로 다른 항의 개수를 구하시오.

082 예제 04 **변형**

$1 \leq a \leq b \leq 6 \leq c \leq d \leq 10$을 만족시키는 자연수 a, b, c, d의 순서쌍 $(a,\ b,\ c,\ d)$의 개수를 구하시오.

예제 05 / 중복조합 – 방정식의 해의 개수

방정식 $x_1+x_2+x_3+\cdots+x_n=r$ (n, r는 자연수)에 대하여

- **음이 아닌 정수인 해의 개수** ➡ $_n\mathrm{H}_r$ 　　• **자연수인 해의 개수** ➡ $_n\mathrm{H}_{r-n}$ (단, $n\leq r$)

방정식 $x+y+z=8$에 대하여 다음을 구하시오.

(1) x, y, z가 모두 음이 아닌 정수인 해의 개수

(2) x, y, z가 모두 자연수인 해의 개수

• 유형만렙 확률과 통계 26쪽에서 문제 더 풀기

|풀이| (1) 방정식 $x+y+z=8$의 음이 아닌 정수인 해 중에서 한 해인 $x=2$, $y=3$, $z=3$을 2개의 x, 3개의 y, 3개의 z와 같이 생각하면 구하는 해의 개수는 3개의 문자 x, y, z에서 중복을 허용하여 8개를 택하는 경우의 수와 같으므로

$$_3\mathrm{H}_8=_{3+8-1}\mathrm{C}_8=_{10}\mathrm{C}_8=_{10}\mathrm{C}_2=\frac{10\times9}{2\times1}=45$$

(2) x, y, z가 자연수이면 $x\geq1$, $y\geq1$, $z\geq1$

즉, $x-1\geq0$, $y-1\geq0$, $z-1\geq0$이므로 $x-1$, $y-1$, $z-1$은 모두 음이 아닌 정수이다.

$x-1=x'$, $y-1=y'$, $z-1=z'$이라 하면 $x=x'+1$, $y=y'+1$, $z=z'+1$

이를 방정식 $x+y+z=8$에 대입하면 $(x'+1)+(y'+1)+(z'+1)=8$

$\therefore\ x'+y'+z'=5$　◂ x, y, z를 1개씩 먼저 택하고 나머지 5개를 택하는 경우로 생각할 수 있다.

x', y', z'이 모두 음이 아닌 정수이므로 구하는 해의 개수는 3개의 문자 x', y', z'에서 중복을 허용하여 5개를 택하는 경우의 수와 같다.

$$\therefore\ _3\mathrm{H}_5=_{3+5-1}\mathrm{C}_5=_7\mathrm{C}_5=_7\mathrm{C}_2=\frac{7\times6}{2\times1}=21$$

답 (1) 45 (2) 21

|다른 풀이| (2) x, y, z가 자연수이면 $x\geq1$, $y\geq1$, $z\geq1$

　(i) $x=1$일 때, 주어진 방정식에서 $y+z=7$이므로 순서쌍 (y, z)는 $(1, 6)$, $(2, 5)$, $(3, 4)$, $(4, 3)$, $(5, 2)$, $(6, 1)$의 6개

　(ii) $x=2$일 때, 주어진 방정식에서 $y+z=6$이므로 순서쌍 (y, z)는 $(1, 5)$, $(2, 4)$, $(3, 3)$, $(4, 2)$, $(5, 1)$의 5개

　(iii) $x=3$일 때, 주어진 방정식에서 $y+z=5$이므로 순서쌍 (y, z)는 $(1, 4)$, $(2, 3)$, $(3, 2)$, $(4, 1)$의 4개

　(iv) $x=4$일 때, 주어진 방정식에서 $y+z=4$이므로 순서쌍 (y, z)는 $(1, 3)$, $(2, 2)$, $(3, 1)$의 3개

　(v) $x=5$일 때, 주어진 방정식에서 $y+z=3$이므로 순서쌍 (y, z)는 $(1, 2)$, $(2, 1)$의 2개

　(vi) $x=6$일 때, 주어진 방정식에서 $y+z=2$이므로 순서쌍 (y, z)는 $(1, 1)$의 1개

　(i)~(vi)에서 구하는 해의 개수는 $6+5+4+3+2+1=21$

083 유사

x, y, z, w가 음이 아닌 정수일 때, 방정식 $x+y+z+w=7$을 만족시키는 해의 개수를 구하시오.

084 유사

x, y, z가 자연수일 때, 방정식 $x+y+z=14$를 만족시키는 해의 개수를 구하시오.

085 변형

부등식 $2 \leq x+y+z \leq 4$를 만족시키는 음이 아닌 정수 x, y, z의 순서쌍 (x, y, z)의 개수를 구하시오.

086 변형 교과서

방정식 $x+y+z=10$을 만족시키는 $x \geq -1$, $y \geq -1$, $z \geq -1$인 정수 x, y, z의 순서쌍 (x, y, z)의 개수를 구하시오.

발전 예제 06 / 중복조합 – 함수의 개수

두 집합 X, Y의 원소의 개수가 각각 m, n이고, $f:X \longrightarrow Y$, $i \in X$, $j \in X$일 때
- $i < j$이면 $f(i) < f(j)$인 함수의 개수 ➡ $_n\mathrm{C}_m$ (단, $m \leq n$)
- $i < j$이면 $f(i) \leq f(j)$인 함수의 개수 ➡ $_n\mathrm{H}_m$

두 집합 $X=\{1, 2, 3\}$, $Y=\{1, 2, 3, 4\}$에 대하여 다음 조건을 만족시키는 함수 $f:X \longrightarrow Y$의 개수를 구하시오. (단, $i \in X$, $j \in X$)

(1) $i < j$이면 $f(i) < f(j)$

(2) $i < j$이면 $f(i) \leq f(j)$

• 유형만렙 확률과 통계 27쪽에서 문제 더 풀기

| 풀이 |

(1) $i < j$이면 $f(i) < f(j)$를 만족시키려면
$$f(1) < f(2) < f(3)$$
즉, 집합 Y의 원소 1, 2, 3, 4의 4개에서 서로 다른 3개를 택하여 크기가 작은 것부터 순서대로 집합 X의 원소 1, 2, 3에 대응시키면 된다.
따라서 구하는 함수의 개수는 서로 다른 4개에서 3개를 택하는 경우의 수와 같으므로 (Y의 원소의 개수, X의 원소의 개수)
$$_4\mathrm{C}_3 = {}_4\mathrm{C}_1 = 4$$

$f(1)$	$<$	$f(2)$	$<$	$f(3)$
1		2		3
1		2		4
1		3		4
2		3		4

(2) $i < j$이면 $f(i) \leq f(j)$를 만족시키려면
$$f(1) \leq f(2) \leq f(3)$$
즉, 집합 Y의 원소 1, 2, 3, 4의 4개에서 중복을 허용하여 3개를 택하여 크기가 작거나 같은 것부터 순서대로 집합 X의 원소 1, 2, 3에 대응시키면 된다.
따라서 구하는 함수의 개수는 서로 다른 4개에서 중복을 허용하여 3개를 택하는 경우의 수와 같으므로 (Y의 원소의 개수, X의 원소의 개수)
$$_4\mathrm{H}_3 = {}_{4+3-1}\mathrm{C}_3 = {}_6\mathrm{C}_3 = \frac{6 \times 5 \times 4}{3 \times 2 \times 1} = 20$$

$f(1)$	$\leq$	$f(2)$	$\leq$	$f(3)$
1		1		1
1		1		2
1		1		3
1		1		4
1		2		2
1		2		3
1		2		4
1		3		3
⋮		⋮		⋮

답 (1) 4 (2) 20

087 유사

두 집합
$$X=\{1,\,2,\,3,\,4\},\ Y=\{1,\,2,\,3,\,4,\,5,\,6\}$$
에 대하여 다음 조건을 만족시키는 함수
$f:X \longrightarrow Y$의 개수를 구하시오.

(단, $i\in X$, $j\in X$)

(1) $i<j$이면 $f(i)<f(j)$

(2) $i<j$이면 $f(i)\leq f(j)$

088 유사

두 집합 $X=\{1,\,2,\,3,\,4\}$, $Y=\{5,\,6,\,7,\,8\}$에
대하여 다음 조건을 만족시키는 함수
$f:X \longrightarrow Y$의 개수를 구하시오.

> $x_1\in X$, $x_2\in X$일 때, $x_1<x_2$이면
> $f(x_1)\geq f(x_2)$이다.

089 변형

집합 $X=\{1,\,3,\,5,\,7,\,9\}$에 대하여 X에서 X
로의 함수 f 중에서 $f(1)\leq f(3)\leq f(5)\leq f(7)$
인 함수의 개수를 구하시오.

090 변형

두 집합
$$X=\{2,\,4,\,6,\,8\},\ Y=\{1,\,2,\,3,\,4,\,5,\,6,\,7\}$$
에 대하여 X에서 Y로의 함수 f 중에서 $x_1<x_2$
이면 $f(x_1)\leq f(x_2)$이고, $f(6)=5$인 함수의 개
수를 구하시오. (단, $x_1\in X$, $x_2\in X$)

중복순열과 중복조합의 비교

중복순열 또는 중복조합과 관련된 문제가 나오면 어떤 것을 이용하여야 하는지 파악하기 어려운 경우가 있으므로 다음 예시를 통하여 차이점을 알아보자.

5개의 초콜릿 a, b, c, d, e를 서로 다른 3개의 접시 A, B, C에 나누어 담는 경우의 수를 구할 때, 2개의 접시 A, B에 각각 3개, 2개의 초콜릿을 담는 경우 중에서 다음 그림과 같은 경우를 생각해 보자.

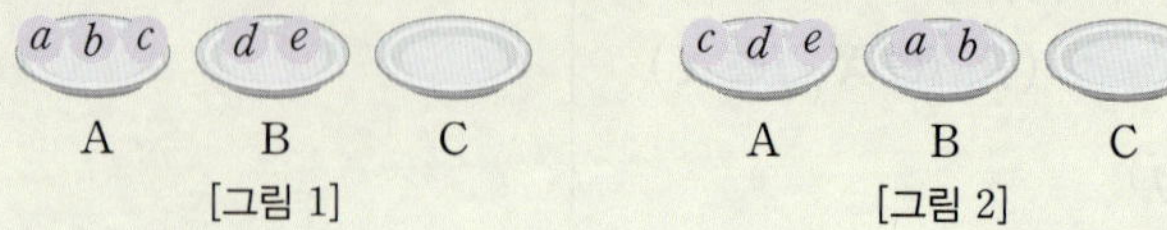

(1) 5개의 초콜릿이 <u>서로 다른 종류</u>인 경우

[그림 1]과 [그림 2]는 각각의 접시에 담긴 초콜릿의 종류가 서로 다르므로 서로 다른 경우이다.

즉, 각각의 그릇에 담는 초콜릿의 종류와 개수에 따라 경우가 달라진다.

따라서 이는 <u>순서를 생각하고 중복을 허용하는</u> 것이므로 구하는 경우의 수는
$$_3\Pi_5 = 3^5 = 243$$
└ 중복순열의 수

(2) 5개의 초콜릿이 <u>서로 같은 종류</u>인 경우

[그림 1]과 [그림 2]는 각각의 접시에 담긴 초콜릿의 종류가 서로 같으므로 다음 그림과 같이 모두 같은 경우이다.

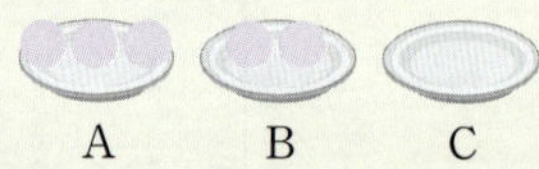

즉, 각각의 그릇에 담는 초콜릿의 종류와 상관없이 개수에 따라 경우가 달라진다.

따라서 이는 <u>순서를 생각하지 않고 중복을 허용하는</u> 것이므로 구하는 경우의 수는
$$_3H_5 = {}_7C_5 = {}_7C_2 = \frac{7 \times 6}{2 \times 1} = 21$$
└ 중복조합의 수

따라서 서로 구분이 되는 것을 나눌 때는 중복순열을 이용하고, 서로 구분이 되지 않는 것을 나눌 때는 중복조합을 이용한다.

유제

• 정답과 해설 **17쪽**

091 다음을 구하시오.

(1) 학생 5명 중에서 대표 2명을 뽑는 경우의 수

(2) 학생 5명 중에서 회장, 부회장을 뽑는 경우의 수

(3) 동일한 5개의 편지를 서로 다른 6개의 우체통에 넣는 경우의 수

(4) 학생 2명이 각각 연극부, 밴드부, 방송부 중에서 하나에 가입하는 경우의 수

(5) 서로 다른 4개의 편지를 서로 다른 5개의 우체통에 넣는 경우의 수

(6) 학생 7명에게 같은 종류의 과자 4개를 나누어 주는 경우의 수

연습문제

1단계

092 서로 다른 5개의 상자 A, B, C, D, E에 같은 종류의 공 8개를 넣는 경우의 수를 구하시오. (단, 빈 상자가 있을 수 있다.)

📖 교과서

095 한 개의 주사위를 3번 던져서 나오는 눈의 수를 차례대로 a, b, c라 할 때, $1 \leq a \leq b \leq 4 \leq c$를 만족시키는 순서쌍 (a, b, c)의 개수를 구하시오.

🎓 교육청

093 같은 종류의 공책 10권을 4명의 학생 A, B, C, D에게 남김없이 나누어 줄 때, A와 B가 각각 2권 이상의 공책을 받도록 나누어 주는 경우의 수는?

(단, 공책을 받지 못하는 학생이 있을 수 있다.)

① 76 ② 80 ③ 84
④ 88 ⑤ 92

096 부등식 $4 \leq x + y + z + w \leq 6$을 만족시키는 음이 아닌 정수 x, y, z, w의 순서쌍 (x, y, z, w)의 개수를 구하시오.

2단계

✏️ 서술형

097 복숭아, 오렌지, 자두 중에서 n개의 과일을 사는 경우의 수가 21일 때, 각 종류의 과일을 적어도 1개씩은 포함하여 n개의 과일을 사는 경우의 수를 구하시오. (단, 각 종류의 과일은 n개 이상씩 있고, 같은 종류의 과일은 서로 구별하지 않는다.)

094 $(x+y+z)^4(a+b)^5$의 전개식에서 서로 다른 항의 개수는?

① 75 ② 80 ③ 85
④ 90 ⑤ 95

연습문제

• 정답과 해설 **19**쪽

098 네 개의 숫자 2, 3, 5, 7에서 중복을 허용하여 택한 7개의 수의 곱이 90의 배수가 되도록 하는 경우의 수를 구하시오.

099 $(a+b+c+d+e)^{11}$의 전개식에서 a를 포함하지 않는 서로 다른 항의 개수는?

① 352 　② 364 　③ 376
④ 388 　⑤ 400

100 방정식 $x+y+z+5w=14$를 만족시키는 양의 정수 x, y, z, w의 모든 순서쌍 (x, y, z, w)의 개수는?

① 27 　② 29 　③ 31
④ 33 　⑤ 35

101 두 집합

$$X=\{1, 2, 3, 4\}, \; Y=\{5, 6, 7, 8, 9\}$$

에 대하여 X에서 Y로의 함수 f 중에서 $f(1)\leq f(2)<f(3)\leq f(4)$인 함수의 개수를 구하시오.

3단계

102 네 명의 학생 A, B, C, D에게 같은 종류의 초콜릿 8개를 다음 규칙에 따라 남김없이 나누어 주는 경우의 수는?

> (가) 각 학생은 적어도 1개의 초콜릿을 받는다.
> (나) 학생 A는 학생 B보다 더 많은 초콜릿을 받는다.

① 11 　② 13 　③ 15
④ 17 　⑤ 19

103 다음 조건을 만족시키는 자연수 a, b, c의 순서쌍 (a, b, c)의 개수를 구하시오.

> (가) a, b, c 중에서 홀수는 1개이다.
> (나) $a+b+c=15$

1 이항정리

개념 01 이항정리

○ 예제 01~06

n이 자연수일 때, $(a+b)^n$의 전개식은 다음과 같이 나타낼 수 있다.

$$(a+b)^n = {}_nC_0 a^n + {}_nC_1 a^{n-1}b^1 + \cdots + {}_nC_r a^{n-r}b^r + \cdots + {}_nC_n b^n$$

이를 **이항정리**라 하고, 각 항의 계수 ${}_nC_0,\ {}_nC_1,\ \ldots,\ {}_nC_r,\ \ldots,\ {}_nC_n$을 **이항계수**라 한다.
이때 ${}_nC_r a^{n-r}b^r$을 $(a+b)^n$의 전개식의 **일반항**이라 한다.

$(a+b)^3$을 전개하면 $(a+b)^3 = (a+b)(a+b)(a+b) = a^3 + 3a^2b + 3ab^2 + b^3$
이때 전개식의 각 항의 계수를 조합을 이용하여 생각해 보면 다음과 같다.

	$(a+b)$	$(a+b)$	$(a+b)$	
a^3의 계수	a	a	a	➡ a를 3개, b를 0개 택하는 경우의 수: ${}_3C_0 = 1$
a^2b의 계수	a a b	a b a	b a a	➡ a를 2개, b를 1개 택하는 경우의 수: ${}_3C_1 = 3$
ab^2의 계수	a b b	b a b	b b a	➡ a를 1개, b를 2개 택하는 경우의 수: ${}_3C_2 = 3$
b^3의 계수	b	b	b	➡ a를 0개, b를 3개 택하는 경우의 수: ${}_3C_3 = 1$

(b를 기준으로 생각한다.)

일반적으로 자연수 n에 대하여

$$(a+b)^n = \underbrace{(a+b)(a+b)(a+b) \times \cdots \times (a+b)}_{n개}$$

이므로 $(a+b)^n$의 전개식은 n개의 $(a+b)$에서 각각 a 또는 b를 하나씩 택하여 곱한 항을 모두 더한 것이다.
이때 $a^{n-r}b^r$항은 n개의 $(a+b)$ 중에서

r개의 $(a+b)$에서는 b를 택하고, 나머지 $(n-r)$개의 $(a+b)$에서는 a를 택하여 곱한 것

이므로 그 계수는 서로 다른 n개에서 r개를 택하는 조합의 수 ${}_nC_r$와 같다.
따라서 $(a+b)^n$의 전개식은 다음과 같이 나타낼 수 있다.

1씩 증가 / 1씩 감소 / $(n-r)+r=n$

$$(a+b)^n = {}_nC_0 a^n + {}_nC_1 a^{n-1}b^1 + {}_nC_2 a^{n-2}b^2 + \cdots + {}_nC_r a^{n-r}b^r + \cdots + {}_nC_n b^n$$

항의 개수는 $n+1$

| 예 | $(a+2b)^5 = {}_5C_0 a^5 + {}_5C_1 a^4(2b)^1 + {}_5C_2 a^3(2b)^2 + {}_5C_3 a^2(2b)^3 + {}_5C_4 a^1(2b)^4 + {}_5C_5 (2b)^5$
$\qquad\qquad = 1 \times a^5 + 5 \times a^4 \times 2b + 10 \times a^3 \times 4b^2 + 10 \times a^2 \times 8b^3 + 5 \times a \times 16b^4 + 1 \times 32b^5$
$\qquad\qquad = a^5 + 10a^4b + 40a^3b^2 + 80a^2b^3 + 80ab^4 + 32b^5$

| 참고 | • $a^0 = 1$, $b^0 = 1$로 정한다. (단, $a \neq 0$, $b \neq 0$)
　　　• ${}_nC_r = {}_nC_{n-r}$이므로 $(a+b)^n$의 전개식에서 $a^{n-r}b^r$의 계수와 $a^r b^{n-r}$의 계수는 서로 같다.

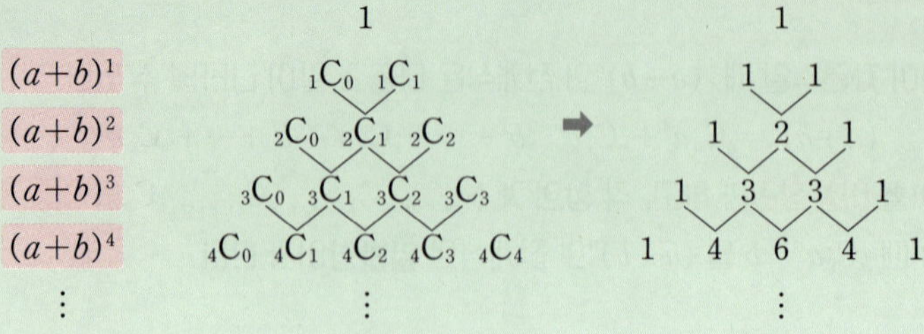

$n=1, 2, 3, 4, \dots$일 때, $(a+b)^n$의 전개식

$$(a+b)^n = {}_nC_0 a^n + {}_nC_1 a^{n-1}b^1 + {}_nC_2 a^{n-2}b^2 + \cdots + {}_nC_n b^n$$

에서 각 항의 이항계수를 다음과 같이 삼각형 모양으로 배열한 것을 **파스칼의 삼각형**이라 한다.

파스칼의 삼각형에서는 다음과 같은 조합의 성질을 확인할 수 있다.

(1) 각 행의 양 끝에 있는 수는 모두 1이다.

➡ ${}_nC_0 = 1$, ${}_nC_n = 1$

(2) 각 행의 수의 배열이 좌우 대칭이다.

➡ ${}_nC_r = {}_nC_{n-r}$

(3) 각 행에서 이웃하는 두 수의 합은 그다음 행에서 두 수의 중앙에 있는 수와 같다.

➡ ${}_{n-1}C_{r-1} + {}_{n-1}C_r = {}_nC_r$

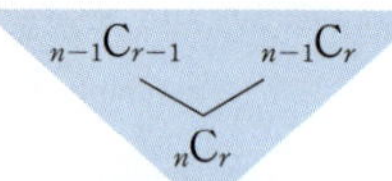

이러한 성질을 이용하면 이항계수를 전부 계산하지 않아도 $(a+b)^n$을 쉽게 전개할 수 있다.

| 참고 | 파스칼의 삼각형으로 알 수 있는 여러 가지 성질

(1) 각 행의 수의 합

파스칼의 삼각형에서 각 행의 수를 모두 더하면

1행 ➡ $1+1 = 2 = 2^1$

2행 ➡ $1+2+1 = 4 = 2^2$

3행 ➡ $1+3+3+1 = 8 = 2^3$

4행 ➡ $1+4+6+4+1 = 16 = 2^4$

따라서 파스칼의 삼각형에서 n행의 수를 모두 더하면 2^n이다.

(2) 하키 스틱 패턴

오른쪽 그림과 같이 파스칼의 삼각형에서 3행의 첫 번째 수인 1부터 오른쪽 아래의 대각선 방향으로 1, 4, 10, 20을 더한 값은 그다음 행의 왼쪽 수인 35와 같다.

➡ $1+4+10+20 = 35$

마찬가지로 4행의 마지막 수인 1부터 왼쪽 아래의 대각선 방향으로 1, 5, 15를 더한 값은 그다음 행의 오른쪽 수인 21과 같다.

➡ $1+5+15 = 21$

이와 같이 파스칼의 삼각형에서 각 행의 첫 번째 수인 1부터 시작하여 오른쪽 아래의 대각선 방향으로 더한 값은 마지막 수 다음 행의 왼쪽 수와 같고, 각 행의 마지막 수인 1부터 시작하여 왼쪽 아래의 대각선 방향으로 더한 값은 마지막 수 다음 행의 오른쪽 수와 같다.

이를 패턴의 모양이 하키 스틱처럼 보인다고 하여 '하키 스틱 패턴'이라 한다.

개념 03 이항계수의 성질

> **(1)** n이 자연수일 때, $_n\mathrm{C}_0+{}_n\mathrm{C}_1+{}_n\mathrm{C}_2+\cdots+{}_n\mathrm{C}_n=2^n$
>
> **(2)** n이 자연수일 때, $_n\mathrm{C}_0-{}_n\mathrm{C}_1+{}_n\mathrm{C}_2-\cdots+(-1)^n{}_n\mathrm{C}_n=0$
>
> **(3)** n이 1보다 큰 홀수일 때
>
> $$_n\mathrm{C}_0+{}_n\mathrm{C}_2+{}_n\mathrm{C}_4+\cdots+{}_n\mathrm{C}_{n-1}={}_n\mathrm{C}_1+{}_n\mathrm{C}_3+{}_n\mathrm{C}_5+\cdots+{}_n\mathrm{C}_n=2^{n-1}$$
>
> **(4)** n이 짝수일 때
>
> $$_n\mathrm{C}_0+{}_n\mathrm{C}_2+{}_n\mathrm{C}_4+\cdots+{}_n\mathrm{C}_n={}_n\mathrm{C}_1+{}_n\mathrm{C}_3+{}_n\mathrm{C}_5+\cdots+{}_n\mathrm{C}_{n-1}=2^{n-1}$$

| 증명 | 이항정리를 이용하여 $(1+x)^n$을 전개하면

$$(1+x)^n={}_n\mathrm{C}_0+{}_n\mathrm{C}_1x+{}_n\mathrm{C}_2x^2+\cdots+{}_n\mathrm{C}_nx^n \qquad \cdots\cdots ㉠$$

(1) ㉠의 양변에 $x=1$을 대입하면 $(1+1)^n={}_n\mathrm{C}_0+{}_n\mathrm{C}_1+{}_n\mathrm{C}_2+\cdots+{}_n\mathrm{C}_n$

$$\therefore {}_n\mathrm{C}_0+{}_n\mathrm{C}_1+{}_n\mathrm{C}_2+\cdots+{}_n\mathrm{C}_n=2^n \qquad \cdots\cdots ㉡$$

(2) ㉠의 양변에 $x=-1$을 대입하면 $(1-1)^n={}_n\mathrm{C}_0-{}_n\mathrm{C}_1+{}_n\mathrm{C}_2-\cdots+(-1)^n{}_n\mathrm{C}_n$

$$\therefore {}_n\mathrm{C}_0-{}_n\mathrm{C}_1+{}_n\mathrm{C}_2-\cdots+(-1)^n{}_n\mathrm{C}_n=0 \qquad \cdots\cdots ㉢$$

(3) n이 1보다 큰 홀수일 때

㉡$+$㉢을 하면 $2({}_n\mathrm{C}_0+{}_n\mathrm{C}_2+{}_n\mathrm{C}_4+\cdots+{}_n\mathrm{C}_{n-1})=2^n$ ◀ 짝수 번째 항의 부호가 서로 다르므로 소거된다.

$$\therefore {}_n\mathrm{C}_0+{}_n\mathrm{C}_2+{}_n\mathrm{C}_4+\cdots+{}_n\mathrm{C}_{n-1}=2^{n-1}$$

㉡$-$㉢을 하면 $2({}_n\mathrm{C}_1+{}_n\mathrm{C}_3+{}_n\mathrm{C}_5+\cdots+{}_n\mathrm{C}_n)=2^n$ ◀ 홀수 번째 항의 부호가 서로 같으므로 소거된다.

$$\therefore {}_n\mathrm{C}_1+{}_n\mathrm{C}_3+{}_n\mathrm{C}_5+\cdots+{}_n\mathrm{C}_n=2^{n-1}$$

(4) n이 짝수일 때

㉡$+$㉢을 하면 $2({}_n\mathrm{C}_0+{}_n\mathrm{C}_2+{}_n\mathrm{C}_4+\cdots+{}_n\mathrm{C}_n)=2^n$ ◀ 짝수 번째 항의 부호가 서로 다르므로 소거된다.

$$\therefore {}_n\mathrm{C}_0+{}_n\mathrm{C}_2+{}_n\mathrm{C}_4+\cdots+{}_n\mathrm{C}_n=2^{n-1}$$

㉡$-$㉢을 하면 $2({}_n\mathrm{C}_1+{}_n\mathrm{C}_3+{}_n\mathrm{C}_5+\cdots+{}_n\mathrm{C}_{n-1})=2^n$ ◀ 홀수 번째 항의 부호가 서로 같으므로 소거된다.

$$\therefore {}_n\mathrm{C}_1+{}_n\mathrm{C}_3+{}_n\mathrm{C}_5+\cdots+{}_n\mathrm{C}_{n-1}=2^{n-1}$$

| 예 | (1) $_8\mathrm{C}_0+{}_8\mathrm{C}_1+{}_8\mathrm{C}_2+\cdots+{}_8\mathrm{C}_8=2^8=256$

(2) $_8\mathrm{C}_0-{}_8\mathrm{C}_1+{}_8\mathrm{C}_2-\cdots+{}_8\mathrm{C}_8=0$

(3) $_9\mathrm{C}_0+{}_9\mathrm{C}_2+{}_9\mathrm{C}_4+{}_9\mathrm{C}_6+{}_9\mathrm{C}_8={}_9\mathrm{C}_1+{}_9\mathrm{C}_3+{}_9\mathrm{C}_5+{}_9\mathrm{C}_7+{}_9\mathrm{C}_9=2^{9-1}=2^8=256$

(4) $_{10}\mathrm{C}_0+{}_{10}\mathrm{C}_2+{}_{10}\mathrm{C}_4+{}_{10}\mathrm{C}_6+{}_{10}\mathrm{C}_8+{}_{10}\mathrm{C}_{10}={}_{10}\mathrm{C}_1+{}_{10}\mathrm{C}_3+{}_{10}\mathrm{C}_5+{}_{10}\mathrm{C}_7+{}_{10}\mathrm{C}_9=2^{10-1}=2^9=512$

개념 ⌜확인⌟

• 정답과 해설 20쪽

개념 01

104 이항정리를 이용하여 다음 식을 전개하시오.

(1) $(2a+b)^4$
(2) $(x-y)^6$

예제 01 / $(a+b)^n$의 전개식

$(a+b)^n$의 전개식의 일반항 ➡ $_n\mathrm{C}_r\,a^{n-r}b^r$

다음을 구하시오.

(1) $(3x+y^2)^5$의 전개식에서 x^2y^6의 계수

(2) $\left(2x^2-\dfrac{1}{x}\right)^6$의 전개식에서 상수항

• 유형만렙 확률과 통계 27쪽에서 문제 더 풀기

| 풀이 | (1) $(3x+y^2)^5$의 전개식의 일반항은

$$_5\mathrm{C}_r(3x)^{5-r}(y^2)^r=\underset{\text{계수}}{\underline{_5\mathrm{C}_r\,3^{5-r}}}\ \underset{\text{항}}{\underline{x^{5-r}y^{2r}}}$$

x^2y^6항은 $5-r=2$, $2r=6$일 때이므로

$r=3$

따라서 구하는 x^2y^6의 계수는 ◀ $_5\mathrm{C}_r\,3^{5-r}$에 $r=3$을 대입한다.

$$_5\mathrm{C}_3\,3^2=\ _5\mathrm{C}_2\times9=\frac{5\times4}{2\times1}\times9=90$$

(2) $\left(2x^2-\dfrac{1}{x}\right)^6$의 전개식의 일반항은

$$_6\mathrm{C}_r(2x^2)^{6-r}\left(-\frac{1}{x}\right)^r=\underset{\text{계수}}{\underline{_6\mathrm{C}_r\,2^{6-r}(-1)^r}}\ \underset{\text{항}}{\underline{\frac{x^{12-2r}}{x^r}}}$$

상수항은 $12-2r=r$일 때이므로

$-3r=-12$ $\qquad \therefore r=4$

따라서 구하는 상수항은 ◀ $_6\mathrm{C}_r\,2^{6-r}(-1)^r$에 $r=4$를 대입한다.

$$_6\mathrm{C}_4\,2^2(-1)^4=\ _6\mathrm{C}_2\times4=\frac{6\times5}{2\times1}\times4=60$$

답 (1) 90 (2) 60

TIP [대수]를 이수한 학생은 다음 지수법칙을 이용하여 풀 수 있다.

$a>0$, $b>0$이고 m, n이 실수일 때

• $a^ma^n=a^{m+n}$

• $a^m\div a^n=a^{m-n}$

• $(a^m)^n=a^{mn}$

• $(ab)^m=a^mb^m$

예를 들어 예제 01의 (2)에서 $\dfrac{x^{12-2r}}{x^r}=x^{12-3r}$으로 놓고 풀 수 있다.

105 유사

다음을 구하시오.

(1) $(2x-3y)^5$의 전개식에서 x^3y^2의 계수

(2) $(x+2y^3)^8$의 전개식에서 x^5y^9의 계수

106 유사

다음을 구하시오.

(1) $\left(x^2-\dfrac{3}{x}\right)^7$의 전개식에서 x^8의 계수

(2) $\left(3x^2+\dfrac{1}{x^3}\right)^5$의 전개식에서 상수항

107 변형

$(x+2a)^6$의 전개식에서 x^2의 계수와 x^4의 계수가 같을 때, 양수 a의 값을 구하시오.

108 변형 🎓 교육청

$\left(2x+\dfrac{a}{x}\right)^7$의 전개식에서 x^3의 계수가 42일 때, 양수 a의 값은?

① $\dfrac{1}{4}$　　② $\dfrac{1}{2}$　　③ $\dfrac{3}{4}$

④ 1　　⑤ $\dfrac{5}{4}$

$(a+b)^m(c+d)^n$의 전개식의 일반항은
$(a+b)^m$의 전개식의 일반항과 $(c+d)^n$의 전개식의 일반항을 각각 곱하여 구한다.

다음을 구하시오.

(1) $(2+x^2)\left(x+\dfrac{1}{x}\right)^6$의 전개식에서 상수항

(2) $(1+2x)^5(1+x^2)^4$의 전개식에서 x^3의 계수

• 유형만렙 확률과 통계 28쪽에서 문제 더 풀기

| 풀이 | (1) $\left(x+\dfrac{1}{x}\right)^6$의 전개식의 일반항은 ${}_6C_r x^{6-r}\left(\dfrac{1}{x}\right)^r = {}_6C_r \dfrac{x^{6-r}}{x^r}$ ······ ㉠

이때 $(2+x^2)\left(x+\dfrac{1}{x}\right)^6 = 2\left(x+\dfrac{1}{x}\right)^6 + x^2\left(x+\dfrac{1}{x}\right)^6$이므로 상수항이 나타나는 경우는

$2\times$ (㉠의 상수항)인 경우와 $x^2\times\left(㉠의 \dfrac{1}{x^2}항\right)$인 경우가 있다.
 (i) (ii)

(i) ㉠에서 상수항은 $6-r=r$일 때이므로 $-2r=-6$ ∴ $r=3$

따라서 ㉠의 상수항은 ${}_6C_3 = \dfrac{6\times5\times4}{3\times2\times1} = 20$

(ii) ㉠에서 $\dfrac{1}{x^2}$항은 $r-(6-r)=2$일 때이므로 $2r=8$ ∴ $r=4$

따라서 ㉠의 $\dfrac{1}{x^2}$항은 ${}_6C_4 \dfrac{1}{x^2} = {}_6C_2 \dfrac{1}{x^2} = \dfrac{6\times5}{2\times1}\times\dfrac{1}{x^2} = \dfrac{15}{x^2}$

(i), (ii)에서 구하는 상수항은 $2\times20 + x^2\times\dfrac{15}{x^2} = 55$

(2) $(1+2x)^5$의 전개식의 일반항은 ${}_5C_r 1^{5-r}(2x)^r = {}_5C_r 2^r x^r$

$(1+x^2)^4$의 전개식의 일반항은 ${}_4C_s 1^{4-s}(x^2)^s = {}_4C_s x^{2s}$

따라서 $(1+2x)^5(1+x^2)^4$의 전개식의 일반항은

${}_5C_r 2^r x^r \times {}_4C_s x^{2s} = {}_5C_r \times {}_4C_s 2^r x^{r+2s}$ ······ ㉠

x^3항은 $r+2s=3$ (r, s는 $0\le r\le5$, $0\le s\le4$인 정수)일 때이므로

$r=1$, $s=1$ 또는 $r=3$, $s=0$

(i) $r=1$, $s=1$일 때

㉠의 x^3항은 ${}_5C_1 \times {}_4C_1 2^1 x^3 = 5\times4\times2\times x^3 = 40x^3$

(ii) $r=3$, $s=0$일 때

㉠의 x^3항은 ${}_5C_3 \times {}_4C_0 2^3 x^3 = {}_5C_2 \times 1 \times 8 \times x^3 = \dfrac{5\times4}{2\times1}\times8\times x^3 = 80x^3$

(i), (ii)에서 구하는 x^3의 계수는 $40+80 = 120$

답 (1) 55 (2) 120

사건과 확률의 개념

개념 01 시행과 사건

(1) **시행**: 주사위나 동전을 던지는 것과 같이 그 결과가 우연에 의하여 결정되고 같은 조건
에서 여러 차례 반복할 수 있는 실험이나 관찰
(2) **표본공간**: 어떤 시행에서 일어날 수 있는 모든 결과의 집합
(3) **사건**: 표본공간의 부분집합
(4) **근원사건**: 원소 한 개로 이루어진 사건
(5) **전사건**: 어떤 시행에서 반드시 일어나는 사건이며 이는 표본공간과 같다.
(6) **공사건**: 어떤 시행에서 절대로 일어나지 않는 사건이며 기호로 $\varnothing$과 같이 나타낸다.

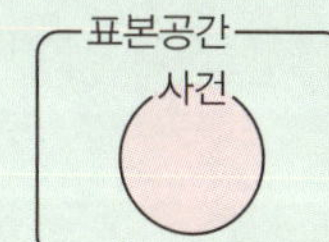

| 참고 | ・표본공간은 일반적으로 S로 나타내고, S는 Sample space(표본공간)의 첫 글자이다.
・표본공간은 공집합이 아닌 경우만 생각한다.

| 예 | 서로 다른 두 개의 동전을 동시에 던지는 시행에서 동전의 앞면을 H, 뒷면을 T라 할 때
표본공간을 S라 하면 $S=\{HH,\ HT,\ TH,\ TT\}$
근원사건은 $\{HH\},\ \{HT\},\ \{TH\},\ \{TT\}$
서로 다른 면이 나오는 사건을 A라 하면 $A=\{HT,\ TH\}$
앞면의 개수가 2 이하인 사건은 전사건이고, 뒷면의 개수가 3인 사건은 공사건이다.

개념 02 배반사건과 여사건

◎ 예제 01, 02

표본공간 S의 두 사건 A, B에 대하여
(1) **합사건**: A 또는 B가 일어나는 사건을 A와 B의 합사건이라 하고,
기호로 $A \cup B$와 같이 나타낸다.

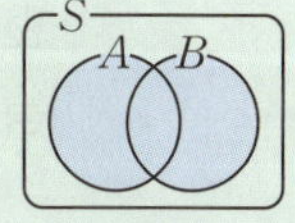

(2) **곱사건**: A와 B가 동시에 일어나는 사건을 A와 B의 곱사건이라 하고,
기호로 $A \cap B$와 같이 나타낸다.

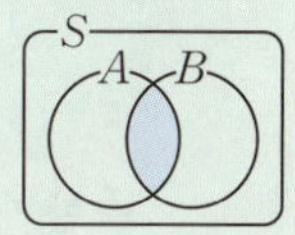

(3) **배반사건**: A와 B가 동시에 일어나지 않을 때, 즉 $A \cap B = \varnothing$일 때,
A와 B는 서로 배반이라 하고, 두 사건을 서로 배반사건이라 한다.

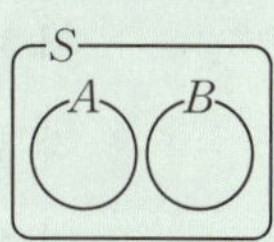

(4) **여사건**: 사건 A에 대하여 A가 일어나지 않는 사건을 A의 여사건이라
하고, 기호로 A^c와 같이 나타낸다.

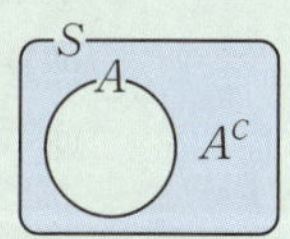

표본공간 S의 두 사건 A, B는 S를 전체집합으로 하는 두 부분집합 A, B와 같으므로

(1) A와 B의 합사건 $A \cup B$는 A와 B의 합집합과 같다.

(2) A와 B의 곱사건 $A \cap B$는 A와 B의 교집합과 같다.

(3) A와 B가 서로 배반사건이면 A와 B는 서로소이다.

(4) A의 여사건 A^C는 A의 여집합 A^C와 같다.

| 예 | 한 개의 주사위를 던지는 시행에서 나오는 눈의 수가 짝수인 사건을 A, 소수인 사건을 B,

1인 사건을 C라 하면 $A=\{2, 4, 6\}$, $B=\{2, 3, 5\}$, $C=\{1\}$

(1) A와 B의 합사건 $A \cup B$는 $A \cup B=\{2, 3, 4, 5, 6\}$

(2) A와 B의 곱사건 $A \cap B$는 $A \cap B=\{2\}$

(3) $A \cap C=\varnothing$이므로 A와 C는 서로 배반사건이다.

$\quad$ $B \cap C=\varnothing$이므로 B와 C는 서로 배반사건이다.

(4) A의 여사건 A^C는 $A^C=\{1, 3, 5\}$

| 참고 | ・공사건은 모든 사건과 서로 배반사건이다.

・$A \cap A^C=\varnothing$이므로 사건 A와 그 여사건 A^C는 서로 배반사건이다.

・두 사건 A, B가 서로 배반사건이면 $A \subset B^C$, $B \subset A^C$

・두 사건 A, B가 서로 배반사건일 때, A가 반드시 B의 여사건인 것은 아님에 주의한다.

개념 03 확률

어떤 시행에서 사건 A가 일어날 가능성을 수로 나타낸 것을 사건 A의 **확률**이라 하고,
기호로 $\mathbf{P}(\boldsymbol{A})$와 같이 나타낸다.

| 참고 | $\mathrm{P}(A)$에서 P는 Probability(확률)의 첫 글자이다.

개념 04 수학적 확률

◆ 예제 03~08

어떤 시행의 표본공간 S가 유한개의 근원사건으로 이루어져 있고, 각 근원사건이 일어날
가능성이 모두 같은 정도로 기대될 때, 사건 A가 일어날 **수학적 확률** $\mathrm{P}(A)$는

$$\mathrm{P}(A)=\frac{n(A)}{n(S)}=\frac{(\text{사건 } A \text{의 원소의 개수})}{(\text{표본공간 } S \text{의 원소의 개수})}$$

한 개의 주사위를 던지는 시행에서 나오는 눈의 수를 정확하게 예측할 수 없으나 1, 2, 3, 4, 5, 6 중에서 하나가 나올 것임을 알 수 있다. 이때 주사위의 각 눈이 나올 가능성이 모두 같은 정도로 기대되므로 각 눈이 나올 가능성은 모두 $\dfrac{1}{6}$이라 할 수 있다. 이와 같이 각 근원사건이 일어날 가능성이 모두 같은 정도로 기대될 때, 근원사건의 개수를 이용하여 수학적 확률을 구한다.

예를 들어 당첨 제비 10개를 포함한 100개의 제비가 들어 있는 주머니에서 임의로 1개의 제비를 뽑을 때, 각 제비를 뽑을 가능성이 모두 같은 정도로 기대되므로 당첨 제비를 뽑을 확률은

$$\frac{(\text{당첨 제비의 개수})}{(\text{전체 제비의 개수})}=\frac{10}{100}=\frac{1}{10}$$

| **예 |** 한 개의 주사위를 던지는 시행에서 표본공간을 S, 나오는 눈의 수가 짝수인 사건을 A라 하면
$S=\{1,\ 2,\ 3,\ 4,\ 5,\ 6\}$, $A=\{2,\ 4,\ 6\}$
따라서 사건 A가 일어날 확률은

$$P(A)=\frac{n(A)}{n(S)}=\frac{3}{6}=\frac{1}{2}$$

개념 05 통계적 확률

○ 예제 09

어떤 시행을 n번 반복하여 사건 A가 일어난 횟수를 r_n이라 할 때, n을 한없이 크게 함에 따라 상대도수 $\dfrac{r_n}{n}$이 일정한 값 p에 가까워지면 이 값 p를 사건 A의 **통계적 확률**이라 한다.

통계적 확률을 구할 때, 실제로는 n을 한없이 크게 할 수 없으므로 n이 충분히 클 때의 상대도수 $\dfrac{r_n}{n}$을 통계적 확률로 사용한다.

수학적 확률은 어떤 시행에서 각 근원사건이 일어날 가능성이 모두 같다고 가정하고 정의한 확률이다. 하지만 비가 올 확률이나 수술을 성공적으로 마칠 확률과 같이 자연 현상이나 사회 현상 중에는 일어날 가능성이 서로 같지 않은 경우가 있으므로 시행을 여러 번 반복함으로써 얻어지는 상대도수를 통하여 그 사건이 일어날 확률을 정의한다.

예를 들어 윷짝은 두 면의 모양이 다르므로 윷짝을 한 번 던질 때 각 면이 나올 가능성이 같다고 할 수 없다. 한 개의 윷짝을 여러 번 던지는 시행을 반복하였을 때, 평평한 면이 나온 횟수에 대한 상대도수를 표와 그래프로 나타내면 다음과 같다.

던진 횟수	100	200	300	400	500
평평한 면이 나온 횟수	65	114	186	236	300
상대도수	0.65	0.57	0.62	0.59	0.6

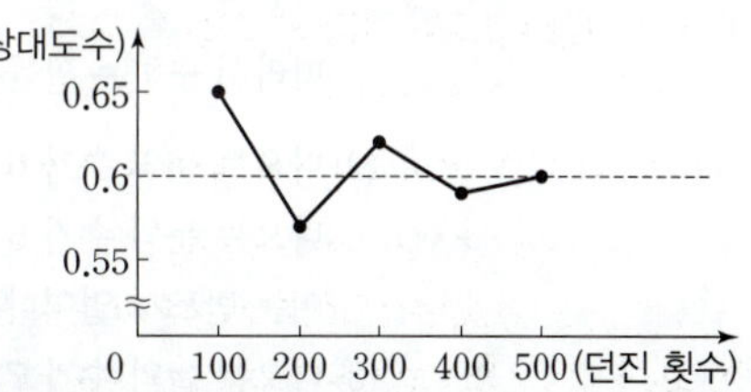

여기서 던진 횟수가 커질수록 상대도수는 일정한 값 0.6에 가까워짐을 알 수 있으므로 한 개의 윷짝을 한 번 던질 때, 평평한 면이 나올 통계적 확률은 0.6이라 할 수 있다.

이와 같이 수학적 확률을 구하기 어려운 경우에는 통계적 확률을 사용한다.

| **참고 |** 어떤 사건 A가 일어날 수학적 확률이 p일 때, 시행 횟수 n을 충분히 크게 하면 사건 A가 일어나는 상대도수 $\dfrac{r_n}{n}$은 수학적 확률 p에 가까워진다는 사실이 알려져 있다.

| **예 |** 어느 직장에 근무하는 직장인 400명의 하루 걸음 수는 오른쪽 표와 같다.
조사 대상 중에서 임의로 1명을 택할 때, 이 사람의 걸음 수가 5000 이상 10000 미만일 통계적 확률은

$$\frac{180}{400}=0.45$$

걸음 수(보)	직장인(명)
0 이상 5000 미만	132
5000 이상 10000 미만	180
10000 이상 15000 미만	88
합계	400

개념 06 확률의 기본 성질

표본공간이 S인 어떤 시행에서

(1) 임의의 사건 A에 대하여 $0 \leq \mathrm{P}(A) \leq 1$

(2) 반드시 일어나는 사건 S에 대하여 $\mathrm{P}(S) = 1$ ◀ 전사건의 확률

(3) 절대로 일어나지 않는 사건 $\varnothing$에 대하여 $\mathrm{P}(\varnothing) = 0$ ◀ 공사건의 확률

(1) 표본공간 S의 임의의 사건 A는 S의 부분집합이므로

$$\varnothing \subset A \subset S$$

$$\therefore \underline{n(\varnothing)} \leq n(A) \leq n(S)$$
$$\quad \llcorner n(\varnothing) = 0$$

이 부등식의 각 변을 $n(S)$로 나누면

$$\frac{n(\varnothing)}{n(S)} \leq \frac{n(A)}{n(S)} \leq \frac{n(S)}{n(S)}$$

$$\therefore 0 \leq \mathrm{P}(A) \leq 1$$

(2) 반드시 일어나는 사건, 즉 전사건 S에 대하여

$$\mathrm{P}(S) = \frac{n(S)}{n(S)} = 1$$

(3) 절대로 일어나지 않는 사건, 즉 공사건 $\varnothing$에 대하여

$$\mathrm{P}(\varnothing) = \frac{n(\varnothing)}{n(S)} = 0$$

|**예**| 한 개의 주사위를 던질 때, 다음을 구해 보자.

(1) 나오는 눈의 수가 4 이하일 확률

나오는 눈의 수가 4 이하인 경우는 1, 2, 3, 4의 4가지

따라서 구하는 확률은 $\dfrac{4}{6} = \dfrac{2}{3}$

(2) 나오는 눈의 수가 6 이하일 확률

나오는 눈의 수가 6 이하인 경우는 1, 2, 3, 4, 5, 6의 6가지

이는 반드시 일어나는 사건, 즉 전사건이므로 구하는 확률은 1이다.

(3) 나오는 눈의 수가 7 이상일 확률

나오는 눈의 수가 7 이상인 경우는 없다.

이는 절대로 일어나지 않는 사건, 즉 공사건이므로 구하는 확률은 0이다.

개념 ⌐확인

개념 01

141 1부터 8까지의 자연수 중에서 임의로 1개를 택할 때, 다음을 구하시오.

(1) 표본공간

(2) 근원사건

(3) 홀수를 택하는 사건

개념 02

142 1부터 5까지의 자연수가 각각 하나씩 적힌 5장의 카드에서 임의로 1장의 카드를 뽑을 때, 뽑은 카드에 적힌 수가 소수인 사건을 A, 3으로 나누었을 때의 나머지가 1인 사건을 B라 하자. 다음 물음에 답하시오.

(1) $A \cup B$를 구하시오.

(2) $A \cap B$를 구하시오.

(3) A^C를 구하시오.

(4) A와 B가 서로 배반사건인지 배반사건이 아닌지 조사하시오.

개념 04, 06

143 검은 공 5개와 흰 공 3개가 들어 있는 주머니에서 임의로 1개의 공을 꺼낼 때, 다음을 구하시오.

(1) 검은 공이 나올 확률

(2) 검은 공 또는 흰 공이 나올 확률

(3) 빨간 공이 나올 확률

개념 05

144 한 개의 압정을 500번 던졌더니 평평한 면이 바닥에 닿는 횟수가 297번이었다. 이 압정을 한 번 던질 때, 평평한 면이 바닥에 닿을 확률을 구하시오.

두 사건 A, B가 서로 배반사건 ➡ $A \cap B = \varnothing$

한 개의 주사위를 던질 때, 나오는 눈의 수가 홀수인 사건을 A, 3의 배수인 사건을 B, 4의 약수인 사건을 C, 6의 약수인 사건을 D라 하자. 보기에서 서로 배반사건인 것만을 있는 대로 고르시오.

┤ 보기 ├
ㄱ. A와 B^C ㄴ. A^C와 B ㄷ. B와 C ㄹ. B와 D^C

• 유형만렙 확률과 통계 42쪽에서 문제 더 풀기

| 풀이 | 표본공간을 S라 하면 $S=\{1,\ 2,\ 3,\ 4,\ 5,\ 6\}$이므로
$A=\{1,\ 3,\ 5\}$, $B=\{3,\ 6\}$, $C=\{1,\ 2,\ 4\}$, $D=\{1,\ 2,\ 3,\ 6\}$
ㄱ. $B^C=\{1,\ 2,\ 4,\ 5\}$이므로 $A \cap B^C=\{1,\ 5\}$
　　따라서 A와 B^C는 서로 배반사건이 아니다.
ㄴ. $A^C=\{2,\ 4,\ 6\}$이므로 $A^C \cap B=\{6\}$
　　따라서 A^C와 B는 서로 배반사건이 아니다.
ㄷ. $B \cap C=\varnothing$이므로 B와 C는 서로 배반사건이다.
ㄹ. $D^C=\{4,\ 5\}$이므로 $B \cap D^C=\varnothing$
　　따라서 B와 D^C는 서로 배반사건이다.
따라서 보기에서 서로 배반사건인 것은 ㄷ, ㄹ이다.

답 ㄷ, ㄹ

사건 A와 서로 배반인 사건의 개수는 여사건 A^C의 부분집합의 개수와 같다.

1부터 9까지의 자연수가 각각 하나씩 적힌 9장의 카드에서 임의로 1장의 카드를 뽑을 때, 뽑은 카드에 적힌 수가 짝수인 사건을 A라 하자. 사건 A와 서로 배반인 사건의 개수를 구하시오.

• 유형만렙 확률과 통계 42쪽에서 문제 더 풀기

| 풀이 | 표본공간을 S라 하면 $S=\{1,\ 2,\ 3,\ 4,\ 5,\ 6,\ 7,\ 8,\ 9\}$이므로
$A=\{2,\ 4,\ 6,\ 8\}$
$\therefore\ A^C=\{1,\ 3,\ 5,\ 7,\ 9\}$
사건 A와 서로 배반인 사건은 A^C의 부분집합이고, A^C의 원소가 5개이므로 구하는 사건의 개수는
$2^5=32$ ◀ 원소가 k개인 집합의 부분집합의 개수는 2^k

답 32

• 정답과 해설 **28쪽**

145 예제 01 유사

1부터 10까지의 자연수가 각각 하나씩 적힌 10개의 공이 들어 있는 주머니에서 임의로 1개의 공을 꺼낼 때, 꺼낸 공에 적힌 수가 짝수인 사건을 A, 소수인 사건을 B, 5의 배수인 사건을 C, 8의 약수인 사건을 D라 하자. 보기에서 서로 배반사건인 것만을 있는 대로 고르시오.

┤ 보기 ├

ㄱ. A와 B ㄴ. A^C와 C

ㄷ. B^C와 C ㄹ. C와 D

146 예제 02 유사

1부터 12까지의 자연수가 각각 하나씩 적힌 12장의 카드에서 임의로 1장의 카드를 뽑을 때, 뽑은 카드에 적힌 수가 10의 약수인 사건을 A라 하자. 사건 A와 서로 배반인 사건의 개수를 구하시오.

147 예제 01 변형

1부터 8까지의 자연수가 각각 하나씩 적힌 8장의 카드에서 임의로 1장의 카드를 뽑을 때, 뽑은 카드에 적힌 수가 소수인 사건을 A, 8 이하의 자연수 n에 대하여 n의 배수인 사건을 B_n이라 하자. 두 사건 A와 B_n이 서로 배반사건이 되도록 하는 자연수 n의 개수를 구하시오.

148 예제 02 변형

표본공간 $S=\{x \,|\, x$는 11 이하의 자연수$\}$에 대하여 두 사건 A, B가

$$A=\{2, 4, 6, 8, 10\}, \ B=\{3, 6\}$$

일 때, A, B와 모두 배반인 사건의 개수를 구하시오.

$$P(A) = \frac{n(A)}{n(S)} = \frac{(\text{사건 } A\text{가 일어나는 경우의 수})}{(\text{일어날 수 있는 모든 경우의 수})}$$

서로 다른 두 개의 주사위를 동시에 던질 때, 다음을 구하시오.

(1) 나오는 두 눈의 수의 합이 6일 확률

(2) 나오는 두 눈의 수의 곱이 8의 약수일 확률

• 유형만렙 확률과 통계 42쪽에서 문제 더 풀기

| 풀이 | 서로 다른 두 개의 주사위를 동시에 던질 때, 나오는 모든 경우의 수는

$6 \times 6 = 36$

(1) 나오는 두 눈의 수의 합이 6인 경우는

(1, 5), (2, 4), (3, 3), (4, 2), (5, 1)의 5가지

따라서 구하는 확률은 $\dfrac{5}{36}$

(2) 나오는 두 눈의 수의 곱이 8의 약수인 경우는 두 눈의 수의 곱이 1, 2, 4, 8인 경우이다.

(i) 두 눈의 수의 곱이 1인 경우는

(1, 1)의 1가지

(ii) 두 눈의 수의 곱이 2인 경우는

(1, 2), (2, 1)의 2가지

(iii) 두 눈의 수의 곱이 4인 경우는

(1, 4), (2, 2), (4, 1)의 3가지

(iv) 두 눈의 수의 곱이 8인 경우는

(2, 4), (4, 2)의 2가지

(i)~(iv)에서 두 눈의 수의 곱이 8의 약수인 경우의 수는

$1 + 2 + 3 + 2 = 8$

따라서 구하는 확률은 $\dfrac{8}{36} = \dfrac{2}{9}$

답 (1) $\dfrac{5}{36}$ (2) $\dfrac{2}{9}$

149 유사

서로 다른 두 개의 주사위를 동시에 던질 때, 다음을 구하시오.

(1) 나오는 두 눈의 수의 차가 3일 확률

(2) 나오는 두 눈의 수의 곱이 12의 배수일 확률

150 변형   평가원

주머니 A에는 1부터 3까지의 자연수가 하나씩 적혀 있는 3장의 카드가 들어 있고, 주머니 B에는 1부터 5까지의 자연수가 하나씩 적혀 있는 5장의 카드가 들어 있다. 두 주머니 A, B에서 각각 카드를 임의로 한 장씩 꺼낼 때, 꺼낸 두 장의 카드에 적힌 수의 차가 1일 확률은?

① $\dfrac{1}{3}$ ② $\dfrac{2}{5}$ ③ $\dfrac{7}{15}$

④ $\dfrac{8}{15}$ ⑤ $\dfrac{3}{5}$

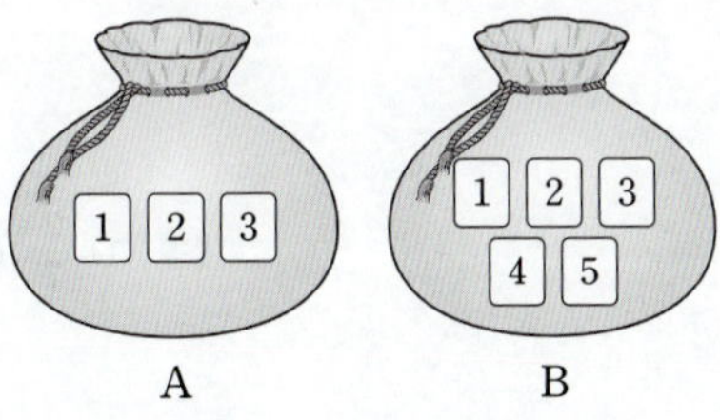

151 변형

서로 다른 세 개의 주사위 A, B, C를 동시에 던져서 나오는 눈의 수를 각각 a, b, c라 할 때, $a>b+c$일 확률을 구하시오.

152 변형   교과서

한 개의 주사위를 2번 던져서 나오는 눈의 수를 차례대로 a, b라 할 때, 이차방정식 $x^2-ax+2b=0$이 서로 다른 두 실근을 가질 확률을 구하시오.

예제 04 / 순열을 이용하는 확률

서로 다른 n개에서 서로 다른 r개를 택하여 일렬로 배열하는 경우의 확률을 구할 때는

순열의 수 $_n\mathrm{P}_r=\dfrac{n!}{(n-r)!}$ 을 이용한다.

다음을 구하시오.

(1) 중학생 4명과 고등학생 3명이 일렬로 설 때, 양 끝에 중학생이 설 확률

(2) 다섯 개의 숫자 0, 1, 2, 3, 4에서 서로 다른 4개의 숫자를 택하여 만들 수 있는 네 자리의 자연수 중에서 임의로 1개를 택할 때, 그 수가 홀수일 확률

• 유형만렙 확률과 통계 43쪽에서 문제 더 풀기

| 풀이 | (1) (i) 7명이 일렬로 서는 경우의 수는 7!

    (ii) 양 끝에 중학생이 서는 경우

양 끝에 설 중학생 2명을 택하는 경우의 수는 $_4\mathrm{P}_2=4\times3=12$ ◀ 특정한 자리 먼저 고정시킨다.

나머지 자리에 남은 5명의 학생이 일렬로 서는 경우의 수는 5!

따라서 양 끝에 중학생이 서는 경우의 수는 $12\times5!$

    (i), (ii)에서 구하는 확률은 $\dfrac{12\times5!}{7!}=\dfrac{12}{7\times6}=\dfrac{2}{7}$

(2) (i) 만들 수 있는 네 자리의 자연수의 개수

천의 자리에는 0이 올 수 없으므로 천의 자리에 올 수 있는 숫자는 1, 2, 3, 4의 4가지

나머지 자리에 천의 자리에 온 숫자를 제외한 4개의 숫자에서 3개를 택하여 일렬로 배열하는 경우의 수는

$_4\mathrm{P}_3=4\times3\times2=24$

따라서 만들 수 있는 네 자리의 자연수의 개수는

$4\times24=96$

    (ii) 홀수의 개수

홀수이므로 일의 자리에 올 수 있는 숫자는 1, 3의 2가지

천의 자리에 올 수 있는 숫자는 0과 일의 자리에 온 숫자를 제외한 3가지

나머지 자리에 천의 자리와 일의 자리에 온 숫자를 제외한 3개의 숫자에서 2개를 택하여 일렬로 배열하는 경우의 수는

$_3\mathrm{P}_2=3\times2=6$

따라서 네 자리의 자연수 중에서 홀수의 개수는

$2\times3\times6=36$

    (i), (ii)에서 구하는 확률은 $\dfrac{36}{96}=\dfrac{3}{8}$

답 (1) $\dfrac{2}{7}$ (2) $\dfrac{3}{8}$

153 유사

남학생 4명과 여학생 5명이 일렬로 설 때, 양 끝에 여학생이 설 확률을 구하시오.

155 변형

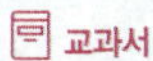 교과서

justice에 있는 7개의 문자를 일렬로 배열할 때, 모음끼리 서로 이웃하도록 배열할 확률을 구하시오.

154 유사

여섯 개의 숫자 1, 2, 3, 4, 5, 6에서 서로 다른 5개의 숫자를 택하여 만들 수 있는 다섯 자리의 자연수 중에서 임의로 1개를 택할 때, 그 수가 짝수일 확률을 구하시오.

156 변형

다섯 개의 숫자 1, 2, 3, 4, 5에서 서로 다른 3개의 숫자를 택하여 만들 수 있는 세 자리의 자연수 중에서 임의로 1개를 택할 때, 그 수가 3의 배수일 확률을 구하시오.

서로 다른 n개에서 중복을 허용하여 r개를 택하여 일렬로 배열하는 경우의 확률을 구할 때는 중복순열의 수 $_n\Pi_r=n^r$을 이용한다.

다음을 구하시오.

(1) 3명의 학생이 각각 5개의 동아리 중에서 하나에 가입할 때, 모두 다른 동아리에 가입할 확률

(2) 집합 $X=\{1, 2, 3, 4\}$에 대하여 X에서 X로의 함수 중에서 임의로 1개를 택할 때, 그 함수가 일대일대응일 확률

• 유형만렙 확률과 통계 44쪽에서 문제 더 풀기

| 풀이 | (1) 3명의 학생이 각각 5개의 동아리 중에서 하나에 가입하는 경우의 수는

서로 다른 5개의 동아리에서 중복을 허용하여 3개를 택하여 일렬로 배열하는 경우의 수와 같으므로

$_5\Pi_3=5^3=125$

3명의 학생이 모두 다른 동아리에 가입하는 경우의 수는

서로 다른 5개의 동아리에서 서로 다른 3개를 택하여 일렬로 배열하는 경우의 수와 같으므로

$_5P_3=5\times4\times3=60$

따라서 구하는 확률은 $\dfrac{60}{125}=\dfrac{12}{25}$

(2) X에서 X로의 함수는 집합 X의 원소 1, 2, 3, 4의 4개에서 중복을 허용하여 4개를 택하여 집합 X의 원소 1, 2, 3, 4에 대응시키면 된다.

따라서 X에서 X로의 함수의 개수는 서로 다른 4개에서 중복을 허용하여 4개를 택하여 일렬로 배열하는 경우의 수와 같으므로

$_4\Pi_4=4^4=256$

X에서 X로의 일대일대응은 집합 X의 원소 1, 2, 3, 4의 4개에서 서로 다른 4개를 택하여 집합 X의 원소 1, 2, 3, 4에 대응시키면 된다.

따라서 X에서 X로의 일대일대응의 개수는 서로 다른 4개에서 4개를 택하여 일렬로 배열하는 경우의 수와 같으므로

$4!=4\times3\times2\times1=24$

따라서 구하는 확률은 $\dfrac{24}{256}=\dfrac{3}{32}$

답 (1) $\dfrac{12}{25}$ (2) $\dfrac{3}{32}$

TIP **함수의 개수**

두 집합 $X=\{x_1, x_2, x_3, ..., x_m\}$, $Y=\{y_1, y_2, y_3, ..., y_n\}$에 대하여 X에서 Y로의

• 함수의 개수 ➡ $_n\Pi_m$

• 일대일함수의 개수 ➡ $_n P_m$ (단, $m\le n$)

• 일대일대응의 개수 ➡ $n!$ (단, $m=n$)

• 정답과 해설 **30**쪽

157 유사

서로 다른 4개의 우체통에 서로 다른 3통의 편지를 넣을 때, 모두 다른 우체통에 넣을 확률을 구하시오.

158 유사

두 집합 $X=\{a,\,b,\,c,\,d\}$, $Y=\{-2,\,-1,\,0,\,1,\,2\}$에 대하여 X에서 Y로의 함수 중에서 임의로 1개를 택할 때, 그 함수가 일대일함수일 확률을 구하시오.

159 변형

다섯 개의 숫자 0, 1, 2, 3, 4로 중복을 허용하여 만들 수 있는 세 자리의 자연수 중에서 임의로 1개를 택할 때, 그 수가 홀수일 확률을 구하시오.

160 변형

두 집합 $X=\{1,\,2,\,3,\,4,\,5\}$, $Y=\{1,\,3,\,5,\,7\}$에 대하여 X에서 Y로의 함수 f 중에서 임의로 1개를 택할 때, 그 함수가 $f(1)=f(3)$을 만족시킬 확률을 구하시오.

같은 것이 각각 p개, q개, $\ldots$, r개씩 있는 n개를 일렬로 배열하는 경우의 확률을 구할 때는 같은 것이 있는 순열의 수 $\dfrac{n!}{p! \times q! \times \cdots \times r!}$ $(p+q+\cdots+r=n)$을 이용한다.

measure에 있는 7개의 문자를 일렬로 배열할 때, 다음을 구하시오.

(1) 같은 문자끼리 서로 이웃하도록 배열할 확률

(2) a, r, m은 이 순서대로 배열할 확률

• 유형만렙 확률과 통계 44쪽에서 문제 더 풀기

| 풀이 | 7개의 문자 m, e, a, s, u, r, e에서 e가 2개이므로 일렬로 배열하는 경우의 수는

$$\frac{7!}{2!}$$

(1) 같은 문자끼리 서로 이웃하도록 배열하는 경우의 수는 2개의 e를 한 묶음으로 생각하여 나머지 문자 m, a, s, u, r와 함께 일렬로 배열하는 경우의 수와 같으므로

$$6!$$

따라서 구하는 확률은

$$\frac{6!}{\frac{7!}{2!}} = \frac{2}{7}$$

(2) a, r, m은 이 순서대로 배열하는 경우의 수는 a, r, m의 순서가 정해져 있으므로 a, r, m을 모두 X로 바꾸어 X, e, X, s, u, X, e의 7개의 문자를 일렬로 배열한 후 첫 번째 X는 a, 두 번째 X는 r, 세 번째 X는 m으로 바꾸는 경우의 수와 같으므로

$$\frac{7!}{3! \times 2!}$$ ◀ X가 3개, e가 2개

따라서 구하는 확률은

$$\frac{\frac{7!}{3! \times 2!}}{\frac{7!}{2!}} = \frac{1}{6}$$

답 (1) $\dfrac{2}{7}$ (2) $\dfrac{1}{6}$

TIP 순서가 정해진 순열의 수

서로 다른 n개 중에서 특정한 $r(0<r\leq n)$개의 순서가 정해졌을 때, n개를 일렬로 배열하는 순열의 수

➡ 순서가 정해진 r개를 같은 것으로 생각하여 같은 것이 r개 포함된 n개를 일렬로 배열하는 경우의 수

➡ $\dfrac{n!}{r!}$

• 정답과 해설 31쪽

161 유사

academic에 있는 8개의 문자를 일렬로 배열할 때, 같은 문자끼리 서로 이웃하도록 배열할 확률을 구하시오.

162 유사

neighbor에 있는 8개의 문자를 일렬로 배열할 때, 모음은 알파벳 순서대로 배열할 확률을 구하시오.

163 변형 평가원

A, A, A, B, B, C의 문자가 하나씩 적혀 있는 6장의 카드가 있다. 이 카드를 모두 한 번씩 사용하여 일렬로 임의로 나열할 때, 양 끝 모두에 A가 적힌 카드가 나오게 나열될 확률은?

① $\dfrac{3}{20}$ ② $\dfrac{1}{5}$ ③ $\dfrac{1}{4}$

④ $\dfrac{3}{10}$ ⑤ $\dfrac{7}{20}$

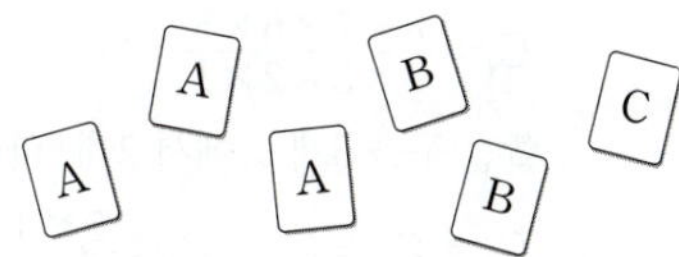

164 변형

다섯 개의 숫자 1, 2, 2, 3, 3을 모두 사용하여 만들 수 있는 다섯 자리의 자연수 중에서 임의로 1개를 택할 때, 그 수가 4의 배수일 확률을 구하시오.

예제 07 / 조합을 이용하는 확률

서로 다른 n개에서 서로 다른 r개를 택하는 경우의 확률을 구할 때는

조합의 수 $_n\mathrm{C}_r = \dfrac{n!}{r!\,(n-r)!}$ 을 이용한다.

빨간 구슬 5개, 파란 구슬 3개가 들어 있는 주머니에서 구슬을 꺼낼 때, 다음을 구하시오.

(1) 4개의 구슬을 동시에 꺼낼 때, 빨간 구슬 2개, 파란 구슬 2개를 꺼낼 확률

(2) 2개의 구슬을 동시에 꺼낼 때, 서로 다른 색의 구슬을 꺼낼 확률

• 유형만렙 확률과 통계 45쪽에서 문제 더 풀기

| 풀이 | (1) 8개의 구슬 중에서 4개를 꺼내는 경우의 수는

$$_8\mathrm{C}_4 = \frac{8\times7\times6\times5}{4\times3\times2\times1} = 70$$

빨간 구슬 5개 중에서 2개, 파란 구슬 3개 중에서 2개를 꺼내는 경우의 수는

$$_5\mathrm{C}_2 \times {}_3\mathrm{C}_2 = {}_5\mathrm{C}_2 \times {}_3\mathrm{C}_1 = \frac{5\times4}{2\times1}\times3 = 30$$

따라서 구하는 확률은 $\dfrac{30}{70} = \dfrac{3}{7}$

(2) 8개의 구슬 중에서 2개를 꺼내는 경우의 수는

$$_8\mathrm{C}_2 = \frac{8\times7}{2\times1} = 28$$

서로 다른 색의 구슬을 꺼내려면 빨간 구슬 5개 중에서 1개, 파란 구슬 3개 중에서 1개를 꺼내야 하므로 그 경우의 수는

$$_5\mathrm{C}_1 \times {}_3\mathrm{C}_1 = 5\times3 = 15$$

따라서 구하는 확률은 $\dfrac{15}{28}$

답 (1) $\dfrac{3}{7}$ (2) $\dfrac{15}{28}$

165 유사

사과 4개, 딸기 6개가 들어 있는 바구니에서 과일을 꺼낼 때, 다음을 구하시오.

(1) 3개의 과일을 동시에 꺼낼 때, 사과 1개, 딸기 2개를 꺼낼 확률

(2) 2개의 과일을 동시에 꺼낼 때, 서로 다른 과일을 꺼낼 확률

166 변형

A, B, C를 포함한 서로 다른 9대의 자전거 중에서 임의로 4대의 자전거를 동시에 택할 때, 자전거 A, B는 포함하지 않고, 자전거 C는 포함하여 택할 확률을 구하시오.

167 변형

1부터 14까지의 자연수가 각각 하나씩 적힌 14개의 공이 들어 있는 주머니에서 임의로 3개의 공을 동시에 꺼낼 때, 꺼낸 공에 적힌 수 중에서 가장 큰 수가 10일 확률을 구하시오.

168 변형

어느 배드민턴 동호회의 회원 12명 중에서 임의로 대표 2명을 뽑을 때, 남자 회원 2명을 뽑을 확률이 $\dfrac{6}{11}$ 이다. 이 동호회의 남자 회원의 수를 구하시오.

서로 다른 n개에서 중복을 허용하여 r개를 택하는 경우의 확률을 구할 때는
중복조합의 수 $_n\mathrm{H}_r={}_{n+r-1}\mathrm{C}_r$를 이용한다.

다음을 구하시오.

(1) 햄 샌드위치, 에그 샌드위치, 연어 샌드위치 중에서 7개의 샌드위치를 사려고 할 때, 햄 샌드위치를 적어도 2개 살 확률

(단, 각 종류의 샌드위치는 7개 이상씩 있고, 같은 종류의 샌드위치는 서로 구별하지 않는다.)

(2) 집합 $X=\{1,\ 2,\ 3,\ 4,\ 5\}$에 대하여 X에서 X로의 함수 f 중에서 임의로 1개를 택할 때, 그 함수가
$f(1)\leq f(3)\leq f(5)$를 만족시킬 확률

• 유형만렙 확률과 통계 46쪽에서 문제 더 풀기

| 풀이 | (1) 햄 샌드위치, 에그 샌드위치, 연어 샌드위치 중에서 7개의 샌드위치를 사는 경우의 수는
서로 다른 3종류의 샌드위치에서 중복을 허용하여 7개를 택하는 경우의 수와 같으므로

$$_3\mathrm{H}_7={}_9\mathrm{C}_7={}_9\mathrm{C}_2=\frac{9\times8}{2\times1}=36$$

햄 샌드위치를 적어도 2개 사려면 햄 샌드위치 2개를 먼저 사고 나머지 5개를 사면 된다.

햄 샌드위치를 적어도 2개 사는 경우의 수는 서로 다른 3종류의 샌드위치에서 중복을 허용하여 5개를 사는 경우의 수와 같으므로

$$_3\mathrm{H}_5={}_7\mathrm{C}_5={}_7\mathrm{C}_2=\frac{7\times6}{2\times1}=21$$

따라서 구하는 확률은 $\dfrac{21}{36}=\dfrac{7}{12}$

(2) X에서 X로의 함수는 집합 X의 원소 1, 2, 3, 4, 5의 5개에서 중복을 허용하여 5개를 택하여 집합 X의 원소 1, 2, 3, 4, 5에 대응시키면 된다.

따라서 X에서 X로의 함수의 개수는 서로 다른 5개에서 중복을 허용하여 5개를 택하여 일렬로 배열하는 경우의 수와 같으므로 $_5\Pi_5=5^5$

$f(1)\leq f(3)\leq f(5)$를 만족시키는 $f(1)$, $f(3)$, $f(5)$의 값을 정하는 경우의 수는 집합 X의 원소 1, 2, 3, 4, 5의 5개에서 중복을 허용하여 3개를 택하여 크기가 작거나 같은 것부터 순서대로 집합 X의 원소 1, 3, 5에 대응시키는 경우의 수와 같으므로

$$_5\mathrm{H}_3={}_7\mathrm{C}_3=\frac{7\times6\times5}{3\times2\times1}=35$$

$f(2)$, $f(4)$의 값을 정하는 경우의 수는 집합 X의 원소 1, 2, 3, 4, 5의 5개에서 중복을 허용하여 2개를 택하여 집합 X의 원소 2, 4에 대응시키는 경우의 수와 같으므로 $_5\Pi_2=5^2$

즉, $f(1)\leq f(3)\leq f(5)$를 만족시키는 함수의 개수는 35×5^2

따라서 구하는 확률은 $\dfrac{35\times5^2}{5^5}=\dfrac{7}{25}$

답 (1) $\dfrac{7}{12}$ (2) $\dfrac{7}{25}$

TIP **함수의 개수**

실수를 원소로 갖는 두 집합 X, Y에 대하여 X, Y의 원소의 개수가 각각 m, n이고, $f:X\longrightarrow Y$, $i\in X$, $j\in X$일 때
- $i<j$이면 $f(i)<f(j)$인 함수의 개수 ➡ $_n\mathrm{C}_m$ (단, $m\leq n$)
- $i<j$이면 $f(i)\leq f(j)$인 함수의 개수 ➡ $_n\mathrm{H}_m$

169 유사

같은 종류의 빵 5개를 4명의 학생 A, B, C, D에게 나누어 줄 때, 학생 A가 적어도 2개의 빵을 받을 확률을 구하시오.

(단, 빵을 받지 못하는 학생이 있을 수 있다.)

170 유사

두 집합 $X=\{a, b, c, d\}$, $Y=\{1, 2, 3, 4, 5, 6\}$에 대하여 X에서 Y로의 함수 f 중에서 임의로 1개를 택할 때, 그 함수가 $f(a) \geq f(b) \geq f(c)$를 만족시킬 확률을 구하시오.

171 변형

방정식 $x+y+z=12$를 만족시키는 음이 아닌 정수 x, y, z의 순서쌍 (x, y, z) 중에서 임의로 1개를 택할 때, $z=3$일 확률을 구하시오.

172 변형

$a \leq b \leq c \leq d \leq 4$를 만족시키는 자연수 a, b, c, d의 순서쌍 (a, b, c, d) 중에서 임의로 1개를 택할 때, $b=2$일 확률을 구하시오.

n이 충분히 클 때, 사건 A가 n번에 r번 꼴로 일어날 **통계적 확률** $\dfrac{r}{n}$는 수학적 확률과 같다.

다음 물음에 답하시오.

(1) 어느 고등학교 학생 250명이 하루 동안 스마트폰을 사용하는 시간은 오른쪽 표와 같다. 이 학생 중에서 임의로 택한 1명이 하루 동안 스마트폰을 2시간 이상 3시간 미만 사용할 확률을 구하시오.

사용 시간(시간)	학생(명)
0 이상 1 미만	13
1 이상 2 미만	42
2 이상 3 미만	48
3 이상 4 미만	115
4 이상	32
합계	250

(2) 파란 공과 노란 공을 합하여 12개의 공이 들어 있는 주머니가 있다. 이 주머니에서 임의로 2개의 공을 동시에 꺼내어 색을 확인하고 다시 넣는 시행을 여러 번 반복하였더니 33번에 16번 꼴로 2개가 서로 다른 색의 공이었다. 이때 이 주머니에 파란 공은 몇 개가 들어 있다고 볼 수 있는지 구하시오.

(단, 파란 공은 노란 공보다 많다.)

• 유형만렙 확률과 통계 46쪽에서 문제 더 풀기

|풀이| (1) 하루 동안 스마트폰을 2시간 이상 3시간 미만 사용하는 학생 수는 48

따라서 구하는 확률은

$$\frac{(\text{스마트폰을 2시간 이상 3시간 미만 사용하는 학생 수})}{(\text{전체 학생 수})} = \frac{48}{250} = \frac{24}{125}$$

(2) 주머니에 들어 있는 파란 공의 개수를 n이라 하자.

12개의 공 중에서 2개를 꺼내는 경우의 수는 $_{12}C_2 = \dfrac{12 \times 11}{2 \times 1} = 66$

서로 다른 색의 공을 꺼내려면 파란 공 n개 중에서 1개, 노란 공 $(12-n)$개 중에서 1개를 꺼내야 하므로 그 경우의 수는 $_nC_1 \times _{12-n}C_1 = n(12-n)$

따라서 12개의 공 중에서 2개를 동시에 꺼낼 때, 서로 다른 색의 공을 꺼낼 확률은

$$\frac{n(12-n)}{66} \qquad \cdots\cdots \ \text{㉠}$$

이 시행에서 33번에 16번 꼴로 서로 다른 색의 공을 꺼냈으므로 통계적 확률은

$$\frac{16}{33} \qquad \cdots\cdots \ \text{㉡}$$

이때 시행 횟수가 충분히 크므로 ㉠과 ㉡은 같다.

즉, $\dfrac{n(12-n)}{66} = \dfrac{16}{33}$이므로 $n(12-n)=32$

$n^2 - 12n + 32 = 0$, $(n-4)(n-8)=0$ $\quad \therefore n=4$ 또는 $n=8$

그런데 파란 공이 노란 공보다 많으므로 $n=8$

따라서 주머니에 파란 공이 8개 들어 있다고 볼 수 있다.

답 (1) $\dfrac{24}{125}$ (2) 8개

173 `유사`

어느 지역의 관광객 400명이 선호하는 관광지는 다음 표와 같다. 이 관광객 중에서 임의로 택한 1명이 A 관광지를 선호할 확률을 구하시오.

선호하는 관광지	A	B	C	D	합계
관광객(명)	180	50	80	90	400

175 `변형`

어느 해의 연령별 경제 활동 인구 수는 다음 표와 같다. 이 경제 활동 인구 중에서 임의로 택한 1명이 15세 이상 29세 이하일 확률을 구하시오.

연령(세)	경제 활동 인구(명)
15~19	2320
20~29	6180
30~39	6710
40~49	7950
50~59	8640
60 이상	13200
합계	45000

174 `유사`

흰 공과 빨간 공을 합하여 9개의 공이 들어 있는 주머니가 있다. 이 주머니에서 임의로 2개의 공을 동시에 꺼내어 색을 확인하고 다시 넣는 시행을 여러 번 반복하였더니 18번에 7번 꼴로 2개가 서로 다른 색의 공이었다. 이때 이 주머니에 흰 공은 몇 개가 들어 있다고 볼 수 있는지 구하시오. (단, 흰 공은 빨간 공보다 많다.)

176 `변형`

어느 상자에 흰색 지우개, 파란색 지우개, 검은색 지우개를 합하여 10개가 들어 있고, 이 중에서 흰색 지우개는 3개이다. 이 상자에서 임의로 3개의 지우개를 동시에 꺼내어 색을 확인하고 다시 넣는 시행을 여러 번 반복하였더니 4번에 1번 꼴로 3개가 모두 다른 색의 지우개이었다. 이때 이 상자에 파란색 지우개는 몇 개가 들어 있다고 볼 수 있는지 구하시오.
(단, 파란색 지우개는 검은색 지우개보다 많다.)

기하적 확률

• 유형만렙 확률과 통계 47쪽에서 문제 더 풀기

연속적인 변량을 크기로 갖는 표본공간의 영역 S 안에서 각각의 점을 택할 가능성이 같은 정도로 기대
될 때, 영역 S에 포함되어 있는 영역 A에 대하여 S에서 임의로 택한 점이 A에 포함될 확률 $\mathrm{P}(A)$는

$$\mathrm{P}(A)=\frac{(\text{영역 } A \text{의 크기})}{(\text{영역 } S \text{의 크기})}$$

이 확률을 **기하적 확률**이라 한다.

수학적 확률을 이용하여 확률을 구하기 위해서는 $n(S)$와 $n(A)$를 각각 구해야 하지만 S, A가 길이, 넓이, 부피, 시간 등과 같이 경우의 수가 무수히 많아서 그 수를 셀 수 없는 경우의 확률을 구할 때는 기하적 확률을 이용한다.

|예| • 오른쪽 그림과 같이 수직선 위의 네 점 A, B, C, D에 대하여 선분 AD 위의 임의의 점 1개를 택할 때, 그 점이 선분 BC 위에 있을 확률을 구해 보자.

표본공간은 선분 AD 위에 있는 모든 점에 대응하는 실수의 집합이므로 표본공간을 S라 하면
$S=\{x\,|\,0\leq x\leq 7\}$
임의의 점이 선분 BC 위에 있는 사건을 A라 하면 $A=\{x\,|\,3\leq x\leq 4\}$
각각의 집합이 나타내는 길이를 이용하면 구하는 확률 $\mathrm{P}(A)$는

$$\mathrm{P}(A)=\frac{(\text{선분 BC의 길이})}{(\text{선분 AD의 길이})}=\frac{1}{7}$$

• 오른쪽 그림과 같이 한 변의 길이가 1인 정사각형 ABCD의 내부의 임의의 점 P에 대하여 삼각형 ABP가 둔각삼각형일 확률을 구해 보자.

삼각형 ABP가 둔각삼각형이려면 점 P는 선분 AB를 지름으로 하는 반원의 내부에 있어야 한다.
임의의 점 P가 선분 AB를 지름으로 하는 반원의 내부에 있는 사건을 A라 하면 구하는 확률 $\mathrm{P}(A)$는

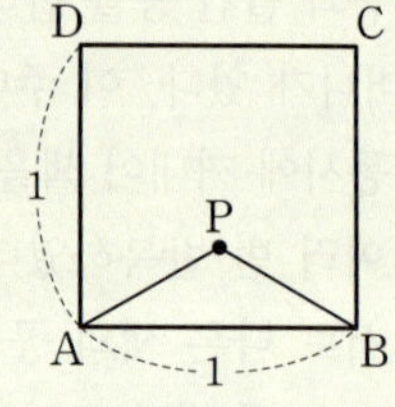

$$\mathrm{P}(A)=\frac{(\text{선분 AB를 지름으로 하는 반원의 넓이})}{(\square \text{ABCD의 넓이})}=\frac{\dfrac{1}{2}\times\pi\left(\dfrac{1}{2}\right)^2}{1}=\frac{\pi}{8}$$

유제

• 정답과 해설 **33쪽**

177 오른쪽 그림과 같이 반지름의 길이가 각각 1, 3이고 중심이 같은 두 원으로 이루어진 과녁에 화살을 쏠 때, 화살이 어두운 부분에 맞을 확률을 구하시오. (단, 화살은 경계선에 맞지 않고 과녁을 벗어나지 않는다.)

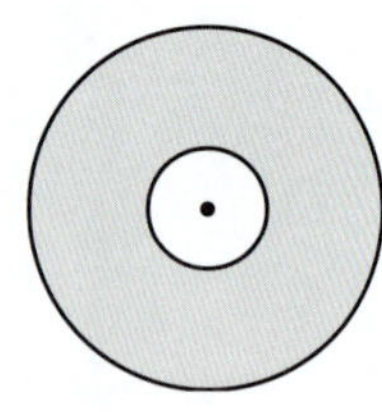

연습문제

• 정답과 해설 33쪽

1단계

178 1부터 8까지의 자연수가 각각 하나씩 적힌 8장의 카드에서 임의로 1장의 카드를 뽑을 때, 뽑은 카드에 적힌 수가 6 이상인 사건을 A, 8의 약수인 사건을 B, 3개의 약수를 가지는 사건을 C라 하자. 보기에서 서로 배반사건인 것만을 있는 대로 고르시오.

> ┤ 보기 ├
>
> ㄱ. A와 B ㄴ. A와 C
>
> ㄷ. B와 C^C ㄹ. C와 $A \cup B$

179 표본공간 $S=\{x \mid x$는 7 이하의 자연수$\}$에 대하여 사건 A가 $A=\{1, 3, 5, 7\}$일 때, A와 서로 배반인 사건의 개수를 구하시오.

180 한국인 4명과 미국인 4명이 일렬로 설 때, 한국인끼리는 서로 이웃하지 않도록 설 확률을 구하시오.

181 4명이 가위바위보를 한 번 할 때, 이기는 사람이 1명일 확률은?

① $\dfrac{1}{9}$ ② $\dfrac{4}{27}$ ③ $\dfrac{5}{27}$

④ $\dfrac{2}{9}$ ⑤ $\dfrac{7}{27}$

182 여섯 개의 숫자 1, 1, 1, 2, 3, 4를 일렬로 배열할 때, 2, 3, 4는 크기가 큰 수부터 순서대로 배열할 확률을 구하시오.

🎓 수능

183 흰 공 3개, 검은 공 4개가 들어 있는 주머니가 있다. 이 주머니에서 임의로 네 개의 공을 동시에 꺼낼 때, 흰 공 2개와 검은 공 2개가 나올 확률은?

① $\dfrac{2}{5}$ ② $\dfrac{16}{35}$ ③ $\dfrac{18}{35}$

④ $\dfrac{4}{7}$ ⑤ $\dfrac{22}{35}$

184 같은 종류의 컵 9개를 3명의 학생 A, B, C에게 나누어 줄 때, 학생 A가 3개의 컵을 받을 확률을 구하시오.

185 표본공간 S의 두 사건 A, B에 대하여 보기에서 옳은 것만을 있는 대로 고른 것은?

┤ 보기 ├

ㄱ. $0 \leq \mathrm{P}(A) \leq 1$
ㄴ. $\mathrm{P}(A \cap B) \leq \mathrm{P}(A) \leq \mathrm{P}(A \cup B)$
ㄷ. $\mathrm{P}(A \cup B) = 1$이면 A와 B는 서로 배반사건이다.

① ㄱ 　　② ㄴ 　　③ ㄱ, ㄴ
④ ㄴ, ㄷ 　　⑤ ㄱ, ㄴ, ㄷ

2단계

186 서로 다른 두 개의 주사위를 동시에 던질 때, 나오는 두 눈의 수의 합이 10인 사건을 A, 두 눈의 수의 곱이 홀수인 사건을 B라 하자. 두 사건 A, B와 모두 배반인 사건의 개수를 2^k이라 할 때, 상수 k의 값을 구하시오.

187 서로 다른 두 개의 주사위를 동시에 던져서 나오는 눈의 수를 각각 a, b라 할 때, 이차함수 $y = x^2 + 3ax + 2$의 그래프와 직선 $y = 2ax + 2 - b$가 만나지 않을 확률을 구하시오.

188 두 집합 $X = \{1, 2, 3, 4\}$, $Y = \{1, 2, 3\}$에 대하여 X에서 Y로의 함수 f 중에서 임의로 1개를 택할 때, 그 함수가 $f(1) + f(2) + f(3) = 7$을 만족시킬 확률을 구하시오.

✎ 서술형

189 남학생과 여학생을 합하여 13명으로 구성된 동아리에서 임의로 2명의 대표를 뽑을 때, 남학생 1명, 여학생 1명을 뽑는 사건을 A, 남학생 2명을 뽑는 사건을 B라 하자. $\mathrm{P}(A) = \mathrm{P}(B) + \dfrac{2}{13}$일 때, 남학생의 수를 구하시오. (단, 남학생은 여학생보다 많다.)

• 정답과 해설 34쪽

190 방정식 $x+y+z+w=7$을 만족시키는 음이 아닌 정수 x, y, z, w의 순서쌍 (x, y, z, w) 중에서 임의로 1개를 택할 때, $y=0$, $z=2$일 확률을 구하시오.

191 야구에서 n타수 중 r개의 안타를 친 선수의 타율을 $\dfrac{r}{n}$라 한다. 현재까지 20타수에 나와서 타율이 0.35인 선수가 앞으로 30타수에 더 나와서 타율이 0.4가 되려면 몇 개의 안타를 더 쳐야 하는지 구하시오.

3단계

🎓 평가원

192 한 개의 주사위를 두 번 던질 때 나오는 눈의 수를 차례로 a, b라 하자. 이차함수 $f(x)=x^2-7x+10$에 대하여 $f(a)f(b)<0$이 성립할 확률은?

① $\dfrac{1}{18}$　　② $\dfrac{1}{9}$　　③ $\dfrac{1}{6}$

④ $\dfrac{2}{9}$　　⑤ $\dfrac{5}{18}$

193 오른쪽 그림과 같이 좌석 번호가 적힌 6개의 좌석에 1학년 학생 2명, 2학년 학생 2명, 3학년 학생 2명이 임의로 1개씩 선택하여 앉을 때, 같은 학년의 두 학생끼리는 좌석 번호의 차가 1 또는 10이 되도록 앉을 확률을 구하시오.

11	12	13
21	22	23

🎓 평가원

194 주머니에 1, 1, 2, 3, 4의 숫자가 하나씩 적혀 있는 5개의 공이 들어 있다. 이 주머니에서 임의로 4개의 공을 동시에 꺼내어 임의로 일렬로 나열하고, 나열된 순서대로 공에 적혀 있는 수를 a, b, c, d라 할 때, $a \le b \le c \le d$일 확률은?

① $\dfrac{1}{15}$　　② $\dfrac{1}{12}$　　③ $\dfrac{1}{9}$

④ $\dfrac{1}{6}$　　⑤ $\dfrac{1}{3}$

1 확률의 덧셈 정리

개념 01 확률의 덧셈 정리
◎ 예제 01~03

표본공간 S의 두 사건 A와 B에 대하여
$$\mathrm{P}(A\cup B)=\mathrm{P}(A)+\mathrm{P}(B)-\mathrm{P}(A\cap B)$$
특히 두 사건 A와 B가 서로 배반사건이면 ◀ $A\cap B=\varnothing$
$$\mathrm{P}(A\cup B)=\mathrm{P}(A)+\mathrm{P}(B)$$

표본공간 S의 두 사건 A, B에 대하여
$$n(A\cup B)=n(A)+n(B)-n(A\cap B)$$
양변을 $n(S)$로 나누면
$$\frac{n(A\cup B)}{n(S)}=\frac{n(A)}{n(S)}+\frac{n(B)}{n(S)}-\frac{n(A\cap B)}{n(S)}$$
따라서 사건 A 또는 사건 B가 일어날 확률은
$$\mathrm{P}(A\cup B)=\mathrm{P}(A)+\mathrm{P}(B)-\mathrm{P}(A\cap B)$$
특히 두 사건 A와 B가 서로 배반사건이면 $A\cap B=\varnothing$
즉, $\mathrm{P}(A\cap B)=0$이므로
$$\mathrm{P}(A\cup B)=\mathrm{P}(A)+\mathrm{P}(B)$$

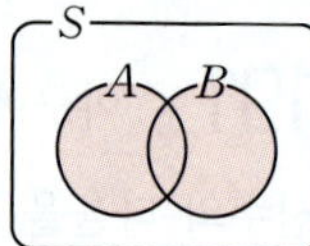

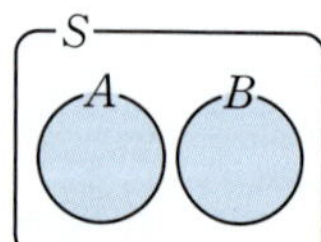

|예| 두 사건 A, B에 대하여 $\mathrm{P}(A)=\dfrac{1}{4}$, $\mathrm{P}(B)=\dfrac{1}{5}$, $\mathrm{P}(A\cap B)=\dfrac{1}{10}$일 때
$$\mathrm{P}(A\cup B)=\mathrm{P}(A)+\mathrm{P}(B)-\mathrm{P}(A\cap B)=\frac{1}{4}+\frac{1}{5}-\frac{1}{10}=\frac{7}{20}$$

개념 02 여사건의 확률
◎ 예제 01, 04~06

표본공간 S의 사건 A에 대하여 여사건 A^c의 확률은
$$\mathrm{P}(A^c)=1-\mathrm{P}(A)$$

표본공간 S의 사건 A에 대하여 두 사건 A, A^c는 서로 배반사건이므로
확률의 덧셈 정리에 의하여
$$\mathrm{P}(A\cup A^c)=\mathrm{P}(A)+\mathrm{P}(A^c)$$
이때 $\mathrm{P}(A\cup A^c)=\mathrm{P}(S)=1$이므로
$$1=\mathrm{P}(A)+\mathrm{P}(A^c)$$
$$\therefore \mathrm{P}(A^c)=1-\mathrm{P}(A)$$

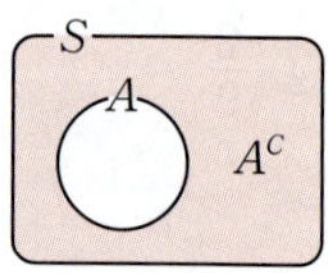

|참고| '적어도', '아닌', '이상', '이하' 등의 조건이 있는 확률을 구할 때,
여사건의 확률을 이용하면 더 편리한 경우가 있다.

개념 03 확률의 덧셈 정리와 여사건의 확률

표본공간 S의 두 사건 A와 B에 대하여
(1) $\mathrm{P}(A^c \cap B^c) = 1 - \mathrm{P}(A \cup B)$ ◀ A, B가 모두 일어나지 않을 확률
(2) $\mathrm{P}(A^c \cup B^c) = 1 - \mathrm{P}(A \cap B)$ ◀ A가 일어나지 않거나 B가 일어나지 않을 확률

(1) 드모르간의 법칙에 의하여 $A^c \cap B^c = (A \cup B)^c$이므로
$$\mathrm{P}(A^c \cap B^c) = \mathrm{P}((A \cup B)^c)$$
$$= 1 - \mathrm{P}(A \cup B)$$

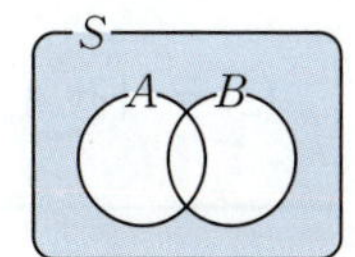

(2) 드모르간의 법칙에 의하여 $A^c \cup B^c = (A \cap B)^c$이므로
$$\mathrm{P}(A^c \cup B^c) = \mathrm{P}((A \cap B)^c)$$
$$= 1 - \mathrm{P}(A \cap B)$$

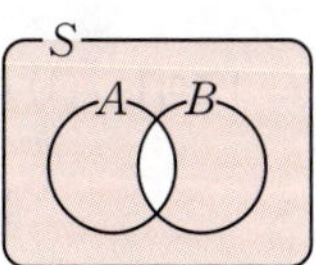

| 참고 | 표본공간 S의 두 사건 A와 B에 대하여
· $\mathrm{P}(A \cap B^c) = \mathrm{P}(A) - \mathrm{P}(A \cap B)$
· $\mathrm{P}(A^c \cap B) = \mathrm{P}(B) - \mathrm{P}(A \cap B)$

개념 확인

• 정답과 해설 37쪽

개념 01
195 두 사건 A, B에 대하여 $\mathrm{P}(A) = \dfrac{2}{5}$, $\mathrm{P}(B) = \dfrac{1}{2}$, $\mathrm{P}(A \cap B) = \dfrac{3}{10}$일 때, $\mathrm{P}(A \cup B)$를 구하시오.

개념 01
196 두 사건 A, B가 서로 배반사건이고 $\mathrm{P}(A) = \dfrac{1}{8}$, $\mathrm{P}(B) = \dfrac{2}{3}$일 때, $\mathrm{P}(A \cup B)$를 구하시오.

개념 02
197 사건 A에 대하여 $\mathrm{P}(A) = \dfrac{1}{3}$일 때, $\mathrm{P}(A^c)$를 구하시오.

$\mathrm{P}(A \cup B) = \mathrm{P}(A) + \mathrm{P}(B) - \mathrm{P}(A \cap B)$, $\mathrm{P}(A^c) = 1 - \mathrm{P}(A)$임을 이용하여 확률을 구한다.

두 사건 A, B에 대하여 다음을 구하시오.

(1) $\mathrm{P}(A) = \dfrac{1}{6}$, $\mathrm{P}(B^c) = \dfrac{2}{5}$, $\mathrm{P}(A \cup B) = \dfrac{2}{3}$일 때, $\mathrm{P}(A \cap B)$

(2) 두 사건 A, B가 서로 배반사건이고 $\mathrm{P}(A) = \dfrac{1}{4}$, $\mathrm{P}(A^c \cap B^c) = \dfrac{3}{5}$일 때, $\mathrm{P}(B)$

• 유형만렙 확률과 통계 48쪽에서 문제 더 풀기

| 풀이 | (1) $\mathrm{P}(B^c) = \dfrac{2}{5}$에서 여사건의 확률에 의하여

$$\mathrm{P}(B) = 1 - \mathrm{P}(B^c) = 1 - \frac{2}{5} = \frac{3}{5}$$

확률의 덧셈 정리에 의하여

$$\mathrm{P}(A \cup B) = \mathrm{P}(A) + \mathrm{P}(B) - \mathrm{P}(A \cap B)$$

$$\frac{2}{3} = \frac{1}{6} + \frac{3}{5} - \mathrm{P}(A \cap B)$$

$$\therefore \mathrm{P}(A \cap B) = \frac{1}{6} + \frac{3}{5} - \frac{2}{3} = \frac{1}{10}$$

(2) $A^c \cap B^c = (A \cup B)^c$이므로

$$\mathrm{P}(A^c \cap B^c) = \mathrm{P}((A \cup B)^c) = \frac{3}{5}$$

이때 여사건의 확률에 의하여

$$\mathrm{P}(A \cup B) = 1 - \mathrm{P}((A \cup B)^c) = 1 - \frac{3}{5} = \frac{2}{5}$$

두 사건 A, B가 서로 배반사건이므로 확률의 덧셈 정리에 의하여

$$\mathrm{P}(A \cup B) = \mathrm{P}(A) + \mathrm{P}(B)$$

$$\frac{2}{5} = \frac{1}{4} + \mathrm{P}(B)$$

$$\therefore \mathrm{P}(B) = \frac{2}{5} - \frac{1}{4} = \frac{3}{20}$$

답 (1) $\dfrac{1}{10}$ (2) $\dfrac{3}{20}$

198 유사

두 사건 A, B에 대하여

$$P(A^C)=\frac{6}{11},\ P(B)=\frac{1}{2},$$

$$P(A\cup B)=\frac{9}{11}$$

일 때, $P(A\cap B)$를 구하시오.

200 변형

평가원

두 사건 A, B에 대하여

$$P(A\cup B)=1,\ P(B)=\frac{1}{3},$$

$$P(A\cap B)=\frac{1}{6}$$

일 때, $P(A^C)$의 값은?

(단, A^C는 A의 여사건이다.)

① $\dfrac{1}{3}$ ② $\dfrac{1}{4}$ ③ $\dfrac{1}{5}$

④ $\dfrac{1}{6}$ ⑤ $\dfrac{1}{7}$

199 유사

두 사건 A, B가 서로 배반사건이고 $P(A)=\dfrac{3}{10}$, $P(A^C\cap B^C)=\dfrac{1}{3}$일 때, $P(B)$를 구하시오.

201 변형

두 사건 A, B가 서로 배반사건이고 $P(A^C)=4P(B)=\dfrac{1}{3}$일 때, $P(A\cup B)$를 구하시오.

두 사건 A, B가 **동시에 일어날 때**, A 또는 B가 일어날 확률은
$$\mathrm{P}(A \cup B) = \mathrm{P}(A) + \mathrm{P}(B) - \mathrm{P}(A \cap B)$$

다음 물음에 답하시오.

(1) 1부터 200까지의 자연수가 각각 하나씩 적힌 200장의 카드에서 임의로 1장의 카드를 뽑을 때, 뽑은 카드에 적힌 숫자가 4의 배수이거나 7의 배수일 확률을 구하시오.

(2) A, B를 포함한 9송이의 꽃 중에서 3송이의 꽃을 고를 때, A 또는 B를 포함하여 고를 확률을 구하시오.

• 유형만렙 확률과 통계 48쪽에서 문제 더 풀기

| 풀이 | (1) 뽑은 카드에 적힌 수가 4의 배수인 사건을 A, 7의 배수인 사건을 B라 하면
$$\mathrm{P}(A) = \frac{50}{200}, \ \mathrm{P}(B) = \frac{28}{200}$$
뽑은 카드에 적힌 수가 4와 7의 공배수, 즉 28의 배수인 사건은 $A \cap B$이므로 ◀ 사건 A와 사건 B가 동시에 일어날 수 있다.
$$\mathrm{P}(A \cap B) = \frac{7}{200}$$
따라서 구하는 확률은
$$\mathrm{P}(A \cup B) = \mathrm{P}(A) + \mathrm{P}(B) - \mathrm{P}(A \cap B)$$
$$= \frac{50}{200} + \frac{28}{200} - \frac{7}{200} = \frac{71}{200}$$
◀ 확률의 덧셈 정리에 의하여 확률을 계산할 때 분모를 통분해야 하므로 각각의 확률을 구할 때 약분을 하지 않는다.

(2) A를 포함하여 고르는 사건을 A, B를 포함하여 고르는 사건을 B라 하자.

(ⅰ) A를 포함하여 고르는 경우

A를 제외한 8송이 중에서 2송이를 고르는 경우와 같으므로
$$\mathrm{P}(A) = \frac{_8\mathrm{C}_2}{_9\mathrm{C}_3} = \frac{28}{84}$$

(ⅱ) B를 포함하여 고르는 경우

B를 제외한 8송이 중에서 2송이를 고르는 경우와 같으므로
$$\mathrm{P}(B) = \frac{_8\mathrm{C}_2}{_9\mathrm{C}_3} = \frac{28}{84}$$

(ⅲ) A와 B를 모두 포함하여 고르는 경우 ◀ 사건 A와 사건 B가 동시에 일어날 수 있다.

A, B를 제외한 7송이 중에서 1송이를 고르는 경우와 같으므로
$$\mathrm{P}(A \cap B) = \frac{_7\mathrm{C}_1}{_9\mathrm{C}_3} = \frac{7}{84}$$

(ⅰ), (ⅱ), (ⅲ)에서 구하는 확률은
$$\mathrm{P}(A \cup B) = \mathrm{P}(A) + \mathrm{P}(B) - \mathrm{P}(A \cap B)$$
$$= \frac{28}{84} + \frac{28}{84} - \frac{7}{84} = \frac{49}{84} = \frac{7}{12}$$

답 (1) $\dfrac{71}{200}$ (2) $\dfrac{7}{12}$

202 유사

교과서

1부터 150까지의 자연수가 각각 하나씩 적힌 150장의 카드에서 임의로 1장의 카드를 뽑을 때, 뽑은 카드에 적힌 수가 5의 배수이거나 6의 배수일 확률을 구하시오.

204 변형

어느 동네에 거주하는 140가구 중에서 강아지를 키우는 가구는 전체의 $\dfrac{3}{10}$, 고양이를 키우는 가구는 전체의 $\dfrac{2}{7}$, 강아지와 고양이를 모두 키우는 가구는 10가구이다. 이 동네에서 임의로 한 가구를 택할 때, 그 가구가 강아지 또는 고양이를 키울 확률을 구하시오.

203 유사

A, B를 포함한 11개의 볼펜 중에서 4개의 볼펜을 택할 때, A 또는 B를 포함하여 택할 확률을 구하시오.

205 변형

여섯 개의 숫자 0, 1, 2, 3, 4, 5로 중복을 허용하여 만들 수 있는 세 자리의 자연수 중에서 임의로 1개를 택할 때, 그 수가 짝수 또는 5의 배수일 확률을 구하시오.

두 사건 A, B가 **동시에 일어나지 않을 때**, A 또는 B가 일어날 확률은
$$\mathrm{P}(A \cup B) = \mathrm{P}(A) + \mathrm{P}(B)$$

흰 구슬 5개, 노란 구슬 7개가 들어 있는 주머니에서 임의로 3개의 구슬을 동시에 꺼낼 때, 모두 같은 색의 구슬을 꺼낼 확률을 구하시오.

• 유형만렙 확률과 통계 49쪽에서 문제 더 풀기

| 풀이 | 모두 같은 색의 구슬을 꺼내는 경우는 모두 흰 구슬 또는 모두 노란 구슬을 꺼내는 경우이다.

꺼낸 3개의 구슬이 모두 흰 구슬인 사건을 A, 모두 노란 구슬인 사건을 B라 하면

$$\mathrm{P}(A) = \frac{{}_5\mathrm{C}_3}{{}_{12}\mathrm{C}_3} = \frac{{}_5\mathrm{C}_2}{{}_{12}\mathrm{C}_3} = \frac{10}{220}, \ \mathrm{P}(B) = \frac{{}_7\mathrm{C}_3}{{}_{12}\mathrm{C}_3} = \frac{35}{220}$$

두 사건 A, B는 서로 배반사건이므로 구하는 확률은

$$\mathrm{P}(A \cup B) = \mathrm{P}(A) + \mathrm{P}(B)$$
$$= \frac{10}{220} + \frac{35}{220} = \frac{45}{220} = \frac{9}{44}$$

답 $\dfrac{9}{44}$

구하는 사건의 확률보다 여사건의 확률을 구하는 게 더 간단한 경우에는 **여사건의 확률**
$\mathrm{P}(A^c) = 1 - \mathrm{P}(A)$를 이용한다.

1부터 7까지의 자연수가 각각 하나씩 적힌 7개의 공이 들어 있는 주머니에서 임의로 2개의 공을 동시에 꺼낼 때, 꺼낸 공에 적힌 두 수의 차가 2가 아닐 확률을 구하시오.

• 유형만렙 확률과 통계 50쪽에서 문제 더 풀기

| 풀이 | 꺼낸 공에 적힌 두 수의 차가 2가 아닌 사건을 A라 하면 A^c는 두 수의 차가 2인 사건이다.

꺼낸 공에 적힌 두 수의 차가 2인 경우는   └두 수의 차가 2가 아니려면 두 수의 차가 1, 3, 4, 5, 6이어야 하므로 여사건을 구하는 것이 더 간단하다.

$(1, 3)$, $(2, 4)$, $(3, 5)$, $(4, 6)$, $(5, 7)$의 5가지이므로

$$\mathrm{P}(A^c) = \frac{5}{{}_7\mathrm{C}_2} = \frac{5}{21}$$

따라서 구하는 확률은

$$\mathrm{P}(A) = 1 - \mathrm{P}(A^c) = 1 - \frac{5}{21} = \frac{16}{21}$$

답 $\dfrac{16}{21}$

206 예제 03 유사

파란색 연필 6개, 검은색 연필 8개가 들어 있는 필통에서 임의로 3개의 연필을 동시에 꺼낼 때, 모두 같은 색의 연필을 꺼낼 확률을 구하시오.

207 예제 04 유사

1부터 10까지의 자연수가 각각 하나씩 적힌 10장의 카드가 들어 있는 상자에서 임의로 2장의 카드를 동시에 꺼낼 때, 꺼낸 카드에 적힌 두 수의 곱이 18이 아닐 확률을 구하시오.

208 예제 03 변형

1학년 학생 3명, 2학년 학생 2명, 3학년 학생 2명이 일렬로 설 때, 양 끝에 모두 1학년 학생이 서거나 모두 2학년 학생이 설 확률을 구하시오.

209 예제 04 변형

한 개의 주사위를 3번 던져서 나오는 눈의 수를 차례대로 a, b, c라 할 때, abc가 짝수일 확률을 구하시오.

예제 05 / 여사건의 확률 – '적어도'의 조건이 있는 경우

(적어도 1개가 A일 확률)$=1-$(모두 A가 아닐 확률)

오렌지 맛 사탕 4개와 포도 맛 사탕 6개가 들어 있는 상자에서 임의로 3개의 사탕을 동시에 꺼낼 때, 적어도 1개가 포도 맛 사탕일 확률을 구하시오.

• 유형만렙 확률과 통계 50쪽에서 문제 더 풀기

| 풀이 | 적어도 1개가 포도 맛 사탕인 사건을 A라 하면

A^c는 3개 모두 오렌지 맛 사탕인 사건이므로

$$P(A^c)=\frac{_4C_3}{_{10}C_3}=\frac{_4C_1}{_{10}C_3}=\frac{4}{120}=\frac{1}{30}$$

따라서 구하는 확률은

$$P(A)=1-P(A^c)=1-\frac{1}{30}=\frac{29}{30}$$

답 $\dfrac{29}{30}$

예제 06 / 여사건의 확률 – '이상', '이하'의 조건이 있는 경우

(A가 k개 이상(이하)일 확률)$=1-$(A가 k개 미만(초과)일 확률)

1학년 학생 5명과 2학년 학생 6명 중에서 임의로 4명의 학생을 동시에 뽑을 때, 1학년 학생을 2명 이상 뽑을 확률을 구하시오.

• 유형만렙 확률과 통계 51쪽에서 문제 더 풀기

| 풀이 | 1학년 학생이 2명 이상인 사건을 A라 하면

A^c는 1학년 학생을 뽑지 않거나 1명 뽑는 사건이다.

(i) 2학년 학생 4명을 뽑을 확률은 $\dfrac{_6C_4}{_{11}C_4}=\dfrac{_6C_2}{_{11}C_4}=\dfrac{15}{330}$

(ii) 1학년 학생 1명, 2학년 학생 3명을 뽑을 확률은 $\dfrac{_5C_1\times_6C_3}{_{11}C_4}=\dfrac{100}{330}$

(i), (ii)에서 $P(A^c)=\dfrac{15}{330}+\dfrac{100}{330}=\dfrac{115}{330}=\dfrac{23}{66}$

따라서 구하는 확률은

$$P(A)=1-P(A^c)=1-\frac{23}{66}=\frac{43}{66}$$

답 $\dfrac{43}{66}$

210 예제 05 유사 🎓수능

흰색 마스크 5개, 검은색 마스크 9개가 들어 있는 상자가 있다. 이 상자에서 임의로 3개의 마스크를 동시에 꺼낼 때, 꺼낸 3개의 마스크 중에서 적어도 한 개가 흰색 마스크일 확률은?

① $\dfrac{8}{13}$　　② $\dfrac{17}{26}$　　③ $\dfrac{9}{13}$

④ $\dfrac{19}{26}$　　⑤ $\dfrac{10}{13}$

211 예제 06 유사

남학생 6명과 여학생 4명으로 구성된 어느 동아리에서 임의로 4명의 학생을 동시에 선발할 때, 남학생을 2명 이하로 선발할 확률을 구하시오.

212 예제 05 변형 📖교과서

4명의 학생이 방학 동안 요리 수업을 수강하려 한다. 4명이 월요일부터 금요일 중에서 임의로 각각 하나의 요일을 택할 때, 적어도 2명이 같은 요일을 택할 확률을 구하시오.

213 예제 06 변형

50원짜리 동전 4개, 100원짜리 동전 5개, 500원짜리 동전 3개가 들어 있는 주머니에서 임의로 3개의 동전을 동시에 꺼낼 때, 꺼낸 동전의 금액의 합이 1100원 미만일 확률을 구하시오.

214 두 사건 A, B가 서로 배반사건이고 $\mathrm{P}(A \cup B) = 2\mathrm{P}(A) = \dfrac{5}{8}$일 때, $\mathrm{P}(B^C)$를 구하시오.

215 표본공간 S의 두 사건 A, B에 대하여 보기에서 옳은 것만을 있는 대로 고르시오.

┤ 보기 ├
ㄱ. $0 \leq \mathrm{P}(A) + \mathrm{P}(B) \leq 2$
ㄴ. $A \cap B = \varnothing$이면 $0 \leq \mathrm{P}(A) + \mathrm{P}(B) \leq 1$
ㄷ. $\mathrm{P}(A) + \mathrm{P}(B) = 1$이면 두 사건 A, B는 서로 배반사건이다.

📒 교과서

216 어느 연극 동아리 학생 50명 중에서 콘서트를 관람한 경험이 있는 학생은 20명, 뮤지컬을 관람한 경험이 있는 학생은 22명, 콘서트와 뮤지컬을 모두 관람한 경험이 있는 학생은 14명이다. 이 동아리 학생 중에서 임의로 1명을 택할 때, 그 학생이 콘서트 또는 뮤지컬을 관람한 경험이 있을 확률을 구하시오.

217 서로 다른 두 개의 주사위를 동시에 던질 때, 나오는 두 눈의 수의 합이 7이거나 곱이 12일 확률은?

① $\dfrac{1}{9}$ ② $\dfrac{5}{36}$ ③ $\dfrac{1}{6}$

④ $\dfrac{7}{36}$ ⑤ $\dfrac{2}{9}$

218 1부터 11까지의 자연수가 각각 하나씩 적힌 11장의 카드에서 임의로 3장의 카드를 동시에 뽑을 때, 뽑은 카드에 적힌 세 수의 합이 홀수일 확률을 구하시오.

219 positive에 있는 8개의 문자를 일렬로 배열할 때, 적어도 한쪽 끝에 모음이 오도록 배열할 확률은?

① $\dfrac{9}{14}$ ② $\dfrac{5}{7}$ ③ $\dfrac{11}{14}$

④ $\dfrac{6}{7}$ ⑤ $\dfrac{13}{14}$

• 정답과 해설 **39**쪽

220 흰색 손수건 4장, 검은색 손수건 5장이 들어 있는 상자가 있다. 이 상자에서 임의로 4장의 손수건을 동시에 꺼낼 때, 꺼낸 4장의 손수건 중에서 흰색 손수건이 2장 이상일 확률은?

① $\dfrac{1}{2}$
② $\dfrac{4}{7}$
③ $\dfrac{9}{14}$
④ $\dfrac{5}{7}$
⑤ $\dfrac{11}{14}$

2단계

221 두 사건 A, B에 대하여

$$P(A)=\frac{1}{5},\ P(B)=\frac{7}{20},$$

$$P(A^c \cap B)=\frac{1}{4}$$

일 때, $P(A \cup B)$를 구하시오.

222 1부터 50까지의 자연수가 각각 하나씩 적힌 50장의 카드에서 임의로 1장의 카드를 뽑을 때, 뽑은 카드에 적힌 수를 n이라 하자. 이때 x에 대한 이차방정식 $14x^2 - 9nx + n^2 = 0$이 자연수인 해를 가질 확률을 구하시오.

223 두 집합 $X=\{0,\ 1,\ 2\}$, $Y=\{1,\ 2,\ 3,\ 4,\ 5\}$에 대하여 X에서 Y로의 일대일함수 f 중에서 임의로 1개를 택할 때, 그 함수가 $f(1)f(2)=6$ 또는 $f(1)f(2)=15$를 만족시킬 확률을 구하시오.

224 서로 다른 세 개의 주사위를 동시에 던져서 나오는 눈의 수를 각각 a, b, c라 할 때, $a<b$ 또는 $b<c$일 확률을 구하시오.

225 사과와 배를 합하여 10개의 과일이 들어 있는 바구니에서 임의로 2개의 과일을 동시에 꺼낼 때, 배가 적어도 1개일 확률이 $\dfrac{13}{15}$이다. 이때 처음 바구니에 들어 있던 사과의 개수를 구하시오.

연습문제

• 정답과 해설 **41쪽**

교과서

226 소나무 씨앗 4개, 참나무 씨앗 5개, 느티나무 씨앗 2개가 들어 있는 주머니에서 임의로 3개의 씨앗을 동시에 꺼내어 화단에 심으려 한다. 이때 두 종류 이상의 씨앗을 꺼낼 확률을 구하시오.

평가원

227 다음 조건을 만족시키는 좌표평면 위의 점 (a, b) 중에서 임의로 서로 다른 두 점을 선택할 때, 선택된 두 점 사이의 거리가 1보다 클 확률은?

(개) a, b는 자연수이다.
(내) $1 \le a \le 4$, $1 \le b \le 3$

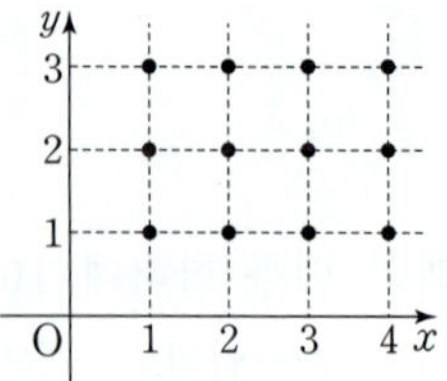

① $\dfrac{41}{66}$ ② $\dfrac{43}{66}$ ③ $\dfrac{15}{22}$

④ $\dfrac{47}{66}$ ⑤ $\dfrac{49}{66}$

3단계

228 두 사건 A, B에 대하여 $\mathrm{P}(A) = \dfrac{2}{3}$, $\mathrm{P}(B) = \dfrac{3}{5}$일 때, $\mathrm{P}(A \cap B)$의 최댓값을 M, 최솟값을 m이라 하자. 이때 $M + m$의 값을 구하시오.

229 1부터 80까지의 자연수 중에서 임의로 1개를 택할 때, 그 수가 21과 서로소일 확률을 구하시오.

230 흰색 키보드 4개, 검은색 키보드 2개, 흰색 마우스 4개, 검은색 마우스 3개 중에서 임의로 3개를 동시에 택할 때, 택한 것 중에서 적어도 1개는 흰색이고 적어도 1개는 키보드일 확률을 구하시오.

2

조건부확률

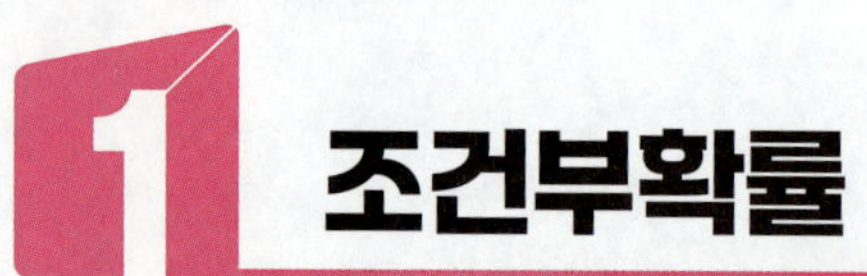 조건부확률

개념 01 조건부확률의 뜻

◉ 예제 01~05

표본공간 S의 두 사건 A, B에 대하여 확률이 0이 아닌 사건 A가 일어났다는 조건 아래에서 사건 B가 일어날 확률을 사건 A가 일어났을 때의 사건 B의 **조건부확률**이라 하고, 기호로 $P(B|A)$와 같이 나타낸다.

➡ $P(B|A) = \dfrac{P(A \cap B)}{P(A)}$ (단, $P(A) > 0$)

표본공간 S의 두 사건 A, B에 대하여

확률이 0이 아닌 사건 A가 일어났을 때의 사건 B의 조건부확률은

사건 A를 새로운 표본공간으로 생각하여 사건 A 안에서 사건 $A \cap B$가 일어날 확률을 의미하므로

$$P(B|A) = \frac{n(A \cap B)}{n(A)}$$

이때 우변의 분자와 분모를 각각 $n(S)$로 나누면

$$P(B|A) = \frac{\dfrac{n(A \cap B)}{n(S)}}{\dfrac{n(A)}{n(S)}} = \frac{P(A \cap B)}{P(A)} \quad (단, P(A) > 0)$$

이러한 조건부확률은 실생활에서 다양하게 사용되는데 대표적인 예로 날씨 예측이 있다.

예를 들어 오늘 비가 왔을 때 내일도 비가 올 확률, 날씨가 흐릴 때 비가 올 확률 등에서 조건부확률을 이용한다.

| 참고 | • 사건 B가 일어났을 때의 사건 A의 조건부확률은 $P(A|B) = \dfrac{P(A \cap B)}{P(B)}$ 이다.

• 일반적으로 $P(B|A) \neq P(A|B)$ 이다.

• $P(A \cap B)$와 $P(B|A)$의 비교

표본공간 S의 두 사건 A, B에 대하여 서로 배반인 사건 $A \cap B$, $A \cap B^c$, $A^c \cap B$, $A^c \cap B^c$의 원소의 개수를 각각 a, b, c, d라 하자.

(1) $P(A \cap B)$는 표본공간 S에서 사건 $A \cap B$가 일어날 확률이므로

$$P(A \cap B) = \frac{n(A \cap B)}{n(S)} = \frac{a}{a+b+c+d}$$

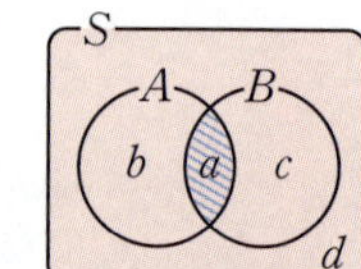

(2) $P(B|A)$는 사건 A를 새로운 표본공간으로 생각했을 때, 사건 A에서 사건 $A \cap B$가 일어날 확률이므로

$$P(B|A) = \frac{n(A \cap B)}{n(A)} = \frac{a}{a+b}$$

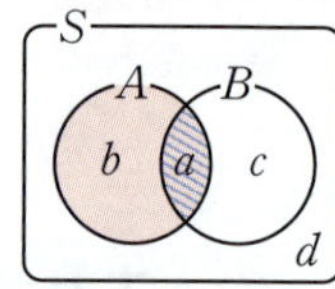

| 예 | 어느 설문 조사에서 10대, 20대를 대상으로 한 노래의 인지도를 조사한 결과는 오른쪽 표와 같다. 이 설문 대상자 중에서 임의로 택한 1명이 이 노래를 아는 사람일 때, 그 사람이 10대일 확률을 구해 보자.

(단위: 명)

	10대	20대	합계
알고 있음	16	13	29
모름	9	22	31
합계	25	35	60

60명 중에서 1명을 택하는 사건을 S, 이 노래를 아는 사람을 택하는 사건을 A, 10대를 택하는 사건을 B라 하자. 택한 1명이 이 노래를 아는 사람일 때, 그 사람이 10대일 확률은 $P(B|A)$이고, 이는 이 노래를 아는 사람 중에서 10대의 비율과 같으므로

$$P(B|A)=\frac{n(A\cap B)}{n(A)}=\frac{16}{29}$$

또는 확률을 이용하여 다음과 같이 구할 수 있다.

$$P(A)=\frac{n(A)}{n(S)}=\frac{29}{60}, \ P(A\cap B)=\frac{n(A\cap B)}{n(S)}=\frac{16}{60}\text{이므로 } P(B|A)=\frac{\dfrac{16}{60}}{\dfrac{29}{60}}=\frac{16}{29}$$

개념 02 확률의 곱셈 정리

● 예제 01, 03~05

두 사건 A, B에 대하여 A, B가 동시에 일어날 확률은

$$P(A\cap B)=P(A)P(B|A)=P(B)P(A|B) \ (단, \ P(A)>0, \ P(B)>0)$$

두 사건 A, B에 대하여 사건 A가 일어났을 때의 사건 B의 조건부확률은

$$P(B|A)=\frac{P(A\cap B)}{P(A)} \ (단, \ P(A)>0)$$

이 식의 양변에 $P(A)$를 곱하면

$$P(A)P(B|A)=P(A\cap B) \quad \cdots\cdots \ ㉠$$

마찬가지로 사건 B가 일어났을 때의 사건 A의 조건부확률은

$$P(A|B)=\frac{P(A\cap B)}{P(B)} \ (단, \ P(B)>0)$$

이 식의 양변에 $P(B)$를 곱하면

$$P(B)P(A|B)=P(A\cap B) \quad \cdots\cdots \ ㉡$$

따라서 ㉠, ㉡에서 두 사건 A, B에 대하여

$$P(A\cap B)=P(A)P(B|A)=P(B)P(A|B) \ (단, \ P(A)>0, \ P(B)>0)$$

이를 확률의 곱셈 정리라 한다.

| 예 | 흰 공 4개와 검은 공 5개가 들어 있는 주머니에서 공을 임의로 1개씩 2번 꺼낼 때, 첫 번째에 흰 공을 꺼내고 두 번째에 검은 공을 꺼낼 확률을 구해 보자. (단, 꺼낸 공은 다시 넣지 않는다.)

첫 번째에 흰 공을 꺼내는 사건을 A, 두 번째에 검은 공을 꺼내는 사건을 B라 하면

첫 번째에 흰 공을 꺼낼 확률은 $P(A)=\dfrac{4}{9}$

첫 번째에 흰 공을 꺼냈을 때, 두 번째에 검은 공을 꺼낼 확률은 $P(B|A)=\dfrac{5}{8}$

따라서 구하는 확률은 $P(A\cap B)=P(A)P(B|A)=\dfrac{4}{9}\times\dfrac{5}{8}=\dfrac{5}{18}$

개념 03 확률의 곱셈 정리의 응용

두 사건 A, B에 대하여

$$P(B)=P(A\cap B)+P(A^C\cap B)$$

A가 일어나고 B가 일어날 확률 $\quad$ A가 일어나지 않고 B가 일어날 확률

$$=P(A)P(B|A)+P(A^C)P(B|A^C) \ (단, \ 0<P(A)<1)$$

오른쪽 그림과 같이 표본공간 S의 두 사건 A, B를 벤 다이어그램으로 나타내면 $A\cap B$와 $A^C\cap B$는 서로 배반사건이므로

$$P(B)=P(A\cap B)+P(A^C\cap B) \quad \cdots\cdots ㉠$$

이때 확률의 곱셈 정리에 의하여

$$P(A\cap B)=P(A)P(B|A)$$
$$P(A^C\cap B)=P(A^C)P(B|A^C)$$

따라서 ㉠에서

$$P(B)=P(A)P(B|A)+P(A^C)P(B|A^C)$$

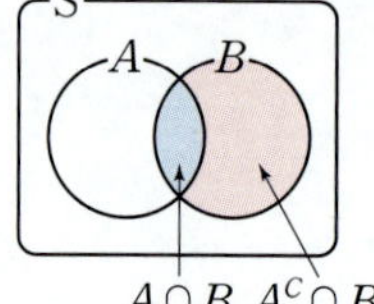

|예| 2개의 당첨 제비를 포함하여 7개의 제비가 들어 있는 주머니에서 두 학생 A, B가 이 순서대로 제비를 임의로 1개씩 뽑을 때, 학생 B가 당첨 제비를 뽑을 확률을 구해 보자.

(단, 뽑은 제비는 다시 넣지 않는다.)

두 학생 A, B가 당첨 제비를 뽑는 사건을 각각 A, B라 하자.

학생 B는 학생 A가 제비를 뽑은 후에 남은 제비 중에서 제비를 뽑으므로 학생 A가 어떤 제비를 뽑느냐에 따라 학생 B가 뽑을 때 남은 당첨 제비의 개수가 달라진다.

즉, 학생 B가 당첨 제비를 뽑는 사건은 학생 A가 당첨 제비를 뽑고 학생 B가 당첨 제비를 뽑거나 학생 A가 당첨 제비를 뽑지 않고 학생 B가 당첨 제비를 뽑는 사건이므로

(i) 학생 A가 당첨 제비를 뽑고 학생 B가 당첨 제비를 뽑을 확률

학생 A가 당첨 제비를 뽑을 확률은 $P(A)=\dfrac{2}{7}$

학생 A가 당첨 제비를 뽑았을 때, 학생 B가 당첨 제비를 뽑을 확률은 $P(B|A)=\dfrac{1}{6}$

$$\therefore P(A\cap B)=P(A)P(B|A)=\dfrac{2}{7}\times\dfrac{1}{6}=\dfrac{1}{21}$$

(ii) 학생 A가 당첨 제비를 뽑지 않고 학생 B가 당첨 제비를 뽑을 확률

학생 A가 당첨 제비를 뽑지 않을 확률은 $P(A^C)=\dfrac{5}{7}$

학생 A가 당첨 제비를 뽑지 않았을 때, 학생 B가 당첨 제비를 뽑을 확률은

$$P(B|A^C)=\dfrac{2}{6}=\dfrac{1}{3}$$

$$\therefore P(A^C\cap B)=P(A^C)P(B|A^C)=\dfrac{5}{7}\times\dfrac{1}{3}=\dfrac{5}{21}$$

(i), (ii)에서 구하는 확률은

$$P(B)=P(A\cap B)+P(A^C\cap B)=\dfrac{1}{21}+\dfrac{5}{21}=\dfrac{2}{7}$$

개념 01
231 두 사건 A, B에 대하여 $P(A) = \dfrac{1}{3}$, $P(B) = \dfrac{2}{5}$, $P(A \cap B) = \dfrac{2}{9}$일 때, 다음을 구하시오.

(1) $P(B|A)$

(2) $P(A|B)$

개념 01
232 두 사건 A, B에 대하여 $P(B|A) = \dfrac{1}{2}$, $P(A \cap B) = \dfrac{1}{3}$일 때, $P(A)$를 구하시오.

개념 01
233 한 개의 주사위를 던져서 나오는 눈의 수가 6의 약수인 사건을 A, 소수인 사건을 B라 할 때, 다음을 구하시오.

(1) $P(A \cap B)$

(2) $P(A|B)$

개념 02
234 두 사건 A, B에 대하여 $P(A) = \dfrac{3}{5}$, $P(B) = \dfrac{1}{6}$, $P(A|B) = \dfrac{3}{10}$일 때, 다음을 구하시오.

(1) $P(A \cap B)$

(2) $P(B|A)$

$$P(B\,|\,A)=\frac{P(A\cap B)}{P(A)},\ P(A\cap B)=P(A)P(B\,|\,A)$$임을 이용하여 확률을 구한다.

두 사건 A, B에 대하여 다음을 구하시오.

(1) $P(A)=\dfrac{3}{4}$, $P(B^C)=\dfrac{2}{3}$, $P(A\cup B)=\dfrac{5}{6}$일 때, $P(A\,|\,B)$

(2) $P(A)=0.3$, $P(A\cup B)=0.5$, $P(B\,|\,A)=0.2$일 때, $P(A\,|\,B)$

• 유형만렙 확률과 통계 58쪽에서 문제 더 풀기

│풀이│ (1) $P(B^C)=\dfrac{2}{3}$에서 여사건의 확률에 의하여

$$P(B)=1-P(B^C)$$
$$=1-\frac{2}{3}=\frac{1}{3}$$

확률의 덧셈 정리에 의하여
$$P(A\cup B)=P(A)+P(B)-P(A\cap B)$$
$$\frac{5}{6}=\frac{3}{4}+\frac{1}{3}-P(A\cap B)$$
$$\therefore P(A\cap B)=\frac{3}{4}+\frac{1}{3}-\frac{5}{6}=\frac{1}{4}$$

$$\therefore P(A\,|\,B)=\frac{P(A\cap B)}{P(B)}=\frac{\frac{1}{4}}{\frac{1}{3}}=\frac{3}{4}$$

(2) 확률의 곱셈 정리에 의하여
$$P(A\cap B)=P(A)P(B\,|\,A)$$
$$=0.3\times0.2=0.06$$

확률의 덧셈 정리에 의하여
$$P(A\cup B)=P(A)+P(B)-P(A\cap B)$$
$$0.5=0.3+P(B)-0.06$$
$$\therefore P(B)=0.5-0.3+0.06=0.26$$
$$\therefore P(A\,|\,B)=\frac{P(A\cap B)}{P(B)}=\frac{0.06}{0.26}=\frac{3}{13}$$

답 (1) $\dfrac{3}{4}$ (2) $\dfrac{3}{13}$

247 유사 교과서

어느 음식점에서 비가 오는 날 하루의 매출 목표액을 달성할 확률은 0.8이고, 비가 오지 않는 날 하루의 매출 목표액을 달성할 확률은 0.6이다. 오늘 비가 올 확률이 0.4일 때, 이 음식점에서 오늘 하루의 매출 목표액을 달성할 확률을 구하시오.

248 유사

초코 과자 5개와 치즈 과자 3개가 들어 있는 상자에서 해리와 민정이가 이 순서대로 과자를 임의로 1개씩 꺼낼 때, 민정이가 치즈 과자를 꺼낼 확률을 구하시오.

(단, 꺼낸 과자는 다시 넣지 않는다.)

249 변형

어느 병원의 독감 검사의 정확도는 90 %, 즉 독감에 걸린 사람을 독감이라 진단할 확률과 독감에 걸리지 않은 사람을 독감이 아니라 진단할 확률이 각각 90 %이다. 이 병원에서 실제로 독감에 걸린 사람 40명과 실제로 독감에 걸리지 않은 사람 160명 중에서 임의로 1명을 택하여 검사할 때, 그 사람을 독감이라 진단할 확률을 구하시오.

250 변형

상자 A에는 빨간 공 4개, 파란 공 2개가 들어 있고, 상자 B에는 빨간 공 2개, 파란 공 5개가 들어 있다. 두 상자 중에서 임의로 1개를 택하여 2개의 공을 동시에 꺼낼 때, 모두 파란 공을 꺼낼 확률을 구하시오.

발전예제 05 / 확률의 곱셈 정리를 이용한 조건부확률

(사건 B가 일어났을 때의 사건 A의 조건부확률)

$$= \frac{(A\text{가 일어나고 } B\text{가 일어날 확률})}{(A\text{가 일어나고 } B\text{가 일어날 확률}) + (A\text{가 일어나지 않고 } B\text{가 일어날 확률})}$$

$$\Rightarrow \mathrm{P}(A\,|\,B) = \frac{\mathrm{P}(A \cap B)}{\mathrm{P}(B)} = \frac{\mathrm{P}(A)\mathrm{P}(B\,|\,A)}{\mathrm{P}(A)\mathrm{P}(B\,|\,A) + \mathrm{P}(A^c)\mathrm{P}(B\,|\,A^c)}$$

주머니 A에는 빨간 공 4개와 노란 공 1개가 들어 있고, 주머니 B에는 빨간 공 2개와 노란 공 3개가 들어 있다. 두 주머니 중에서 임의로 1개를 택하여 2개의 공을 동시에 꺼냈더니 모두 빨간 공이었을 때, 택한 주머니가 주머니 B이었을 확률을 구하시오.

• 유형만렙 확률과 통계 61쪽에서 문제 더 풀기

| 풀이 | 주머니 B를 택하는 사건을 A, 빨간 공 2개를 꺼내는 사건을 B라 하자.

(i) 주머니 B를 택하고 주머니 B에서 빨간 공 2개를 꺼낼 확률

주머니 B를 택할 확률은 $\mathrm{P}(A) = \dfrac{1}{2}$

주머니 B를 택했을 때, 빨간 공 2개를 꺼낼 확률은

$$\mathrm{P}(B\,|\,A) = \frac{{}_2\mathrm{C}_2}{{}_5\mathrm{C}_2} = \frac{1}{10} \quad \blacktriangleleft \text{빨간 공 2개와 노란 공 3개 중에서 빨간 공 2개를 꺼낼 확률}$$

$$\therefore \mathrm{P}(A \cap B) = \mathrm{P}(A)\mathrm{P}(B\,|\,A) = \frac{1}{2} \times \frac{1}{10} = \frac{1}{20}$$

(ii) 주머니 A를 택하고 주머니 A에서 빨간 공 2개를 꺼낼 확률

주머니 A를 택할 확률은 $\mathrm{P}(A^c) = \dfrac{1}{2}$

주머니 A를 택했을 때, 빨간 공 2개를 꺼낼 확률은

$$\mathrm{P}(B\,|\,A^c) = \frac{{}_4\mathrm{C}_2}{{}_5\mathrm{C}_2} = \frac{6}{10} = \frac{3}{5} \quad \blacktriangleleft \text{빨간 공 4개와 노란 공 1개 중에서 빨간 공 2개를 꺼낼 확률}$$

$$\therefore \mathrm{P}(A^c \cap B) = \mathrm{P}(A^c)\mathrm{P}(B\,|\,A^c) = \frac{1}{2} \times \frac{3}{5} = \frac{3}{10}$$

(i), (ii)에서 빨간 공 2개를 꺼낼 확률은

$$\mathrm{P}(B) = \mathrm{P}(A \cap B) + \mathrm{P}(A^c \cap B) = \frac{1}{20} + \frac{3}{10} = \frac{7}{20}$$

따라서 구하는 확률은

$$\mathrm{P}(A\,|\,B) = \frac{\mathrm{P}(A \cap B)}{\mathrm{P}(B)} = \frac{\dfrac{1}{20}}{\dfrac{7}{20}} = \frac{1}{7}$$

답 $\dfrac{1}{7}$

251 유사

주머니 A에는 검은 공 2개와 흰 공 4개가 들어 있고, 주머니 B에는 검은 공 1개와 흰 공 3개가 들어 있다. 두 주머니 중에서 임의로 1개를 택하여 2개의 공을 동시에 꺼냈더니 검은 공 1개, 흰 공 1개이었을 때, 택한 주머니가 주머니 A이었을 확률을 구하시오.

252 유사

동아리 A는 1학년 학생 3명, 2학년 학생 3명으로 이루어져 있고, 동아리 B는 1학년 학생 1명, 2학년 학생 5명으로 이루어져 있다. 2명의 발표자를 뽑기 위하여 두 동아리 중에서 임의로 1개의 동아리를 택하여 2명을 동시에 뽑았더니 발표자가 모두 2학년이었을 때, 택한 동아리가 동아리 A이었을 확률을 구하시오.

253 변형

어느 배구팀이 이번 시즌에 치르는 전체 경기의 $\frac{1}{6}$이 홈 경기이고, 홈 경기에서 이길 확률은 $\frac{3}{5}$, 원정 경기에서 이길 확률은 $\frac{1}{3}$이라 한다. 이번 시즌의 어떤 경기에서 이 배구팀이 이겼을 때, 그 경기가 홈 경기이었을 확률을 구하시오.

254 변형

두 기계 A, B로 제품을 생산하는 공장에서 두 기계 A, B는 각각 전체 생산량의 70 %, 30 %를 생산하고, 그중 각각 5 %, 4 %가 불량품이라 한다. 이 공장에서 임의로 택한 1개의 제품이 불량품이었을 때, 그 제품이 기계 B에서 생산되었을 확률을 구하시오.

255 두 사건 A, B에 대하여

$$\mathrm{P}(A|B)=\mathrm{P}(A)=\frac{1}{2},\ \mathrm{P}(A\cap B)=\frac{1}{5}$$

일 때, $\mathrm{P}(A\cup B)$의 값은?

① $\dfrac{1}{2}$ ② $\dfrac{3}{5}$ ③ $\dfrac{7}{10}$

④ $\dfrac{4}{5}$ ⑤ $\dfrac{9}{10}$

256 두 사건 A, B에 대하여

$$\mathrm{P}(A)=0.5,\ \mathrm{P}(B)=0.4,$$
$$\mathrm{P}(A^{c}\cap B^{c})=0.3$$

일 때, $\mathrm{P}(A|B)$를 구하시오.

257 1부터 30까지의 자연수가 각각 하나씩 적힌 30개의 공이 들어 있는 상자에서 임의로 꺼낸 1개의 공에 적힌 수가 짝수일 때, 그 수가 18의 약수일 확률을 구하시오.

258 어느 학교 학생 200명을 대상으로 체험활동에 대한 선호도를 조사하였다. 이 조사에 참여한 학생은 문화체험과 생태연구 중 하나를 선택하였고, 각각의 체험활동을 선택한 학생의 수는 다음과 같다.

(단위: 명)

구분	문화체험	생태연구	합계
남학생	40	60	100
여학생	50	50	100
합계	90	110	200

이 조사에 참여한 학생 200명 중에서 임의로 선택한 1명이 생태연구를 선택한 학생일 때, 이 학생이 여학생일 확률은?

① $\dfrac{5}{11}$ ② $\dfrac{1}{2}$ ③ $\dfrac{6}{11}$

④ $\dfrac{5}{9}$ ⑤ $\dfrac{3}{5}$

259 3개의 불량품을 포함하여 12개의 제품이 들어 있는 상자에서 현우와 윤호가 이 순서대로 제품을 임의로 1개씩 꺼낼 때, 현우와 윤호가 모두 불량품을 꺼낼 확률을 구하시오.

(단, 꺼낸 제품은 다시 넣지 않는다.)

260 고기만두 10개, 김치만두 5개가 담겨 있는 접시에서 A와 B가 이 순서대로 만두를 임의로 1개씩 먹을 때, A, B가 먹은 만두 중에서 적어도 1개가 김치만두일 확률을 구하시오.

261 4개의 당첨권을 포함하여 16개의 경품권이 들어 있는 주머니에서 재호, 창민이가 이 순서대로 경품권을 임의로 1개씩 뽑을 때, 창민이가 당첨권을 뽑을 확률을 구하시오.

(단, 뽑은 경품권은 다시 넣지 않는다.)

2단계

🎓 수능

262 두 사건 A, B에 대하여

$$\mathrm{P}(B|A)=\frac{1}{4},\ \mathrm{P}(A|B)=\frac{1}{3},$$

$$\mathrm{P}(A)+\mathrm{P}(B)=\frac{7}{10}$$

일 때, $\mathrm{P}(A\cap B)$의 값은?

① $\dfrac{1}{7}$　　　② $\dfrac{1}{8}$　　　③ $\dfrac{1}{9}$

④ $\dfrac{1}{10}$　　　⑤ $\dfrac{1}{11}$

🎓 교육청

263 어느 고등학교 학생 200명을 대상으로 휴대폰 요금제에 대한 선호도를 조사하였다. 이 조사에 참여한 200명의 학생은 휴대폰 요금제 A와 B 중 하나를 선택하였고, 각각의 휴대폰 요금제를 선택한 학생의 수는 다음과 같다.

(단위: 명)

구분	휴대폰 요금제 A	휴대폰 요금제 B
남학생	$10a$	b
여학생	$48-2a$	$b-8$

이 조사에 참여한 학생 중에서 임의로 선택한 1명이 남학생일 때, 이 학생이 휴대폰 요금제 A를 선택한 학생일 확률은 $\dfrac{5}{8}$이다. $b-a$의 값은?

(단, a, b는 상수이다.)

① 32　　　② 36　　　③ 40

④ 44　　　⑤ 48

264 어느 학교의 전교생 450명을 대상으로 헌혈 경험 여부를 조사한 결과 남학생의 70 %와 여학생의 40 %가 헌혈 경험이 있다고 한다. 이 학교의 학생 중에서 임의로 택한 1명이 헌혈 경험이 있는 학생일 때, 그 학생이 남학생일 확률을 p, 여학생일 확률을 q라 하자. $2p=7q$일 때, 이 학교의 남학생은 몇 명인지 구하시오.

265 집합 $X=\{1, 2, 3, 4\}$에 대하여 X에서 X로의 함수 f 중에서 임의로 택한 1개의 함수가 $f(2)\leq f(3)$을 만족시킬 때, 그 함수가 $f(1)+f(4)=5$를 만족시킬 확률을 구하시오.

📝 서술형

266 검은 볼펜과 파란 볼펜을 합하여 12개의 볼펜이 들어 있는 상자에서 진우와 은지가 이 순서대로 볼펜을 임의로 1개씩 꺼내려 한다. 진우가 검은 볼펜, 은지가 파란 볼펜을 꺼낼 확률이 $\dfrac{8}{33}$이고 검은 볼펜이 파란 볼펜보다 많을 때, 검은 볼펜의 개수를 구하시오.

(단, 꺼낸 볼펜은 다시 넣지 않는다.)

267 어느 지역에서 비가 온 날의 다음 날에 비가 올 확률이 $\dfrac{2}{3}$이고, 비가 오지 않은 날의 다음 날에 비가 올 확률이 $\dfrac{1}{4}$이라 한다. 어느 날 이 지역에서 비가 오지 않았을 때, 이틀 후 비가 올 확률을 구하시오.

268 어느 병원의 암 검사의 정확도는 85 %, 즉 암에 걸린 사람을 암이라 진단할 확률과 암에 걸리지 않은 사람을 암이 아니라 진단할 확률이 각각 85 %이다. 이 병원에서 실제로 암에 걸린 사람 n명과 실제로 암에 걸리지 않은 사람 800명 중에서 임의로 1명을 택하여 검사할 때, 그 사람을 암이라 진단할 확률이 $\dfrac{29}{100}$이다. 이때 n의 값은?

① 120   ② 140   ③ 160
④ 180   ⑤ 200

📖 교과서

269 어느 가방에 대한 구매 후기를 조사한 결과 전체의 60 %는 남자가 작성한 후기라 한다. 남자가 후기를 작성하였을 때, 단어 '디자인'이 포함될 확률은 0.3이고 여자가 후기를 작성하였을 때, 단어 '디자인'이 포함될 확률은 0.7이라 한다. 이 가방의 구매 후기 중에서 임의로 1개를 뽑았더니 단어 '디자인'이 포함된 후기이었을 때, 그 후기가 남자가 작성한 후기일 확률을 구하시오.

• 정답과 해설 **49**쪽

3단계

평가원

270 주머니에 숫자 1, 2, 3, 4가 하나씩 적혀 있는 흰 공 4개와 숫자 3, 4, 5, 6이 하나씩 적혀 있는 검은 공 4개가 들어 있다. 이 주머니에서 임의로 4개의 공을 동시에 꺼내는 시행을 한다. 이 시행에서 꺼낸 공에 적혀 있는 수가 같은 것이 있을 때, 꺼낸 공 중 검은 공이 2개일 확률은?

① $\dfrac{13}{29}$ ② $\dfrac{15}{29}$ ③ $\dfrac{17}{29}$

④ $\dfrac{19}{29}$ ⑤ $\dfrac{21}{29}$

교육청

271 식문화 체험의 날에 어느 고등학교 전체 학생을 대상으로 점심과 저녁 식사를 제공하였다. 모든 학생들은 매 식사 때마다 양식과 한식 중 하나를 반드시 선택하였고, 전체 학생의 60 %가 점심에 한식을 선택하였다. 점심에 양식을 선택한 학생의 25 %는 저녁에도 양식을 선택하였고, 점심에 한식을 선택한 학생의 30 %는 저녁에도 한식을 선택하였다. 이 고등학교 학생 중에서 임의로 선택한 한 명이 저녁에 양식을 선택한 학생일 때, 이 학생이 점심에 한식을 선택했을 확률은 $\dfrac{q}{p}$이다. $p+q$의 값을 구하시오.

(단, p와 q는 서로소인 자연수이다.)

272 진호는 파란 구슬 4개, 노란 구슬 2개를 갖고 있고, 수진이는 파란 구슬 2개, 노란 구슬 4개를 갖고 있다. 진호가 수진이에게 임의로 2개의 구슬을 준 다음 수진이가 진호에게 임의로 2개의 구슬을 준다고 할 때, 진호와 수진이가 갖고 있는 파란 구슬의 개수가 같아질 확률을 구하시오.

273 흰 공 4개와 검은 공 5개가 들어 있는 주머니에서 임의로 4개의 공을 동시에 꺼낼 때, 꺼낸 흰 공과 검은 공의 개수를 각각 a, b라 하자. $3a \leq b$일 때, 흰 공은 1개만 꺼낼 확률은?

① $\dfrac{16}{21}$ ② $\dfrac{50}{63}$ ③ $\dfrac{52}{63}$

④ $\dfrac{6}{7}$ ⑤ $\dfrac{8}{9}$

1 사건의 독립과 종속

개념 01 사건의 독립과 종속의 뜻

◎ 예제 01~03

(1) 독립

확률이 0이 아닌 두 사건 A, B에 대하여

$$P(B|A)=P(B|A^C)=P(B) \text{ 또는 } P(A|B)=P(A|B^C)=P(A)$$

일 때, 두 사건 A, B는 서로 **독립**이라 한다.

(2) 종속

두 사건 A, B가 서로 독립이 아닐 때, 두 사건 A, B는 서로 **종속**이라 한다.

사건 A가 일어나는 것이 사건 B가 일어날 확률에 아무런 영향을 주지 않는 경우 두 사건 A, B를 서로 독립이라 하고, 사건 A가 일어나는 것이 사건 B가 일어날 확률에 서로 영향을 주는 경우 두 사건 A, B를 서로 종속이라 한다.

예를 들어 당첨 제비 2개를 포함한 6개의 제비가 들어 있는 주머니에서 제비를 임의로 1개씩 2번 뽑을 때, 첫 번째에 당첨 제비를 뽑는 사건을 A, 두 번째에 당첨 제비가 아닌 제비를 뽑는 사건을 B라 하자.

(1) 뽑은 제비를 다시 넣는 경우

두 번째에 당첨 제비가 아닌 제비를 뽑을 확률은 첫 번째에 뽑은 제비의 종류에 아무런 영향을 받지 않으므로

$$P(B|A)=\frac{4}{6}=\frac{2}{3},\ P(B|A^C)=\frac{4}{6}=\frac{2}{3},\ P(B)=\frac{4}{6}=\frac{2}{3}$$

따라서 $P(B|A)=P(B|A^C)=P(B)$이므로 두 사건 A, B는 서로 독립이다.

(2) 뽑은 제비를 다시 넣지 않는 경우

두 번째에 당첨 제비가 아닌 제비를 뽑을 확률은 첫 번째에 뽑은 제비의 종류에 영향을 받으므로

$$P(B|A)=\frac{4}{5},\ P(B|A^C)=\frac{3}{5}$$

따라서 $P(B|A)\neq P(B|A^C)$이므로 두 사건 A, B는 서로 종속이다.

|예| 1부터 8까지의 자연수가 각각 하나씩 적힌 8장의 카드에서 임의로 1장을 뽑는 시행을 할 때, 카드에 적힌 수가 2의 배수인 사건을 A, 3의 배수인 사건을 B, 4의 배수인 사건을 C라 하면

$$A=\{2, 4, 6, 8\},\ B=\{3, 6\},\ C=\{4, 8\}$$

(1) $A\cap B=\{6\}$이므로

$$P(B)=\frac{1}{4},\ P(B|A)=\frac{P(A\cap B)}{P(A)}=\frac{1}{4}$$

$\therefore P(B|A)=P(B) \Rightarrow A$와 B는 서로 독립

(2) $A\cap C=\{4, 8\}$이므로

$$P(C)=\frac{1}{4},\ P(C|A)=\frac{P(A\cap C)}{P(A)}=\frac{1}{2}$$

$\therefore P(C|A)\neq P(C) \Rightarrow A$와 C는 서로 종속

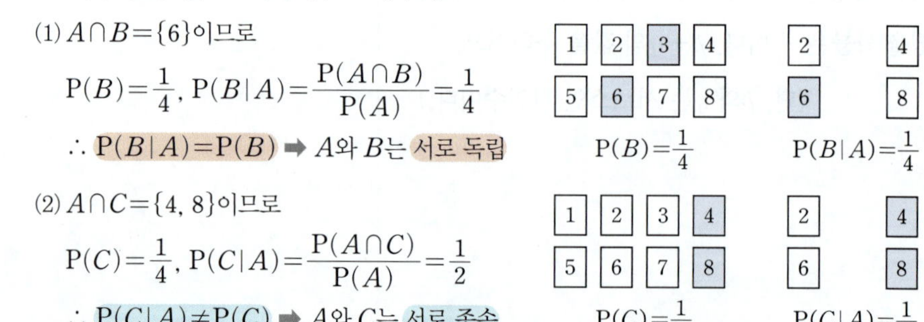

|참고| $P(A)>0$, $P(B)>0$인 두 사건 A, B가 서로 배반사건이면 A, B는 서로 종속이다.

개념 02 두 사건이 서로 독립일 조건

두 사건 A, B가 서로 독립이기 위한 필요충분조건은
$$\mathrm{P}(A \cap B) = \mathrm{P}(A)\mathrm{P}(B) \ (\text{단, } \mathrm{P}(A) > 0,\ \mathrm{P}(B) > 0)$$

두 사건 A, B가 서로 독립이면 $\mathrm{P}(A \cap B) = \mathrm{P}(A)\mathrm{P}(B)$이므로 서로 영향을 주지 않는 두 사건이 동시에 일어날 확률은 각 사건이 일어날 확률을 곱하여 구한다.

한편 두 사건 A, B가 서로 종속이면 $\mathrm{P}(A \cap B) \neq \mathrm{P}(A)\mathrm{P}(B)$이므로 서로 영향을 주는 두 사건이 동시에 일어날 확률은 확률의 곱셈 정리 $\mathrm{P}(A \cap B) = \mathrm{P}(A)\mathrm{P}(B \mid A)$를 이용하여 구한다.

| **증명** | $\mathrm{P}(A) > 0$, $\mathrm{P}(B) > 0$인 두 사건 A, B에 대하여 A, B가 서로 독립이면
$$\mathrm{P}(B \mid A) = \mathrm{P}(B)$$
확률의 곱셈 정리에 의하여
$$\mathrm{P}(A \cap B) = \mathrm{P}(A)\mathrm{P}(B \mid A) = \mathrm{P}(A)\mathrm{P}(B)$$
역으로 $\mathrm{P}(A) > 0$이고, $\mathrm{P}(A \cap B) = \mathrm{P}(A)\mathrm{P}(B)$이면
$$\mathrm{P}(B \mid A) = \frac{\mathrm{P}(A \cap B)}{\mathrm{P}(A)} = \frac{\mathrm{P}(A)\mathrm{P}(B)}{\mathrm{P}(A)} = \mathrm{P}(B)$$
이므로 두 사건 A, B는 서로 독립이다.

| **예** | 한 개의 주사위를 던져서 나오는 눈의 수가 6의 약수인 사건을 A, 홀수인 사건을 B라 할 때, 두 사건 A, B가 서로 독립인지 종속인지 판별해 보자.

$A = \{1, 2, 3, 6\}$, $B = \{1, 3, 5\}$, $A \cap B = \{1, 3\}$이므로
$$\mathrm{P}(A) = \frac{4}{6} = \frac{2}{3},\ \mathrm{P}(B) = \frac{3}{6} = \frac{1}{2},\ \mathrm{P}(A \cap B) = \frac{2}{6} = \frac{1}{3}$$
$$\mathrm{P}(A)\mathrm{P}(B) = \frac{2}{3} \times \frac{1}{2} = \frac{1}{3}$$
이므로 $\mathrm{P}(A \cap B) = \mathrm{P}(A)\mathrm{P}(B)$

따라서 두 사건 A, B는 서로 독립이다.

| **참고** | 두 사건 A, B가 서로 독립일 때, A와 B^c, A^c와 B, A^c와 B^c의 관계
➡ 두 사건 A, B가 서로 독립이면 $\mathrm{P}(A \cap B) = \mathrm{P}(A)\mathrm{P}(B)$이므로
$$\mathrm{P}(A \cap B^c) = \mathrm{P}(A) - \mathrm{P}(A \cap B) = \mathrm{P}(A) - \mathrm{P}(A)\mathrm{P}(B)$$
$$= \mathrm{P}(A)\{1 - \mathrm{P}(B)\} = \mathrm{P}(A)\mathrm{P}(B^c)$$
따라서 두 사건 A, B^c는 서로 독립이다.
같은 방법으로 하면 A^c와 B, A^c와 B^c도 각각 서로 독립이다.

개념 `확인`

• 정답과 해설 52쪽

개념 01, 02

274 두 사건 A, B가 서로 독립이고 $\mathrm{P}(A) = \dfrac{1}{4}$, $\mathrm{P}(B) = \dfrac{4}{7}$일 때, 다음을 구하시오.

(1) $\mathrm{P}(A \mid B)$　　　　　　　　(2) $\mathrm{P}(A \cap B)$

$\cdot\ \mathrm{P}(A\cap B)=\mathrm{P}(A)\mathrm{P}(B) \Longleftrightarrow$ 독립　　　　$\cdot\ \mathrm{P}(A\cap B)\neq\mathrm{P}(A)\mathrm{P}(B) \Longleftrightarrow$ 종속

한 개의 주사위를 던져서 나오는 눈의 수가 4의 약수인 사건을 A, 짝수인 사건을 B, 5 이상인 사건을 C라 하자. 보기에서 서로 독립인 사건인 것만을 있는 대로 고르시오.

보기

ㄱ. A와 B　　　　ㄴ. A와 C　　　　ㄷ. B와 C

• 유형만렙 확률과 통계 61쪽에서 문제 더 풀기

| 풀이 | 표본공간을 S라 하면 $S=\{1,\ 2,\ 3,\ 4,\ 5,\ 6\}$이므로

$A=\{1,\ 2,\ 4\},\ B=\{2,\ 4,\ 6\},\ C=\{5,\ 6\}$

$\therefore\ \mathrm{P}(A)=\dfrac{3}{6}=\dfrac{1}{2},\ \mathrm{P}(B)=\dfrac{3}{6}=\dfrac{1}{2},\ \mathrm{P}(C)=\dfrac{2}{6}=\dfrac{1}{3}$

ㄱ. $A\cap B=\{2,\ 4\}$이므로 $\mathrm{P}(A\cap B)=\dfrac{2}{6}=\dfrac{1}{3}$

　$\mathrm{P}(A)\mathrm{P}(B)=\dfrac{1}{2}\times\dfrac{1}{2}=\dfrac{1}{4}$이므로

　$\mathrm{P}(A\cap B)\neq\mathrm{P}(A)\mathrm{P}(B)$

　따라서 두 사건 A, B는 서로 종속이다.

ㄴ. $A\cap C=\varnothing$이므로 $\mathrm{P}(A\cap C)=0$

　$\mathrm{P}(A)\mathrm{P}(C)=\dfrac{1}{2}\times\dfrac{1}{3}=\dfrac{1}{6}$이므로

　$\mathrm{P}(A\cap C)\neq\mathrm{P}(A)\mathrm{P}(C)$

　따라서 두 사건 A, C는 서로 종속이다.

ㄷ. $B\cap C=\{6\}$이므로 $\mathrm{P}(B\cap C)=\dfrac{1}{6}$

　$\mathrm{P}(B)\mathrm{P}(C)=\dfrac{1}{2}\times\dfrac{1}{3}=\dfrac{1}{6}$이므로

　$\mathrm{P}(B\cap C)=\mathrm{P}(B)\mathrm{P}(C)$

　따라서 두 사건 B, C는 서로 독립이다.

따라서 보기에서 서로 독립인 사건은 ㄷ이다.

답 ㄷ

275 유사 📖교과서

1부터 10까지의 자연수가 각각 하나씩 적힌 10장의 카드가 들어 있는 주머니에서 임의로 1장의 카드를 꺼낼 때, 꺼낸 카드에 적힌 수가 홀수인 사건을 A, 6의 약수인 사건을 B, 5의 배수인 사건을 C라 하자. 보기에서 서로 독립인 사건인 것만을 있는 대로 고르시오.

┌ 보기 ┐
ㄱ. A와 B　　ㄴ. A와 C　　ㄷ. B와 C

276 변형

표본공간 $S=\{x\,|\,x$는 20의 약수$\}$에 대하여 보기에서 사건 $\{1, 2, 4, 5\}$와 서로 독립인 사건인 것만을 있는 대로 고르시오.

┌ 보기 ┐
ㄱ. $\{1, 2\}$　　　　　ㄴ. $\{4, 5, 10\}$
ㄷ. $\{5, 10, 20\}$　　ㄹ. $\{1, 4, 5, 20\}$

277 변형

어느 반 30명의 학생을 대상으로 기타와 드럼을 배우는 학생을 조사하였더니 기타를 배우는 학생은 12명, 드럼을 배우는 학생은 10명, 기타와 드럼을 모두 배우는 학생은 5명이다. 기타를 배우는 학생인 사건을 A, 드럼을 배우는 학생인 사건을 B라 할 때, 두 사건 A, B가 서로 독립인지 종속인지 말하시오.

278 변형

각 면에 1, 2, 3, 4의 숫자가 각각 하나씩 적힌 정사면체 모양의 주사위 한 개를 던질 때, 바닥에 놓인 면에 적힌 수가 소수인 사건을 A, k보다 큰 수인 사건을 B_k라 하자. 두 사건 A, B_k가 서로 독립이 되도록 하는 자연수 k의 값을 구하시오. (단, $k \leq 3$)

서로 독립인 두 사건 A, B에 대하여

- $\mathrm{P}(A \cap B) = \mathrm{P}(A)\mathrm{P}(B)$
- $\mathrm{P}(A \cap B^{C}) = \mathrm{P}(A)\mathrm{P}(B^{C})$
- $\mathrm{P}(A^{C} \cap B) = \mathrm{P}(A^{C})\mathrm{P}(B)$
- $\mathrm{P}(A^{C} \cap B^{C}) = \mathrm{P}(A^{C})\mathrm{P}(B^{C})$

서로 독립인 두 사건 A, B에 대하여 다음을 구하시오.

(1) $\mathrm{P}(A|B) = \dfrac{1}{4}$, $\mathrm{P}(A \cup B) = \dfrac{13}{16}$ 일 때, $\mathrm{P}(A \cap B)$

(2) $\mathrm{P}(A) = \dfrac{3}{8}$, $\mathrm{P}(B) = \dfrac{3}{5}$ 일 때, $\mathrm{P}(A \cap B^{C})$

• 유형만렙 확률과 통계 62쪽에서 문제 더 풀기

| 풀이 | (1) 두 사건 A, B가 서로 독립이므로

$$\mathrm{P}(A|B) = \mathrm{P}(A)$$

즉, $\mathrm{P}(A|B) = \dfrac{1}{4}$ 에서 $\mathrm{P}(A) = \dfrac{1}{4}$

또 두 사건 A, B가 서로 독립이면 $\mathrm{P}(A \cap B) = \mathrm{P}(A)\mathrm{P}(B)$ 이므로
확률의 덧셈 정리에 의하여

$$\mathrm{P}(A \cup B) = \mathrm{P}(A) + \mathrm{P}(B) - \mathrm{P}(A \cap B) \text{에서}$$
$$\mathrm{P}(A \cup B) = \mathrm{P}(A) + \mathrm{P}(B) - \mathrm{P}(A)\mathrm{P}(B)$$
$$\frac{13}{16} = \frac{1}{4} + \mathrm{P}(B) - \frac{1}{4}\mathrm{P}(B)$$
$$\frac{3}{4}\mathrm{P}(B) = \frac{9}{16} \qquad \therefore \mathrm{P}(B) = \frac{3}{4}$$
$$\therefore \mathrm{P}(A \cap B) = \mathrm{P}(A)\mathrm{P}(B)$$
$$= \frac{1}{4} \times \frac{3}{4} = \frac{3}{16}$$

(2) 두 사건 A, B가 서로 독립이면 두 사건 A, B^{C}도 서로 독립이므로

$$\mathrm{P}(A \cap B^{C}) = \mathrm{P}(A)\mathrm{P}(B^{C})$$
$$= \mathrm{P}(A)\{1 - \mathrm{P}(B)\}$$
$$= \frac{3}{8} \times \left(1 - \frac{3}{5}\right)$$
$$= \frac{3}{8} \times \frac{2}{5} = \frac{3}{20}$$

답 (1) $\dfrac{3}{16}$ (2) $\dfrac{3}{20}$

| 다른 풀이 | (2) 두 사건 A, B가 서로 독립이므로

$$\mathrm{P}(A \cap B^{C}) = \mathrm{P}(A) - \mathrm{P}(A \cap B)$$
$$= \mathrm{P}(A) - \mathrm{P}(A)\mathrm{P}(B)$$
$$= \frac{3}{8} - \frac{3}{8} \times \frac{3}{5} = \frac{3}{20}$$

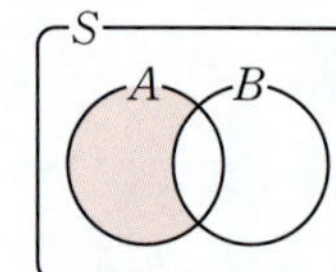

279 유사

두 사건 A, B가 서로 독립이고
$$\mathrm{P}(B|A)=\frac{2}{3},\ \mathrm{P}(A\cup B)=\frac{11}{15}$$
일 때, $\mathrm{P}(A\cap B)$를 구하시오.

280 유사

두 사건 A, B가 서로 독립이고
$$\mathrm{P}(A)=\frac{1}{2},\ \mathrm{P}(B)=\frac{4}{9}$$
일 때, $\mathrm{P}(A^c\cap B)$를 구하시오.

281 변형

두 사건 A, B가 서로 독립이고
$$\mathrm{P}(A)=2\mathrm{P}(B),\ \mathrm{P}(A\cap B)=\frac{1}{8}$$
일 때, $\mathrm{P}(A\cup B)$를 구하시오.

282 변형

두 사건 A, B가 서로 독립이고
$$\mathrm{P}(A)=\frac{2}{5},\ \mathrm{P}(A^c\cap B^c)=\frac{1}{2}$$
일 때, $\mathrm{P}(B)$를 구하시오.

 예제 03 / 독립인 사건의 확률

서로 독립인 두 사건 A, B에 대하여
- A, B가 모두 일어날 확률 ➡ $P(A \cap B) = P(A)P(B)$
- A, B 중 하나만 일어날 확률 ➡ $P(A \cap B^C) + P(A^C \cap B) = P(A)P(B^C) + P(A^C)P(B)$

어느 축구팀에서 승부차기 성공률이 각각 0.5, 0.6인 두 축구 선수 A, B가 각각 한 번씩 승부차기를 할 때, 다음을 구하시오. (단, 축구 선수 A, B가 각각 승부차기를 성공하는 사건은 서로 영향을 주지 않는다.)

(1) A, B 모두 성공할 확률

(2) A, B 중에서 한 선수만 성공할 확률

• 유형만렙 확률과 통계 63쪽에서 문제 더 풀기

| 풀이 | 축구 선수 A, B가 승부차기에 성공하는 사건을 각각 A, B라 하면
두 사건 A, B는 서로 독립이고
$P(A) = 0.5$, $P(B) = 0.6$

(1) A, B가 모두 성공하는 사건은 $A \cap B$이므로 구하는 확률은
$$P(A \cap B) = P(A)P(B)$$
$$= 0.5 \times 0.6 = 0.3$$

(2) (i) A만 성공하는 경우

A가 성공하고 B가 성공하지 못하는 사건은 $A \cap B^C$이다.

이때 두 사건 A, B가 서로 독립이면 두 사건 A, B^C도 서로 독립이므로
$$P(A \cap B^C) = P(A)P(B^C)$$
$$= P(A)\{1 - P(B)\}$$
$$= 0.5 \times (1 - 0.6)$$
$$= 0.5 \times 0.4 = 0.2$$

(ii) B만 성공하는 경우

A가 성공하지 못하고 B가 성공하는 사건은 $A^C \cap B$이다.

이때 두 사건 A, B가 서로 독립이면 두 사건 A^C, B도 서로 독립이므로
$$P(A^C \cap B) = P(A^C)P(B)$$
$$= \{1 - P(A)\}P(B)$$
$$= (1 - 0.5) \times 0.6$$
$$= 0.5 \times 0.6 = 0.3$$

(i), (ii)에서 구하는 확률은
$$P(A \cap B^C) + P(A^C \cap B) = 0.2 + 0.3 = 0.5$$

답 (1) 0.3 (2) 0.5

• 정답과 해설 **54**쪽

283 유사

어느 야구팀에서 안타를 칠 확률이 각각 $\dfrac{2}{3}$, $\dfrac{4}{5}$ 인 두 야구 선수 A, B가 각각 한 번씩 타석에 들어갈 때, A, B가 모두 안타를 칠 확률을 구하시오. (단, 야구 선수 A, B가 각각 안타를 치는 사건은 서로 영향을 주지 않는다.)

284 유사 교과서

지민이와 민재가 같은 표적을 향해 총을 각각 한 발씩 쏘아 명중할 확률이 각각 $\dfrac{5}{7}$, $\dfrac{1}{8}$일 때, 지민이와 민재 중에서 1명만 명중할 확률을 구하시오. (단, 지민이와 민재가 각각 명중하는 사건은 서로 독립이다.)

285 변형

어느 노래 대회에서 예선을 통과할 확률이 각각 80 %, 70 %인 규민이와 가은이가 예선을 치를 때, 규민이와 가은이 중에서 적어도 1명이 예선을 통과할 확률을 구하시오. (단, 규민이와 가은이가 각각 예선을 통과하는 사건은 서로 독립이다.)

286 변형

어느 자격증 시험에서 합격할 확률이 각각 $\dfrac{3}{5}$, p인 혜빈이와 영주가 시험에 응시할 때, 두 사람 모두 합격하지 못할 확률이 $\dfrac{1}{10}$이다. 이때 p의 값을 구하시오. (단, 혜빈이와 영주가 각각 시험에 합격하는 사건은 서로 영향을 주지 않는다.)

배반사건과 독립인 사건의 관계

$P(A)>0$, $P(B)>0$인 두 사건 A, B에 대하여

(1) A, B가 서로 배반사건이면 A, B는 서로 종속이다.
　　　　　　　　　　　└ 서로 독립이 아니다.

(2) A, B가 서로 독립이면 A, B는 서로 배반사건이 아니다. ◀ (1)의 대우

(1) A, B가 서로 배반사건이면 $A \cap B = \varnothing$이므로 $P(A \cap B) = 0$

$$\therefore \ P(A|B) = \frac{P(A \cap B)}{P(B)} = 0 \neq P(A) \quad ◀ P(A)>0이므로 \ P(A|B) \neq P(A)$$

따라서 두 사건 A, B는 서로 종속이다.

두 사건이 서로 배반사건이면 두 사건은 동시에 일어나지 않으므로 한 사건이 일어나면 다른 사건은
일어날 수 없다. 따라서 두 사건이 서로 일어날 확률에 영향을 주므로 두 사건은 서로 종속이다.

(2) A, B가 서로 독립이면

$$P(A|B) = \frac{P(A \cap B)}{P(B)} = P(A) \neq 0 \qquad \therefore \ P(A \cap B) \neq 0$$

따라서 두 사건 A, B는 서로 배반사건이 아니다.

두 사건이 서로 독립이면 한 사건이 일어나는 것이 다른 사건이 일어날 확률에 영향을 주지 않으므로
두 사건은 동시에 일어날 수 있다. 따라서 두 사건은 서로 배반사건이 아니다.

| 참고 | 배반사건과 독립인 사건의 비교

	배반	독립
정의	$A \cap B = \varnothing$	$P(B|A) = P(B|A^c) = P(B)$
의미	두 사건 A, B는 동시에 일어나지 않는다.	두 사건 A, B가 일어나는 것이 서로 영향을 주지 않는다.
확률의 덧셈 정리	$P(A \cup B) = P(A) + P(B)$	$P(A \cup B) = P(A) + P(B) - P(A)P(B)$
확률의 곱셈 정리	$P(A \cap B) = 0$	$P(A \cap B) = P(A)P(B)$
판정 방법	$A \cap B = \varnothing$ 이용	$P(A \cap B) = P(A)P(B)$ 이용

유제

• 정답과 해설 **54쪽**

287 두 사건 A, B에 대하여 보기에서 옳은 것만을 있는 대로 고르시오.

$$(단, \ 0 < P(A) < 1, \ 0 < P(B) < 1)$$

┌ 보기 ┤

ㄱ. A, B가 서로 독립이면 $P(A \cup B) = P(A) + P(B) - P(A)P(B)$이다.

ㄴ. A와 그 여사건 A^c는 서로 종속이다.

ㄷ. A, B가 서로 배반사건이 아니면 A, B는 서로 독립이다.

독립시행의 확률

개념 01 독립시행의 뜻

어떤 시행을 반복할 때, 각 시행에서 일어나는 사건이 서로 독립이면 이와 같은 시행을 **독립시행**이라 한다.

| 예 | 독립시행에는 주사위 던지기, 동전 던지기, 승부차기, 화살 쏘기 등이 있다.

개념 02 독립시행의 확률

◉ 예제 04~07

어떤 시행에서 사건 A가 일어날 확률이 $p(0<p<1)$일 때,
이 시행을 n번 반복하는 독립시행에서 사건 A가 r번 일어날 확률은
$${}_n\mathrm{C}_r\,p^r(1-p)^{n-r} \ (\text{단}, \ r=0, 1, 2, \dots, n)$$

한 개의 주사위를 3번 던질 때, 6의 눈이 한 번 나올 확률을 구해 보자.

3번 중 6의 눈이 한 번 나오는 경우의 수는 ${}_3\mathrm{C}_1$
이때 각 시행은 서로 독립이고 한 번의 시행에서
6의 눈이 나올 확률은 $\dfrac{1}{6}$, 6이 아닌 눈이 나올
확률은 $\dfrac{5}{6}$이므로 각 경우의 확률은 $\left(\dfrac{1}{6}\right)^1\left(\dfrac{5}{6}\right)^2$
이다.

따라서 구하는 확률은 ${}_3\mathrm{C}_1\left(\dfrac{1}{6}\right)^1\left(\dfrac{5}{6}\right)^2=\dfrac{25}{72}$

(6의 눈이 나오는 경우 ○, 6이 아닌 눈이 나오는 경우 ×)

1회	2회	3회	확률
○	×	×	$\dfrac{1}{6}\times\dfrac{5}{6}\times\dfrac{5}{6}=\left(\dfrac{1}{6}\right)^1\left(\dfrac{5}{6}\right)^2$
×	○	×	$\dfrac{5}{6}\times\dfrac{1}{6}\times\dfrac{5}{6}=\left(\dfrac{1}{6}\right)^1\left(\dfrac{5}{6}\right)^2$
×	×	○	$\dfrac{5}{6}\times\dfrac{5}{6}\times\dfrac{1}{6}=\left(\dfrac{1}{6}\right)^1\left(\dfrac{5}{6}\right)^2$

일반적으로 매회의 시행에서 사건 A가 일어날 확률이 p일 때,
사건 A가 r번 일어나면 A가 아닌 사건이 $(n-r)$번 일어나므로 그 확률은
$$p^r(1-p)^{n-r}$$
이때 이러한 경우가 ${}_n\mathrm{C}_r$가지 있으므로 독립시행의 확률은
$${}_n\mathrm{C}_r\,p^r(1-p)^{n-r}$$

개념 확인

• 정답과 해설 **55쪽**

개념 02

288 명중률이 0.6인 어느 사격 선수가 한 번의 사격에서 명중하는 사건을 A라 할 때, 다음을 구하시오.

(1) $\mathrm{P}(A)$　　　　　(2) $\mathrm{P}(A^C)$　　　　　(3) 3번의 사격에서 사건 A가 2번 일어날 확률

어떤 시행에서 사건 A가 일어날 확률이 p일 때,

n번의 독립시행에서 사건 A가 r번 일어날 확률은 ${}_n C_r p^r (1-p)^{n-r}$ (단, $r=0, 1, 2, \ldots, n$)

10점 과녁을 맞힐 확률이 $\dfrac{3}{4}$인 어느 양궁 선수가 활을 4번 쏠 때, 다음을 구하시오.

(1) 10점 과녁을 2번 맞힐 확률

(2) 10점 과녁을 한 번 이하로 맞힐 확률

• 유형만렙 확률과 통계 64쪽에서 문제 더 풀기

| 풀이 | 어느 양궁 선수가 10점 과녁을 맞힐 확률이 $\dfrac{3}{4}$이므로

10점 과녁을 맞히지 못할 확률은 $1-\dfrac{3}{4}=\dfrac{1}{4}$

(1) 4번 중에서 10점 과녁을 2번 맞힐 확률은

$$ {}_4 C_2 \left(\dfrac{3}{4}\right)^2 \left(\dfrac{1}{4}\right)^2 = 6 \times \dfrac{9}{256} = \dfrac{27}{128} $$

(2) (i) 4번 중에서 10점 과녁을 한 번도 맞히지 못할 확률은

$$ {}_4 C_0 \left(\dfrac{1}{4}\right)^4 = \dfrac{1}{256} $$

(ii) 4번 중에서 10점 과녁을 한 번 맞힐 확률은

$$ {}_4 C_1 \left(\dfrac{3}{4}\right)^1 \left(\dfrac{1}{4}\right)^3 = 4 \times \dfrac{3}{256} = \dfrac{12}{256} $$

(i), (ii)에서 구하는 확률은

$$ \dfrac{1}{256} + \dfrac{12}{256} = \dfrac{13}{256} $$

답 (1) $\dfrac{27}{128}$ (2) $\dfrac{13}{256}$

289 유사

자유투 성공률이 $\dfrac{1}{3}$인 어느 농구 선수가 자유투를 5번 할 때, 다음을 구하시오.

(1) 자유투를 2번 성공할 확률

(2) 자유투를 4번 이상 성공할 확률

290 변형

한 개의 주사위를 3번 던질 때, 소수의 눈이 한 번만 나올 확률은?

① $\dfrac{1}{8}$　　② $\dfrac{1}{4}$　　③ $\dfrac{3}{8}$

④ $\dfrac{1}{2}$　　⑤ $\dfrac{5}{8}$

291 변형

초록 공 2개, 노란 공 2개가 들어 있는 주머니에서 임의로 2개의 공을 동시에 꺼내는 시행을 5번 반복할 때, 서로 다른 색의 공을 2번 꺼낼 **확률**을 구하시오.

(단, 꺼낸 공은 다시 주머니에 넣는다.)

292 변형

서로 다른 세 개의 동전을 동시에 던지는 시행을 4번 반복할 때, 모두 같은 면이 적어도 2번 나올 확률을 구하시오.

먼저 r번 이기면 우승하는 경기에서 n번째에 승패가 결정될 확률은
$(n-1)$번째까지 $(r-1)$번 이길 독립시행의 확률과 n번째에서 이길 확률을 곱하여 구한다.

어느 테니스 대회 결승전에 올라간 정수와 지혜는 5세트 중 먼저 3세트를 이기면 우승을 한다. 매 세트마다 정수가 지혜를 이길 확률이 각각 $\dfrac{2}{3}$일 때, 정수가 5번째 세트에서 우승할 확률을 구하시오.

(단, 비기는 경우는 없다.)

• 유형만렙 확률과 통계 64쪽에서 문제 더 풀기

| 풀이 | 정수가 5번째 세트에서 우승하려면 4번째 세트까지는 먼저 3세트를 이긴 사람이 없어야 한다.

즉, 정수가 4번째 세트까지 2번 이겨야 하므로 그 확률은
└ 정수가 2번, 지혜가 2번 이겨야 한다.

$${}_4C_2\left(\dfrac{2}{3}\right)^2\left(\dfrac{1}{3}\right)^2 = 6 \times \dfrac{4}{81} = \dfrac{8}{27} \quad \blacktriangleleft \text{ 지혜가 정수를 이길 확률은 } 1-\dfrac{2}{3}=\dfrac{1}{3}$$

5번째 세트에서 정수가 이길 확률은 $\dfrac{2}{3}$

따라서 구하는 확률은 $\dfrac{8}{27} \times \dfrac{2}{3} = \dfrac{16}{81}$

답 $\dfrac{16}{81}$

사건에 따라 경우를 나누어 각각의 상황에서 일어나는 독립시행의 확률을 구한다.

한 개의 주사위를 던져서 나오는 눈의 수가 소수이면 한 개의 동전을 3번 던지고, 소수가 아니면 한 개의 동전을 4번 던질 때, 동전의 앞면이 3번 나올 확률을 구하시오.

• 유형만렙 확률과 통계 65쪽에서 문제 더 풀기

| 풀이 | 한 개의 주사위를 던져서 나오는 눈의 수가 소수일 확률은 $\dfrac{3}{6}=\dfrac{1}{2}$ $\blacktriangleleft$ 소수가 아닐 확률은 $1-\dfrac{1}{2}=\dfrac{1}{2}$

한 개의 동전을 던져서 앞면이 나올 확률은 $\dfrac{1}{2}$ $\blacktriangleleft$ 뒷면이 나올 확률은 $1-\dfrac{1}{2}=\dfrac{1}{2}$

(i) 한 개의 주사위를 던져서 나오는 눈의 수가 소수이고, 한 개의 동전을 3번 던져서 앞면이 3번 나올 확률은

$$\dfrac{1}{2} \times {}_3C_3\left(\dfrac{1}{2}\right)^3 = \dfrac{1}{2} \times \dfrac{1}{8} = \dfrac{1}{16}$$
└ 소수일 확률 / 동전을 3번 던져서 모두 앞면이 나올 확률

(ii) 한 개의 주사위를 던져서 나오는 눈의 수가 소수가 아니고, 한 개의 동전을 4번 던져서 앞면이 3번 나올 확률은

$$\dfrac{1}{2} \times {}_4C_3\left(\dfrac{1}{2}\right)^3\left(\dfrac{1}{2}\right)^1 = \dfrac{1}{2} \times 4 \times \dfrac{1}{16} = \dfrac{1}{8}$$
└ 소수가 아닐 확률 / 동전을 4번 던져서 앞면이 3번 나올 확률

(i), (ii)에서 구하는 확률은 $\dfrac{1}{16} + \dfrac{1}{8} = \dfrac{3}{16}$

답 $\dfrac{3}{16}$

293 예제 05 유사

어느 야구 대회 결승전에 올라간 두 팀 A, B는 7번의 경기 중 먼저 4번을 이기면 우승을 한다. 매 경기마다 A 팀이 B 팀을 이길 확률이 각각 $\dfrac{1}{2}$일 때, A 팀이 6번째 경기에서 우승할 확률을 구하시오. (단, 비기는 경우는 없다.)

294 예제 06 유사

한 개의 동전을 던져서 앞면이 나오면 한 개의 주사위를 4번 던지고, 뒷면이 나오면 한 개의 주사위를 5번 던질 때, 3의 배수의 눈이 3번 나올 확률을 구하시오.

295 예제 05 변형

어느 배드민턴 대회 결승전에 올라간 두 선수 A, B는 5번의 경기 중 먼저 3번을 이기면 우승을 한다. 매 경기마다 선수 A가 선수 B를 이길 확률이 각각 $\dfrac{3}{4}$일 때, 선수 A가 4번 이내의 경기에서 우승할 확률을 구하시오.

(단, 비기는 경우는 없다.)

296 예제 06 변형

흰 공 2개와 검은 공 3개가 들어 있는 주머니에서 임의로 2개의 공을 동시에 꺼내어 서로 다른 색의 공이 나오면 한 개의 동전을 3번 던지고, 서로 같은 색의 공이 나오면 한 개의 동전을 4번 던질 때, 동전의 앞면이 2번 나올 확률을 구하시오.

발전예제 07 / 독립시행의 확률 – 사건이 일어나는 횟수를 구해야 하는 경우

방정식을 세워서 사건이 일어나는 **횟수를 구한 후** 독립시행의 확률을 이용한다.

수직선 위의 원점에 점 P가 있다. 한 개의 주사위를 던져서 나오는 눈의 수가 5의 약수이면 점 P를 양의 방향으로 3만큼, 5의 약수가 아니면 음의 방향으로 2만큼 움직인다. 한 개의 주사위를 4번 던질 때, 점 P가 2의 위치에 있을 확률을 구하시오.

• 유형만렙 확률과 통계 65쪽에서 문제 더 풀기

| 풀이 | 한 개의 주사위를 던져서 나오는 눈의 수가 5의 약수일 확률은 $\dfrac{2}{6}=\dfrac{1}{3}$ ◀ 5의 약수는 1, 5이다.

주사위를 던져서 5의 약수의 눈이 나오는 횟수를 x,

5의 약수가 아닌 눈이 나오는 횟수를 y라 하자.

주사위를 4번 던지므로

$x+y=4$ …… ㉠

5의 약수의 눈이 나오면 $+3$, 5의 약수가 아닌 눈이 나오면 -2만큼 움직여서

점 P가 2의 위치에 있으므로

$3x-2y=2$ …… ㉡

㉠, ㉡을 연립하여 풀면

$x=2,\ y=2$

따라서 구하는 확률은 주사위를 4번 던져서 5의 약수의 눈이 2번 나올 확률과 같으므로

$$_4\mathrm{C}_2\left(\dfrac{1}{3}\right)^2\left(\dfrac{2}{3}\right)^2=6\times\dfrac{4}{81}=\dfrac{8}{27}$$

답 $\dfrac{8}{27}$

TIP **사건이 일어나는 횟수를 구해야 할 때, 독립시행의 확률 구하기**

사건이 일어나는 횟수에 따라 위치, 점수 등이 결정되는 독립시행의 확률은 다음과 같은 순서로 구한다.

① 각 사건이 일어나는 횟수를 x, y로 놓는다.

② 총 시행 횟수가 n일 때, $x+y=n$임을 이용하여 식을 세운다.

③ 위치, 점수 등을 이용하여 x, y에 대한 식을 세운다.

④ ②, ③의 두 식을 연립하여 푼다.

⑤ 총 n번의 독립시행에서 사건이 x번 일어날 확률을 구한다.

297 유사

수직선 위의 원점에 점 P가 있다. 한 개의 주사위를 던져서 나오는 눈의 수가 2 이하이면 점 P를 양의 방향으로 1만큼, 3 이상이면 음의 방향으로 3만큼 움직인다. 한 개의 주사위를 5번 던질 때, 점 P가 -3의 위치에 있을 확률을 구하시오.

298 변형

좌표평면 위의 원점에 점 P가 있다. 한 개의 주사위를 던져서 나오는 눈의 수가 6의 약수이면 x축의 방향으로 1만큼, 6의 약수가 아니면 y축의 방향으로 2만큼 움직인다. 한 개의 주사위를 4번 던질 때, 점 P가 점 $(2, 4)$에 도착할 확률을 구하시오.

299 변형

빨간 공 4개와 파란 공 2개가 들어 있는 상자에서 임의로 1개의 공을 꺼낼 때, 빨간 공이 나오면 1점, 파란 공이 나오면 2점을 얻는다고 한다. 6번의 시행을 한 후, 8점을 얻을 확률을 구하시오.
(단, 꺼낸 공은 다시 상자에 넣는다.)

300 변형 교과서

서로 다른 두 개의 동전을 동시에 던져서 서로 다른 면이 나오면 15점을 얻고, 서로 같은 면이 나오면 8점을 잃는 게임을 한다. 서로 다른 두 개의 동전을 동시에 5번 던질 때, 6점을 얻을 확률을 구하시오.

301 1부터 12까지의 자연수가 각각 하나씩 적힌 12장의 카드에서 임의로 1장의 카드를 뽑을 때, 뽑은 카드에 적힌 수가 4 이하의 수인 사건을 A, 4의 배수인 사건을 B, 12의 약수인 사건을 C, 7의 약수인 사건을 D라 하자. 보기에서 서로 독립인 사건인 것만을 있는 대로 고르시오.

┤ 보기 ├
ㄱ. A와 B ㄴ. A와 D
ㄷ. B와 C ㄹ. C와 D

📖 교과서

302 두 사건 A, B가 서로 독립이고
$$P(A)=P(B^c)=\frac{1}{6}$$
일 때, $P(A\cup B)$를 구하시오.

303 어느 운전면허 시험에 합격할 확률이 각각 $\frac{1}{2}$, $\frac{1}{3}$인 A, B가 시험에 응시할 때, 1명만 합격할 확률을 구하시오. (단, A, B가 시험에 합격하는 사건은 서로 독립이다.)

304 어느 반 학생 32명을 대상으로 대학 입시 중에서 수시 모집과 정시 모집에 대한 선호도를 조사한 결과는 다음 표와 같다. 이 반 학생 중에서 임의로 1명의 학생을 택할 때, 그 학생이 남학생인 사건과 수시 모집을 선호하는 학생인 사건은 서로 독립이다. 이때 $a+d$의 값은?

(단위: 명)

	수시 모집	정시 모집	합계
남학생	a	b	16
여학생	c	d	16
합계	14	18	32

① 14   ② 15   ③ 16
④ 17   ⑤ 18

305 한 개의 주사위를 6번 던질 때, 5의 약수의 눈이 한 번 이하로 나올 확률을 구하시오.

306 어느 농구 대회 결승전에 올라간 두 팀 A, B는 7번의 경기 중 먼저 4번을 이기면 우승을 한다. 매 경기마다 A 팀이 B 팀을 이길 확률이 각각 $\frac{1}{4}$일 때, A 팀이 5번째 경기에서 우승할 확률을 구하시오. (단, 비기는 경우는 없다.)

2단계

307 1부터 9까지의 자연수가 각각 하나씩 적힌 9장의 카드에서 임의로 1장의 카드를 뽑을 때, 뽑은 카드에 적힌 수가 3의 배수인 사건을 A라 하자. 사건 A와 독립이고, $n(A \cap B) = 1$을 만족시키는 사건 B의 개수를 구하시오.

308 확률이 0이 아닌 두 사건 A, B에 대하여 보기에서 옳은 것만을 있는 대로 고르시오.

┌ 보기 ├─
ㄱ. $P(B|A) = P(A)$이면 A, B는 서로 독립이다.
ㄴ. A, B가 서로 독립이면 $P(A^c|B) = 1 - P(A|B)$이다.
ㄷ. A, B가 서로 배반사건이면 $P(A|B) = P(B|A)$이다.
└─

교육청

309 두 사건 A, B가 서로 독립이고
$$P(A \cap B) = \frac{1}{2}, \quad P(A^c \cap B) = \frac{1}{4}$$
일 때, $P(A)$의 값은?

(단, A^c는 A의 여사건이다.)

① $\dfrac{13}{24}$ ② $\dfrac{7}{12}$ ③ $\dfrac{5}{8}$

④ $\dfrac{2}{3}$ ⑤ $\dfrac{17}{24}$

310 다음 그림과 같은 회로에서 독립적으로 작동하는 스위치 A, B, C가 있다. 세 스위치 A, B, C가 닫힐 확률이 각각 0.1, 0.2, 0.5일 때, 전구에 불이 켜질 확률을 구하시오.

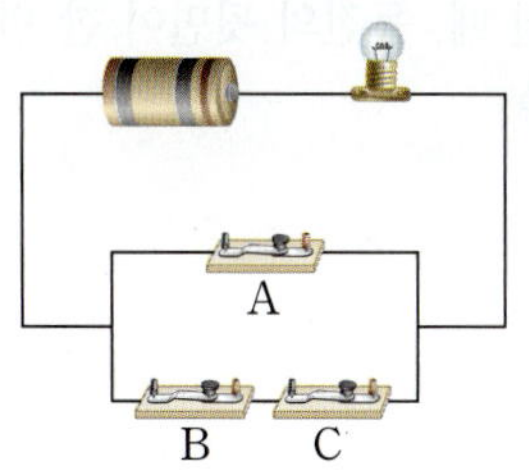

311 어느 음식점에서 고객이 테이블을 예약한 후 취소할 확률은 $\dfrac{1}{5}$이라 한다. 이 음식점에서 취소할 확률을 고려하여 2개의 테이블에 대하여 4개의 테이블 예약을 받았을 때, 테이블이 부족할 확률을 구하시오.

312 어느 볼링 대회 결승전에 올라간 민주와 하은이는 5세트 중 먼저 3세트를 이기면 우승을 한다. 매 세트마다 하은이가 민주를 이길 확률이 각각 $\dfrac{1}{3}$이고 하은이가 첫 번째 세트에서 졌을 때, 하은이가 우승할 확률을 구하시오.

(단, 비기는 경우는 없다.)

연습문제

• 정답과 해설 **59**쪽

✎ 서술형

313 1부터 5까지의 자연수가 각각 하나씩 적힌 5개의 공이 들어 있는 주머니에서 임의로 1개의 공을 꺼내어 공에 적힌 수가 홀수이면 한 개의 동전을 4번 던지고, 짝수이면 한 개의 동전을 3번 던질 때, 동전의 뒷면이 한 번 나올 확률을 구하시오.

🎓 교육청

315 주머니에 1, 2, 3, 4의 숫자가 하나씩 적혀 있는 4개의 공이 들어 있다. 이 주머니에서 임의로 2개의 공을 동시에 꺼낼 때, 꺼낸 공에 적혀 있는 숫자의 합이 소수이면 1개의 동전을 2번 던지고, 소수가 아니면 1개의 동전을 3번 던진다. 동전의 앞면이 2번 나왔을 때, 꺼낸 2개의 공에 적혀 있는 숫자의 합이 소수일 확률은?

① $\dfrac{2}{7}$ ② $\dfrac{5}{14}$ ③ $\dfrac{3}{7}$

④ $\dfrac{1}{2}$ ⑤ $\dfrac{4}{7}$

3단계

314 어느 학교에 입학하려면 두 단계의 시험을 통과해야 한다. 1단계 시험을 통과한 사람만 2단계 시험을 응시할 수 있고, 2단계 시험까지 통과해야 이 학교에 최종 합격한다고 한다. 1단계와 2단계 시험을 통과하는 사건은 서로 독립이고, 1단계와 2단계 시험을 통과할 확률은 각각 $\dfrac{5}{6}$, $\dfrac{1}{5}$이다. 4명이 이 학교에 지원했을 때, 3명이 최종 합격할 확률을 구하시오.

316 오른쪽 그림과 같이 점 A에서 출발하여 한 변의 길이가 1인 정사각형 ABCD의 변을 따라 시계 반대 방향으로 움직이는 점 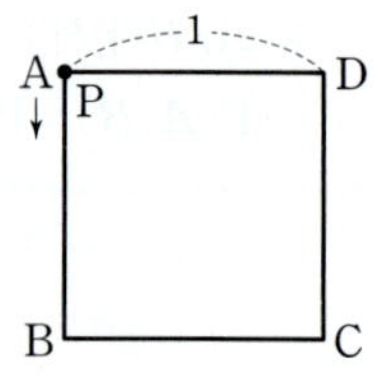

P가 있다. 서로 다른 두 개의 동전을 동시에 던져서 적어도 앞면이 1개 나오면 1만큼 움직이고, 2개 모두 뒷면이 나오면 2만큼 움직인다. 서로 다른 두 개의 동전을 동시에 5번 던질 때, 점 P가 점 A로 다시 돌아올 확률을 구하시오.

1

이산확률변수와 이항분포

평균, 분산, 표준편차

01 평균

(1) **대푯값**: 자료 전체의 중심 경향이나 특징을 대표적으로 나타내는 값
(2) **평균**: 변량의 총합을 변량의 개수로 나눈 값 ◀ $(평균)=\dfrac{(변량의\ 총합)}{(변량의\ 개수)}$
 └ 나이, 점수 등과 같은 자료를 수량으로 나타낸 것

| 참고 | 대푯값에는 평균, 중앙값, 최빈값 등이 있고, 이 중에서 평균이 가장 많이 쓰인다.

| 예 | 오른쪽 자료는 해인이네 모둠 학생 6명의 몸무게를 조사
하여 나타낸 것이다. 이 자료의 평균을 구해 보자.

(단위: kg)

> 46, 53, 50, 45, 49, 51

변량은 6개이므로 구하는 평균은

$$\frac{46+53+50+45+49+51}{6}=\frac{294}{6}=49\,(\text{kg})$$

02 분산, 표준편차

(1) **산포도**: 자료의 변량이 흩어져 있는 정도를 하나의 수로 나타낸 값
(2) **편차**: 각 변량에서 평균을 뺀 값 ◀ $(편차)=(변량)-(평균)$
(3) **분산**: 편차의 제곱의 총합을 변량의 개수로 나눈 값, 즉 편차의 제곱의 평균 ◀ $(분산)=\dfrac{\{(편차)^2의\ 총합\}}{(변량의\ 개수)}$
(4) **표준편차**: 분산의 음이 아닌 제곱근 ◀ $(표준편차)=\sqrt{(분산)}$

| 참고 | · 산포도에는 분산, 표준편차 등이 있다.
· 자료의 분산 또는 표준편차가 작을수록 변량들이 평균을 중심으로 모여 있으므로 자료의 분포 상태가 고르다고
 할 수 있다.

| 예 | 오른쪽 자료는 슬아네 모둠 학생 8명의 수학 수행 평가
점수를 조사하여 나타낸 것이다.
이 자료의 분산, 표준편차를 구해 보자.

(단위: 점)

> 6, 8, 4, 8, 9, 9, 7, 5

$$(평균)=\frac{6+8+4+8+9+9+7+5}{8}=\frac{56}{8}=7\,(점)$$

이때 각 점수의 편차는 $-1, 1, -3, 1, 2, 2, 0, -2$이므로

$$(분산)=\frac{(-1)^2+1^2+(-3)^2+1^2+2^2+2^2+0^2+(-2)^2}{8}$$

$$=\frac{1+1+9+1+4+4+0+4}{8}=\frac{24}{8}=3 \quad ◀\ 분산은\ 단위를\ 쓰지\ 않는다.$$

$$\therefore (표준편차)=\sqrt{3}\,(점)$$

1 이산확률변수와 확률질량함수

개념 01 확률변수

(1) **확률변수**: 어떤 시행에서 표본공간의 각 원소에 하나의 실수가 대응되는 관계
(2) $P(X=x)$: 확률변수 X가 어떤 값 x를 가질 확률을 기호로 나타낸 것

|예| 한 개의 동전을 2번 던지는 시행에서 앞면을 H, 뒷면을 T라 하면 표본공간 S는
$$S=\{HH,\ HT,\ TH,\ TT\}$$
이때 앞면이 나오는 횟수를 X라 하면
표본공간 S의 각 원소에 대하여
$$HH \rightarrow 2,\ HT \rightarrow 1,\ TH \rightarrow 1,\ TT \rightarrow 0$$
과 같이 대응된다. 즉, X가 가질 수 있는 값은 0, 1, 2
이므로 각 값을 가질 확률을 $P(X=x)$로 나타내면

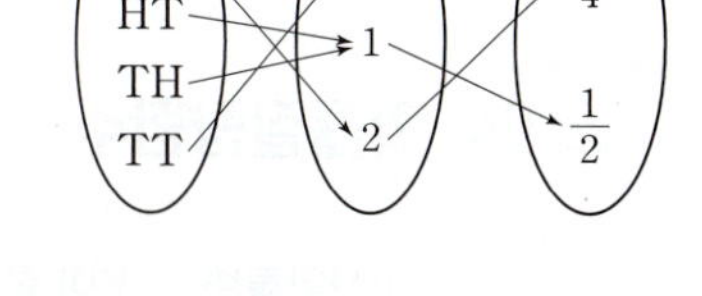

$$P(X=0)=\frac{1}{4},\ P(X=1)=\frac{2}{4}=\frac{1}{2},\ P(X=2)=\frac{1}{4}$$
이와 같이 어떤 시행의 결과에 따라 변수가 가질 수 있는 값과 그 확률이 각각 정해지는 변수 X를 **확률변수**라 한다.

|참고| ・확률변수는 표본공간을 정의역으로 하고 실수 전체의 집합을 공역으로 하는 함수이지만 변수의 역할도 하므로 확률변수라 부른다.
・일반적으로 확률변수는 $X,\ Y,\ Z,\ \dots$로 나타내고, 확률변수가 가질 수 있는 값은 $x,\ y,\ z,\ \dots$로 나타낸다.

개념 02 이산확률변수와 연속확률변수

(1) **이산확률변수**: 유한개의 값이나 무한히 많더라도 자연수와 같이 **일일이 셀 수 있는 값**을 가질 수 있는 확률변수
(2) **연속확률변수**: 어떤 범위에 속하는 모든 **실숫값**을 가질 수 있는 확률변수

이산확률변수에서 이산(離散)은 하나하나 흩어진다는 뜻으로, 이산확률변수는 하나하나 셀 수 있는 값을 가질 수 있는 확률변수이다. 특정 물품의 개수, 앞면이 나온 동전의 개수, 주사위의 눈의 수가 3인 횟수 등은 1, 2, 3, …과 같이 셀 수 있는 값을 가지므로 이산확률변수이다.
반면 연속확률변수는 길이, 넓이, 시간과 같이 어떤 범위에 속하는 연속(連續)적인 실숫값을 가질 수 있는 확률변수이다.
Ⅲ-1. 이산확률변수와 이항분포에서는 $x_1, x_2, x_3, \dots, x_n$과 같은 값을 가지는 이산확률변수 X에 대한 학습을, **Ⅲ-2. 연속확률변수와 정규분포**에서는 $\alpha \leq X \leq \beta$에서 모든 실숫값을 가지는 연속확률변수 X에 대한 학습을 하게 된다.

이산확률변수 X가 가질 수 있는 값이 $x_1, x_2, x_3, \ldots, x_n$이고, X가 이 값을 가질 확률이 각각
$p_1, p_2, p_3, \ldots, p_n$일 때, 이들 사이의 대응 관계를 이산확률변수 X의 **확률분포**라 한다.

이산확률변수 X의 확률분포를 표와 그래프로 나타내면 각각 다음과 같다.

X	x_1	x_2	x_3	$\cdots$	x_n	합계
$\mathrm{P}(X=x_i)$	p_1	p_2	p_3	$\cdots$	p_n	1

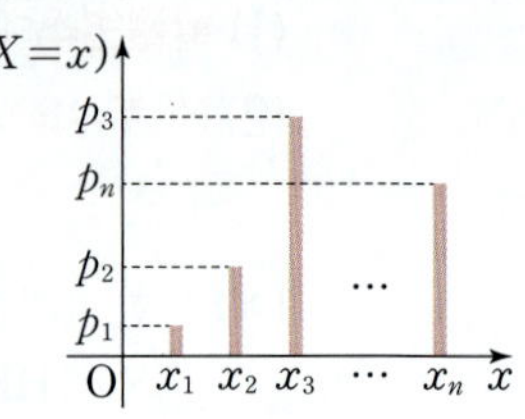

이산확률변수 X의 확률분포를 나타내는 함수
$$\mathrm{P}(X=x_i)=p_i \ (i=1, 2, 3, \ldots, n)$$
를 이산확률변수 X의 **확률질량함수**라 한다.

|예| 한 개의 동전을 2번 던지는 시행에서 앞면이 나오는 횟수를 X라 하자.
이 시행에서 나올 수 있는 경우는 (앞, 앞), (앞, 뒤), (뒤, 앞), (뒤, 뒤)이므로
각 경우에서 앞면이 나오는 횟수는 2, 1, 1, 0이다. 즉, X가 가질 수 있는 값은 0, 1, 2이고,
X는 셀 수 있는 값을 가지므로 이산확률변수이다.
이때 확률변수 X의 확률질량함수는
$$\mathrm{P}(X=0)=\frac{1}{4}, \ \mathrm{P}(X=1)=\frac{1}{2}, \ \mathrm{P}(X=2)=\frac{1}{4}$$

○ 예제 01, 02

이산확률변수 X가 가질 수 있는 모든 값이 $x_1, x_2, x_3, \ldots, x_n$이고 확률질량함수가
$\mathrm{P}(X=x_i)=p_i \, (i=1, 2, 3, \ldots, n)$일 때, 확률의 기본 성질에 의하여 다음이 성립한다.

(1) $0 \leq p_i \leq 1$ ◀ 임의의 사건 A에 대하여 $0 \leq \mathrm{P}(A) \leq 1$

(2) $p_1+p_2+p_3+\cdots+p_n=1$ ◀ 반드시 일어나는 사건 S에 대하여 $\mathrm{P}(S)=1$

(3) $\mathrm{P}(x_i \leq X \leq x_j)=p_i+p_{i+1}+p_{i+2}+\cdots+p_j$ (단, $i \leq j, \ j=1, 2, 3, \ldots, n$)

|참고| • $\mathrm{P}(X=x_i \text{ 또는 } X=x_j)=\mathrm{P}(X=x_i)+\mathrm{P}(X=x_j)=p_i+p_j$ (단, $i \neq j$)
• $\mathrm{P}(x_i \leq X \leq x_j)$는 확률변수 X가 x_i 이상 x_j 이하의 값을 가질 확률을 나타낸다.

| 예 | 1, 2, 2, 3의 숫자가 각각 하나씩 적힌 4개의 공이 들어 있는 주머니에서 임의로 1개의 공을 꺼낼 때, 꺼낸 공에 적힌 수를 확률변수 X라 하자.

X가 가질 수 있는 값은 1, 2, 3이고, X의 확률질량함수는 다음과 같다.

$$P(X=1)=\frac{1}{4},\ P(X=2)=\frac{2}{4}=\frac{1}{2},\ P(X=3)=\frac{1}{4}$$

(1) $0 \le P(X=x) \le 1$

(2) $P(X=1)+P(X=2)+P(X=3)=1$

(3) $P(1 \le X \le 2)=P(X=1)+P(X=2)=\frac{1}{4}+\frac{1}{2}=\frac{3}{4}$

개념 확인

• 정답과 해설 61쪽

개념 02

317 보기에서 이산확률변수인 것만을 있는 대로 고르시오.

┤ 보기 ├

ㄱ. 한 개의 주사위를 5번 던질 때, 3의 약수가 나오는 횟수

ㄴ. 두 학생 A, B가 가위바위보를 4번 할 때, A가 이기는 횟수

ㄷ. C반 학생 25명의 몸무게

ㄹ. D 고등학교 학생 300명의 독서 시간

ㅁ. 당첨 제비 2개를 포함한 30개의 제비 중에서 2개의 제비를 동시에 뽑을 때, 뽑은 당첨 제비의 개수

개념 03

318 서로 다른 두 개의 주사위를 동시에 던질 때, 3의 배수의 눈이 나오는 주사위의 개수를 확률변수 X라 하자. 다음 물음에 답하시오.

(1) X가 가질 수 있는 값을 모두 구하시오.

(2) X가 (1)의 각 값을 가질 확률을 구하시오.

(3) X의 확률분포를 표로 나타내시오.

예제 01 / 확률질량함수의 성질

확률변수 X의 확률질량함수 $\mathrm{P}(X=x_i)=p_i\,(i=1,\ 2,\ 3,\ \dots,\ n)$에 대하여

- $p_1+p_2+p_3+\cdots+p_n=1$
- $\mathrm{P}(x_i \leq X \leq x_j)=p_i+p_{i+1}+p_{i+2}+\cdots+p_j$ (단, $i \leq j$, $j=1,\ 2,\ 3,\ \dots,\ n$)

다음 물음에 답하시오.

(1) 확률변수 X의 확률분포를 표로 나타내면 오른쪽과 같을 때, $\mathrm{P}(2 \leq X \leq 3)$을 구하시오. (단, a는 상수)

X	1	2	3	4	합계
$\mathrm{P}(X=x)$	a	$3a$	$2a$	$\dfrac{1}{4}$	1

(2) 이산확률변수 X의 확률질량함수가

$$\mathrm{P}(X=x)=\begin{cases} \dfrac{2x+1}{k} & (x=0,\ 1) \\[2mm] \dfrac{x-1}{k} & (x=2,\ 3,\ 4) \end{cases}$$

일 때, $\mathrm{P}(1 \leq X \leq 3)$을 구하시오. (단, k는 상수)

• 유형만렙 확률과 통계 76쪽에서 문제 더 풀기

| 풀이 | (1) 확률의 총합은 1이므로

$$a+3a+2a+\frac{1}{4}=1,\ 6a=\frac{3}{4} \qquad \therefore a=\frac{1}{8}$$

따라서 X의 확률분포를 표로 나타내면 다음과 같다.

X	1	2	3	4	합계
$\mathrm{P}(X=x)$	$\dfrac{1}{8}$	$\dfrac{3}{8}$	$\dfrac{1}{4}$	$\dfrac{1}{4}$	1

$$\therefore \mathrm{P}(2 \leq X \leq 3)=\mathrm{P}(X=2)+\mathrm{P}(X=3)=\frac{3}{8}+\frac{1}{4}=\frac{5}{8}$$

(2) 확률변수 X가 가질 수 있는 값 0, 1, 2, 3, 4에 대하여 각 값을 가질 확률은

$$\mathrm{P}(X=0)=\frac{2 \times 0+1}{k}=\frac{1}{k},\ \mathrm{P}(X=1)=\frac{2 \times 1+1}{k}=\frac{3}{k},$$

$$\mathrm{P}(X=2)=\frac{2-1}{k}=\frac{1}{k},\ \mathrm{P}(X=3)=\frac{3-1}{k}=\frac{2}{k},\ \mathrm{P}(X=4)=\frac{4-1}{k}=\frac{3}{k}$$

확률의 총합은 1이므로

$$\frac{1}{k}+\frac{3}{k}+\frac{1}{k}+\frac{2}{k}+\frac{3}{k}=1,\ \frac{10}{k}=1 \qquad \therefore k=10$$

따라서 X의 확률분포를 표로 나타내면 다음과 같다.

X	0	1	2	3	4	합계
$\mathrm{P}(X=x)$	$\dfrac{1}{10}$	$\dfrac{3}{10}$	$\dfrac{1}{10}$	$\dfrac{1}{5}$	$\dfrac{3}{10}$	1

$$\therefore \mathrm{P}(1 \leq X \leq 3)=\mathrm{P}(X=1)+\mathrm{P}(X=2)+\mathrm{P}(X=3)=\frac{3}{10}+\frac{1}{10}+\frac{1}{5}=\frac{3}{5}$$

답 (1) $\dfrac{5}{8}$ (2) $\dfrac{3}{5}$

319 유사

확률변수 X의 확률분포를 표로 나타내면 다음과 같을 때, $P(X \geq 2)$를 구하시오.

(단, a는 상수)

X	0	1	2	3	합계
$P(X=x)$	a	$\dfrac{a}{3}$	$\dfrac{1}{12}$	$\dfrac{7}{3}a$	1

320 유사

이산확률변수 X의 확률질량함수가
$$P(X=x) = \begin{cases} k(2-x) & (x=-2, -1) \\ k(x+2) & (x=0, 1, 2) \end{cases}$$
일 때, $P(-1 \leq X \leq 1)$을 구하시오.

(단, k는 상수)

321 변형 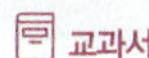 교과서

이산확률변수 X의 확률질량함수가
$$P(X=x) = \frac{k}{x(x+1)}$$
$$(x=1, 2, 3, 4, 5, 6)$$
일 때, $P(X=4)$를 구하시오. (단, k는 상수)

322 변형

확률변수 X의 확률분포를 표로 나타내면 다음과 같을 때, $P(X^2-6X+8 \leq 0)$을 구하시오.

(단, a는 상수)

X	0	2	4	6	합계
$P(X=x)$	$\dfrac{a}{4}$	a	$\dfrac{a}{2}$	$\dfrac{a}{4}+\dfrac{3}{7}$	1

예제 02 / 이산확률변수의 확률

확률변수 X가 가질 수 있는 값과 그 값에 대한 확률을 구한다.

어느 고등학교 봉사 동아리는 1학년 학생 5명과 2학년 학생 3명으로 구성되어 있다. 이 동아리에서 임의로 교내 봉사를 할 3명의 학생을 뽑을 때, 뽑힌 2학년 학생의 수를 확률변수 X라 하자. 다음 물음에 답하시오.

(1) X의 확률질량함수를 구하시오.

(2) X의 확률분포를 표로 나타내시오.

(3) 뽑힌 2학년 학생이 2명 이상일 확률을 구하시오.

• 유형만렙 확률과 통계 77쪽에서 문제 더 풀기

| 풀이 |

(1) 확률변수 X가 가질 수 있는 값은 0, 1, 2, 3이다.

8명의 학생 중에서 임의로 3명의 학생을 뽑는 경우의 수는 $_8C_3$

뽑힌 학생 중에서 2학년 학생이 x명인 경우의 수는 2학년 학생 3명 중에서 x명을 뽑고, 1학년 학생 5명 중에서 $(3-x)$명을 뽑는 경우의 수이므로 $_3C_x \times _5C_{3-x}$

따라서 X의 확률질량함수는

$$P(X=x) = \frac{_3C_x \times _5C_{3-x}}{_8C_3} \ (x=0, 1, 2, 3)$$

(2) 확률변수 X가 가질 수 있는 각 값에 대한 확률은

$$P(X=0) = \frac{_3C_0 \times _5C_3}{_8C_3} = \frac{5}{28}, \ P(X=1) = \frac{_3C_1 \times _5C_2}{_8C_3} = \frac{15}{28},$$

$$P(X=2) = \frac{_3C_2 \times _5C_1}{_8C_3} = \frac{15}{56}, \ P(X=3) = \frac{_3C_3 \times _5C_0}{_8C_3} = \frac{1}{56}$$

따라서 X의 확률분포를 표로 나타내면 다음과 같다.

X	0	1	2	3	합계
$P(X=x)$	$\frac{5}{28}$	$\frac{15}{28}$	$\frac{15}{56}$	$\frac{1}{56}$	1

(3) 구하는 확률은

$$P(X \geq 2) = P(X=2) + P(X=3)$$
$$= \frac{15}{56} + \frac{1}{56} = \frac{2}{7}$$

답 (1) $P(X=x) = \dfrac{_3C_x \times _5C_{3-x}}{_8C_3} \ (x=0, 1, 2, 3)$

(2)

X	0	1	2	3	합계
$P(X=x)$	$\frac{5}{28}$	$\frac{15}{28}$	$\frac{15}{56}$	$\frac{1}{56}$	1

(3) $\dfrac{2}{7}$

323 유사

남학생 4명, 여학생 2명 중에서 임의로 2명의 대표를 뽑을 때, 뽑힌 여학생의 수를 확률변수 X라 하자. 다음 물음에 답하시오.

(1) X의 확률질량함수를 구하시오.

(2) X의 확률분포를 표로 나타내시오.

(3) 뽑힌 여학생이 1명 이하일 확률을 구하시오.

324 변형

노란 구슬 4개, 빨간 구슬 6개가 들어 있는 주머니에서 3개의 구슬을 꺼낼 때, 꺼낸 노란 구슬의 개수를 확률변수 X라 하자. 이때 $\mathrm{P}(X^2-3X+2\leq0)$을 구하시오.

325 변형

한 개의 주사위를 던져서 나오는 눈의 수의 약수의 개수를 확률변수 X라 하자. 이때 $\mathrm{P}(X^2-5X+6=0)$을 구하시오.

326 변형

1에서 5까지의 자연수가 각각 하나씩 적힌 5장의 카드 중에서 임의로 2장의 카드를 동시에 뽑을 때, 뽑은 카드에 적힌 두 수의 합을 확률변수 X라 하자. 이때 $\mathrm{P}(|X-6|\leq1)$을 구하시오.

2 이산확률변수의 평균, 분산, 표준편차

개념 01 이산확률변수의 기댓값(평균)

◐ 예제 03, 04

이산확률변수 X의 확률질량함수가 $\mathrm{P}(X=x_i)=p_i\,(i=1,\ 2,\ 3,\ \dots,\ n)$일 때,
이산확률변수 X의 **기댓값 $\mathrm{E}(X)$** 또는 **평균 m**은 다음과 같다.
$$\mathrm{E}(X)=m=x_1p_1+x_2p_2+x_3p_3+\cdots+x_np_n$$

|예| 오른쪽 표와 같은 상금이 적힌 제비 20개가 들어 있는 상자에서
제비 1개를 뽑을 때, 뽑은 제비에 대한 상금을 확률변수 X라 하자.
확률변수 X가 가질 수 있는 값은 5000, 3000, 1000, 0이고,
X가 각 값을 가질 확률은 각각 $\dfrac{1}{20}$, $\dfrac{3}{20}$, $\dfrac{7}{20}$, $\dfrac{9}{20}$이므로
X의 확률분포를 표로 나타내면 다음과 같다.

상금(원)	개수
5000	1
3000	3
1000	7
0	9
합계	20

X	5000	3000	1000	0	합계
$\mathrm{P}(X=x)$	$\dfrac{1}{20}$	$\dfrac{3}{20}$	$\dfrac{7}{20}$	$\dfrac{9}{20}$	1

제비 1개에 대한 상금의 평균은

$$\frac{5000\times1+3000\times3+1000\times7+0\times9}{20}$$

◀ (평균) $=\dfrac{\text{(변량의 총합)}}{\text{(변량의 개수)}}$

$$=5000\times\frac{1}{20}+3000\times\frac{3}{20}+1000\times\frac{7}{20}+0\times\frac{9}{20}=1050\,(\text{원})$$

즉, 제비 1개에 대하여 기대할 수 있는 상금의 평균은 각각의 상금과 그 상금을 받을 확률을
곱하여 더한 것과 같음을 알 수 있다.

|참고| $\mathrm{E}(X)$에서 E는 Expectation(기댓값)의 첫 글자이고, m은 mean(평균)의 첫 글자이다.

개념 02 이산확률변수의 분산과 표준편차

◐ 예제 03, 04

이산확률변수 X의 확률질량함수가 $\mathrm{P}(X=x_i)=p_i\,(i=1,\ 2,\ 3,\ \dots,\ n)$이고,
$\mathrm{E}(X)=m$일 때, 이산확률변수 X의 **분산 $\mathrm{V}(X)$**와 **표준편차 $\sigma(X)$**는 다음과 같다.
$$\mathrm{V}(X)=\mathrm{E}((X-m)^2)=\mathrm{E}(X^2)-\{\mathrm{E}(X)\}^2$$
$$\sigma(X)=\sqrt{\mathrm{V}(X)}$$

확률질량함수가 $\mathrm{P}(X=x_i)=p_i\,(i=1,\ 2,\ 3,\ \dots,\ n)$인 이산확률변수 X의 기댓값이 m일 때,
편차의 제곱인 $(X-m)^2$의 기댓값 $\mathrm{E}((X-m)^2)$을 확률변수 X의 **분산**이라 하고,
분산의 양의 제곱근 $\sqrt{\mathrm{V}(X)}$를 확률변수 X의 **표준편차**라 한다.

확률변수 $(X-m)^2$이 가질 수 있는 값은 $(x_1-m)^2$, $(x_2-m)^2$, ..., $(x_n-m)^2$이고,
각 값을 가질 확률이 p_1, p_2, ..., p_n이므로 X의 분산 $\mathrm{V}(X)$를 다음과 같이 정리할 수 있다.

$$
\begin{aligned}
\mathrm{V}(X) &= \mathrm{E}((X-m)^2) \\
&= (x_1-m)^2 p_1 + (x_2-m)^2 p_2 + \cdots + (x_n-m)^2 p_n \\
&= (x_1^2 - 2mx_1 + m^2)p_1 + (x_2^2 - 2mx_2 + m^2)p_2 + \cdots + (x_n^2 - 2mx_n + m^2)p_n \\
&= (x_1^2 p_1 + x_2^2 p_2 + \cdots + x_n^2 p_n) - 2m\underbrace{(x_1 p_1 + x_2 p_2 + \cdots + x_n p_n)}_{=m} + m^2 \underbrace{(p_1 + p_2 + \cdots + p_n)}_{=1} \\
&= (x_1^2 p_1 + x_2^2 p_2 + \cdots + x_n^2 p_n) - 2m^2 + m^2 \\
&= (x_1^2 p_1 + x_2^2 p_2 + \cdots + x_n^2 p_n) - m^2 \\
&= \mathrm{E}(X^2) - \{\mathrm{E}(X)\}^2
\end{aligned}
$$

따라서 분산 $\mathrm{V}(X)$는 X^2의 기댓값 $\mathrm{E}(X^2)$과 X의 기댓값의 제곱 $\{\mathrm{E}(X)\}^2$을 이용하여 구할 수도 있다.

| 예 | 확률변수 X의 확률분포를 표로 나타내면 오른쪽과 같을 때, X의 기댓값과 분산, 표준편차를 구해 보자.

X	0	1	2	3	합계
$\mathrm{P}(X=x)$	$\dfrac{1}{12}$	$\dfrac{1}{4}$	$\dfrac{1}{4}$	$\dfrac{5}{12}$	1

- $\mathrm{E}(X) = 0 \times \dfrac{1}{12} + 1 \times \dfrac{1}{4} + 2 \times \dfrac{1}{4} + 3 \times \dfrac{5}{12} = 2$

- $\mathrm{V}(X) = (0-2)^2 \times \dfrac{1}{12} + (1-2)^2 \times \dfrac{1}{4} + (2-2)^2 \times \dfrac{1}{4} + (3-2)^2 \times \dfrac{5}{12} = 1$

  또는 $\mathrm{E}(X^2) = 0^2 \times \dfrac{1}{12} + 1^2 \times \dfrac{1}{4} + 2^2 \times \dfrac{1}{4} + 3^2 \times \dfrac{5}{12} = 5$이므로 $\mathrm{V}(X) = 5 - 2^2 = 1$

- $\sigma(X) = \sqrt{1} = 1$

| 참고 |
- $\mathrm{V}(X)$에서 V는 Variance(분산)의 첫 글자이다.
- $\sigma(X)$에서 σ는 standard deviation(표준편차)의 첫 글자 s에 해당하는 그리스 문자로 'sigma'라 읽는다.
- 중학교에서 평균은 변량의 총합을 변량의 개수로 나눈 값이고
  분산은 편차의 제곱의 총합을 변량의 개수로 나눈 값이라고 배웠다.
  이를 이용하여 확률분포에서의 평균과 분산을 구해 보자.
  도수분포에서 변량을 확률변수 X라 하면

  각 계급에 속하는 변량의 개수

$$(X \text{가 각 값을 가질 확률}) = \frac{(\text{각각의 도수})}{(\text{도수의 총합})} = (\text{각 변량의 상대도수})$$

이므로 X의 확률분포를 표로 나타내면 다음과 같다.

변량	x_1	x_2	$\cdots$	x_n	합계
도수	f_1	f_2	$\cdots$	f_n	N

[도수분포]

$\Rightarrow$

X	x_1	x_2	$\cdots$	x_n	합계
$\mathrm{P}(X=x_i)$	$\dfrac{f_1}{N}(=p_1)$	$\dfrac{f_2}{N}(=p_2)$	$\cdots$	$\dfrac{f_n}{N}(=p_n)$	1

[확률분포]

이때 도수분포에서의 평균 m과 분산 σ^2은 다음과 같다.

$$
\begin{aligned}
m &= \frac{x_1 f_1 + x_2 f_2 + \cdots + x_n f_n}{N} = x_1 \times \frac{f_1}{N} + x_2 \times \frac{f_2}{N} + \cdots + x_n \times \frac{f_n}{N} \\
&= x_1 p_1 + x_2 p_2 + \cdots + x_n p_n = \mathrm{E}(X) \\
\sigma^2 &= \frac{(x_1-m)^2 f_1 + (x_2-m)^2 f_2 + \cdots + (x_n-m)^2 f_n}{N} \\
&= (x_1-m)^2 \times \frac{f_1}{N} + (x_2-m)^2 \times \frac{f_2}{N} + \cdots + (x_n-m)^2 \times \frac{f_n}{N} \\
&= (x_1-m)^2 p_1 + (x_2-m)^2 p_2 + \cdots + (x_n-m)^2 p_n \\
&= \mathrm{E}((X-m)^2) = \mathrm{V}(X)
\end{aligned}
$$

따라서 확률분포에서의 평균, 분산은 도수분포에서의 평균, 분산과 같은 개념임을 알 수 있다.

개념 03 이산확률변수 $aX+b$의 평균, 분산, 표준편차

> 이산확률변수 X와 상수 a, $b\,(a\neq0)$에 대하여
>
> **(1) 평균**: $\mathrm{E}(aX+b)=a\mathrm{E}(X)+b$
>
> **(2) 분산**: $\mathrm{V}(aX+b)=a^2\mathrm{V}(X)$
>
> **(3) 표준편차**: $\sigma(aX+b)=|a|\sigma(X)$

이산확률변수 X의 확률분포를 표로 나타내면 다음과 같을 때,
$Y=aX+b\,(a,\ b$는 상수, $a\neq0)$라 하자.

X	x_1	x_2	$\cdots$	x_n	합계
$\mathrm{P}(X=x_i)$	p_1	p_2	$\cdots$	p_n	1

확률변수 Y가 가질 수 있는 값은
$$ax_1+b,\ ax_2+b,\ \dots,\ ax_n+b$$
이고, 각 값을 가질 확률은
$$\mathrm{P}(Y=ax_i+b)=\mathrm{P}(X=x_i)=p_i\ (i=1,\ 2,\ \dots,\ n)$$
이다. 즉, 확률변수 Y의 확률분포를 표로 나타내면 다음과 같다.

Y	ax_1+b	ax_2+b	$\cdots$	ax_n+b	합계
$\mathrm{P}(Y=ax_i+b)$	p_1	p_2	$\cdots$	p_n	1

$$\begin{aligned}
(1)\ \mathrm{E}(Y)&=\mathrm{E}(aX+b)\\
&=(ax_1+b)p_1+(ax_2+b)p_2+\cdots+(ax_n+b)p_n\\
&=a(x_1p_1+x_2p_2+\cdots+x_np_n)+b\underbrace{(p_1+p_2+\cdots+p_n)}_{=1}\\
&=a\mathrm{E}(X)+b
\end{aligned}$$

$$\begin{aligned}
(2)\ \mathrm{V}(Y)&=\mathrm{V}(aX+b)\\
&=[(ax_1+b)-\{a\mathrm{E}(X)+b\}]^2p_1+[(ax_2+b)-\{a\mathrm{E}(X)+b\}]^2p_2\\
&\qquad\qquad\qquad +\cdots+[(ax_n+b)-\{a\mathrm{E}(X)+b\}]^2p_n\\
&=a^2[\{x_1-\mathrm{E}(X)\}^2p_1+\{x_2-\mathrm{E}(X)\}^2p_2+\cdots+\{x_n-\mathrm{E}(X)\}^2p_n]\\
&=a^2\mathrm{V}(X)
\end{aligned}$$

$$\begin{aligned}
(3)\ \sigma(Y)&=\sigma(aX+b)\\
&=\sqrt{\mathrm{V}(aX+b)}=\sqrt{a^2\mathrm{V}(X)}\\
&=|a|\sigma(X)
\end{aligned}$$

| **참고** | 위의 성질은 이산확률변수뿐만 아니라 모든 확률변수에 대하여 성립한다.

| **예** | 확률변수 X에 대하여 $\mathrm{E}(X)=6$, $\mathrm{V}(X)=9$일 때,
확률변수 $-2X+10$의 평균, 분산, 표준편차를 구해 보자.

(1) $\mathrm{E}(-2X+10)=-2\mathrm{E}(X)+10=-2\times6+10=-2$

(2) $\mathrm{V}(-2X+10)=(-2)^2\mathrm{V}(X)=4\times9=36$

(3) $\sigma(-2X+10)=|-2|\sigma(X)=2\times\sqrt{9}=6$

개념 01, 02

327 확률변수 X의 확률분포를 표로 나타내면 오른쪽과 같을 때, 다음을 구하시오.

X	0	2	4	합계
$P(X=x)$	$\dfrac{3}{8}$	$\dfrac{1}{4}$	$\dfrac{3}{8}$	1

(1) $E(X)$

(2) $E(X^2)$

(3) $V(X)$

(4) $\sigma(X)$

개념 03

328 확률변수 X에 대하여 $E(X)=5$, $V(X)=4$일 때, 다음 확률변수의 평균, 분산, 표준편차를 구하시오.

(1) $4X$

(2) $-\dfrac{1}{2}X$

(3) $2X-7$

(4) $-3X+5$

개념 03

329 확률변수 X의 확률분포를 표로 나타내면 오른쪽과 같을 때, 다음 물음에 답하시오.

X	-3	0	3	6	합계
$P(X=x)$	$\dfrac{1}{6}$	$\dfrac{1}{6}$	$\dfrac{1}{6}$	$\dfrac{1}{2}$	1

(1) X의 평균, 분산, 표준편차를 구하시오.

(2) 확률변수 $Y=3X+1$의 평균, 분산, 표준편차를 구하시오.

이산확률변수의 평균, 분산, 표준편차 – 확률분포가 주어진 경우

이산확률변수 X의 확률질량함수가 $P(X=x_i)=p_i\,(i=1,\ 2,\ 3,\ ...,\ n)$일 때

- $E(X)=x_1p_1+x_2p_2+x_3p_3+\cdots+x_np_n$
- $V(X)=E(X^2)-\{E(X)\}^2$
- $\sigma(X)=\sqrt{V(X)}$

확률변수 X의 확률분포를 표로 나타내면 오른쪽과 같다. $E(X)=3$일 때, 다음을 구하시오.

(단, a, b는 상수)

X	0	2	4	6	합계
$P(X=x)$	$\dfrac{1}{4}$	a	b	$\dfrac{1}{8}$	1

(1) a, b의 값

(2) $\sigma(X)$

• 유형만렙 확률과 통계 78쪽에서 문제 더 풀기

| 풀이 | (1) 확률의 총합은 1이므로

$$\frac{1}{4}+a+b+\frac{1}{8}=1$$

$$\therefore a+b=\frac{5}{8} \quad \cdots\cdots ㉠$$

$E(X)=3$에서

$$0\times\frac{1}{4}+2\times a+4\times b+6\times\frac{1}{8}=3$$

$$\therefore a+2b=\frac{9}{8} \quad \cdots\cdots ㉡$$

㉠, ㉡을 연립하여 풀면

$$a=\frac{1}{8},\ b=\frac{1}{2}$$

(2) 확률변수 X의 확률분포를 표로 나타내면 다음과 같다.

X	0	2	4	6	합계
$P(X=x)$	$\dfrac{1}{4}$	$\dfrac{1}{8}$	$\dfrac{1}{2}$	$\dfrac{1}{8}$	1

확률변수 X에 대하여

$$E(X^2)=0^2\times\frac{1}{4}+2^2\times\frac{1}{8}+4^2\times\frac{1}{2}+6^2\times\frac{1}{8}=13$$

$$\therefore V(X)=E(X^2)-\{E(X)\}^2=13-3^2=4$$

$$\therefore \sigma(X)=\sqrt{V(X)}=\sqrt{4}=2$$

답 (1) $a=\dfrac{1}{8}$, $b=\dfrac{1}{2}$ (2) 2

330 유사

확률변수 X의 확률분포를 표로 나타내면 아래와 같다. $E(X)=1$일 때, 다음을 구하시오.

(단, a, b는 상수)

X	-1	0	2	3	합계
$P(X=x)$	$\dfrac{1}{5}$	a	$\dfrac{3}{10}$	b	1

(1) a, b의 값

(2) $V(X)$

331 변형 · 교육청

$0<a<b$인 두 상수 a, b에 대하여 이산확률변수 X의 확률분포를 표로 나타내면 다음과 같다.

X	0	a	b	합계
$P(X=x)$	$\dfrac{1}{3}$	a	b	1

$E(X)=\dfrac{5}{18}$일 때, ab의 값은?

① $\dfrac{1}{24}$ ② $\dfrac{1}{21}$ ③ $\dfrac{1}{18}$

④ $\dfrac{1}{15}$ ⑤ $\dfrac{1}{12}$

332 변형

확률변수 X의 확률분포를 표로 나타내면 다음과 같다. $P(-1\leq X\leq 0)=\dfrac{5}{8}$일 때, $E(X)$를 구하시오. (단, a, b는 상수)

X	-2	-1	0	1	합계
$P(X=x)$	a	$\dfrac{3}{2}a$	a	b	1

333 변형 · 교과서

이산확률변수 X의 확률질량함수가

$$P(X=x)=k(x+1) \ (x=0,\ 1,\ 2,\ 3)$$

일 때, $\sigma(X)$를 구하시오. (단, k는 상수)

예제 04 이산확률변수의 평균, 분산, 표준편차 – 확률분포가 주어지지 않은 경우

확률변수 X가 가질 수 있는 값과 그 값에 대한 확률을 먼저 구한 후
X의 평균, 분산, 표준편차를 구한다.

2개의 당첨 제비를 포함한 10개의 제비 중에서 임의로 3개의 제비를 동시에 뽑을 때, 뽑은 당첨 제비의
개수를 확률변수 X라 하자. 다음 물음에 답하시오.

(1) X의 확률분포를 표로 나타내시오.

(2) X의 평균, 분산을 구하시오.

• 유형만렙 확률과 통계 79쪽에서 문제 더 풀기

| 풀이 | (1) 확률변수 X가 가질 수 있는 값은 0, 1, 2이다.

10개의 제비 중에서 임의로 3개의 제비를 동시에 뽑는 경우의 수는 $_{10}C_3$

뽑은 제비 중에서 당첨 제비가 x개인 경우의 수는 당첨 제비 2개 중에서 x개를 뽑고, ⎤ $_2C_x$

당첨 제비가 아닌 제비 8개 중에서 $(3-x)$개를 뽑는 경우의 수이므로 $_2C_x \times {}_8C_{3-x}$ ⎦ $_8C_{3-x}$

따라서 X의 확률질량함수는

$$P(X=x)=\frac{{}_2C_x \times {}_8C_{3-x}}{{}_{10}C_3} \ (x=0,\ 1,\ 2)$$

X가 가질 수 있는 각 값에 대한 확률은

$$P(X=0)=\frac{{}_2C_0 \times {}_8C_3}{{}_{10}C_3}=\frac{7}{15},\ P(X=1)=\frac{{}_2C_1 \times {}_8C_2}{{}_{10}C_3}=\frac{7}{15},\ P(X=2)=\frac{{}_2C_2 \times {}_8C_1}{{}_{10}C_3}=\frac{1}{15}$$

따라서 X의 확률분포를 표로 나타내면 다음과 같다.

X	0	1	2	합계
$P(X=x)$	$\dfrac{7}{15}$	$\dfrac{7}{15}$	$\dfrac{1}{15}$	1

(2) 확률변수 X에 대하여

$$E(X)=0\times\frac{7}{15}+1\times\frac{7}{15}+2\times\frac{1}{15}=\frac{3}{5}$$

$$E(X^2)=0^2\times\frac{7}{15}+1^2\times\frac{7}{15}+2^2\times\frac{1}{15}=\frac{11}{15}$$

$$\therefore \ V(X)=E(X^2)-\{E(X)\}^2=\frac{11}{15}-\left(\frac{3}{5}\right)^2=\frac{28}{75}$$

답 (1)

X	0	1	2	합계
$P(X=x)$	$\dfrac{7}{15}$	$\dfrac{7}{15}$	$\dfrac{1}{15}$	1

(2) 평균: $\dfrac{3}{5}$, 분산: $\dfrac{28}{75}$

342 유사

확률변수 X의 확률분포를 표로 나타내면 다음과 같을 때, 확률변수 $Y=4X+1$의 평균, 분산, 표준편차를 구하시오. (단, a는 상수)

X	-1	0	1	2	합계
$\mathrm{P}(X=x)$	$\dfrac{a}{4}$	$\dfrac{a}{2}$	$\dfrac{1}{8}$	a	1

343 변형

이산확률변수 X의 확률질량함수가

$$\mathrm{P}(X=x)=\frac{x-2}{k} \ (x=3,\ 4,\ 5,\ 6,\ 7)$$

일 때, $\mathrm{E}(6X-5)$를 구하시오. (단, k는 상수)

344 변형

확률변수 X의 확률분포를 표로 나타내면 다음과 같다. 확률변수 $Y=aX+b$의 평균이 11, 분산이 38일 때, 상수 a, b에 대하여 $a+b$의 값을 구하시오. (단, $a>0$)

X	0	1	2	3	합계
$\mathrm{P}(X=x)$	$\dfrac{1}{4}$	$\dfrac{1}{3}$	$\dfrac{1}{4}$	$\dfrac{1}{6}$	1

345 변형

확률변수 X의 확률분포를 표로 나타내면 다음과 같다. $\mathrm{E}(3X-2)=10$일 때, 확률변수 $2X+3$의 분산을 구하시오. (단, a, b는 상수)

X	0	2	4	8	합계
$\mathrm{P}(X=x)$	$\dfrac{3}{10}$	a	$\dfrac{1}{10}$	b	1

이산확률변수 $aX+b$의 평균, 분산, 표준편차
– 확률분포가 주어지지 않은 경우

확률변수 X의 확률분포를 표로 나타내어 구한 후 $\mathrm{E}(X)$, $\mathrm{V}(X)$, $\sigma(X)$를 이용하여
$\mathrm{E}(aX+b)=a\mathrm{E}(X)+b$, $\mathrm{V}(aX+b)=a^2\mathrm{V}(X)$, $\sigma(aX+b)=|a|\sigma(X)$를 구한다.

딸기 우유 2팩, 초코 우유 2팩, 흰 우유 2팩이 들어 있는 상자에서 임의로 3팩의 우유를 동시에 꺼낼 때, 꺼낸 초코 우유의 수를 확률변수 X라 하자. 이때 확률변수 $Y=5X+3$의 평균, 분산, 표준편차를 구하시오.

• 유형만렙 확률과 통계 82쪽에서 문제 더 풀기

│풀이│ 확률변수 X가 가질 수 있는 값은 0, 1, 2이다.

6팩의 우유 중에서 임의로 3팩의 우유를 동시에 꺼내는 경우의 수는 $_6C_3$

꺼낸 우유 중에서 초코 우유가 x팩인 경우의 수는 초코 우유 2팩 중에서 x팩을 꺼내고,
초코 우유가 아닌 우유 4팩 중에서 $(3-x)$팩을 꺼내는 경우의 수이므로 $_2C_x \times _4C_{3-x}$

따라서 X의 확률질량함수는

$$\mathrm{P}(X=x)=\frac{_2C_x \times _4C_{3-x}}{_6C_3} \ (x=0,\ 1,\ 2)$$

X가 가질 수 있는 각 값에 대한 확률은

$$\mathrm{P}(X=0)=\frac{_2C_0 \times _4C_3}{_6C_3}=\frac{1}{5},\ \mathrm{P}(X=1)=\frac{_2C_1 \times _4C_2}{_6C_3}=\frac{3}{5},\ \mathrm{P}(X=2)=\frac{_2C_2 \times _4C_1}{_6C_3}=\frac{1}{5}$$

따라서 X의 확률분포를 표로 나타내면 다음과 같다.

X	0	1	2	합계
$\mathrm{P}(X=x)$	$\dfrac{1}{5}$	$\dfrac{3}{5}$	$\dfrac{1}{5}$	1

확률변수 X에 대하여

$$\mathrm{E}(X)=0\times\frac{1}{5}+1\times\frac{3}{5}+2\times\frac{1}{5}=1$$

$$\mathrm{E}(X^2)=0^2\times\frac{1}{5}+1^2\times\frac{3}{5}+2^2\times\frac{1}{5}=\frac{7}{5}$$

$$\therefore \mathrm{V}(X)=\mathrm{E}(X^2)-\{\mathrm{E}(X)\}^2=\frac{7}{5}-1^2=\frac{2}{5}$$

$$\therefore \sigma(X)=\sqrt{\mathrm{V}(X)}=\sqrt{\frac{2}{5}}=\frac{\sqrt{10}}{5}$$

따라서 확률변수 Y에 대하여

$$\mathrm{E}(Y)=\mathrm{E}(5X+3)=5\mathrm{E}(X)+3=5\times1+3=8$$

$$\mathrm{V}(Y)=\mathrm{V}(5X+3)=5^2\mathrm{V}(X)=5^2\times\frac{2}{5}=10$$

$$\sigma(Y)=\sigma(5X+3)=|5|\sigma(X)=5\times\frac{\sqrt{10}}{5}=\sqrt{10}$$

目 평균: 8, 분산: 10, 표준편차: $\sqrt{10}$

346 유사

빨간 공 1개, 노란 공 2개, 파란 공 2개가 들어 있는 주머니에서 임의로 2개의 공을 동시에 꺼낼 때, 꺼낸 노란 공의 개수를 확률변수 X라 하자. 이때 확률변수 $Y=15X-2$의 평균, 분산, 표준편차를 구하시오.

348 변형

1, 2, 2, 2, 3, 4, 4의 숫자가 각각 하나씩 적힌 7장의 카드 중에서 1장을 뽑을 때, 뽑은 카드에 적힌 수를 확률변수 X라 하자. 이때 $V(7X+6)$을 구하시오.

347 유사

3개의 불량품을 포함한 9개의 제품이 들어 있는 상자에서 임의로 4개의 제품을 동시에 꺼낼 때, 꺼낸 불량품의 개수를 확률변수 X라 하자. 이때 확률변수 $Y=-3X+8$의 평균, 분산, 표준편차를 구하시오.

349 변형

한 개의 주사위를 던져서 나오는 눈의 수를 3으로 나누었을 때의 나머지를 확률변수 X라 하자. 이때 $E(12X+4)+V(6X)$의 값을 구하시오.

3 이항분포

개념 01 이항분포

◑ 예제 08

한 번의 시행에서 사건 A가 일어날 확률이 p로 일정할 때, n번의 독립시행에서 사건 A가 일어나는 횟수를 확률변수 X라 하면 X의 확률질량함수는

$$P(X=x)={}_n\text{C}_x p^x q^{n-x} \ (x=0,\ 1,\ 2,\ ...,\ n,\ q=1-p)$$

이와 같은 확률변수 X의 확률분포를 **이항분포**라 하고, 기호로 $\mathrm{B}(n,\ p)$와 같이 나타낸다.

145쪽에서 독립시행은 동일한 시행을 반복하는 경우에 각 시행에서 일어나는 사건이 서로 독립인 경우임을 배웠다.

어떤 시행에서 사건 A가 일어날 확률이 p로 일정하고, 이 시행을 n번 반복하는 독립시행에서 사건 A가 r번 일어날 확률은

$${}_n\text{C}_r p^r (1-p)^{n-r} \ (\text{단},\ r=0,\ 1,\ 2,\ ...,\ n)$$

이러한 독립시행에서 어떤 사건이 일어나는 횟수를 확률변수 X로 하는 확률분포를 **이항분포**라 하고, X는 이항분포 $\mathrm{B}(n,\ p)$를 따른다고 한다.

확률질량함수가 $P(X=x)={}_n\text{C}_x p^x q^{n-x}\ (x=0,\ 1,\ 2,\ ...,\ n,\ q=1-p)$인 X의 확률분포를 표로 나타내면 다음과 같다.

X	0	1	2	$\cdots$	n	합계
$P(X=x)$	${}_n\text{C}_0 q^n$	${}_n\text{C}_1 p^1 q^{n-1}$	${}_n\text{C}_2 p^2 q^{n-2}$	$\cdots$	${}_n\text{C}_n p^n$	1

위의 표에서 각 확률은 $(q+p)^n$을 이항정리에 의하여 전개한 식

$$(q+p)^n={}_n\text{C}_0 q^n+{}_n\text{C}_1 p^1 q^{n-1}+{}_n\text{C}_2 p^2 q^{n-2}+\cdots+{}_n\text{C}_n p^n$$

의 각 항과 같다.

이때 $q+p=1$이므로 확률의 총합은

$${}_n\text{C}_0 q^n+{}_n\text{C}_1 p^1 q^{n-1}+{}_n\text{C}_2 p^2 q^{n-2}+\cdots+{}_n\text{C}_n p^n=(q+p)^n=1$$

| 예 | 한 개의 주사위를 3번 던질 때, 5의 약수의 눈이 나오는 횟수를 확률변수 X라 하면 X가 가질 수 있는 값은 0, 1, 2, 3이다.

한 번의 시행에서 5의 약수의 눈이 나올 확률은 $\dfrac{1}{3}$이므로 X의 확률질량함수는

$$P(X=x)={}_3\text{C}_x\left(\dfrac{1}{3}\right)^x\left(\dfrac{2}{3}\right)^{3-x} \ (x=0,\ 1,\ 2,\ 3)$$

이때 X의 확률분포를 표로 나타내면 다음과 같다.

X	0	1	2	3	합계
$P(X=x)$	${}_3\text{C}_0\left(\dfrac{2}{3}\right)^3$	${}_3\text{C}_1\left(\dfrac{1}{3}\right)^1\left(\dfrac{2}{3}\right)^2$	${}_3\text{C}_2\left(\dfrac{1}{3}\right)^2\left(\dfrac{2}{3}\right)^1$	${}_3\text{C}_3\left(\dfrac{1}{3}\right)^3$	1

이와 같은 확률변수 X의 확률분포는 이항분포이고, X는 이항분포 $\mathrm{B}\left(3,\ \dfrac{1}{3}\right)$을 따른다.

| 참고 | $\mathrm{B}(n,\ p)$의 B는 Binomial distribution(이항분포)의 첫 글자이다.

개념 02 이항분포의 평균, 분산, 표준편차

확률변수 X가 이항분포 $B(n, p)$를 따를 때 (단, $q=1-p$)

(1) 평균: $E(X)=np$

(2) 분산: $V(X)=npq$

(3) 표준편차: $\sigma(X)=\sqrt{npq}$

확률변수 X가 이항분포 $B(3, p)$를 따를 때,

X의 확률분포를 표로 나타내면 다음과 같다. (단, $q=1-p$)

X	0	1	2	3	합계
$P(X=x)$	q^3	$3pq^2$	$3p^2q$	p^3	1

이때 확률변수 X의 평균, 분산, 표준편차는 다음과 같다.

$$\begin{aligned}
E(X)&=0\times q^3+1\times 3pq^2+2\times 3p^2q+3\times p^3\\
&=3p(p^2+2pq+q^2)\\
&=3p(p+q)^2 \quad \blacktriangleleft\ p+q=1\\
&=3p
\end{aligned}$$

$$\begin{aligned}
V(X)&=0^2\times q^3+1^2\times 3pq^2+2^2\times 3p^2q+3^2\times p^3-(3p)^2 \quad \blacktriangleleft\ V(X)=E(X^2)-\{E(X)\}^2\\
&=3p(3p^2+4pq+q^2)-9p^2\\
&=3p(p+q)(3p+q)-9p^2 \quad \blacktriangleleft\ p+q=1\\
&=3p(3p+q)-9p^2\\
&=3pq
\end{aligned}$$

$$\begin{aligned}
\sigma(X)&=\sqrt{V(X)}\\
&=\sqrt{3pq}
\end{aligned}$$

이때 $B(3, p)$를 $B(n, p)$로 생각하면 확률변수 X가 이항분포 $B(n, p)$를 따를 때

$$E(X)=np,\ V(X)=npq,\ \sigma(X)=\sqrt{npq}\ (단,\ q=1-p)$$

개념 03 큰수의 법칙

어떤 시행에서 사건 A가 일어날 수학적 확률이 p이고, n번의 독립시행에서 사건 A가

일어나는 횟수를 확률변수 X라 할 때, 상대도수 $\dfrac{X}{n}$는 n이 한없이 커질수록 p에 가까워진다.

이를 **큰수의 법칙**이라 한다.

큰수의 법칙은 시행 횟수 n을 크게 할수록 상대도수, 즉 통계적 확률 $\dfrac{X}{n}$가 수학적 확률 p에 점점

가까워짐을 의미한다. 따라서 사회 현상이나 자연 현상과 같이 수학적 확률을 구하기 어려운 경우에는

시행 횟수를 충분히 크게 하여 통계적 확률을 대신 사용할 수 있다.

한 개의 주사위를 n번 던지는 독립시행에서 1의 눈이 나오는 횟수를 확률변수 X라 하면

주사위를 한 번 던져서 1의 눈이 나올 확률은 $\dfrac{1}{6}$이므로 X는 이항분포 $\mathrm{B}\left(n,\ \dfrac{1}{6}\right)$을 따른다.

이때 주사위를 6번 던진다고 해서 1의 눈이 반드시 한 번 나오는 것은 아니다. 그러나 주사위를 여러

번 던지면 1의 눈이 나오는 상대도수는 $\dfrac{1}{6}$에 가까워질 것으로 추측할 수 있다.

한 개의 주사위를 던지는 시행 횟수 n이 커질수록 1의 눈이 나오는 상대도수 $\dfrac{X}{n}$가

수학적 확률 $\dfrac{1}{6}$에 얼마나 가까워지는지 알아보자.

이항분포 $\mathrm{B}\left(n,\ \dfrac{1}{6}\right)$을 따르는 확률변수 X의 확률질량함수는

$$\mathrm{P}(X=x)={}_n\mathrm{C}_x\left(\dfrac{1}{6}\right)^x\left(\dfrac{5}{6}\right)^{n-x}\ (x=0,\ 1,\ 2,\ ...,\ n)$$

$n=10$, 30, 50일 때, X의 확률분포를 표로 나타내면
오른쪽과 같다.

이때 n의 값에 따라 상대도수 $\dfrac{X}{n}$와 수학적 확률 $\dfrac{1}{6}$의

차가 0.1보다 작을 확률은

$$\mathrm{P}\left(\left|\dfrac{X}{n}-\dfrac{1}{6}\right|<0.1\right)$$
$$=\mathrm{P}\left(\dfrac{1}{6}-\dfrac{1}{10}<\dfrac{X}{n}<\dfrac{1}{6}+\dfrac{1}{10}\right)$$
$$=\mathrm{P}\left(\dfrac{n}{15}<X<\dfrac{4n}{15}\right)$$

(ⅰ) $n=10$일 때
$$\mathrm{P}\left(\left|\dfrac{X}{10}-\dfrac{1}{6}\right|<0.1\right)$$
$$=\mathrm{P}\left(\dfrac{2}{3}<X<\dfrac{8}{3}\right)$$
$$=\mathrm{P}(X=1)+\mathrm{P}(X=2)$$
$$=0.614$$

(ⅱ) $n=30$일 때
$$\mathrm{P}\left(\left|\dfrac{X}{30}-\dfrac{1}{6}\right|<0.1\right)$$
$$=\mathrm{P}(2<X<8)$$
$$=\mathrm{P}(X=3)+\mathrm{P}(X=4)+\cdots+\mathrm{P}(X=7)$$
$$=0.784$$

(ⅲ) $n=50$일 때
$$\mathrm{P}\left(\left|\dfrac{X}{50}-\dfrac{1}{6}\right|<0.1\right)$$
$$=\mathrm{P}\left(\dfrac{10}{3}<X<\dfrac{40}{3}\right)$$
$$=\mathrm{P}(X=4)+\mathrm{P}(X=5)+\cdots+\mathrm{P}(X=13)$$
$$=0.946$$

X \ n	10	30	50
0	0.162	0.004	0.000
1	0.323	0.025	0.001
2	0.291	0.073	0.005
3	0.155	0.137	0.017
4	0.054	0.185	0.040
5	0.013	0.192	0.075
6	0.002	0.160	0.112
7	0.000	0.110	0.140
8		0.063	0.151
9		0.031	0.141
10		0.013	0.116
11		0.005	0.084
12		0.001	0.055
13		0.000	0.032
14			0.017

(ⅰ), (ⅱ), (ⅲ)에서 시행 횟수 n이 커짐에 따라 확률 $\mathrm{P}\left(\left|\dfrac{X}{n}-\dfrac{1}{6}\right|<0.1\right)$은 점점 1에 가까워진다.

따라서 시행 횟수 n이 커질수록 상대도수 $\dfrac{X}{n}$는 점점 수학적 확률 $\dfrac{1}{6}$에 가까워짐을 알 수 있다.

개념 01
350

다음과 같은 확률변수 X가 이항분포를 따르는지 확인하고, 이항분포를 따르면 $B(n, p)$ 꼴로 나타내시오.

(1) 두 사람 A, B가 가위바위보를 6번 할 때, A가 이기는 횟수 X

(2) 남학생 2명과 여학생 5명 중에서 임의로 대표 2명을 뽑을 때, 뽑힌 여학생의 수 X

(3) 한 개의 주사위를 10번 던질 때, 홀수의 눈이 나오는 횟수 X

(4) 집합 $\{a, b, c\}$의 부분집합 중에서 임의로 하나를 택할 때, 택한 부분집합의 원소의 개수 X

개념 01
351

확률변수 X가 이항분포 $B\left(4, \dfrac{3}{4}\right)$을 따를 때, 다음을 구하시오.

(1) X의 확률질량함수   (2) $P(X=3)$

개념 02
352

확률변수 X가 다음과 같은 이항분포를 따를 때, X의 평균, 분산, 표준편차를 구하시오.

(1) $B\left(36, \dfrac{2}{3}\right)$ (2) $B\left(192, \dfrac{3}{8}\right)$

개념 02
353

확률변수 X의 확률질량함수가

$$P(X=x)={}_{200}C_x\left(\frac{3}{10}\right)^{x}\left(\frac{7}{10}\right)^{200-x} \quad (x=0,\ 1,\ 2,\ ...,\ 200)$$

일 때, 다음을 구하시오.

(1) $E(X)$ (2) $V(X)$

확률변수 X가 이항분포 $B(n,\ p)$를 따를 때 ➡ $P(X=x)={}_nC_x\,p^x(1-p)^{n-x}$

승부차기를 성공할 확률이 75 %인 축구 선수가 승부차기를 5번 하려고 한다. 이 선수가 승부차기를 성공하는 횟수를 확률변수 X라 할 때, 다음을 구하시오.

(1) X의 확률질량함수

(2) 승부차기를 4번 이상 성공할 확률

• 유형만렙 확률과 통계 83쪽에서 문제 더 풀기

|풀이| (1) 승부차기를 5번 하므로 5번의 독립시행이고, 승부차기를 성공할 확률이 $\dfrac{75}{100}=\dfrac{3}{4}$이므로

확률변수 X는 이항분포 $B\left(5,\ \dfrac{3}{4}\right)$을 따른다. 따라서 X의 확률질량함수는

$$P(X=x)={}_5C_x\left(\dfrac{3}{4}\right)^x\left(\dfrac{1}{4}\right)^{5-x}\ (x=0,\ 1,\ 2,\ 3,\ 4,\ 5)$$

(2) 구하는 확률은
$$P(X\geq4)=P(X=4)+P(X=5)$$
$$={}_5C_4\left(\dfrac{3}{4}\right)^4\left(\dfrac{1}{4}\right)^1+{}_5C_5\left(\dfrac{3}{4}\right)^5=\dfrac{405}{1024}+\dfrac{243}{1024}=\dfrac{81}{128}$$

답 (1) $P(X=x)={}_5C_x\left(\dfrac{3}{4}\right)^x\left(\dfrac{1}{4}\right)^{5-x}\ (x=0,\ 1,\ 2,\ 3,\ 4,\ 5)$ (2) $\dfrac{81}{128}$

예제 09 / 이항분포의 평균, 분산, 표준편차 – 평균, 분산, 이항분포가 주어진 경우

확률변수 X가 이항분포 $B(n,\ p)$를 따를 때
➡ $E(X)=np$, $V(X)=np(1-p)$, $\sigma(X)=\sqrt{np(1-p)}$

이항분포 $B\left(n,\ \dfrac{1}{3}\right)$을 따르는 확률변수 X에 대하여 $V(X)=4$일 때, 다음을 구하시오.

(1) $E(X)$ (2) $E(X^2)$

• 유형만렙 확률과 통계 84쪽에서 문제 더 풀기

|풀이| $V(X)=4$에서 $n\times\dfrac{1}{3}\times\dfrac{2}{3}=4$ ∴ $n=18$

따라서 확률변수 X는 이항분포 $B\left(18,\ \dfrac{1}{3}\right)$을 따른다.

(1) $E(X)=18\times\dfrac{1}{3}=6$

(2) $V(X)=E(X^2)-\{E(X)\}^2$이므로 $E(X^2)=V(X)+\{E(X)\}^2=4+6^2=40$

답 (1) 6 (2) 40

354 예제 08 유사

📖 교과서

자유투 성공률이 60 %인 농구 선수가 자유투를 4번 하려고 한다. 이 선수가 자유투를 성공하는 횟수를 확률변수 X라 할 때, 다음을 구하시오.

(1) X의 확률질량함수

(2) 자유투를 3번 이상 성공할 확률

355 예제 09 유사

이항분포 $B(100,\ p)$를 따르는 확률변수 X에 대하여 $E(X)=40$일 때, 다음을 구하시오.

(1) $V(X)$

(2) $E(X^2)$

356 예제 08 변형

한 개의 동전을 6번 던지는 시행에서 앞면이 나오는 횟수를 확률변수 X라 할 때, $P(1 \leq X \leq 3)$을 구하시오.

357 예제 09 변형

확률변수 X가 이항분포 $B(36,\ p)$를 따르고 $V(3X+6)=45$일 때, $E(3X+6)$을 구하시오.

$$\left(단,\ p > \frac{1}{2}\right)$$

예제 10 / 이항분포의 평균, 분산, 표준편차
– 이항분포가 주어지지 않은 경우

독립시행의 횟수 n과 사건이 발생할 확률 p를 구한 후 확률변수 X가 따르는 이항분포 $B(n, p)$를 먼저 구한다.

다음 물음에 답하시오.

(1) 흰 바둑돌 3개와 검은 바둑돌 5개가 들어 있는 상자에서 임의로 1개의 바둑돌을 꺼내어 색을 확인한 후 상자에 다시 넣는 시행을 128번 반복할 때, 검은 바둑돌을 꺼낸 횟수를 확률변수 X라 하자. 이때 X의 평균과 분산을 구하시오.

(2) 발아율이 80 %인 씨앗을 50개 심었을 때, 발아되는 씨앗의 개수를 확률변수 X라 하자. 이때 $V(3X+7)$을 구하시오.

• 유형만렙 확률과 통계 85쪽에서 문제 더 풀기

| 개념 |　확률변수 X가 이항분포 $B(n, p)$를 따를 때

➡ $E(X)=np$, $V(X)=np(1-p)$, $\sigma(X)=\sqrt{np(1-p)}$

| 풀이 |　(1) 1개의 바둑돌을 꺼내어 색을 확인한 후 다시 넣는 시행을 128번 반복하므로 128번의 독립시행이고, 한 번의 시행에서 검은 바둑돌을 꺼낼 확률은 $\dfrac{5}{8}$이다.

따라서 확률변수 X는 이항분포 $B\left(128, \dfrac{5}{8}\right)$를 따르므로

$$E(X)=128 \times \dfrac{5}{8}=80$$

$$V(X)=128 \times \dfrac{5}{8} \times \dfrac{3}{8}=30$$

(2) 발아율이 같은 씨앗을 50개 심었으므로 50번의 독립시행이고, 발아율은 $\dfrac{80}{100}=\dfrac{4}{5}$이다.

따라서 확률변수 X는 이항분포 $B\left(50, \dfrac{4}{5}\right)$를 따르므로

$$V(X)=50 \times \dfrac{4}{5} \times \dfrac{1}{5}=8$$

$$\therefore V(3X+7)=3^2 V(X) \quad \blacktriangleleft V(aX+b)=a^2 V(X)$$
$$=9 \times 8=72$$

답 (1) 평균: 80, 분산: 30　(2) 72

358 유사

고장난 볼펜 3개를 포함한 18개의 볼펜이 들어 있는 주머니에서 임의로 1개의 볼펜을 꺼내어 확인한 후 주머니에 다시 넣는 시행을 36번 반복할 때, 고장난 볼펜을 꺼낸 횟수를 확률변수 X라 하자. 이때 X의 평균과 분산을 구하시오.

359 유사

10점 과녁을 맞힐 확률이 70 %인 양궁 선수가 화살을 100발 쏠 때, 10점 과녁을 맞히는 횟수를 확률변수 X라 하자. 이때 $V(2X-3)$을 구하시오.

360 변형

서로 다른 두 개의 동전을 동시에 던지는 시행을 16번 반복할 때, 모두 앞면이 나오는 횟수를 확률변수 X라 하자. 이때 $E(X^2)$을 구하시오.

361 변형

한 개의 주사위를 72번 던질 때, 6의 약수의 눈이 나오는 횟수를 확률변수 X라 하자. 이때 $\sigma(-5X+1)$을 구하시오.

[대수]를 이수한 학생을 위한 이항분포와 수열의 합

• 유형만렙 확률과 통계 87쪽에서 문제 더 풀기

이항분포 $B(n, p)$를 따르는 이산확률변수 X의 확률질량함수가
$P(X=x)={}_nC_x p^x q^{n-x}$ $(x=0, 1, 2, \ldots, n,\ q=1-p)$일 때

$$E(X)=\sum_{x=0}^{n} x \times {}_nC_x p^x q^{n-x}=np$$

$$V(X)=\sum_{x=0}^{n} x^2\, {}_nC_x p^x q^{n-x}-\left(\sum_{x=0}^{n} x \times {}_nC_x p^x q^{n-x}\right)^2=npq$$

[대수]에서 수열 a_n의 첫째항부터 제n항까지의 합을 합의 기호 $\sum$를 사용하여

$$\sum_{k=1}^{n} a_k = a_1 + a_2 + a_3 + \cdots + a_n$$

으로 나타냄을 배웠다.

이를 이용하여 이항분포 $B(n, p)$를 따르는 확률변수 X에 대하여 $E(X)=np$, $V(X)=npq$ $(q=1-p)$ 임을 증명해 보자.

$$\begin{aligned}
E(X) &= \sum_{x=0}^{n} x \times P(X=x) = \sum_{x=0}^{n} x \times {}_nC_x p^x q^{n-x} \\[4pt]
&= \sum_{x=0}^{n} x \times \frac{n!}{x!(n-x)!} \times p^x q^{n-x} \\[4pt]
&= \sum_{x=1}^{n} \frac{n(n-1)!}{(x-1)!\{(n-1)-(x-1)\}!} \times p^x q^{n-x} \quad \blacktriangleleft\ \frac{(n-1)!}{(x-1)!\{(n-1)-(x-1)\}!}={}_{n-1}C_{x-1}\ (\text{단},\ x \geq 1) \\[4pt]
&= \sum_{x=1}^{n} n \times {}_{n-1}C_{x-1}\, p^x q^{n-x} = np \sum_{x=1}^{n} {}_{n-1}C_{x-1}\, p^{x-1} q^{n-x} \\[4pt]
&= np \sum_{x=1}^{n} {}_{n-1}C_{x-1}\, p^{x-1} q^{(n-1)-(x-1)} \\[4pt]
&= np(p+q)^{n-1} = np \quad \blacktriangleleft\ p+q=1
\end{aligned}$$

$$\begin{aligned}
E(X^2) &= \sum_{x=0}^{n} x^2 \times P(X=x) = \sum_{x=0}^{n} x^2 \times {}_nC_x p^x q^{n-x} \\[4pt]
&= \sum_{x=0}^{n} \{x(x-1)+x\}\, {}_nC_x p^x q^{n-x} \\[4pt]
&= \sum_{x=0}^{n} x(x-1)\, {}_nC_x p^x q^{n-x} + \sum_{x=0}^{n} x \times {}_nC_x p^x q^{n-x} \quad \blacktriangleleft\ \sum_{x=0}^{n} x \times {}_nC_x p^x q^{n-x}=np \\[4pt]
&= \sum_{x=0}^{n} x(x-1) \times \frac{n!}{x!(n-x)!} \times p^x q^{n-x} + np \\[4pt]
&= \sum_{x=2}^{n} \frac{n(n-1)(n-2)!}{(x-2)!\{(n-2)-(x-2)\}!} \times p^x q^{n-x} + np \quad \blacktriangleleft\ \frac{(n-2)!}{(x-2)!\{(n-2)-(x-2)\}!}={}_{n-2}C_{x-2} \\
&\hspace{9cm} (\text{단},\ x \geq 2) \\[4pt]
&= \sum_{x=2}^{n} n(n-1)\, {}_{n-2}C_{x-2}\, p^x q^{n-x} + np \\[4pt]
&= n(n-1)p^2 \sum_{x=2}^{n} {}_{n-2}C_{x-2}\, p^{x-2} q^{n-x} + np \\[4pt]
&= n(n-1)p^2 \sum_{x=2}^{n} {}_{n-2}C_{x-2}\, p^{x-2} q^{(n-2)-(x-2)} + np \\[4pt]
&= n(n-1)p^2 (p+q)^{n-2} + np = n(n-1)p^2 + np \quad \blacktriangleleft\ p+q=1
\end{aligned}$$

$$\begin{aligned}
V(X) &= n(n-1)p^2 + np - (np)^2 \quad \blacktriangleleft\ V(X)=E(X^2)-\{E(X)\}^2 \\
&= n^2 p^2 - np^2 + np - n^2 p^2 \\
&= np(1-p) = npq
\end{aligned}$$

연습문제

• 정답과 해설 **70쪽**

1단계

362 이산확률변수 X의 확률질량함수가
$$P(X=x)=\frac{kx+3}{24} \ (x=0,\ 1,\ 2,\ 3)$$
일 때, 상수 k의 값을 구하시오.

📋 교과서

363 확률변수 X의 확률분포를 표로 나타 내면 다음과 같을 때, $P(|X|<3)$을 구하시오.
(단, a는 상수)

X	-3	-1	1	3	합계
$P(X=x)$	$a+\dfrac{1}{3}$	$\dfrac{a}{2}$	$\dfrac{1}{4}$	a	1

364 서로 다른 두 개의 주사위를 동시에 던 져서 나오는 두 눈의 수의 차를 확률변수 X라 할 때, $P(X\geq3)$은?

① $\dfrac{1}{6}$ ② $\dfrac{1}{3}$ ③ $\dfrac{1}{2}$

④ $\dfrac{2}{3}$ ⑤ $\dfrac{5}{6}$

365 확률변수 X의 확률분포를 표로 나타 내면 다음과 같다. $E(X)=2$일 때, 상수 a, b에 대하여 $\dfrac{a}{b}$의 값을 구하시오.

X	1	2	4	합계
$P(X=x)$	a	$\dfrac{1}{4}$	b	1

366 흰 바둑돌 2개, 검은 바둑돌 3개가 들 어 있는 주머니에서 임의로 2개의 바둑돌을 꺼 낼 때, 꺼낸 흰 바둑돌의 개수를 확률변수 X라 하자. 이때 $\sigma(X)$를 구하시오.

367 확률변수 X에 대하여 $E(X)=6$, $V(X)=7$일 때, $E(aX-b)=27$, $V(bX+a)=63$을 만족시키는 양수 a, b에 대 하여 $a+b$의 값을 구하시오.

368 이산확률변수 X의 확률분포를 표로 나타내면 다음과 같다.

X	-3	0	a	합계
$P(X=x)$	$\dfrac{1}{2}$	$\dfrac{1}{4}$	$\dfrac{1}{4}$	1

$E(X)=-1$일 때, $V(aX)$의 값은?

(단, a는 상수이다.)

① 12 ② 15 ③ 18
④ 21 ⑤ 24

369 서브 성공률이 $\dfrac{2}{3}$인 테니스 선수가 서브를 3번 하여 성공하는 횟수를 확률변수 X라 할 때, $P(X>1)$은?

① $\dfrac{16}{27}$ ② $\dfrac{2}{3}$ ③ $\dfrac{20}{27}$
④ $\dfrac{22}{27}$ ⑤ $\dfrac{8}{9}$

370 확률변수 X가 이항분포 $B\left(36,\ \dfrac{2}{3}\right)$를 따른다. $E(2X-a)=V(2X-a)$를 만족시키는 상수 a의 값을 구하시오.

2단계

371 이산확률변수 X의 확률질량함수가

$$P(X=x)=\dfrac{k}{(x+1)(x+2)}$$
$$(x=1,\ 2,\ 3,\ \ldots,\ 48)$$

일 때, $P(4\leq X\leq 23)$을 구하시오.

(단, k는 상수)

372 사탕 5개, 초콜렛 5개가 들어 있는 상자에서 임의로 4개를 동시에 꺼낼 때, 꺼낸 사탕의 개수를 확률변수 X라 하자. $P(X\leq a)=\dfrac{31}{42}$을 만족시키는 자연수 a의 값을 구하시오.

373 500원짜리 동전 1개와 100원짜리 동전 2개를 동시에 던져서 앞면이 나온 동전의 금액의 2배를 상금으로 받는 게임이 있다. 이 게임을 한 번 하여 받을 수 있는 금액의 기댓값은?

① 600원 ② 700원 ③ 800원
④ 900원 ⑤ 1000원

374 확률변수 X의 평균이 a, X^2의 평균이 $4a+5$일 때, $V(2X+5)$의 최댓값을 구하시오.
(단, $-1\leq a\leq5$)

375 이산확률변수 X의 확률질량함수가

$$P(X=x)=\frac{x}{k} \ (x=2,\ 3,\ 4,\ 5)$$

이고 확률변수 $Y=aX+b$에 대하여
$E(Y)=30$, $V(Y)=55$이다. 상수 a, b에 대하여 ab의 값을 구하시오.
(단, k는 상수이고, $a>0$)

376 1부터 5까지의 자연수가 각각 하나씩 적힌 5장의 카드 중에서 임의로 2장의 카드를 동시에 뽑을 때, 뽑은 카드에 적힌 수 중에서 큰 수를 X라 하자. 이때 $\sigma(3X-8)$을 구하시오.

377 각 면에 1, 3, 5, 7의 숫자가 각각 하나씩 적힌 정사면체 모양의 주사위 한 개를 5번 던질 때, 바닥에 놓인 면에 적힌 수가 소수인 횟수를 확률변수 X라 하자.
$P(X=2)=kP(X=4)$일 때, 상수 k의 값을 구하시오.

378 확률변수 X의 확률질량함수가

$$P(X=x)={}_{147}C_x\left(\frac{4}{7}\right)^x\left(\frac{3}{7}\right)^{147-x}$$
$$(x=0,\ 1,\ 2,\ ...,\ 147)$$

일 때, $E(X-12)+\sigma(2X+5)$의 값을 구하시오.

379 노란 구슬 3개와 빨간 구슬 a개가 들어 있는 주머니에서 임의로 1개의 구슬을 꺼내어 확인한 후 다시 넣는 시행을 n번 반복할 때, 노란 구슬을 꺼낸 횟수를 확률변수 X라 하자.
$E(2X+1)=7$, $\sigma(2X+1)=3$일 때, $a+n$의 값을 구하시오.

연습문제

• 정답과 해설 **73**쪽

3단계

📭 평가원

380 두 이산확률변수 X, Y의 확률분포를 표로 나타내면 각각 다음과 같다.

X	1	2	3	4	합계
$P(X=x)$	a	b	c	d	1

Y	11	21	31	41	합계
$P(Y=y)$	a	b	c	d	1

$E(X)=2$, $E(X^2)=5$일 때, $E(Y)+V(Y)$의 값을 구하시오.

381 두 사람 A, B가 이기면 3점, 비기면 1점, 지면 0점을 얻는 가위바위보를 2번 하려고 할 때, A가 얻는 점수의 합을 확률변수 X라 하자. 이때 $V(-3X+2)$는?

① 26   ② 27   ③ 28
④ 29   ⑤ 30

382 예약 취소율이 0.1인 어느 호텔은 예약이 취소될 가능성을 대비하여 방의 수보다 많은 수의 예약을 받는다고 한다. 이 호텔의 방이 28개이고 같은 날 30개의 예약을 받았을 때, 실제로 방이 부족할 확률은?
(단, $0.9^{29}=0.0471$, $0.9^{30}=0.0424$로 계산한다.)

① 0.0895   ② 0.1366   ③ 0.1413
④ 0.1743   ⑤ 0.1837

✏️ 서술형

383 이항분포 $B(n, p)$를 따르는 확률변수 X에 대하여 X의 평균은 4이고
$$\frac{P(X=n)}{P(X=n-1)}=\frac{1}{3}$$일 때, $V(6X)$를 구하시오.

384 원점 O를 출발하여 수직선 위를 움직이는 점 P가 있다. 주사위를 한 번 던져서 3의 약수의 눈이 나오면 양의 방향으로 4만큼, 3의 약수가 아닌 눈이 나오면 음의 방향으로 3만큼 이동시킨다. 주사위를 24번 던진 후의 점 P의 좌표를 확률변수 X라 할 때, $E(X)$를 구하시오.

2

연속확률변수와 정규분포

01 연속확률변수와 정규분포

1 연속확률변수와 확률밀도함수

개념 01 확률밀도함수

◐ 예제 01

$\alpha \leq X \leq \beta$에서 모든 실숫값을 가질 수 있는 연속확률변수 X에 대하여 $\alpha \leq x \leq \beta$에서 정의된
함수 $f(x)$가 다음을 만족시킬 때, $f(x)$를 연속확률변수 X의 **확률밀도함수**라 한다.

(1) $f(x) \geq 0$

(2) 함수 $y = f(x)$의 그래프와 x축 및 두 직선 $x = \alpha$, $x = \beta$로
 둘러싸인 부분의 넓이는 1이다.

(3) $P(a \leq X \leq b)$는 함수 $y = f(x)$의 그래프와 x축 및 두 직선
 $x = a$, $x = b$로 둘러싸인 부분의 넓이와 같다. (단, $\alpha \leq a \leq b \leq \beta$)

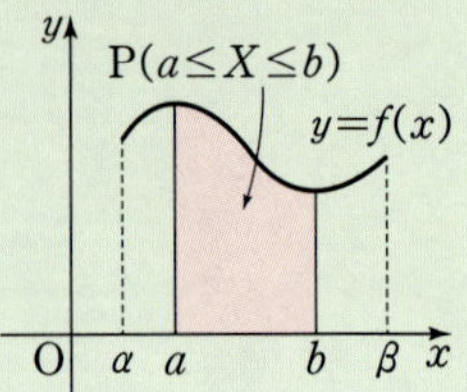

길이, 넓이, 부피, 무게, 시간 등과 같이 어떤 범위 내에서 모든 실숫값을 가질 수 있는 확률변수는
연속확률변수이다.

다음은 어느 고등학교 1학년 학생 100명이 등교하는 데 걸리는 시간을 조사하여

$\dfrac{(\text{상대도수})}{(\text{계급의 크기})}$ 를 표, 히스토그램, 도수분포다각형으로 나타낸 것이다.

시간(분)	도수	상대도수	$\dfrac{(\text{상대도수})}{(\text{계급의 크기})}$
$10^{\text{이상}} \sim 15^{\text{미만}}$	15	0.15	$0.03 = \dfrac{0.15}{5}$
15 ~ 20	20	0.2	0.04
20 ~ 25	30	0.3	0.06
25 ~ 30	18	0.18	0.036
30 ~ 35	12	0.12	0.024
35 ~ 40	5	0.05	0.01
합계	100	1	

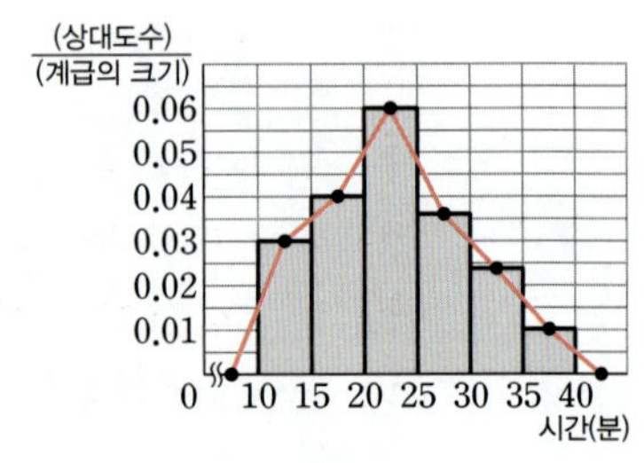

등교하는 데 걸리는 시간을 확률변수 X라 하면 X는 10, 15, 20, …과 같이 하나하나 떨어진 값이
아닌 10 이상 40 미만의 모든 실숫값을 가질 수 있으므로 X는 연속확률변수이다.

조사하는 학생 수를 늘리고 계급의 크기를 더욱 작게 하여 히스토그램과 분포다각형을 그리면 다음
그림과 같은 곡선에 점점 가까워진다.

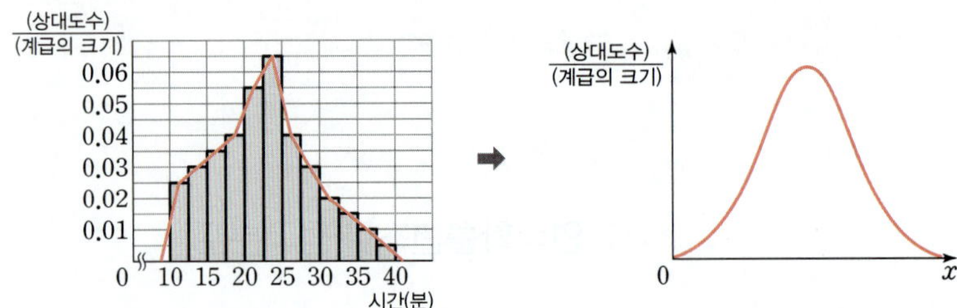

이때 이 곡선은 다음과 같은 성질을 갖는다.

(1) $\dfrac{(상대도수)}{(계급의\ 크기)} \geq 0$이므로 이 곡선은 항상 x축보다 위에 있다.

(2) 일반적으로 히스토그램의 각 직사각형의 넓이는

$$(직사각형의\ 넓이) = (계급의\ 크기) \times \dfrac{(상대도수)}{(계급의\ 크기)} = (상대도수)$$

이므로 직사각형의 넓이의 합은 상대도수의 합과 같은 1이다.

따라서 도수분포다각형과 가로축으로 둘러싸인 부분의 넓이는 1이므로

이 곡선과 x축으로 둘러싸인 부분의 넓이는 1이다.

(3) 연속확률변수 X가 a 이상 b 이하의 값을 가질 확률 $\mathrm{P}(a \leq X \leq b)$는

이 곡선과 x축 및 두 직선 $x=a$, $x=b$로 둘러싸인 부분의 넓이와 같다.

이와 같은 곡선을 그래프로 갖는 함수 $f(x)$를 연속확률변수 X의 확률밀도함수라 한다.

|예| 함수 $f(x) = \dfrac{1}{2}x \,(0 \leq x \leq 2)$에 대하여 $f(x) \geq 0$이고

오른쪽 그림의 색칠한 부분의 넓이가 $\dfrac{1}{2} \times 2 \times 1 = 1$이므로

$f(x)$는 확률밀도함수이다. └ 함수 $y=f(x)$의 그래프와 x축 및 직선 $x=2$로 둘러싸인 부분의 넓이

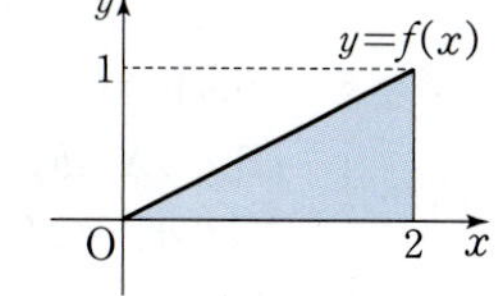

|참고| 연속확률변수 X가 특정한 값을 가질 확률은 0이다. 즉, $\mathrm{P}(X=x)=0$이므로 다음이 성립한다.

$$\mathrm{P}(a \leq X \leq b) = \mathrm{P}(a \leq X < b) = \mathrm{P}(a < X \leq b) = \mathrm{P}(a < X < b)$$

개념 확인

• 정답과 해설 75쪽

개념 01

385 $0 \leq X \leq 2$에서 모든 실숫값을 가질 수 있는 연속확률변수 X의 확률밀도함수 $f(x)$가 될 수 있는 것만을 보기에서 있는 대로 고르시오.

보기

ㄱ. $f(x) = \dfrac{1}{2}$　　　　ㄴ. $f(x) = -\dfrac{1}{2}x + 1$　　　　ㄷ. $f(x) = \dfrac{1}{4}x + \dfrac{1}{2}$

개념 01

386 연속확률변수 X의 확률밀도함수 $f(x)$가 다음과 같을 때, 상수 k의 값을 구하시오.

(1) $f(x) = 4k \,(0 \leq x \leq 4)$　　　　(2) $f(x) = \dfrac{x}{k} \,(0 \leq x \leq 5)$

개념 01

387 연속확률변수 X의 확률밀도함수가 $f(x) = \dfrac{1}{6} \,(0 \leq x \leq 6)$일 때, $\mathrm{P}(2 \leq X \leq 5)$를 구하시오.

예제 01 / 확률밀도함수의 성질

연속확률변수 X의 확률밀도함수 $y=f(x)$ $(\alpha\leq x\leq\beta)$의 그래프와
x축 및 두 직선 $x=\alpha$, $x=\beta$로 둘러싸인 부분의 넓이는 1임을 이용하여 식을 세운다.

연속확률변수 X의 확률밀도함수가 $f(x)=k(x+2)$ $(0\leq x\leq 2)$일 때, 다음을 구하시오. (단, k는 상수)

(1) k의 값

(2) $\mathrm{P}(0\leq X\leq 1)$

• 유형만렙 확률과 통계 96쪽에서 문제 더 풀기

| 개념 | 연속확률변수 X의 확률밀도함수가 $f(x)$ $(\alpha\leq x\leq\beta)$일 때

· $f(x)\geq 0$

· 함수 $y=f(x)$의 그래프와 x축 및 두 직선 $x=\alpha$, $x=\beta$로 둘러싸인 부분의 넓이는 1이다.

· $\mathrm{P}(a\leq X\leq b)$는 함수 $y=f(x)$의 그래프와 x축 및 두 직선 $x=a$, $x=b$로 둘러싸인 부분의 넓이와 같다. (단, $\alpha\leq a\leq b\leq\beta$)

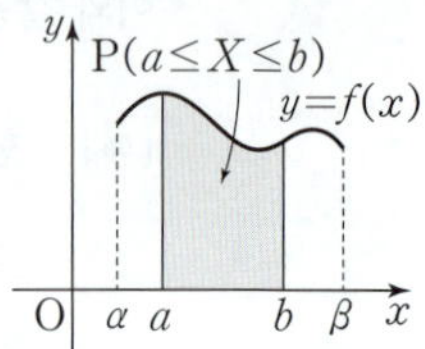

| 풀이 | (1) 연속확률변수 X의 확률밀도함수가 $f(x)=k(x+2)$ $(0\leq x\leq 2)$이므로

$0\leq x\leq 2$인 모든 실수 x에 대하여

$k(x+2)\geq 0$

이때 $f(0)=2k\geq 0$, $f(2)=4k\geq 0$이므로

$k\geq 0$

함수 $y=f(x)$의 그래프와 x축, y축 및 직선 $x=2$로 둘러싸인 부분의 넓이가 1이므로

$\dfrac{1}{2}\times(2k+4k)\times 2=1$ ◀ (사다리꼴의 넓이) $=\dfrac{1}{2}\times$(두 밑변의 길이의 합)$\times$(높이)

$6k=1$　　$\therefore k=\dfrac{1}{6}$

(2) $f(x)=\dfrac{1}{6}(x+2)$ $(0\leq x\leq 2)$이므로

$f(0)=\dfrac{1}{3}$, $f(1)=\dfrac{1}{2}$

구하는 확률은 함수 $y=f(x)$의 그래프와 x축, y축 및 직선 $x=1$로 둘러싸인 부분의 넓이와 같으므로

$\mathrm{P}(0\leq X\leq 1)=\dfrac{1}{2}\times\left(\dfrac{1}{3}+\dfrac{1}{2}\right)\times 1$

$=\dfrac{5}{12}$

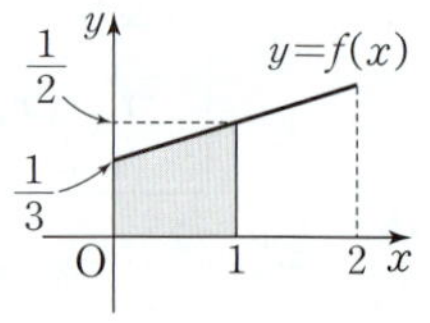

답 (1) $\dfrac{1}{6}$　(2) $\dfrac{5}{12}$

388 유사 교과서

연속확률변수 X의 확률밀도함수가
$$f(x)=k(x-4) \ (0\leq x\leq 4)$$
일 때, 다음을 구하시오. (단, k는 상수)

(1) k의 값

(2) $\mathrm{P}(2\leq X\leq 3)$

390 변형

연속확률변수 X의 확률밀도함수
$$y=f(x) \ (-1\leq x\leq 4)$$
의 그래프가 다음 그림과 같을 때, $\mathrm{P}(X\geq 2)$를 구하시오. (단, k는 상수)

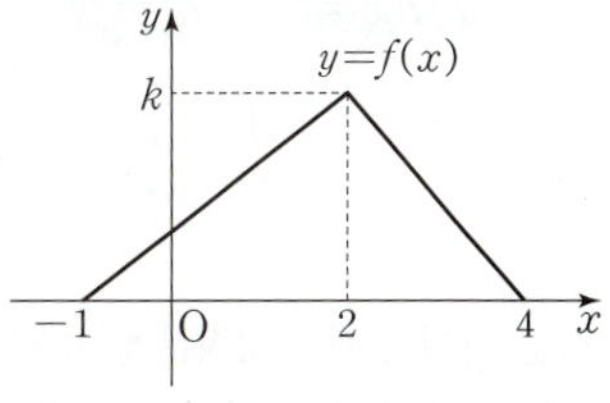

389 변형 평가원

연속확률변수 X가 갖는 값의 범위는 $0\leq X\leq 1$ 이고, X의 확률밀도함수의 그래프는 그림과 같다.

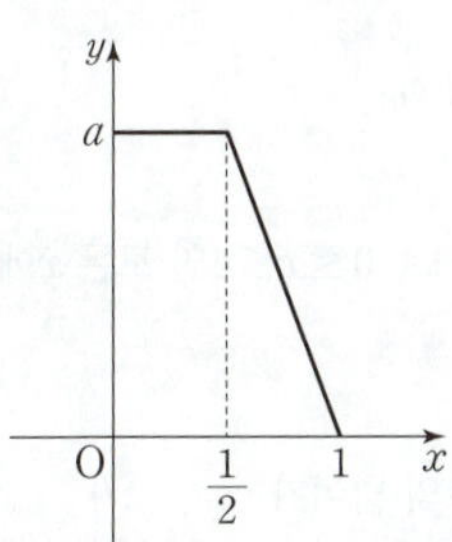

상수 a의 값은?

① $\dfrac{10}{9}$ ② $\dfrac{11}{9}$ ③ $\dfrac{4}{3}$

④ $\dfrac{13}{9}$ ⑤ $\dfrac{14}{9}$

391 변형

연속확률변수 X의 확률밀도함수가
$$f(x)=\begin{cases} \dfrac{k}{3}x & (0\leq x\leq 3) \\ k & (3\leq x\leq 5) \end{cases}$$
일 때, $\mathrm{P}(1\leq X\leq 4)$를 구하시오.

[미적분 Ⅰ]을 이수한 학생을 위한 연속확률변수와 적분

• 유형만렙 확률과 통계 105쪽에서 문제 더 풀기

$\alpha \leq X \leq \beta$에서 모든 실숫값을 가질 수 있는 연속확률변수 X의
확률밀도함수 $f(x)\,(\alpha \leq x \leq \beta)$에 대하여

(1) $f(x) \geq 0$

(2) $\displaystyle\int_{\alpha}^{\beta} f(x)\,dx = 1$

(3) $\mathrm{P}(a \leq X \leq b) = \displaystyle\int_{a}^{b} f(x)\,dx$ (단, $\alpha \leq a \leq b \leq \beta$)

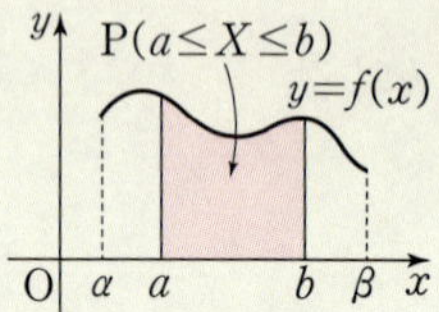

[미적분 Ⅰ]에서 배운 정적분을 이용하여 연속확률변수 X의 확률밀도함수 $f(x)$의 성질을 나타낼 수 있다.
연속확률변수 X가 가질 수 있는 값의 범위가 $\alpha \leq X \leq \beta$이고, X의 확률밀도함수가 $f(x)$일 때,
확률 $\mathrm{P}(a \leq X \leq b)$는 함수 $y=f(x)$의 그래프와 x축 및 두 직선 $x=a$, $x=b$로 둘러싸인 부분의 넓이와
같다.
이때 $f(x) \geq 0$이므로 이 확률을 정적분을 이용하여

$$\mathrm{P}(a \leq X \leq b) = \int_{a}^{b} f(x)\,dx \ (\alpha \leq a \leq b \leq \beta)$$

와 같이 나타낼 수 있다.
또 확률의 총합은 1이므로 정적분을 이용하여

$$\int_{\alpha}^{\beta} f(x)\,dx = 1$$

로 나타낼 수 있다.
이와 같이 정적분을 이용하면 확률밀도함수가 일차함수나 상수함수가 아닐 때에도 정적분을 계산하여
확률을 구할 수 있다.

| 예 | 연속확률변수 X의 확률밀도함수가 $f(x) = kx^2\,(0 \leq x \leq 4)$일 때,
$\mathrm{P}(1 \leq X \leq 3)$을 구해 보자. (단, k는 상수)

연속확률변수 X의 확률밀도함수가 $f(x) = kx^2\,(0 \leq x \leq 4)$이므로 $0 \leq x \leq 4$인 모든 x에 대하여
$kx^2 \geq 0$
이때 $f(0) = 0$, $f(4) = 16k \geq 0$이므로 $k \geq 0$
함수 $y=f(x)$의 그래프와 x축 및 직선 $x=4$로 둘러싸인 부분의 넓이가
1이므로

$$\int_{0}^{4} kx^2\,dx = 1$$

$$\left[\frac{k}{3}x^3\right]_{0}^{4} = 1, \ \frac{64}{3}k = 1 \qquad \therefore k = \frac{3}{64}$$

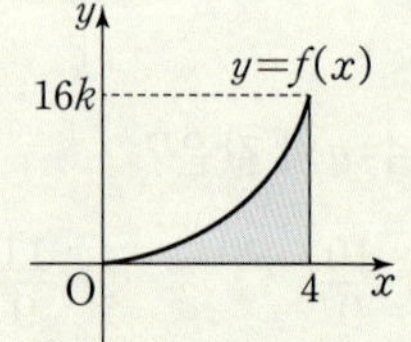

따라서 구하는 확률은

$$\begin{aligned}
\mathrm{P}(1 \leq X \leq 3) &= \int_{1}^{3} \frac{3}{64}x^2\,dx \\
&= \left[\frac{1}{64}x^3\right]_{1}^{3} \\
&= \frac{27}{64} - \frac{1}{64} = \frac{13}{32}
\end{aligned}$$

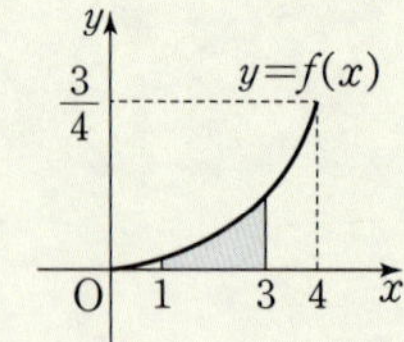

2 정규분포

개념 01 정규분포

실수 전체의 집합에서 정의된 연속확률변수 X의 확률밀도함수 $f(x)$가

$$f(x) = \frac{1}{\sqrt{2\pi}\,\sigma}\, e^{-\frac{(x-m)^2}{2\sigma^2}} \quad (m\text{은 상수, } \sigma\text{는 양수, } e\text{는 } 2.718281\ldots\text{인 무리수})$$

일 때, X의 확률분포를 **정규분포**라 한다.

이때 m과 σ는 각각 X의 평균과 표준편차임이 알려져 있다.

이와 같이 평균이 m, 표준편차가 σ인 정규분포를 기호로

$\mathrm{N}(m,\ \sigma^2)$과 같이 나타낸다.

$$\mathrm{N}(m,\ \sigma^2)$$
평균 ┘ └ 표준편차

| 참고 | · $\mathrm{N}(m,\ \sigma^2)$의 N은 Normal distribution(정규분포)의 첫 글자이다.

· 이산확률변수는 확률질량함수를 가지며 대표적인 확률분포로는 이항분포가 있고,

연속확률변수는 확률밀도함수를 가지며 대표적인 확률분포로는 정규분포가 있다.

개념 02 정규분포곡선

◎ 예제 02, 03

정규분포 $\mathrm{N}(m,\ \sigma^2)$을 따르는 확률변수 X의 확률밀도함수

$f(x)$의 그래프는 오른쪽 그림과 같고,

이 곡선을 **정규분포곡선**이라 한다.

정규분포곡선은 직선 $x=m$에 대하여 대칭이고

x축이 점근선인 종 모양의 곡선이다.

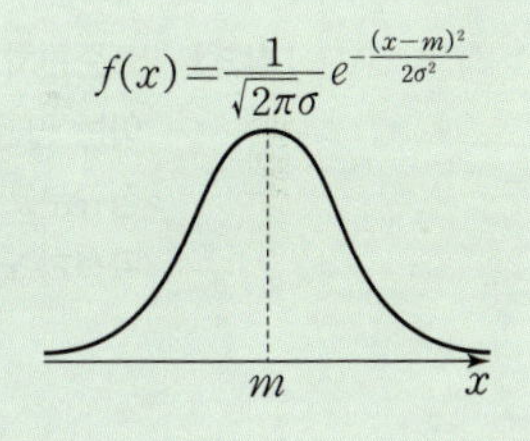

키, 몸무게, 강수량 등과 같이 사회 현상이나 자연 현상을 관측하여 얻은 자료를 정리하여 히스토그램을 그리면 자료의 수가 커짐에 따라 오른쪽 그림과 같이 좌우 대칭인 종 모양의 곡선에 가까워지는 경우가 많다. 이러한 사회 현상이나 자연 현상은 일반적으로 정규분포를 따른다.

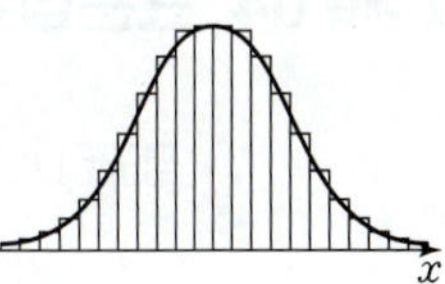

| 참고 | · 정규분포곡선을 그릴 때는 세로축을 생략하기도 한다.

· 정규분포 $\mathrm{N}(m,\ \sigma^2)$을 따르는 확률변수 X의 정규분포곡선은 직선 $x=m$에 대하여 대칭이므로

$$\mathrm{P}(X \le a) = \mathrm{P}(X \ge b)\text{이면 } \frac{a+b}{2} = m \text{ (단, } a,\ b\text{는 상수)}$$

개념 03 정규분포곡선의 성질

정규분포 $N(m, \sigma^2)$을 따르는 확률변수 X의 정규분포곡선은 다음과 같은 성질이 있다.

(1) 곡선과 x축 사이의 넓이는 1이다. ◀ 확률밀도함수의 그래프와 x축 사이의 넓이는 1이다.

(2) σ의 값이 일정할 때, m의 값이 달라지면

　　대칭축의 위치는 바뀌지만 곡선의 모양은 변하지 않는다.

(3) m의 값이 일정할 때, σ의 값이 커지면

　　곡선의 가운데 부분의 높이는 낮아지고 양쪽으로 넓게 퍼진 모양이 된다.

정규분포 $N(m, \sigma^2)$을 따르는 확률변수 X의 정규분포곡선은
대칭축이 $x=m$이고, $x=m$일 때 최댓값을 갖는다.
이때 평균 m과 표준편차 σ에 따라 정규분포곡선의
대칭축과 최댓값이 달라지므로 그 위치와 모양이 달라진다.

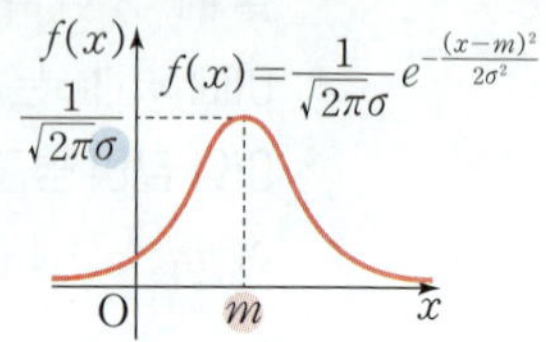

(2) 표준편차 σ의 값이 일정할 때, 평균 m의 값이 커지면

　　➡ 대칭축이 오른쪽으로 이동하고 곡선의 모양은 변하지 않는다.

(3) 평균 m의 값이 일정할 때

　　• 표준편차 σ의 값이 커지면 최댓값이 작아지므로

　　　➡ 곡선의 가운데 부분의 높이는 낮아지면서 양쪽으로 넓게 퍼진다. ⎤

　　• 표준편차 σ의 값이 작아지면 최댓값이 커지므로　　　　　　　대칭축은 변하지 않는다.

　　　➡ 곡선의 가운데 부분의 높이는 높아지면서 폭이 좁아진다. ⎦

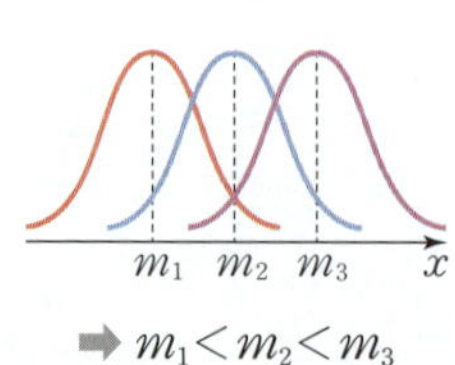

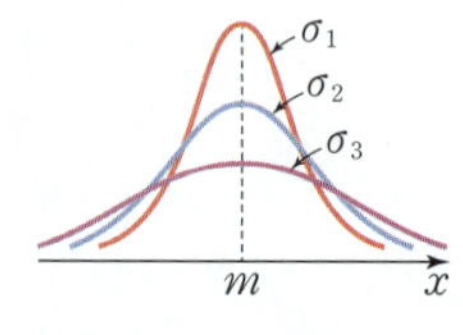

따라서 평균은 정규분포곡선의 대칭축을, 표준편차는 정규분포곡선의 모양을 결정한다.

| 참고 | • 표준편차 σ의 값이 작을수록 정규분포곡선의 가운데 부분의 높이가 높아지는데
　　　　이는 평균 근처에 변량이 많이 모여 있는 것이므로 자료가 고르다는 것을 의미한다.
　　　 • 정규분포 $N(m, \sigma^2)$을 따르는 확률변수 X의 정규분포곡선은 직선 $x=m$에 대하여 대칭이고,
　　　　곡선과 x축 사이의 넓이가 1이므로 $P(X \leq m) = P(X \geq m) = 0.5$

개념 04 표준정규분포

평균이 0, 분산이 1인 정규분포 $N(0, 1)$을 표준정규분포라 한다.

실수 전체의 집합에서 정의된 확률변수 Z가 표준정규분포 $N(0, 1)$을 따를 때,

Z의 확률밀도함수 $f(z)$는 정규분포의 확률밀도함수 $f(x)=\dfrac{1}{\sqrt{2\pi}\sigma}e^{-\frac{(x-m)^2}{2\sigma^2}}$에서

$x=z$, $m=0$, $\sigma=1$을 대입하여 구할 수 있다.

즉, $f(z)=\dfrac{1}{\sqrt{2\pi}}e^{-\frac{z^2}{2}}$이고, 확률밀도함수 $f(z)$의 그래프는
오른쪽 그림과 같다.

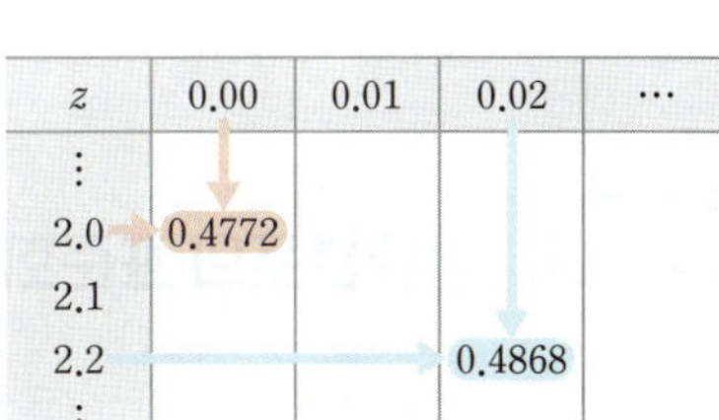

이때 임의의 양수 a에 대하여 $\mathrm{P}(0\le Z\le a)$는 오른쪽 그림에서
색칠한 부분의 넓이와 같고, 이 확률을 구하여 표로 나타낸 것이
261쪽의 표준정규분포표이다.

따라서 표준정규분포를 따르는 확률변수 Z에 대하여
$\mathrm{P}(0\le Z\le z)$는 표준정규분포표에서 찾을 수 있다.
예를 들어 오른쪽 표준정규분포표에서

$$\mathrm{P}(0\le Z\le 2)=0.4772$$
$$\mathrm{P}(0\le Z\le 2.22)=0.4868$$

z	0.00	0.01	0.02	⋯
⋮				
2.0	0.4772			
2.1				
2.2			0.4868	
⋮				

| 참고 | 표준정규분포를 따르는 확률변수는 보통 Z로 나타낸다.

개념 05 표준정규분포에서의 확률

◎ 예제 04~07

표준정규분포를 따르는 확률변수 Z의 정규분포곡선은 직선 $z=0$에 대하여 대칭이므로
다음이 성립한다. (단, $0<a<b$) ◀ 표준정규분포표는 $\mathrm{P}(0\le Z\le z)$의 값을 구하여 나타낸 것이므로
확률을 구할 때는 $\mathrm{P}(0\le Z\le z)$ 꼴을 이용할 수 있도록 식을 변형해야 한다.

(1) $\mathrm{P}(Z\ge 0)=\mathrm{P}(Z\le 0)=0.5$

(2) $\mathrm{P}(-a\le Z\le 0)=\mathrm{P}(0\le Z\le a)$

(3) $\mathrm{P}(a\le Z\le b)=\mathrm{P}(0\le Z\le b)-\mathrm{P}(0\le Z\le a)$

(4) $\mathrm{P}(Z\ge a)=\mathrm{P}(Z\ge 0)-\mathrm{P}(0\le Z\le a)=0.5-\mathrm{P}(0\le Z\le a)$

(5) $\mathrm{P}(Z\le a)=\mathrm{P}(Z\le 0)+\mathrm{P}(0\le Z\le a)=0.5+\mathrm{P}(0\le Z\le a)$

(6) $\mathrm{P}(-a\le Z\le b)=\mathrm{P}(-a\le Z\le 0)+\mathrm{P}(0\le Z\le b)=\mathrm{P}(0\le Z\le a)+\mathrm{P}(0\le Z\le b)$

표준정규분포 $\mathrm{N}(0,\ 1)$을 따르는 확률변수 Z의 정규분포곡선은 대칭축이 $z=0$이므로
그래프의 개형을 그려 (1)~(6)의 식이 성립함을 확인할 수 있다.

(1) 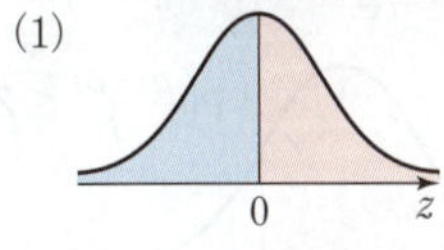

(2) 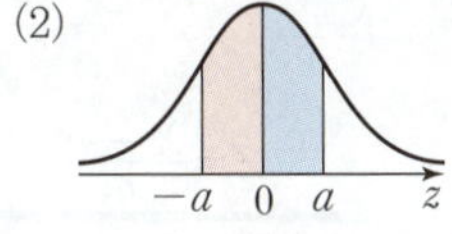

(3) 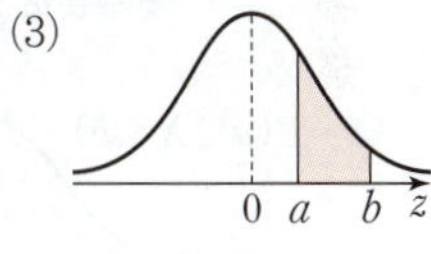

(4) 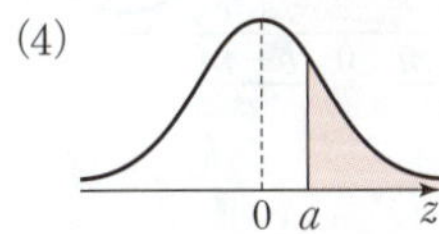

(5) 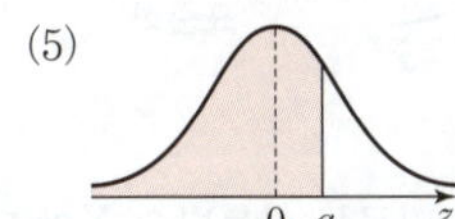

(6) 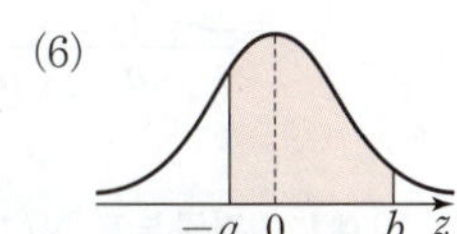

| 참고 | 확률변수 Z의 정규분포곡선이 직선 $z=0$에 대하여 대칭임을 이용하여 다음 확률이 성립함을 확인할 수
있다. (단, $0<a<b$)

· $\mathrm{P}(-b\le Z\le -a)=\mathrm{P}(a\le Z\le b)$

· $\mathrm{P}(Z\le -a)=\mathrm{P}(Z\ge a)$

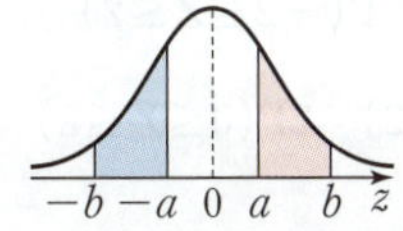

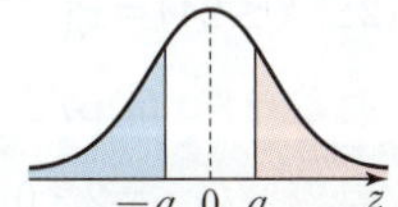

| 예 | $P(0 \le Z \le 1)=0.3413$, $P(0 \le Z \le 1.5)=0.4332$이므로

· $P(1 \le Z \le 1.5)=P(0 \le Z \le 1.5)-P(0 \le Z \le 1)=0.4332-0.3413=0.0919$

· $P(Z \ge 1)=P(Z \ge 0)-P(0 \le Z \le 1)=0.5-0.3413=0.1587$

· $P(Z \le 1.5)=P(Z \le 0)+P(0 \le Z \le 1.5)=0.5+0.4332=0.9332$

· $P(-1.5 \le Z \le 1)=P(-1.5 \le Z \le 0)+P(0 \le Z \le 1)$

$$=P(0 \le Z \le 1.5)+P(0 \le Z \le 1)=0.4332+0.3413=0.7745$$

개념 06 정규분포의 표준화

○ 예제 04~07

확률변수 X가 정규분포 $N(m, \sigma^2)$을 따를 때,

확률변수 $Z=\dfrac{X-m}{\sigma}$ 은 표준정규분포 $N(0, 1)$을 따르므로

$$P(a \le X \le b)=P\left(\frac{a-m}{\sigma} \le Z \le \frac{b-m}{\sigma}\right)$$

확률변수 X가 정규분포 $N(m, \sigma^2)$을 따를 때, 확률변수 $Z=\dfrac{X-m}{\sigma}$ 의 평균과 분산은

$\llcorner$ $E(X)=m$, $V(X)=\sigma^2$

$$E(Z)=E\left(\frac{X-m}{\sigma}\right)=\frac{1}{\sigma}E(X)-\frac{m}{\sigma}=\frac{m}{\sigma}-\frac{m}{\sigma}=0 \quad \blacktriangleleft \ E(aX+b)=aE(X)+b \ \text{이용}$$

$$V(Z)=V\left(\frac{X-m}{\sigma}\right)=\frac{1}{\sigma^2}V(X)=\frac{1}{\sigma^2} \times \sigma^2=1 \quad \blacktriangleleft \ V(aX+b)=a^2V(X) \ \text{이용}$$

따라서 확률변수 Z는 표준정규분포 $N(0, 1)$을 따른다.

이때 정규분포 $N(m, \sigma^2)$을 따르는 확률변수 X를 표준정규분포 $N(0, 1)$을 따르는 확률변수

$Z=\dfrac{X-m}{\sigma}$ 으로 바꾸는 것을 **표준화**라 한다.

양수 z에 대하여 표준정규분포에 대한 확률 $P(0 \le Z \le z)$는 표준정규분포표에서 구할 수 있으므로
확률변수 X가 정규분포 $N(m, \sigma^2)$을 따를 때, $P(a \le X \le b)$는 다음과 같이 X를 표준화하여 구할
수 있다.

$$P(a \le X \le b)=P\left(\frac{a-m}{\sigma} \le \frac{X-m}{\sigma} \le \frac{b-m}{\sigma}\right)=P\left(\frac{a-m}{\sigma} \le Z \le \frac{b-m}{\sigma}\right)$$

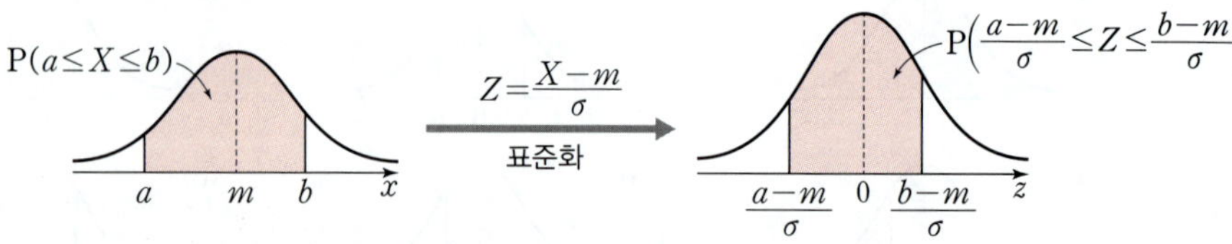

| 예 | 정규분포 $N(18, 3^2)$을 따르는 확률변수 X에 대하여

$P(12 \le X \le 24)$를 구해 보자. (단, $P(0 \le Z \le 2)=0.4772$)

X를 표준화한 $Z=\dfrac{X-18}{3}$ 은 표준정규분포 $N(0, 1)$을 따르므로

$$P(12 \le X \le 24)=P\left(\frac{12-18}{3} \le Z \le \frac{24-18}{3}\right)=P(-2 \le Z \le 2)$$

$$=P(-2 \le Z \le 0)+P(0 \le Z \le 2)=2P(0 \le Z \le 2)$$

$$=2 \times 0.4772=0.9544$$

개념 01
392 확률변수 X의 평균과 분산이 다음과 같을 때, X가 따르는 정규분포를 기호로 나타내시오.

(1) $\mathrm{E}(X)=5$, $\mathrm{V}(X)=16$

(2) $\mathrm{E}(X)=24$, $\mathrm{V}(X)=25$

개념 02, 03
393 오른쪽 그림의 네 곡선 A, B, C, D는 각각 정규분포를 따르는 네 확률변수 X_1, X_2, X_3, X_4의 정규분포 곡선이다. 보기에서 옳은 것만을 있는 대로 고르시오.

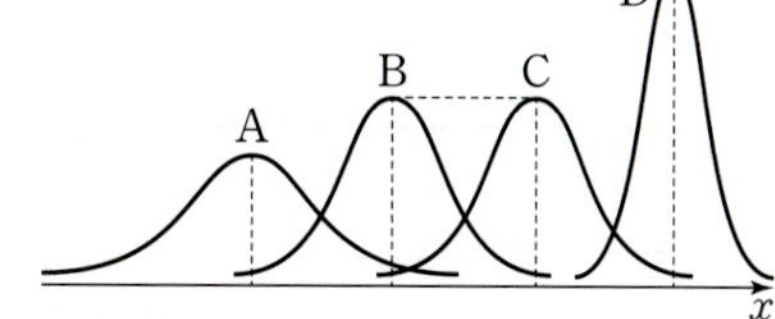

┌ **보기** ┐
ㄱ. 네 확률변수 중에서 평균이 가장 작은 것은 X_1이다.
ㄴ. 네 확률변수 중에서 표준편차가 가장 큰 것은 X_4이다.
ㄷ. $\sigma(X_2)=\sigma(X_3)$

개념 04, 05
394 확률변수 Z가 표준정규분포 $\mathrm{N}(0,\ 1)$을 따를 때, 오른쪽 표준정규분포표를 이용하여 다음을 구하시오.

(1) $\mathrm{P}(0\leq Z\leq 2.5)$ (2) $\mathrm{P}(-2\leq Z\leq 0)$

(3) $\mathrm{P}(-1.5\leq Z\leq -0.5)$ (4) $\mathrm{P}(Z\leq 0.5)$

(5) $\mathrm{P}(Z\geq 2.5)$ (6) $\mathrm{P}(-1\leq Z\leq 1)$

z	$\mathrm{P}(0\leq Z\leq z)$
0.5	0.1915
1.0	0.3413
1.5	0.4332
2.0	0.4772
2.5	0.4938

개념 06
395 확률변수 X가 다음과 같은 정규분포를 따를 때, X를 표준정규분포 $\mathrm{N}(0,\ 1)$을 따르는 확률변수 Z로 표준화하시오.

(1) $\mathrm{N}(7,\ 2^2)$

(2) $\mathrm{N}(-20,\ 3^2)$

(3) $\mathrm{N}(96,\ 12^2)$

예제 **02** / 정규분포곡선의 성질

오른쪽 그림의 두 곡선 $y=f(x)$, $y=g(x)$는 각각 정규분포를 따르는 두 확률변수 X_1, X_2의 정규분포곡선이다. 보기에서 옳은 것만을 있는 대로 고르시오.

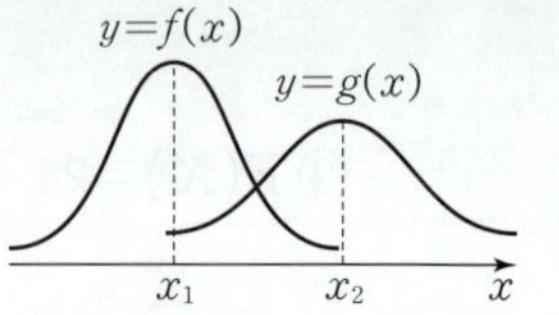

| 보기 |

ㄱ. $\mathrm{E}(X_1)<\mathrm{E}(X_2)$

ㄴ. $\sigma(X_1)<\sigma(X_2)$

ㄷ. $\mathrm{P}(X_1\leq x_1)=\mathrm{P}(X_2\leq x_2)$

• 유형만렙 확률과 통계 97쪽에서 문제 더 풀기

| **개념** | 정규분포 $\mathrm{N}(m,\ \sigma^2)$을 따르는 확률변수 X의 정규분포곡선은 직선 $x=m$에 대하여 대칭이고,
곡선과 x축 사이의 넓이는 1이다.
➡ $\mathrm{P}(X\leq m)=\mathrm{P}(X\geq m)=0.5$

| **풀이** | ㄱ. 두 확률변수 X_1, X_2의 정규분포곡선이 각각 직선 $x=x_1$, $x=x_2$에 대하여 대칭이므로
$\mathrm{E}(X_1)=x_1$, $\mathrm{E}(X_2)=x_2$
$x_1<x_2$이므로
$\mathrm{E}(X_1)<\mathrm{E}(X_2)$

ㄴ. 표준편차가 클수록 곡선의 가운데 부분의 높이는 낮아지고 양쪽으로 넓게 퍼진 모양이다.
두 곡선 중에서 확률변수 X_2의 정규분포곡선이 가운데 부분의 높이가 더 낮고 양쪽으로 더 넓게 퍼진 모양이므로
$\sigma(X_1)<\sigma(X_2)$

ㄷ. 곡선 $y=f(x)$와 x축 사이의 넓이는 1이므로
$\mathrm{P}(X_1\leq x_1)+\mathrm{P}(X_1\geq x_1)=1$ ……㉠
이때 곡선 $y=f(x)$는 직선 $x=x_1$에 대하여 대칭이므로
$\mathrm{P}(X_1\leq x_1)=\mathrm{P}(X_1\geq x_1)$
따라서 ㉠에서
$\mathrm{P}(X_1\leq x_1)+\mathrm{P}(X_1\leq x_1)=1$
$\therefore\ \mathrm{P}(X_1\leq x_1)=0.5$
마찬가지로 $\mathrm{P}(X_2\leq x_2)+\mathrm{P}(X_2\geq x_2)=1$, $\mathrm{P}(X_2\leq x_2)=\mathrm{P}(X_2\geq x_2)$이므로
$\mathrm{P}(X_2\leq x_2)=0.5$
$\therefore\ \mathrm{P}(X_1\leq x_1)=\mathrm{P}(X_2\leq x_2)$
따라서 보기에서 옳은 것은 ㄱ, ㄴ, ㄷ이다.

답 ㄱ, ㄴ, ㄷ

396 유사

다음 그림의 두 곡선 $y=f(x)$, $y=g(x)$는 각각 정규분포를 따르는 두 확률변수 X_1, X_2의 정규분포곡선이다. 보기에서 옳은 것만을 있는 대로 고르시오.

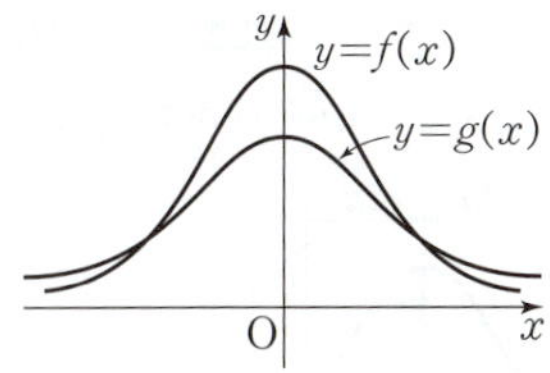

┌ 보기 ┤

ㄱ. $\mathrm{E}(X_1)<\mathrm{E}(X_2)$

ㄴ. $\sigma(X_1)<\sigma(X_2)$

ㄷ. $\mathrm{P}(X_1\leq0)=\mathrm{P}(X_2\geq0)$

397 변형

확률변수 X가 정규분포 $\mathrm{N}(m,\ \sigma^2)$을 따르고 $\mathrm{P}(X\leq3)=\mathrm{P}(X\geq9)$일 때, m의 값을 구하시오.

398 변형

다음 그림의 세 곡선 $y=f(x)$, $y=g(x)$, $y=h(x)$는 각각 정규분포를 따르는 세 확률변수 X_1, X_2, X_3의 정규분포곡선이다. 보기에서 옳은 것만을 있는 대로 고르시오.

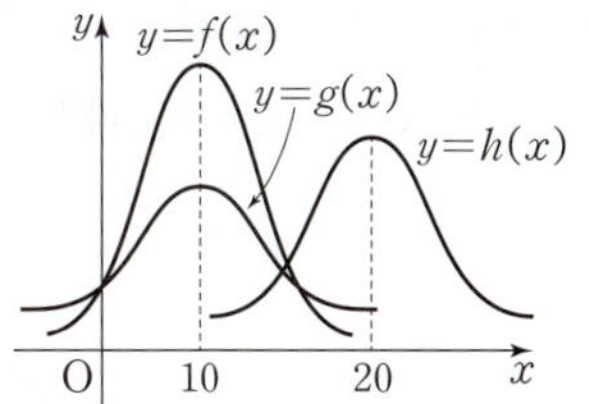

┌ 보기 ┤

ㄱ. $\mathrm{E}(X_1)=\mathrm{E}(X_2)=10$

ㄴ. $\sigma(X_1)=\sigma(X_2)<\sigma(X_3)$

ㄷ. $\mathrm{P}(X_1\geq10)>\mathrm{P}(X_3\geq20)$

399 변형

정규분포 $\mathrm{N}(20,\ 6^2)$을 따르는 확률변수 X에 대하여 $\mathrm{P}(X\geq16)=\mathrm{P}(X\leq a)$일 때, $a\mathrm{P}(X\leq20)$의 값을 구하시오. (단, a는 상수)

정규분포 $N(m, \sigma^2)$을 따르는 확률변수 X의 정규분포곡선은 직선 $x=m$에 대하여 대칭이므로
$P(m-a \leq X \leq m) = P(m \leq X \leq m+a)$ (단, $a>0$)

확률변수 X가 정규분포 $N(m, \sigma^2)$을 따르고
$$P(m-a \leq X \leq m+a)=0.52,\ P(m-2a \leq X \leq m+2a)=0.84$$
일 때, $P(m+a \leq X \leq m+2a)$를 구하시오. (단, $a>0$)

• 유형만렙 확률과 통계 98쪽에서 문제 더 풀기

| 풀이 | 정규분포 $N(m, \sigma^2)$을 따르는 확률변수 X의 정규분포곡선은 직선 $x=m$에 대하여 대칭이므로

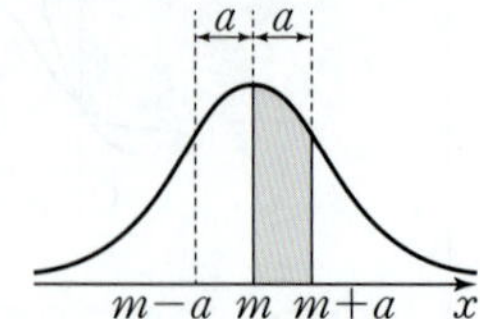
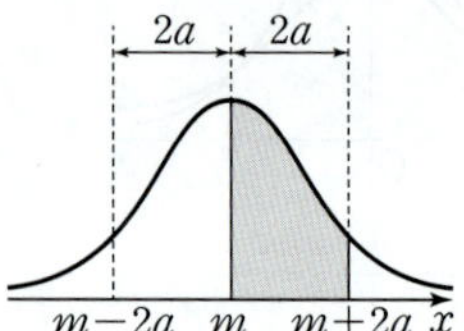

$P(m-a \leq X \leq m) = P(m \leq X \leq m+a),$
$P(m-2a \leq X \leq m) = P(m \leq X \leq m+2a)$
$P(m-a \leq X \leq m+a)=0.52$에서
$P(m-a \leq X \leq m) + P(m \leq X \leq m+a)=0.52$
$2P(m \leq X \leq m+a)=0.52$
$\therefore P(m \leq X \leq m+a)=0.26$
$P(m-2a \leq X \leq m+2a)=0.84$에서
$P(m-2a \leq X \leq m) + P(m \leq X \leq m+2a)=0.84$
$2P(m \leq X \leq m+2a)=0.84$
$\therefore P(m \leq X \leq m+2a)=0.42$
$\therefore P(m+a \leq X \leq m+2a)$
$\quad = P(m \leq X \leq m+2a) - P(m \leq X \leq m+a)$
$\quad = 0.42 - 0.26$
$\quad = 0.16$

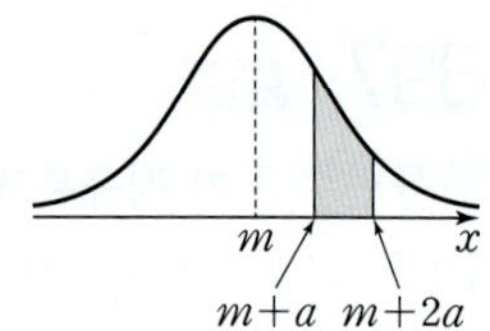

답 0.16

400 유사

교과서

확률변수 X가 정규분포 $N(m, \sigma^2)$을 따르고
$$P(m-\sigma \le X \le m+\sigma)=0.68,$$
$$P(m-2\sigma \le X \le m+2\sigma)=0.96$$
일 때, $P(m-\sigma \le X \le m+2\sigma)$를 구하시오.

401 변형

확률변수 X가 정규분포 $N(m, \sigma^2)$을 따르고
$$P(X \ge m-a)=0.885$$
일 때, $P(m-a \le X \le m+a)$를 구하시오.

(단, $a>0$)

402 변형

확률변수 X가 정규분포 $N(m, \sigma^2)$을 따르고
$$P(X \ge m+2\sigma)=a,$$
$$P(m-\sigma \le X \le m+\sigma)=2b$$
일 때, $P(m-2\sigma \le X \le m+\sigma)$를 a, b를 사용하여 나타내시오.

403 변형

정규분포 $N(m, \sigma^2)$을 따르는 확률변수 X에 대하여 $P(m \le X \le x)$는 오른쪽 표와 같다.

x	$P(m \le X \le x)$
$m+0.5\sigma$	0.1915
$m+\sigma$	0.3413
$m+1.5\sigma$	0.4332
$m+2\sigma$	0.4772

확률변수 X가 정규분포 $N(15, 4^2)$을 따를 때, $P(13 \le X \le 21)$을 위의 표를 이용하여 구하시오.

예제 04 / 표준화하여 확률 구하기

확률변수 X가 정규분포 $\mathrm{N}(m,\ \sigma^2)$을 따르면 $Z=\dfrac{X-m}{\sigma}$으로 표준화한 후 확률을 구한다.

확률변수 X가 정규분포 $\mathrm{N}(26,\ 2^2)$을 따를 때, 오른쪽 표준정규분포표를 이용하여 다음을 구하시오.

(1) $\mathrm{P}(22\leq X\leq26)$ (2) $\mathrm{P}(28\leq X\leq32)$

(3) $\mathrm{P}(24\leq X\leq30)$ (4) $\mathrm{P}(X\geq29)$

(5) $\mathrm{P}(X\leq31)$

z	$\mathrm{P}(0\leq Z\leq z)$
1.0	0.3413
1.5	0.4332
2.0	0.4772
2.5	0.4938
3.0	0.4987

• 유형만렙 확률과 통계 100쪽에서 문제 더 풀기

|풀이| 확률변수 X가 정규분포 $\mathrm{N}(26,\ 2^2)$을 따르므로

$Z=\dfrac{X-26}{2}$으로 놓으면 확률변수 Z는 표준정규분포 $\mathrm{N}(0,\ 1)$을 따른다.

(1) $\begin{aligned}\mathrm{P}(22\leq X\leq26)&=\mathrm{P}\left(\dfrac{22-26}{2}\leq Z\leq\dfrac{26-26}{2}\right)\\&=\mathrm{P}(-2\leq Z\leq0)=\mathrm{P}(0\leq Z\leq2)\\&=0.4772\end{aligned}$

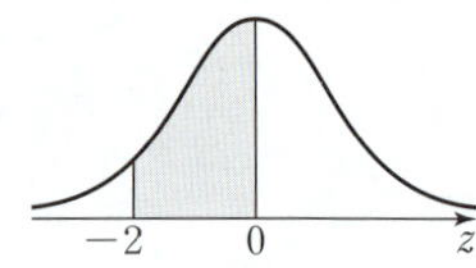

(2) $\begin{aligned}\mathrm{P}(28\leq X\leq32)&=\mathrm{P}\left(\dfrac{28-26}{2}\leq Z\leq\dfrac{32-26}{2}\right)\\&=\mathrm{P}(1\leq Z\leq3)\\&=\mathrm{P}(0\leq Z\leq3)-\mathrm{P}(0\leq Z\leq1)\\&=0.4987-0.3413=0.1574\end{aligned}$

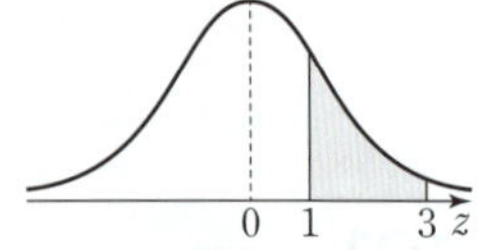

(3) $\begin{aligned}\mathrm{P}(24\leq X\leq30)&=\mathrm{P}\left(\dfrac{24-26}{2}\leq Z\leq\dfrac{30-26}{2}\right)\\&=\mathrm{P}(-1\leq Z\leq2)\\&=\mathrm{P}(-1\leq Z\leq0)+\mathrm{P}(0\leq Z\leq2)\\&=\mathrm{P}(0\leq Z\leq1)+\mathrm{P}(0\leq Z\leq2)\\&=0.3413+0.4772=0.8185\end{aligned}$

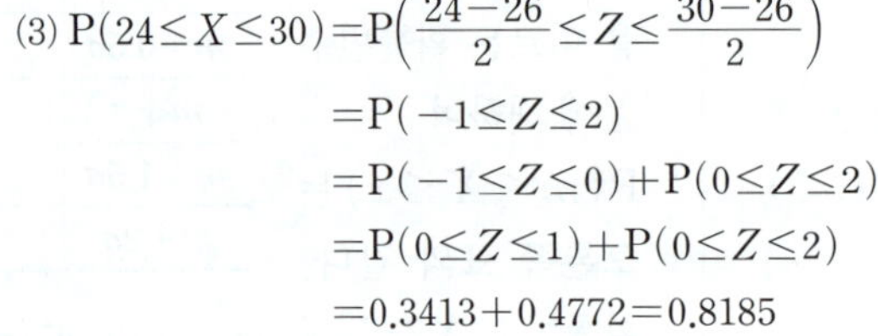

(4) $\begin{aligned}\mathrm{P}(X\geq29)&=\mathrm{P}\left(Z\geq\dfrac{29-26}{2}\right)\\&=\mathrm{P}(Z\geq1.5)\\&=\mathrm{P}(Z\geq0)-\mathrm{P}(0\leq Z\leq1.5)\\&=0.5-0.4332=0.0668\end{aligned}$

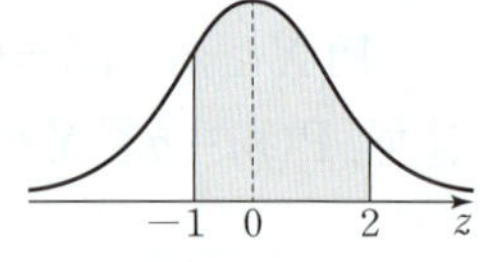

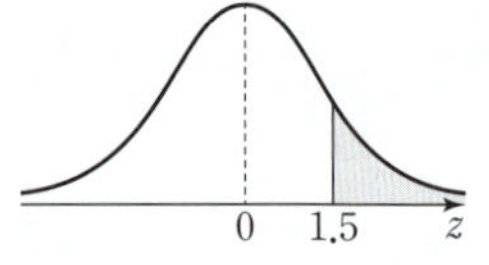

(5) $\begin{aligned}\mathrm{P}(X\leq31)&=\mathrm{P}\left(Z\leq\dfrac{31-26}{2}\right)\\&=\mathrm{P}(Z\leq2.5)\\&=\mathrm{P}(Z\leq0)+\mathrm{P}(0\leq Z\leq2.5)\\&=0.5+0.4938=0.9938\end{aligned}$

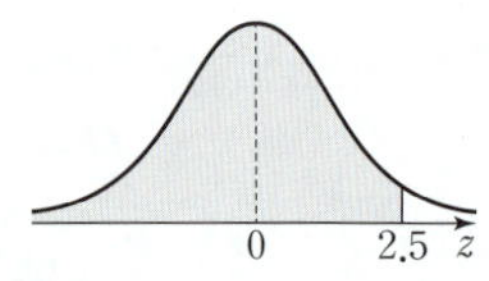

답 (1) 0.4772 (2) 0.1574 (3) 0.8185 (4) 0.0668 (5) 0.9938

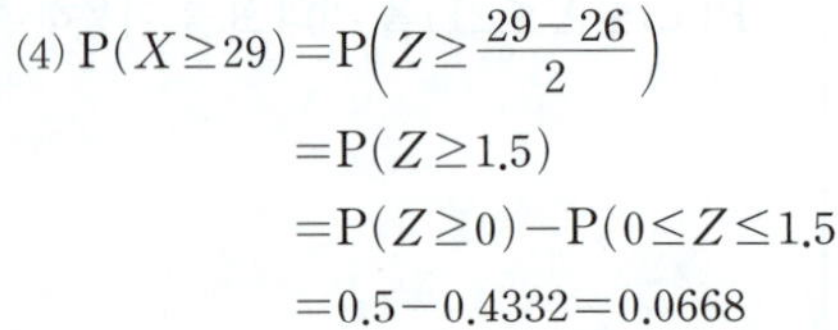

404 유사

교과서

확률변수 X가 정규분포 $N(63, 4^2)$을 따를 때, 오른쪽 표준정규분포표를 이용하여 다음을 구하시오.

z	$P(0 \leq Z \leq z)$
0.5	0.1915
1.0	0.3413
1.5	0.4332
2.0	0.4772
2.5	0.4938

(1) $P(57 \leq X \leq 69)$

(2) $P(67 \leq X \leq 73)$

(3) $P(55 \leq X \leq 65)$

(4) $P(X \leq 59)$

(5) $P(X \geq 53)$

405 변형

확률변수 X가 정규분포 $N(30, 10^2)$을 따를 때, $P(|X-50| \leq 5)$를 오른쪽 표준정규분포표를 이용하여 구하시오.

z	$P(0 \leq Z \leq z)$
1.5	0.4332
2.0	0.4772
2.5	0.4938
3.0	0.4987

406 변형

확률변수 X가 정규분포 $N(16, 6^2)$을 따를 때, 확률변수 $Y=2X+2$에 대하여 $P(Y \geq 70)$을 오른쪽 표준정규분포표를 이용하여 구하시오.

z	$P(0 \leq Z \leq z)$
1.0	0.3413
2.0	0.4772
3.0	0.4987

확률변수 X가 정규분포 $N(m, \sigma^2)$을 따르면 $Z=\dfrac{X-m}{\sigma}$으로 표준화한 후

표준정규분포표의 확률과 비교하여 미지수의 값을 구한다.

확률변수 X가 정규분포 $N(40, 10^2)$을 따를 때, $P(15 \leq X \leq k)=0.8351$을 만족시키는 상수 k의 값을 오른쪽 표준정규분포표를 이용하여 구하시오.

z	$P(0 \leq Z \leq z)$
1.0	0.3413
1.5	0.4332
2.0	0.4772
2.5	0.4938

• 유형만렙 확률과 통계 100쪽에서 문제 더 풀기

| 풀이 | 확률변수 X가 정규분포 $N(40, 10^2)$을 따르므로

$Z=\dfrac{X-40}{10}$으로 놓으면 확률변수 Z는 표준정규분포 $N(0, 1)$을 따른다.

$P(15 \leq X \leq k)=0.8351$에서

$P\left(\dfrac{15-40}{10} \leq Z \leq \dfrac{k-40}{10}\right)=0.8351$

$P\left(-2.5 \leq Z \leq \dfrac{k-40}{10}\right)=0.8351$

이때 $P\left(-2.5 \leq Z \leq \dfrac{k-40}{10}\right)>0.5$이므로 $\dfrac{k-40}{10}>0$

$P(-2.5 \leq Z \leq 0)+P\left(0 \leq Z \leq \dfrac{k-40}{10}\right)=0.8351$

$P(0 \leq Z \leq 2.5)+P\left(0 \leq Z \leq \dfrac{k-40}{10}\right)=0.8351$

$0.4938+P\left(0 \leq Z \leq \dfrac{k-40}{10}\right)=0.8351$

$\therefore P\left(0 \leq Z \leq \dfrac{k-40}{10}\right)=0.3413$

이때 $P(0 \leq Z \leq 1)=0.3413$이므로

$\dfrac{k-40}{10}=1, \ k-40=10$

$\therefore k=50$

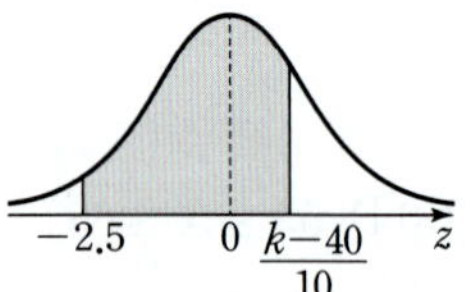

답 50

407 유사

확률변수 X가 정규분포 $N(25, 4^2)$을 따를 때, $P(31 \leq X \leq k) = 0.0655$를 만족시키는 상수 k의 값을 오른쪽 표준정규분포표를 이용하여 구하시오.

z	$P(0 \leq Z \leq z)$
1.5	0.4332
2.0	0.4772
2.5	0.4938
3.0	0.4987

408 유사

확률변수 X가 정규분포 $N(72, 3^2)$을 따를 때, $P(k \leq X \leq 78) = 0.9544$를 만족시키는 상수 k의 값을 위의 표준정규분포표를 이용하여 구하시오.

z	$P(0 \leq Z \leq z)$
1.0	0.3413
2.0	0.4772
3.0	0.4987

409 변형

확률변수 X가 정규분포 $N(m, 5^2)$을 따를 때, $P(X \geq 84) = 0.1587$을 만족시키는 m의 값을 위의 표준정규분포표를 이용하여 구하시오.

z	$P(0 \leq Z \leq z)$
1.0	0.3413
2.0	0.4772
3.0	0.4987

410 변형 평가원

확률변수 X가 평균이 m, 표준편차가 $\dfrac{m}{3}$인 정규분포를 따르고

$$P\left(X \leq \frac{9}{2}\right) = 0.9987$$

일 때, 오른쪽 표준정규분포표를 이용하여 m의 값을 구한 것은?

z	$P(0 \leq Z \leq z)$
1.5	0.4332
2.0	0.4772
2.5	0.4938
3.0	0.4987

① $\dfrac{3}{2}$ ② $\dfrac{7}{4}$ ③ 2

④ $\dfrac{9}{4}$ ⑤ $\dfrac{5}{2}$

 **예제 06** / **정규분포의 활용 – 확률, 도수 구하기**

정규분포를 따르는 확률변수 X를 정하고 이를 $Z=\dfrac{X-m}{\sigma}$으로 표준화하여 X가 특정한 범위에 포함될 확률을 구한다.

어느 제과점에서 생산하는 쿠키 500개의 무게는 평균이 50 g, 표준편차가 4 g인 정규분포를 따른다고 한다. 오른쪽 표준정규분포표를 이용하여 다음 물음에 답하시오.

(1) 임의로 택한 쿠키 1개의 무게가 48 g 이상 54 g 이하일 확률을 구하시오.

(2) 무게가 56 g 이상 58 g 이하인 쿠키의 개수를 구하시오.

z	$P(0\le Z\le z)$
0.5	0.1915
1.0	0.3413
1.5	0.4332
2.0	0.4772

• 유형만렙 확률과 통계 101쪽에서 문제 더 풀기

| 풀이 | 쿠키 1개의 무게를 확률변수 X라 하면 X는 정규분포 $N(50,\,4^2)$을 따른다.

$Z=\dfrac{X-50}{4}$으로 놓으면 확률변수 Z는 표준정규분포 $N(0,\,1)$을 따른다.

(1) 임의로 택한 쿠키 1개의 무게가 48 g 이상 54 g 이하일 확률은

$$\begin{aligned}
P(48\le X\le 54) &= P\left(\frac{48-50}{4}\le Z\le \frac{54-50}{4}\right)\\
&= P(-0.5\le Z\le 1)\\
&= P(-0.5\le Z\le 0)+P(0\le Z\le 1)\\
&= P(0\le Z\le 0.5)+P(0\le Z\le 1)\\
&= 0.1915+0.3413=0.5328
\end{aligned}$$

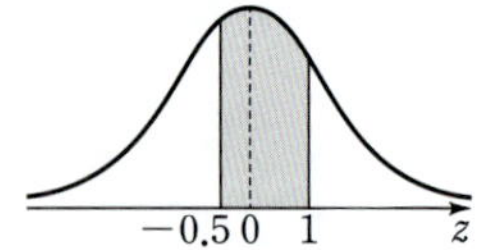

(2) 임의로 택한 쿠키 1개의 무게가 56 g 이상 58 g 이하일 확률은

$$\begin{aligned}
P(56\le X\le 58) &= P\left(\frac{56-50}{4}\le Z\le \frac{58-50}{4}\right)\\
&= P(1.5\le Z\le 2)\\
&= P(0\le Z\le 2)-P(0\le Z\le 1.5)\\
&= 0.4772-0.4332=0.044
\end{aligned}$$

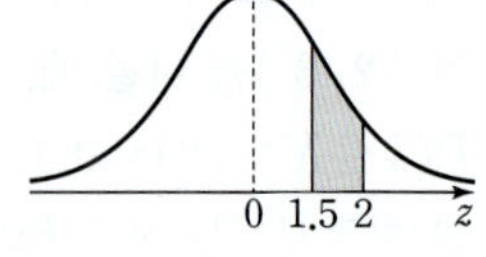

전체 쿠키는 500개이므로 구하는 쿠키의 개수는

$$500\times 0.044=22$$

답 (1) 0.5328 (2) 22

411 유사

어느 도시의 성인의 평균 심박수를 조사하였더니 평균이 80 bpm, 표준편차가 8 bpm인 정규분포를 따른다고 한다. 이 도시의 성인 중에서 임의로 택한 성인 1명의 평균 심박수가 92 bpm 이상일 확률을 위의 표준정규분포표를 이용하여 구하시오.

z	$P(0 \le Z \le z)$
1.0	0.3413
1.5	0.4332
2.0	0.4772
2.5	0.4938

412 유사

어느 고등학교 남학생 300명의 몸무게는 평균이 68 kg, 표준편차가 4 kg인 정규분포를 따른다고 한다. 몸무게가 64 kg 이상 78 kg 이하인 남학생의 수를 위의 표준정규분포표를 이용하여 구하시오.

z	$P(0 \le Z \le z)$
1.0	0.34
1.5	0.43
2.0	0.48
2.5	0.49

413 유사 🎓 수능

어느 농장에서 수확하는 파프리카 1개의 무게는 평균이 180 g, 표준편차가 20 g인 정규분포를 따른다고 한다.

이 농장에서 수확한 파프리카 중에서 임의로 선택한 파프리카 1개의 무게가 190 g 이상이고 210 g 이하일 확률을 오른쪽 표준정규분포표를 이용하여 구한 것은?

z	$P(0 \le Z \le z)$
0.5	0.1915
1.0	0.3413
1.5	0.4332
2.0	0.4772

① 0.0440 ② 0.0919 ③ 0.1359
④ 0.1498 ⑤ 0.2417

414 유사

어느 회사의 휴대폰을 사용하는 소비자를 대상으로 휴대폰의 사용 기간을 조사하였더니 평균이 2년, 표준편차가 6개월인 정규분포를 따른다고 한다. 이 회사의 휴대폰을 사용하는 소비자 20000명 중에서 휴대폰의 사용 기간이 3년 이상인 소비자의 수를 위의 표준정규분포표를 이용하여 구하시오.

z	$P(0 \le Z \le z)$
1.0	0.3413
2.0	0.4772
3.0	0.4987

예제 07 / 정규분포의 활용 - 최저 점수 구하기

확률변수 X가 정규분포를 따를 때, 상위 $k\,\%$ 안에 드는 X의 최솟값을 a라 하면

$P(X \geq a) = \dfrac{k}{100}$로 식을 세운 후 표준화하여 a의 값을 구한다.

어느 대학교에서 영어 시험을 실시하여 상위 72명에게 장학금을 준다고 한다. 이 시험에 응시한 학생 2000명의 시험 성적은 평균이 56점, 표준편차가 10점인 정규분포를 따른다고 한다. 장학금을 받는 학생의 최저 점수를 오른쪽 표준정규분포표를 이용하여 구하시오.

z	$P(0 \leq Z \leq z)$
1.8	0.464
2.2	0.486
2.9	0.498

• 유형만렙 확률과 통계 103쪽에서 문제 더 풀기

| 풀이 | 시험에 응시한 학생의 성적을 확률변수 X라 하면 X는 정규분포 $N(56, 10^2)$을 따른다.

$Z = \dfrac{X-56}{10}$으로 놓으면 확률변수 Z는 표준정규분포 $N(0, 1)$을 따른다.

전체 학생 2000명에 대하여 상위 72명이 차지하는 비율은

$$\dfrac{72}{2000} = 0.036$$

장학금을 받는 학생의 최저 점수를 a점이라 하면

성적이 a점 이상인 학생의 비율이 0.036이므로

$P(X \geq a) = 0.036$

$P\left(Z \geq \dfrac{a-56}{10}\right) = 0.036$

$P(Z \geq 0) - P\left(0 \leq Z \leq \dfrac{a-56}{10}\right) = 0.036$

$0.5 - P\left(0 \leq Z \leq \dfrac{a-56}{10}\right) = 0.036$

$\therefore P\left(0 \leq Z \leq \dfrac{a-56}{10}\right) = 0.464$

이때 $P(0 \leq Z \leq 1.8) = 0.464$이므로

$\dfrac{a-56}{10} = 1.8,\ a-56 = 18$

$\therefore a = 74$

따라서 구하는 최저 점수는 74점이다.

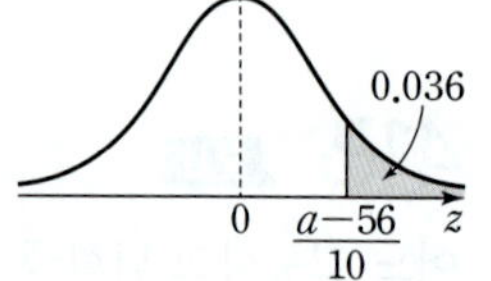

답 74점

415 유사

어느 고등학교 2학년 학생 200명의 수학 성적은 평균이 63점, 표준편차가 5점인 정규분포를 따른다고 한다. 수학 성적이 상위 11등 이내에 속하는 학생의 최저 점수를 위의 표준정규분포표를 이용하여 구하시오.

z	$P(0 \le Z \le z)$
1.60	0.445
1.96	0.475
2.17	0.485

416 유사 교과서

어느 자격증 시험의 6월 응시자의 점수는 평균이 200점, 표준편차가 20점인 정규분포를 따른다고 한다. 이 자격증은 점수가 상위 6 %에 속하는 응시자에게만 수여한다고 할 때, 자격증을 취득한 6월 응시자의 최저 점수를 구하시오.

(단, $P(0 \le Z \le 1.55) = 0.44$)

417 유사

어느 회사에서 115명의 신입 사원을 채용하기 위하여 입사 시험을 시행하였다. 지원자 1000명의 성적은 평균이 124점, 표준편차가 15점인 정규분포를 따른다고 한다. 합격자의 최저 점수를 위의 표준정규분포표를 이용하여 구하시오.

z	$P(0 \le Z \le z)$
0.6	0.226
0.9	0.316
1.2	0.385

418 변형

어느 농장에서 수확한 옥수수 500개의 무게는 평균이 180 g, 표준편차가 40 g인 정규분포를 따른다고 한다. 수확한 옥수수 중에서 무게가 가장 가벼운 20개의 옥수수는 알뜰 상품으로 저렴하게 판매하려고 할 때, 알뜰 상품에 속하는 옥수수의 최고 무게를 위의 표준정규분포표를 이용하여 구하시오.

z	$P(0 \le Z \le z)$
1.08	0.36
1.34	0.41
1.75	0.46

3 이항분포와 정규분포 사이의 관계

개념 01 이항분포와 정규분포 사이의 관계

◎ 예제 08, 09

확률변수 X가 이항분포 $\mathrm{B}(n, p)$를 따를 때, n이 충분히 크면 X는 근사적으로 정규분포 $\mathrm{N}(np, npq)$를 따른다.

(단, $q=1-p$)

이항분포 $\mathrm{B}(n, p)$

⬇ n이 충분히 크면

정규분포 $\mathrm{N}(np, npq)$

한 개의 주사위를 n번 던질 때, 1의 눈이 나오는 횟수를 확률변수 X라 하면 X는 이항분포 $\mathrm{B}\!\left(n, \dfrac{1}{6}\right)$을 따른다.

이때 n의 값이 10, 30, 50일 때의 X의 확률질량함수의 그래프는 오른쪽 그림과 같다. n의 값이 클수록 이항분포의 확률질량함수의 그래프는 좌우 대칭인 종 모양의 정규분포곡선에 가까워짐을 알 수 있다.

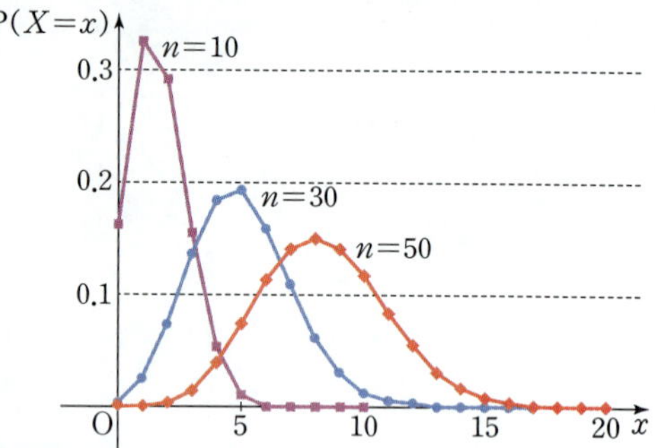

일반적으로 확률변수 X가 이항분포 $\mathrm{B}(n, p)$를 따를 때, n이 충분히 크면 X는 정규분포 $\mathrm{N}(np, npq)$를 따른다고 알려져 있다. (단, $q=1-p$)

이항분포 $\mathrm{B}(n, p)$의 확률을 확률질량함수를 이용하여 구하면 n의 값이 클수록 계산이 복잡해진다.

예를 들어 확률변수 X가 이항분포 $\mathrm{B}\!\left(720, \dfrac{1}{6}\right)$을 따를 때, X가 120 이상 140 이하일 확률을

X의 확률질량함수 $\mathrm{P}(X=x)={}_{720}\mathrm{C}_x\!\left(\dfrac{1}{6}\right)^{x}\!\left(\dfrac{5}{6}\right)^{720-x}$ $(x=0, 1, 2, \ldots, 720)$을 이용하여 나타내면

$$\mathrm{P}(120\leq X\leq 140)={}_{720}\mathrm{C}_{120}\!\left(\dfrac{1}{6}\right)^{120}\!\left(\dfrac{5}{6}\right)^{600}+{}_{720}\mathrm{C}_{121}\!\left(\dfrac{1}{6}\right)^{121}\!\left(\dfrac{5}{6}\right)^{599}+\cdots+{}_{720}\mathrm{C}_{140}\!\left(\dfrac{1}{6}\right)^{140}\!\left(\dfrac{5}{6}\right)^{580}$$

이므로 확률을 계산하기 어렵다.

이때 시행 횟수 $n=720$은 충분히 크고

$$\mathrm{E}(X)=720\times\dfrac{1}{6}=120, \ \mathrm{V}(X)=720\times\dfrac{1}{6}\times\dfrac{5}{6}=100=10^2$$

이므로 X는 근사적으로 정규분포 $\mathrm{N}(120, 10^2)$을 따른다.

따라서 $Z=\dfrac{X-120}{10}$으로 놓으면 확률변수 Z는 표준정규분포 $\mathrm{N}(0, 1)$을 따르므로 X가 120 이상 140 이하일 확률은

$$\mathrm{P}(120\leq X\leq 140)=\mathrm{P}\!\left(\dfrac{120-120}{10}\leq Z\leq\dfrac{140-120}{10}\right)$$
$$=\mathrm{P}(0\leq Z\leq 2)=0.4772$$

z	0.00	0.01	$\cdots$
⋮			
2.0	0.4772		
⋮			

이와 같이 이항분포와 정규분포 사이의 관계를 이용하면 n의 값이 충분히 클 때 확률을 근사적으로 쉽게 구할 수 있다.

| 참고 | 이항분포 $\mathrm{B}(n, p)$에서 $np\geq 5$, $nq\geq 5$를 만족시키면 n을 충분히 큰 값으로 생각한다. (단, $q=1-p$)

개념 01
419

확률변수 X가 다음과 같은 이항분포를 따를 때, X가 근사적으로 따르는 정규분포를 기호로 나타내시오.

(1) $B\left(48, \dfrac{3}{4}\right)$

(2) $B\left(400, \dfrac{1}{5}\right)$

(3) $B\left(448, \dfrac{7}{8}\right)$

개념 01
420

확률변수 X가 이항분포 $B\left(288, \dfrac{2}{3}\right)$를 따를 때, 다음 물음에 답하시오.

(1) X가 근사적으로 따르는 정규분포를 기호로 나타내시오.

(2) X를 표준화하시오.

(3) $P(188 \leq X \leq 196)$을 구하시오. (단, $P(0 \leq Z \leq 0.5) = 0.1915$)

개념 01
421

확률변수 X의 확률질량함수가
$$P(X=x) = {}_{100}C_x \left(\dfrac{9}{10}\right)^x \left(\dfrac{1}{10}\right)^{100-x} \ (x=0,\ 1,\ 2,\ ...,\ 100)$$
일 때, 다음 물음에 답하시오

(1) X가 따르는 이항분포를 기호로 나타내시오.

(2) X가 근사적으로 따르는 정규분포를 기호로 나타내시오.

(3) $P(X \geq 87)$을 구하시오. (단, $P(0 \leq Z \leq 1) = 0.3413$)

$$\mathrm{B}(n,\,p) \xrightarrow{\;n\text{이 충분히 크면}\;} \mathrm{N}(np,\,np(1-p))$$

확률변수 X가 이항분포 $\mathrm{B}\left(625,\,\dfrac{1}{5}\right)$을 따를 때, 오른쪽 표준정규분포표를 이용하여 다음을 구하시오.

(1) $\mathrm{P}(135 \leq X \leq 150)$

(2) $\mathrm{P}(X \geq 120)$

z	$\mathrm{P}(0 \leq Z \leq z)$
0.5	0.1915
1.0	0.3413
1.5	0.4332
2.0	0.4772
2.5	0.4938

• 유형만렙 확률과 통계 103쪽에서 문제 더 풀기

|풀이| 확률변수 X가 이항분포 $\mathrm{B}\left(625,\,\dfrac{1}{5}\right)$을 따르므로 X의 평균과 분산은

$$\mathrm{E}(X)=625 \times \frac{1}{5}=125$$

$$\mathrm{V}(X)=625 \times \frac{1}{5} \times \frac{4}{5}=100=10^2$$

시행 횟수 625는 충분히 크므로 확률변수 X는 근사적으로 정규분포 $\mathrm{N}(125,\,10^2)$을 따른다.

$Z=\dfrac{X-125}{10}$로 놓으면 확률변수 Z는 표준정규분포 $\mathrm{N}(0,\,1)$을 따른다.

(1) $\begin{aligned}[t] \mathrm{P}(135 \leq X \leq 150) &= \mathrm{P}\left(\frac{135-125}{10} \leq Z \leq \frac{150-125}{10}\right) \\ &= \mathrm{P}(1 \leq Z \leq 2.5) \\ &= \mathrm{P}(0 \leq Z \leq 2.5) - \mathrm{P}(0 \leq Z \leq 1) \\ &= 0.4938 - 0.3413 \\ &= 0.1525 \end{aligned}$

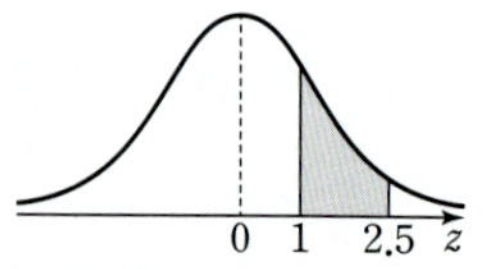

(2) $\begin{aligned}[t] \mathrm{P}(X \geq 120) &= \mathrm{P}\left(Z \geq \frac{120-125}{10}\right) \\ &= \mathrm{P}(Z \geq -0.5) \\ &= \mathrm{P}(Z \leq 0.5) \\ &= \mathrm{P}(Z \leq 0) + \mathrm{P}(0 \leq Z \leq 0.5) \\ &= 0.5 + 0.1915 \\ &= 0.6915 \end{aligned}$

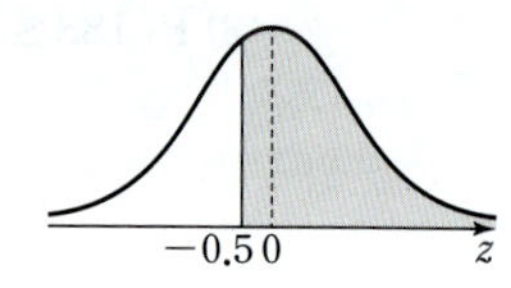

답 (1) 0.1525 (2) 0.6915

TIP **이항분포의 평균과 분산**

확률변수 X가 이항분포 $\mathrm{B}(n,\,p)$를 따를 때
① $\mathrm{E}(X)=np$
② $\mathrm{V}(X)=np(1-p)$

422 유사

교과서

확률변수 X가 이항분포 $B\left(960, \dfrac{3}{8}\right)$을 따를 때, $P(390 \leq X \leq 405)$를 오른쪽 표준정규분포표를 이용하여 구하시오.

z	$P(0 \leq Z \leq z)$
1.0	0.3413
2.0	0.4772
3.0	0.4987

424 변형

확률변수 X의 확률질량함수가
$$P(X=x) = {}_{162}C_x \left(\dfrac{1}{3}\right)^x \left(\dfrac{2}{3}\right)^{162-x}$$
$$(x=0,\ 1,\ 2,\ ...,\ 162)$$
일 때, $P(45 \leq X \leq 63)$을 구하시오.
$$(\text{단},\ P(0 \leq Z \leq 1.5) = 0.4332)$$

423 유사

확률변수 X가 이항분포 $B\left(432, \dfrac{1}{4}\right)$을 따를 때, $P(X \leq 126)$을 오른쪽 표준정규분포표를 이용하여 구하시오.

z	$P(0 \leq Z \leq z)$
1.0	0.3413
1.5	0.4332
2.0	0.4772
2.5	0.4938

425 변형

확률변수 X가 이항분포 $B\left(600, \dfrac{2}{5}\right)$를 따를 때, X는 근사적으로 정규분포 $N(a,\ b^2)$을 따른다. 표준정규분포를 따르는 확률변수 Z에 대하여 $P(228 \leq X \leq 240) = P(0 \leq Z \leq c)$일 때, 상수 a, b, c에 대하여 $a+b+c$의 값을 구하시오.
$$(\text{단},\ b > 0)$$

예제 **09** / 이항분포와 정규분포 사이의 관계의 활용

이항분포를 따르는 확률변수 X를 정하고 X가 근사적으로 따르는 정규분포를 구한 후 표준화하여 확률을 구한다.

한 개의 주사위를 180번 던질 때, 6의 눈이 나오는 횟수가 다음과 같을 확률을 오른쪽 표준정규분포표를 이용하여 구하시오.

(1) 35번 이상 45번 이하

(2) 20번 이하

z	$P(0 \leq Z \leq z)$
1.0	0.3413
2.0	0.4772
3.0	0.4987

• 유형만렙 확률과 통계 104쪽에서 문제 더 풀기

| 개념 | 확률변수 X가 이항분포 $B(n, p)$를 따를 때, $E(X)=np$, $V(X)=np(1-p)$이므로 n이 충분히 크면 X는 근사적으로 정규분포 $N(np, np(1-p))$를 따른다.

| 풀이 | 한 개의 주사위를 180번 던져서 6의 눈이 나오는 횟수를 확률변수 X라 하면

X는 이항분포 $B\left(180, \dfrac{1}{6}\right)$을 따른다. ◀ 180번의 독립시행이고, 한 개의 주사위를 던질 때 6의 눈이 나올 확률은 $\dfrac{1}{6}$이다.

이때 X의 평균과 분산은

$$E(X)=180 \times \frac{1}{6}=30$$

$$V(X)=180 \times \frac{1}{6} \times \frac{5}{6}=25=5^2$$

시행 횟수 180은 충분히 크므로 확률변수 X는 근사적으로 정규분포 $N(30, 5^2)$을 따른다.

$Z=\dfrac{X-30}{5}$으로 놓으면 확률변수 Z는 표준정규분포 $N(0, 1)$을 따른다.

(1) 6의 눈이 나오는 횟수가 35번 이상 45번 이하일 확률은

$$\begin{aligned} P(35 \leq X \leq 45) &= P\left(\frac{35-30}{5} \leq Z \leq \frac{45-30}{5}\right) \\ &= P(1 \leq Z \leq 3) \\ &= P(0 \leq Z \leq 3) - P(0 \leq Z \leq 1) \\ &= 0.4987 - 0.3413 \\ &= 0.1574 \end{aligned}$$

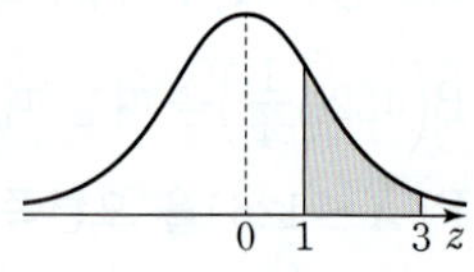

(2) 6의 눈이 나오는 횟수가 20번 이하일 확률은

$$\begin{aligned} P(X \leq 20) &= P\left(Z \leq \frac{20-30}{5}\right) \\ &= P(Z \leq -2) \\ &= P(Z \geq 2) \\ &= P(Z \geq 0) - P(0 \leq Z \leq 2) \\ &= 0.5 - 0.4772 \\ &= 0.0228 \end{aligned}$$

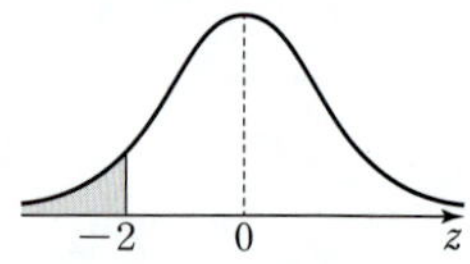

답 (1) 0.1574 (2) 0.0228

426 유사

한 개의 동전을 36번 던질 때, 앞면이 나오는 횟수가 12번 이상 27번 이하일 확률을 오른쪽 표준정규분포표를 이용하여 구하시오.

z	$P(0 \leq Z \leq z)$
1.0	0.3413
2.0	0.4772
3.0	0.4987

427 유사

두 사람 A, B가 가위바위보를 72번 할 때, A가 이기는 횟수가 30번 이상일 확률을 오른쪽 표준정규분포표를 이용하여 구하시오.

z	$P(0 \leq Z \leq z)$
1.0	0.3413
1.5	0.4332
2.0	0.4772
2.5	0.4938

428 유사

각 면에 1, 2, 3, 4의 숫자가 각각 하나씩 적힌 정사면체 모양의 주사위 한 개를 192번 던질 때, 바닥에 놓인 면에 적힌 수가 4의 약수인 횟수가 147번 이상 156번 이하일 확률을 위의 표준정규분포표를 이용하여 구하시오.

z	$P(0 \leq Z \leq z)$
0.5	0.1915
1.0	0.3413
1.5	0.4332
2.0	0.4772

429 유사

흰 공 2개, 검은 공 4개가 들어 있는 주머니에서 임의로 1개의 공을 꺼내어 색을 확인한 후 다시 주머니에 넣는 시행을 162번 반복하려고 한다. 이때 검은 공을 꺼내는 횟수가 123번 이하일 확률을 위의 표준정규분포표를 이용하여 구하시오.

z	$P(0 \leq Z \leq z)$
1.5	0.4332
2.0	0.4772
2.5	0.4938
3.0	0.4987

430 다음 그림의 세 곡선 $y=f(x)$, $y=g(x)$, $y=h(x)$는 각각 정규분포 $\mathrm{N}(15, \sigma^2)$, $\mathrm{N}(m, 3^2)$, $\mathrm{N}(m, 9^2)$을 따르는 세 확률변수 X_1, X_2, X_3의 정규분포곡선이다. 이때 m, σ의 값의 범위는? (단, $\sigma>0$)

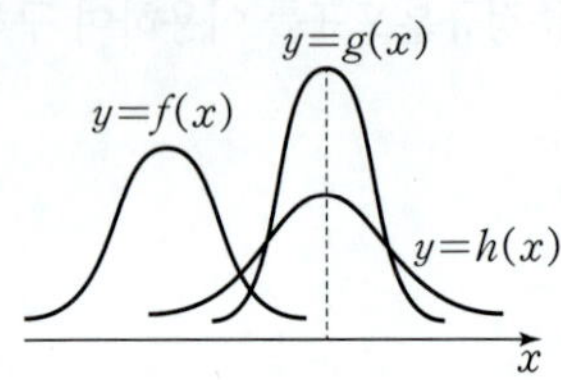

① $m<15,\ \sigma<3$ ② $m<15,\ 3<\sigma<9$

③ $m>15,\ \sigma<3$ ④ $m>15,\ 3<\sigma<9$

⑤ $m>15,\ \sigma>9$

431 확률변수 X가 정규분포 $\mathrm{N}(m, \sigma^2)$을 따르고

$$\mathrm{P}(|X-m| \leq \sigma)=a,$$
$$\mathrm{P}(m+\sigma \leq X \leq m+2\sigma)=b$$

일 때, $\mathrm{P}(X \geq m+2\sigma)$를 a, b를 사용하여 나타낸 것은?

① $\dfrac{2-a-2b}{2}$ ② $\dfrac{1-a-b}{2}$

③ $1-a-2b$ ④ $\dfrac{1-a-2b}{2}$

⑤ $\dfrac{1-2a-2b}{2}$

432 확률변수 X가 정규분포 $\mathrm{N}(25, 5^2)$을 따를 때, $\mathrm{P}(X \leq k)=0.0013$을 만족시키는 상수 k의 값을 위의 표준정규분포표를 이용하여 구하시오.

z	$\mathrm{P}(0 \leq Z \leq z)$
1.0	0.3413
2.0	0.4772
3.0	0.4987

433 어느 공항에서 처리되는 각 수하물의 무게는 평균이 $18\,\mathrm{kg}$, 표준편차가 $2\,\mathrm{kg}$인 정규분포를 따른다고 한다. 이 공항에서 처리되는 수하물 중에서 임의로 한 개를 선택할 때, 이 수하물의 무게가 $16\,\mathrm{kg}$ 이상이고 $22\,\mathrm{kg}$ 이하일 확률을 오른쪽 표준정규분포표를 이용하여 구한 것은?

z	$\mathrm{P}(0 \leq Z \leq z)$
0.5	0.1915
1.0	0.3413
1.5	0.4332
2.0	0.4772

① 0.5328   ② 0.6247   ③ 0.7745

④ 0.8185   ⑤ 0.9104

434 확률변수 X가 이항분포 $\mathrm{B}\!\left(242, \dfrac{2}{11}\right)$를 따를 때, $\mathrm{P}(32 \leq X \leq 53)$을 오른쪽 표준정규분포표를 이용하여 구하시오.

z	$\mathrm{P}(0 \leq Z \leq z)$
1.0	0.3413
1.5	0.4332
2.0	0.4772
2.5	0.4938

2단계

🎓 수능

435 연속확률변수 X가 갖는 값의 범위는 $0 \le X \le 2$이고, X의 확률밀도함수의 그래프가 그림과 같을 때, $P\left(\dfrac{1}{3} \le X \le a\right)$의 값은?

(단, a는 상수이다.)

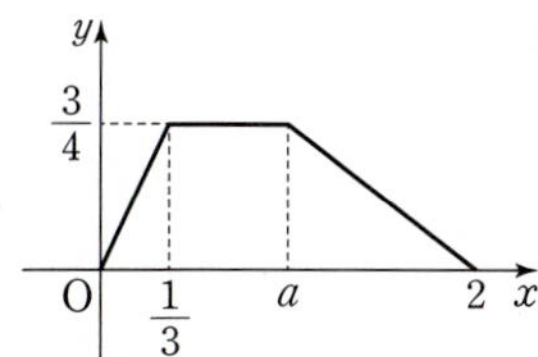

① $\dfrac{11}{16}$ ② $\dfrac{5}{8}$ ③ $\dfrac{9}{16}$

④ $\dfrac{1}{2}$ ⑤ $\dfrac{7}{16}$

436 확률변수 X가 정규분포 $N(60, 5^2)$을 따를 때, $P(k-23 \le X \le k+3)$이 최대가 되도록 하는 상수 k의 값은?

① 62 ② 64 ③ 66

④ 68 ⑤ 70

437 하준이네 학교 전체 학생의 음악, 미술, 체육 수행 평가 성적은 각각 정규분포를 따르고, 각 과목의 평균, 표준편차와 하준이의 성적은 다음 표와 같다. 각 과목별로 하준이의 성적과 학교 전체 학생의 성적을 비교할 때, 하준이의 성적이 상대적으로 높은 과목부터 순서대로 나열하시오.

(단위: 점)

과목	음악	미술	체육
평균	26	18	38
표준편차	4	3	7
하준이의 성적	32	20	45

438 400명이 응시한 어느 한자 시험의 점수는 평균이 72점, 표준편차가 5점인 정규분포를 따른다고 한다. 이 시험에서 성적이 우수한 32명에게 상장을 수여한다고 할 때, 상장을 받는 응시자의 최저 점수를 구하시오.

(단, $P(0 \le Z \le 1.4) = 0.42$)

✏️ 서술형

439 서로 다른 두 개의 동전을 동시에 100번 던질 때, 서로 다른 면이 나오는 횟수를 확률변수 X라 하자. $P(X \le k) = 0.1587$을 만족시키는 상수 k의 값을 구하시오.

(단, $P(0 \le Z \le 1) = 0.3413$)

연습문제

• 정답과 해설 **85**쪽

3단계

440 $0 \leq x \leq 4$에서 정의된 연속확률변수 X의 확률밀도함수를 $f(x)$라 할 때, $0 \leq x \leq 2$인 모든 x에 대하여 $f(2-x)=f(2+x)$가 성립한다. $P(3 \leq X \leq 4)=\dfrac{7}{18}$일 때, $P(1 \leq X \leq 3)$을 구하시오.

🎓 평가원

441 확률변수 X는 평균이 m, 표준편차가 σ인 정규분포를 따르고 다음 등식을 만족시킨다.
$$P(m \leq X \leq m+12)-P(X \leq m-12)=0.3664$$
오른쪽 표준정규분포표를 이용하여 σ의 값을 구한 것은?

z	$P(0 \leq Z \leq z)$
0.5	0.1915
1.0	0.3413
1.5	0.4332
2.0	0.4772

① 4 ② 6
③ 8 ④ 10
⑤ 12

442 한 개의 주사위를 한 번 던져서 나오는 눈의 수가 5의 약수이면 3점을 얻고, 5의 약수가 아니면 1점을 얻는 게임이 있다. 이 게임을 18번 하여 얻은 최종 점수가 38점 이상이 될 확률을 위의 표준정규분포표를 이용하여 구하시오.

z	$P(0 \leq Z \leq z)$
1.0	0.3413
1.5	0.4332
2.0	0.4772
2.5	0.4938

443 어느 과수원에서 수확한 복숭아 1개의 무게는 평균이 $269\,\mathrm{g}$, 표준편차가 $25\,\mathrm{g}$인 정규분포를 따른다고 한다. 수확한 복숭아 중에서 무게가 $290\,\mathrm{g}$ 이상인 것을 특대 등급 상품으로 분류한다고 할 때, 이 과수원에서 수확한 복숭아 400개 중에서 특대 등급 상품이 66개 이하일 확률을 위의 표준정규분포표를 이용하여 구하시오.

z	$P(0 \leq Z \leq z)$
0.84	0.30
1.18	0.38
1.75	0.46

3

통계적 추정

 모평균과 표본평균

개념 01 모집단과 표본

(1) 통계 조사
  ① **전수조사**: 조사의 대상이 되는 집단 전체를 조사하는 방법
  ② **표본조사**: 조사의 대상이 되는 집단 전체에서 일부분을 뽑아서 조사하는 방법

(2) 모집단과 표본
  ① **모집단**: 조사의 대상이 되는 집단 전체
  ② **표본**: 조사하기 위하여 뽑은 모집단의 일부분
  ③ **표본의 크기**: 표본조사에서 뽑은 표본의 개수
  ④ **추출**: 모집단에서 표본을 뽑는 것

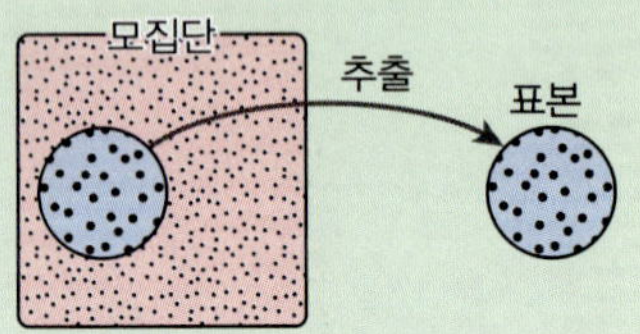

배터리 수명 조사와 같이 조사 과정에서 제품이 소모되거나 전체를 조사하는 것이 불가능하여
전수조사가 적합하지 않은 경우가 있다.
이러한 경우 일부를 택하여 조사하고, 모집단의 성질을 추측해야 하는 표본조사를 이용한다.
예를 들어 어느 공장에서 생산한 배터리 수명을 알아보기 위하여 전체에서 임의로 100개의 배터리를
뽑았다고 하자. 이때 모집단은 공장에서 생산한 배터리 전체, 표본은 임의로 뽑은 100개의 배터리,
표본의 크기는 100이다.

| 예 | 농업 총 조사, 대통령 선거 등과 같이 모든 대상을 조사하는 방법은 전수조사이고,
       대기 오염도 조사, 출구조사 등과 같이 일부를 뽑아 조사하는 방법은 표본조사이다.

개념 02 임의추출

임의추출: 모집단의 각 대상이 같은 확률로 추출되도록 표본을 추출하는 방법
(1) 복원추출: 한 번 추출된 대상을 되돌려 놓고 다시 추출하는 방법
(2) 비복원추출: 한 번 추출된 대상을 되돌려 놓지 않고 다시 추출하는 방법

1부터 5까지의 숫자가 각각 하나씩 적힌 5개의 공이 들어 있는 주머니를 모집단으로 하여
표본의 크기가 2인 표본을 추출할 때, 각각의 공이 같은 확률로 추출되도록 표본을 추출하는 방법이
임의추출이다.
이때 첫 번째 공을 뽑은 후 다시 주머니에 넣고 두 번째 공을 뽑는 방법이 복원추출이고,
첫 번째 공을 뽑은 후 다시 주머니에 넣지 않고 두 번째 공을 뽑는 방법이 비복원추출이다.
특별한 언급이 없는 경우 임의추출은 복원추출로 간주한다.

| 참고 | • 모집단의 크기가 충분히 크면 비복원추출도 복원추출로 볼 수 있다.
        • 표본을 임의추출하기 위해서 난수표, 난수 주사위, 제비뽑기 등을 사용하기도 하지만
          최근에는 주로 공학 도구를 많이 사용한다.

(1) **모평균, 모분산, 모표준편차**

모집단에서 조사하고자 하는 특성을 나타내는 확률변수를 X라 할 때,
X의 평균, 분산, 표준편차를 각각 **모평균, 모분산, 모표준편차**라 하고,
기호로 각각 m, σ^2, σ와 같이 나타낸다.

(2) **표본평균, 표본분산, 표본표준편차**

모집단에서 크기가 n인 표본 X_1, X_2, $...$, X_n을 임의추출할 때,
이들의 평균, 분산, 표준편차를 각각 **표본평균, 표본분산, 표본표준편차**라 하고,
기호로 각각 $\overline{X}$, S^2, S와 같이 나타낸다.

모집단에서 크기가 n인 표본 X_1, X_2, X_3, $...$, X_n을 임의추출할 때,
표본평균 $\overline{X}$, 표본분산 S^2, 표본표준편차 S는 다음과 같이 정의한다.

$$\overline{X}=\frac{1}{n}(X_1+X_2+X_3+\cdots+X_n) \quad \blacktriangleleft \frac{(\text{표본의 합})}{(\text{표본의 크기})}$$

$$S^2=\frac{1}{n-1}\{(X_1-\overline{X})^2+(X_2-\overline{X})^2+(X_3-\overline{X})^2+\cdots+(X_n-\overline{X})^2\} \quad \blacktriangleleft \frac{(\text{표본}-\text{표본평균})^2\text{의 합}}{(\text{표본의 크기})-1}$$

$$S=\sqrt{S^2} \quad \blacktriangleleft \sqrt{(\text{표본분산})}$$

| 참고 | • 표본분산을 정의할 때 $n-1$로 나누는 것은 표본분산과 모분산의 차이를 줄이기 위함이다.
　　　• 모평균 m은 상수이지만 표본평균 $\overline{X}$는 추출한 표본에 따라 다른 값을 가질 수 있으므로
　　　하나의 확률변수이다. 마찬가지로 S^2, S도 각각 하나의 확률변수이다.

모평균이 m, 모표준편차가 σ인 모집단에서 크기가 n인 표본을 임의추출할 때,
표본평균 $\overline{X}$에 대하여

$$\mathrm{E}(\overline{X})=m,\ \mathrm{V}(\overline{X})=\frac{\sigma^2}{n},\ \sigma(\overline{X})=\frac{\sigma}{\sqrt{n}}$$

0, 2, 4의 숫자가 각각 하나씩 적힌 3장의 카드 중에서
임의로 1장을 뽑을 때, 카드에 적힌 수를 확률변수 X
라 하자.

X	0	2	4	합계
$\mathrm{P}(X=x)$	$\frac{1}{3}$	$\frac{1}{3}$	$\frac{1}{3}$	1

이때 X의 확률분포를 표로 나타내면 오른쪽과 같다.
따라서 X의 평균과 분산을 구하면

$$m=\mathrm{E}(X)=0\times\frac{1}{3}+2\times\frac{1}{3}+4\times\frac{1}{3}=2,\ \sigma^2=\mathrm{V}(X)=0^2\times\frac{1}{3}+2^2\times\frac{1}{3}+4^2\times\frac{1}{3}-2^2=\frac{8}{3}$$

한편 이 모집단에서 복원추출로 뽑은 2장의 카드에 적힌 수를
각각 크기가 2인 표본 X_1, X_2라 하자.

X_1, X_2의 표본평균 $\overline{X}=\dfrac{X_1+X_2}{2}$ 를 표로 나타내면 오른쪽과
같다. 즉, 표본평균 $\overline{X}$가 가지는 값은 0, 1, 2, 3, 4이다.

X_1＼X_2	0	2	4
0	0	1	2
2	1	2	3
4	2	3	4

이때 각각의 값을 가질 확률을 구하여 $\overline{X}$의 확률분포를 표로 나타내면 다음과 같다.

$\overline{X}$	0	1	2	3	4	합계
$P(\overline{X}=\overline{x})$	$\dfrac{1}{9}$	$\dfrac{2}{9}$	$\dfrac{1}{3}$	$\dfrac{2}{9}$	$\dfrac{1}{9}$	1

└ $\overline{x}$는 $\overline{X}$를 측정하여 얻은 값이다.

표본평균 $\overline{X}$의 평균, 분산, 표준편차를 구하면

$$\mathrm{E}(\overline{X})=0\times\frac{1}{9}+1\times\frac{2}{9}+2\times\frac{1}{3}+3\times\frac{2}{9}+4\times\frac{1}{9}=2$$

$$\mathrm{V}(\overline{X})=0^2\times\frac{1}{9}+1^2\times\frac{2}{9}+2^2\times\frac{1}{3}+3^2\times\frac{2}{9}+4^2\times\frac{1}{9}-2^2=\frac{4}{3}$$

$$\sigma(\overline{X})=\sqrt{\frac{4}{3}}=\frac{2\sqrt{3}}{3}$$

따라서 일반적으로 다음이 성립함을 알 수 있다.

$$\mathrm{E}(\overline{X})=m,\ \mathrm{V}(\overline{X})=\frac{\sigma^2}{n},\ \sigma(\overline{X})=\frac{\sigma}{\sqrt{n}}$$

| 예 | 모평균이 20, 모분산이 16인 모집단에서 크기가 100인 표본을 임의추출할 때, 표본평균 $\overline{X}$의 평균, 분산, 표준편차를 각각 구해 보자.

$m=20,\ \sigma^2=16,\ n=100$이므로

$$\mathrm{E}(\overline{X})=m=20,\ \mathrm{V}(\overline{X})=\frac{\sigma^2}{n}=\frac{16}{100}=\frac{4}{25},\ \sigma(\overline{X})=\frac{\sigma}{\sqrt{n}}=\frac{4}{\sqrt{100}}=\frac{4}{10}=\frac{2}{5}$$

개념 05 표본평균의 분포

◎ 예제 04, 05

모집단이 m, 모표준편차가 σ인 모집단에서 크기가 n인 표본을 임의추출할 때, 표본평균 $\overline{X}$에 대하여

(1) **모집단이 정규분포 $\mathrm{N}(m,\ \sigma^2)$을 따르면 표본평균 $\overline{X}$는 정규분포 $\mathrm{N}\!\left(m,\ \dfrac{\sigma^2}{n}\right)$을 따른다.**

(2) 모집단이 정규분포를 따르지 않아도 표본의 크기 n이 충분히 크면

표본평균 $\overline{X}$는 근사적으로 정규분포 $\mathrm{N}\!\left(m,\ \dfrac{\sigma^2}{n}\right)$을 따른다.

모집단이 $\{1,\ 2,\ 3,\ 4\}$일 때, 모집단의
확률분포 및 표본의 크기가 각각 2, 3인 표본의
표본평균의 확률분포는 오른쪽 그림과 같다.
이와 같이 표본의 크기 n이 커질수록
표본평균 $\overline{X}$의 분포는 근사적으로
정규분포에 가까워짐을 알 수 있다.
모평균이 m, 모표준편차가 σ인 모집단에서

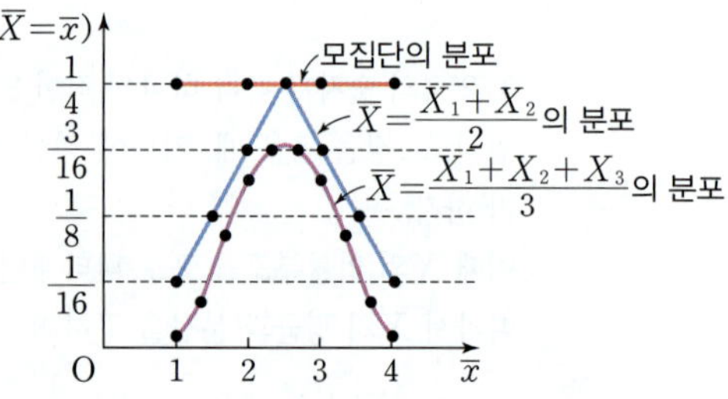

크기가 n인 표본을 임의추출할 때, 표본평균 $\overline{X}$에 대하여

$\mathrm{E}(\overline{X})=m,\ \mathrm{V}(\overline{X})=\dfrac{\sigma^2}{n}$이고, 모집단이 정규분포를 따르지 않아도 n이 충분히 크면

$\overline{X}$는 근사적으로 정규분포 $\mathrm{N}\!\left(m,\ \dfrac{\sigma^2}{n}\right)$을 따른다.

| 참고 | $n\geq30$이면 n을 충분히 큰 값으로 생각한다.

개념 01
444 보기에서 표본조사가 적합한 것만을 있는 대로 고르시오.

> **보기**
> ㄱ. 병역 판정 조사 ㄴ. 전구의 수명 조사
> ㄷ. 자동차 충돌 안정성 조사 ㄹ. 미취학 아동의 수 조사

개념 02
445 서로 다른 숫자가 각각 하나씩 적힌 5개의 공이 들어 있는 주머니에서 3개의 공을 다음과 같이 임의추출하는 경우의 수를 구하시오.

(1) 한 개씩 복원추출 (2) 한 개씩 비복원추출 (3) 동시에 추출

개념 04
446 모평균이 15, 모분산이 36인 모집단에서 크기 n이 다음과 같은 표본을 임의추출할 때, 표본평균 $\overline{X}$의 평균, 분산, 표준편차를 구하시오.

(1) $n=9$ (2) $n=36$ (3) $n=100$

개념 05
447 정규분포 $N(10, 16^2)$을 따르는 모집단에서 크기가 64인 표본을 임의추출할 때, 표본평균 $\overline{X}$에 대하여 다음 물음에 답하시오.

(1) $E(\overline{X})$, $V(\overline{X})$, $\sigma(\overline{X})$를 구하시오.

(2) $\overline{X}$가 따르는 정규분포를 기호로 나타내시오.

예제 01 표본평균의 평균, 분산, 표준편차
– 모평균, 모표준편차가 주어진 경우

모평균이 m, 모표준편차가 σ인 모집단에서 크기가 n인 표본을 임의추출할 때,

표본평균 $\overline{X}$에 대하여 $\mathrm{E}(\overline{X})=m$, $\mathrm{V}(\overline{X})=\dfrac{\sigma^2}{n}$, $\sigma(\overline{X})=\dfrac{\sigma}{\sqrt{n}}$

정규분포 $\mathrm{N}(40,\ 10^2)$을 따르는 모집단에서 크기가 100인 표본을 임의추출할 때, 표본평균 $\overline{X}$에 대하여 $\mathrm{E}(\overline{X}^2)$을 구하시오.

• 유형만렙 확률과 통계 114쪽에서 문제 더 풀기

| 풀이 | 모집단이 정규분포 $\mathrm{N}(40,\ 10^2)$을 따르므로

모평균을 m, 모분산을 σ^2이라 하면

$m=40$, $\sigma^2=10^2=100$

이때 표본의 크기를 n이라 하면 $n=100$이므로

$\mathrm{E}(\overline{X})=m=40$

$\mathrm{V}(\overline{X})=\dfrac{\sigma^2}{n}=\dfrac{100}{100}=1$

$\mathrm{V}(\overline{X})=\mathrm{E}(\overline{X}^2)-\{\mathrm{E}(\overline{X})\}^2$이므로

$\mathrm{E}(\overline{X}^2)=\mathrm{V}(\overline{X})+\{\mathrm{E}(\overline{X})\}^2$

$\qquad\quad\ =1+40^2=1601$

답 1601

TIP 표본평균의 평균, 분산, 표준편차

표본평균 $\overline{X}$에 대하여 확률변수 X의 분산, 표준편차와 마찬가지로 다음이 성립한다.

$\qquad \mathrm{V}(\overline{X})=\mathrm{E}(\overline{X}^2)-\{\mathrm{E}(\overline{X})\}^2$

$\qquad \sigma(\overline{X})=\sqrt{\mathrm{V}(\overline{X})}$

또 확률변수 $a\overline{X}+b$ (a, b는 상수, $a\neq0$)의 평균, 분산, 표준편차도 이산확률변수, 연속확률변수와 마찬가지로 다음이 성립한다.

$\qquad \mathrm{E}(a\overline{X}+b)=a\mathrm{E}(\overline{X})+b$

$\qquad \mathrm{V}(a\overline{X}+b)=a^2\mathrm{V}(\overline{X})$

$\qquad \sigma(a\overline{X}+b)=|a|\sigma(\overline{X})$

448 유사

정규분포 $N(24, 8^2)$을 따르는 모집단에서 크기가 16인 표본을 임의추출할 때, 표본평균 $\overline{X}$에 대하여 $\sigma(\overline{X}) + E(\overline{X}^2)$의 값을 구하시오.

449 변형 📖 교과서

모평균이 35, 모표준편차가 3인 모집단에서 크기가 n인 표본을 임의추출할 때, 표본평균 $\overline{X}$의 표준편차가 $\dfrac{1}{3}$ 이하가 되도록 하는 자연수 n의 최솟값을 구하시오.

450 변형

어느 공장에서 생산하는 제품 1개의 무게는 평균이 18 kg, 표준편차가 2 kg인 정규분포를 따른다고 한다. 이 공장에서 생산한 제품 중에서 임의추출한 4개의 무게의 평균을 $\overline{X}$라 할 때, $\dfrac{E(3\overline{X})}{V(3\overline{X})}$의 값을 구하시오.

451 변형

모평균이 m, 모분산이 225인 모집단에서 크기가 25인 표본을 임의추출할 때, 표본평균 $\overline{X}$에 대하여 $E(\overline{X}^2) = 45$이다. 양수 m의 값을 구하시오.

모집단의 확률변수 X의 확률분포에서 모평균과 모분산을 먼저 구한 후

$\mathrm{E}(\overline{X})=m$, $\mathrm{V}(\overline{X})=\dfrac{\sigma^2}{n}$, $\sigma(\overline{X})=\dfrac{\sigma}{\sqrt{n}}$ 임을 이용한다.

모집단의 확률변수 X의 확률분포를 표로 나타내면 오른쪽
과 같다. 이 모집단에서 크기가 22인 표본을 임의추출할 때,
표본평균 $\overline{X}$에 대하여 $\mathrm{V}(\overline{X})$를 구하시오. (단, a는 상수)

X	1	3	5	합계
$\mathrm{P}(X=x)$	$\dfrac{1}{4}$	a	$\dfrac{1}{2}$	1

• 유형만렙 확률과 통계 114쪽에서 문제 더 풀기

|풀이| 확률의 총합은 1이므로 $\dfrac{1}{4}+a+\dfrac{1}{2}=1$ $\quad$ $\therefore a=\dfrac{1}{4}$

따라서 확률변수 X에 대하여

$\mathrm{E}(X)=1\times\dfrac{1}{4}+3\times\dfrac{1}{4}+5\times\dfrac{1}{2}=\dfrac{7}{2}$

$\mathrm{V}(X)=\mathrm{E}(X^2)-\{\mathrm{E}(X)\}^2=1^2\times\dfrac{1}{4}+3^2\times\dfrac{1}{4}+5^2\times\dfrac{1}{2}-\left(\dfrac{7}{2}\right)^2=15-\dfrac{49}{4}=\dfrac{11}{4}$

이때 표본의 크기가 22이므로 $\mathrm{V}(\overline{X})=\dfrac{\dfrac{11}{4}}{22}=\dfrac{1}{8}$

답 $\dfrac{1}{8}$

모집단의 확률변수 X의 확률분포를 구하여 모평균과 모분산을 구한 후

$\mathrm{E}(\overline{X})=m$, $\mathrm{V}(\overline{X})=\dfrac{\sigma^2}{n}$, $\sigma(\overline{X})=\dfrac{\sigma}{\sqrt{n}}$ 임을 이용한다.

1부터 4까지의 자연수가 각각 하나씩 적힌 4장의 카드 중에서 2장의 카드를 임의추출할 때, 카드에 적힌
숫자의 평균을 $\overline{X}$라 하자. 이때 $\mathrm{E}(\overline{X})$, $\mathrm{V}(\overline{X})$를 구하시오.

• 유형만렙 확률과 통계 115쪽에서 문제 더 풀기

|풀이| 1부터 4까지의 자연수가 각각 하나씩 적힌 4장의
카드 중에서 임의로 1장의 카드를 뽑을 때, 카드
에 적힌 숫자를 확률변수 X라 하고, X의 확률
분포를 표로 나타내면 오른쪽과 같다.

X	1	2	3	4	합계
$\mathrm{P}(X=x)$	$\dfrac{1}{4}$	$\dfrac{1}{4}$	$\dfrac{1}{4}$	$\dfrac{1}{4}$	1

확률변수 X에 대하여

$\mathrm{E}(X)=1\times\dfrac{1}{4}+2\times\dfrac{1}{4}+3\times\dfrac{1}{4}+4\times\dfrac{1}{4}=\dfrac{5}{2}$

$\mathrm{V}(X)=\mathrm{E}(X^2)-\{\mathrm{E}(X)\}^2=1^2\times\dfrac{1}{4}+2^2\times\dfrac{1}{4}+3^2\times\dfrac{1}{4}+4^2\times\dfrac{1}{4}-\left(\dfrac{5}{2}\right)^2=\dfrac{15}{2}-\dfrac{25}{4}=\dfrac{5}{4}$

이때 표본의 크기가 2이므로 $\mathrm{E}(\overline{X})=\dfrac{5}{2}$, $\mathrm{V}(\overline{X})=\dfrac{\dfrac{5}{4}}{2}=\dfrac{5}{8}$

답 $\mathrm{E}(\overline{X})=\dfrac{5}{2}$, $\mathrm{V}(\overline{X})=\dfrac{5}{8}$

452 예제 02 유사

모집단의 확률변수 X의 확률분포를 표로 나타내면 다음과 같다. 이 모집단에서 크기가 16인 표본을 임의추출할 때, 표본평균 $\overline{X}$에 대하여 $\mathrm{E}(\overline{X}^2)$을 구하시오. (단, a는 상수)

X	0	1	2	합계
$\mathrm{P}(X=x)$	$\dfrac{1}{5}$	a	$\dfrac{3}{5}$	1

453 예제 03 유사

1부터 5까지의 자연수가 각각 하나씩 적힌 5개의 공이 들어 있는 상자가 있다. 이 상자에서 3개의 공을 임의추출할 때, 공에 적힌 숫자의 평균을 $\overline{X}$라 하자. 이때 $\mathrm{E}(\overline{X}) \times \sigma(\overline{X})$의 값을 구하시오.

454 예제 02 변형   📖 교과서

모집단의 확률변수 X의 확률분포를 표로 나타내면 다음과 같다. 이 모집단에서 크기가 25인 표본을 임의추출하여 구한 표본평균 $\overline{X}$에 대하여 $\mathrm{E}(\overline{X})=4$일 때, $\mathrm{V}(\overline{X})$를 구하시오.

(단, a, b는 상수)

X	0	3	6	합계
$\mathrm{P}(X=x)$	$\dfrac{1}{6}$	a	b	1

455 예제 03 변형

1, 1, 1, 1, 2, 2, 2, 3, 3, 4의 숫자가 각각 하나씩 적힌 10장의 카드 중에서 4장의 카드를 임의추출할 때, 카드에 적힌 숫자의 평균을 $\overline{X}$라 하자. 이때 $\sigma(8\overline{X}+1)$을 구하시오.

예제 04 / 표본평균의 확률

모집단이 정규분포 $N(m, \sigma^2)$을 따르면 크기가 n인 표본의 표본평균 $\overline{X}$는
정규분포 $N\left(m, \dfrac{\sigma^2}{n}\right)$을 따름을 이용하여 $\overline{X}$를 표준화한 후 확률을 구한다.

어느 음료 회사에서 생산하는 음료수 1병의 용량은 평균이 300 mL, 표준편차가 8 mL인 정규분포를 따른다고 한다. 이 회사에서 생산하는 음료수 중에서 임의추출한 100병의 용량의 평균이 299 mL 이상일 확률을 오른쪽 표준정규분포표를 이용하여 구하시오.

z	$P(0 \leq Z \leq z)$
1.00	0.3413
1.25	0.3944
1.50	0.4332

• 유형만렙 확률과 통계 115쪽에서 문제 더 풀기

| 풀이 | 모집단이 정규분포 $N(300, 8^2)$을 따르고 표본의 크기가 100이므로
100병의 음료수의 용량의 평균을 $\overline{X}$라 하면

표본평균 $\overline{X}$는 정규분포 $N\left(300, \dfrac{8^2}{100}\right)$, 즉 $N\left(300, \left(\dfrac{4}{5}\right)^2\right)$을 따른다.

$Z = \dfrac{\overline{X}-300}{\frac{4}{5}}$ 으로 놓으면 확률변수 Z는 표준정규분포 $N(0, 1)$을 따르므로 구하는 확률은

$$P(\overline{X} \geq 299) = P\left(Z \geq \dfrac{299-300}{\frac{4}{5}}\right)$$
$$= P(Z \geq -1.25)$$
$$= P(Z \leq 1.25)$$
$$= P(Z \leq 0) + P(0 \leq Z \leq 1.25)$$
$$= 0.5 + 0.3944$$
$$= 0.8944$$

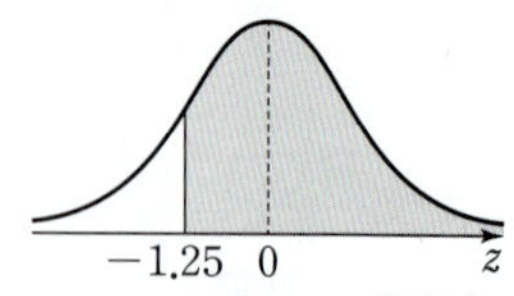

답 0.8944

TIP **정규분포의 표준화**

정규분포 $N(m, \sigma^2)$을 따르는 확률변수 X에 대하여 확률변수 $Z = \dfrac{X-m}{\sigma}$은 표준정규분포 $N(0, 1)$을 따르므로

$$P(a \leq X \leq b) = P\left(\dfrac{a-m}{\sigma} \leq Z \leq \dfrac{b-m}{\sigma}\right)$$

456 유사

비상고등학교 2학년 학생의 통학 시간은 평균이 45분, 표준편차가 12분인 정규분포를 따른다고 한다. 이 학교 2학년 학생 중에서 임의추출한 16명의 통학 시간의 평균이 39분 이하일 확률을 위의 표준정규분포표를 이용하여 구하시오.

z	$P(0 \leq Z \leq z)$
1.0	0.3413
1.5	0.4332
2.0	0.4772
2.5	0.4938

457 유사 교육청

어느 도시의 시민 한 명이 1년 동안 병원을 이용한 횟수는 평균이 14, 표준편차가 3.2인 정규분포를 따른다고 한다. 이 도시의 시민 중에서 임의추출한 256명의 1년 동안 병원을 이용한 횟수의 표본평균이 13.7 이상이고 14.2 이하일 확률을 오른쪽 표준정규분포표를 이용하여 구한 것은?

z	$P(0 \leq Z \leq z)$
1.0	0.3413
1.5	0.4332
2.0	0.4772
2.5	0.4938

① 0.6826   ② 0.7745   ③ 0.8185
④ 0.9104   ⑤ 0.9710

458 변형

정규분포 $N(27, 16)$을 따르는 모집단에서 크기가 25인 표본을 임의추출할 때, 표본평균 $\overline{X}$에 대하여 $P(25 \leq \overline{X} \leq 29)$를 오른쪽 표준정규분포표를 이용하여 구하시오.

z	$P(0 \leq Z \leq z)$
1.5	0.4332
2.0	0.4772
2.5	0.4938
3.0	0.4987

459 변형

어느 양계장의 달걀은 무게에 따라 다음 표와 같이 특란, 대란, 중란, 소란으로 구분된다.

구분	무게
특란	60 g 이상
대란	57 g 이상 60 g 미만
중란	54 g 이상 57 g 미만
소란	54 g 미만

이 양계장에서 생산하는 달걀 1개의 무게는 평균이 56 g, 표준편차가 6 g인 정규분포를 따른다고 한다.

z	$P(0 \leq Z \leq z)$
1.0	0.3413
1.5	0.4332
2.0	0.4772

이 양계장의 달걀 중에서 임의추출한 9개의 무게의 평균이 특란 또는 소란의 무게에 속할 확률을 위의 표준정규분포표를 이용하여 구하시오.

확률변수 X가 정규분포 $N(m, \sigma^2)$을 따를 때, $P(m \leq X \leq a) = P(0 \leq Z \leq b)$이면
$\dfrac{a-m}{\sigma} = b$임을 이용하여 표본평균 $\overline{X}$를 표준화한 후 미지수의 값을 구한다.

어느 디저트 가게에서 판매하는 마카롱 1개의 무게는 평균이 34.5 g, 표준편차가 4 g인 정규분포를 따른다고 한다. 이 가게에서 판매하는 마카롱 중에서 임의추출한 n개의 무게의 평균을 $\overline{X}$라 할 때, $P(31.5 \leq \overline{X} \leq 37.5) = 0.9974$이다. 이때 n의 값을 오른쪽 표준정규분포표를 이용하여 구하시오.

z	$P(0 \leq Z \leq z)$
1.5	0.4332
2.0	0.4772
2.5	0.4938
3.0	0.4987

• **유형만렙** 확률과 통계 116쪽에서 문제 더 풀기

| 풀이 | 모집단이 정규분포 $N(34.5, 4^2)$을 따르고 표본의 크기가 n이므로

표본평균 $\overline{X}$는 정규분포 $N\left(34.5, \dfrac{4^2}{n}\right)$, 즉 $N\left(34.5, \left(\dfrac{4}{\sqrt{n}}\right)^2\right)$을 따른다.

$Z = \dfrac{\overline{X} - 34.5}{\dfrac{4}{\sqrt{n}}}$로 놓으면 확률변수 Z는 표준정규분포 $N(0, 1)$을 따르므로

$P(31.5 \leq \overline{X} \leq 37.5) = 0.9974$에서

$P\left(\dfrac{31.5 - 34.5}{\dfrac{4}{\sqrt{n}}} \leq Z \leq \dfrac{37.5 - 34.5}{\dfrac{4}{\sqrt{n}}}\right) = 0.9974$

$P\left(-\dfrac{3\sqrt{n}}{4} \leq Z \leq \dfrac{3\sqrt{n}}{4}\right) = 0.9974$

$P\left(-\dfrac{3\sqrt{n}}{4} \leq Z \leq 0\right) + P\left(0 \leq Z \leq \dfrac{3\sqrt{n}}{4}\right) = 0.9974$

$2P\left(0 \leq Z \leq \dfrac{3\sqrt{n}}{4}\right) = 0.9974$

$\therefore P\left(0 \leq Z \leq \dfrac{3\sqrt{n}}{4}\right) = 0.4987$

이때 $P(0 \leq Z \leq 3) = 0.4987$이므로

$\dfrac{3\sqrt{n}}{4} = 3, \sqrt{n} = 4$

$\therefore n = 16$

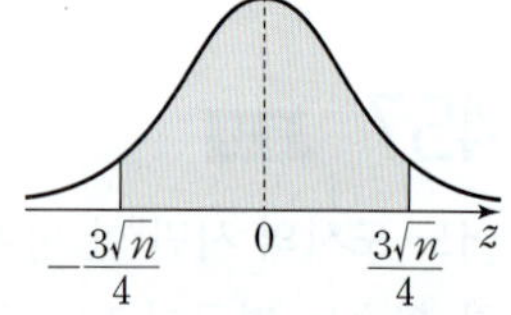

답 16

460 유사

교과서

대중교통을 이용하여 출근하는 어느 지역의 직장인의 월 교통비는 평균이 10, 표준편차가 1.2인 정규분포를 따른다고 한다. 대중교통을 이용하여 출근하는 이 지역의 직장인 중에서 임의추출한 n명의 월 교통비의 평균을 $\overline{X}$라 할 때, $\mathrm{P}(\overline{X}\geq9.5)=0.9938$이다. 이때 n의 값을 위의 표준정규분포표를 이용하여 구하시오. (단, 교통비의 단위는 만 원이다.)

z	$\mathrm{P}(0\leq Z\leq z)$
1.0	0.3413
1.5	0.4332
2.0	0.4772
2.5	0.4938

461 변형

어느 화장품 회사에서 생산하는 향수 1병의 용량은 평균이 80 mL, 표준편차가 15 mL인 정규분포를 따른다고 한다. 이 화장품 회사에서 생산한 향수 중에서 임의추출한 100병의 용량의 평균을 $\overline{X}$라 할 때, $\mathrm{P}(\overline{X}\leq k)=0.0228$을 만족시키는 상수 k의 값을 위의 표준정규분포표를 이용하여 구하시오.

z	$\mathrm{P}(0\leq Z\leq z)$
0.5	0.1915
1.0	0.3413
1.5	0.4332
2.0	0.4772

462 변형

정규분포 $\mathrm{N}(m,\ 100)$을 따르는 모집단에서 크기가 n^2인 표본을 임의추출할 때, 표본평균 $\overline{X}$에 대하여 $\mathrm{P}(m-10\leq\overline{X}\leq m+5)=0.9319$이다. 이때 자연수 n의 값을 위의 표준정규분포표를 이용하여 구하시오.

z	$\mathrm{P}(0\leq Z\leq z)$
1.5	0.4332
2.0	0.4772
2.5	0.4938
3.0	0.4987

463 변형

어느 공장에서 생산하는 제품 A의 무게는 정규분포 $\mathrm{N}(m,\ 2^2)$을 따르고, 제품 B의 무게는 정규분포 $\mathrm{N}(4m,\ 8^2)$을 따른다고 한다. 이 공장에서 생산하는 제품 A 중에서 임의추출한 4개의 무게의 평균이 k 이상일 확률과 제품 B 중에서 임의추출한 4개의 무게의 평균이 k 이하일 확률이 같다. 이때 $\dfrac{k}{m}$의 값을 구하시오.

2 표본비율

개념 01 모비율과 표본비율

(1) 모비율

모집단에서 어떤 특성을 갖는 사건의 비율을 **모비율**이라 하고, 기호로 p와 같이 나타낸다.

(2) 표본비율

모집단에서 임의추출한 표본 중에서 어떤 특성을 갖는 사건의 비율을 **표본비율**이라 하고, 기호로 $\hat{p}$과 같이 나타낸다.

일반적으로 크기가 n인 표본 중에서 어떤 특성을 갖는 사건의 개수를 확률변수 X라 하면

$$\hat{p} = \frac{X}{n}$$

| 예 | 어느 학교 전체 학생 400명 중에서 AB형인 학생이 40명이면 모비율 $p = \dfrac{40}{400} = 0.1$이고,

이 모집단에서 임의추출한 학생 200명 중에서 AB형인 학생이 28명이면 표본비율

$\hat{p} = \dfrac{28}{200} = 0.14$이다.

| 참고 | • 모비율을 나타내는 p는 population proportion(모집단 비율)의 첫 글자이다.

• $\hat{p}$은 'p hat'이라 읽는다.

• $\hat{p} = \dfrac{X}{n}$에서 X가 확률변수이므로 $\hat{p}$도 확률변수이다.

개념 02 표본비율의 평균, 분산, 표준편차

모비율이 p인 모집단에서 크기가 n인 표본을 임의추출할 때, 표본비율 $\hat{p}$에 대하여

$$\mathrm{E}(\hat{p}) = p, \ \mathrm{V}(\hat{p}) = \frac{pq}{n}, \ \sigma(\hat{p}) = \sqrt{\frac{pq}{n}} \ (\text{단}, \ q = 1 - p)$$

표본비율 $\hat{p} = \dfrac{X}{n}$에서 확률변수 X는 크기가 n인 표본 중에서 어떤 특성을 가지는 사건의 개수이므로 X가 가질 수 있는 값은 0, 1, 2, ..., n이다.

이때 모집단에서 그 특성을 가지는 사건의 비율은 모비율 p이고, 확률변수 X는 어떤 사건이 일어날 확률이 p인 시행을 n번 독립시행하였을 때 그 사건이 일어난 횟수이므로 이항분포 $\mathrm{B}(n, p)$를 따른다.

즉, $\mathrm{E}(X) = np$, $\mathrm{V}(X) = npq \ (q = 1 - p)$이므로 표본비율 $\hat{p}$의 평균, 분산, 표준편차를 구하면

$$\mathrm{E}(\hat{p}) = \mathrm{E}\left(\frac{X}{n}\right) = \frac{1}{n}\mathrm{E}(X) = \frac{1}{n} \times np = p$$

$$\mathrm{V}(\hat{p}) = \mathrm{V}\left(\frac{X}{n}\right) = \frac{1}{n^2}\mathrm{V}(X) = \frac{1}{n^2} \times npq = \frac{pq}{n}, \ \sigma(\hat{p}) = \sqrt{\mathrm{V}(\hat{p})} = \sqrt{\frac{pq}{n}}$$

개념 03 표본비율의 분포

> 모비율이 p인 모집단에서 크기가 n인 표본을 임의추출할 때, 표본의 크기 n이 충분히 크면
> 표본비율 $\hat{p}$은 근사적으로 정규분포 $\mathrm{N}\left(p, \dfrac{pq}{n}\right)$를 따른다. (단, $q=1-p$)

모비율이 p인 모집단에서 크기가 n인 표본을 임의추출할 때, 표본비율 $\hat{p}$에 대하여

$$\mathrm{E}(\hat{p})=p,\ \mathrm{V}(\hat{p})=\frac{pq}{n},\ \sigma(\hat{p})=\sqrt{\frac{pq}{n}}\ \text{(단, } q=1-p)$$

이때 n이 충분히 크면 $\hat{p}$은 근사적으로 정규분포 $\mathrm{N}\left(p, \dfrac{pq}{n}\right)$를 따르므로 $Z=\dfrac{\hat{p}-p}{\sqrt{\dfrac{pq}{n}}}$로 놓으면

$$\mathrm{E}(Z)=\mathrm{E}\left(\frac{\hat{p}-p}{\sqrt{\dfrac{pq}{n}}}\right)=\sqrt{\frac{n}{pq}}\{\mathrm{E}(\hat{p})-p\}=0,\ \ \mathrm{V}(Z)=\mathrm{V}\left(\frac{\hat{p}-p}{\sqrt{\dfrac{pq}{n}}}\right)=\frac{n}{pq}\mathrm{V}(\hat{p})=1$$

따라서 확률변수 Z는 근사적으로 표준정규분포 $\mathrm{N}(0, 1)$을 따르므로
이를 이용하여 표본비율의 확률을 구할 수 있다.

| 참고 | $np \geq 5$, $nq \geq 5$를 만족시키면 n을 충분히 큰 값으로 생각한다. (단, $q=1-p$)

개념 확인

• 정답과 해설 91쪽

개념 01
464 어느 지역의 고등학생 중에서 임의추출한 300명을 조사하였더니 안경을 쓴 학생이 90명이었을 때 안경을 쓴 학생의 표본비율을 구하시오.

개념 02
465 모비율이 $\dfrac{1}{3}$인 모집단에서 크기가 18인 표본을 임의추출할 때, 표본비율 $\hat{p}$에 대하여 $\mathrm{E}(\hat{p})$, $\mathrm{V}(\hat{p})$, $\sigma(\hat{p})$을 구하시오.

개념 03
466 모비율이 0.4인 모집단에서 크기가 600인 표본을 임의추출할 때, 표본비율 $\hat{p}$에 대하여 다음 물음에 답하시오.

(1) $\mathrm{E}(\hat{p})$, $\mathrm{V}(\hat{p})$, $\sigma(\hat{p})$을 구하시오.

(2) $\hat{p}$이 근사적으로 따르는 정규분포를 기호로 나타내시오.

표본비율 $\hat{p}$의 평균 $\mathrm{E}(\hat{p})=p$, 분산 $\mathrm{V}(\hat{p})=\dfrac{p(1-p)}{n}$ 를 구한 후 $\hat{p}$이 근사적으로

정규분포 $\mathrm{N}\!\left(p,\ \dfrac{p(1-p)}{n}\right)$를 따름을 이용하여 $\hat{p}$을 표준화한 후 확률을 구한다.

어느 고등학교 전체 학생의 방과 후 학교 프로그램 참여율은 60 %라 한다. 이 학교 학생 150명을 임의추출할 때, 방과 후 학교 프로그램에 참여한 학생이 87명 이상 96명 이하일 확률을 오른쪽 표준정규분포표를 이용하여 구하시오.

z	$\mathrm{P}(0\leq Z\leq z)$
0.5	0.1915
1.0	0.3413
1.5	0.4332
2.0	0.4772

• 유형만렙 확률과 통계 118쪽에서 문제 더 풀기

| 풀이 | 임의추출한 이 학교 학생 150명 중에서 방과 후 학교 프로그램에 참여한 학생의 비율을 $\hat{p}$이라 하면 모비율이 0.6, 표본의 크기가 150이므로 $\hat{p}$의 평균과 분산은

$$\mathrm{E}(\hat{p})=0.6$$

$$\mathrm{V}(\hat{p})=\frac{0.6\times0.4}{150}=0.0016=0.04^{2}$$

이때 표본의 크기 150은 충분히 크므로 표본비율 $\hat{p}$은 근사적으로 정규분포 $\mathrm{N}(0.6,\ 0.04^{2})$을 따른다.

$Z=\dfrac{\hat{p}-0.6}{0.04}$으로 놓으면 확률변수 Z는 표준정규분포 $\mathrm{N}(0,\ 1)$을 따르므로 구하는 확률은

$$\mathrm{P}\!\left(\frac{87}{150}\leq\hat{p}\leq\frac{96}{150}\right)=\mathrm{P}(0.58\leq\hat{p}\leq0.64)$$

$$=\mathrm{P}\!\left(\frac{0.58-0.6}{0.04}\leq Z\leq\frac{0.64-0.6}{0.04}\right)$$

$$=\mathrm{P}(-0.5\leq Z\leq1)$$

$$=\mathrm{P}(-0.5\leq Z\leq0)+\mathrm{P}(0\leq Z\leq1)$$

$$=\mathrm{P}(0\leq Z\leq0.5)+\mathrm{P}(0\leq Z\leq1)$$

$$=0.1915+0.3413$$

$$=0.5328$$

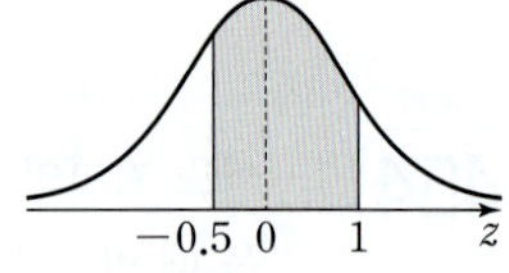

답 0.5328

467 유사

어느 제과 업체의 시장 점유율은 36 %이다. 제과 제품을 구매하는 소비자 400명을 임의추출할 때, 이 업체의 제품을 구매하는 소비자가 168명 이상일 확률을 위의 표준정규분포표를 이용하여 구하시오.

z	$P(0 \leq Z \leq z)$
1.0	0.3413
1.5	0.4332
2.0	0.4772
2.5	0.4938

468 유사

어느 지역의 주민의 50 %는 일주일에 2회 이상 운동한다고 한다. 이 지역의 주민 900명을 임의추출할 때, 일주일에 2회 이상 운동하는 주민의 비율이 0.51 이상 0.54 이하일 확률을 위의 표준정규분포표를 이용하여 구하시오.

z	$P(0 \leq Z \leq z)$
0.6	0.2257
1.2	0.3849
1.8	0.4641
2.4	0.4918

469 변형

어느 회사의 직원 중에서 하루 수면 시간이 5시간 미만인 직원의 비율이 10 %라 한다. 이 회사에서 직원 n명을 임의추출할 때, 하루 수면 시간이 5시간 미만인 직원의 비율을 $\hat{p}$이라 하면 $P(0.07 \leq \hat{p} \leq 0.13) = 0.6826$이다. 이때 n의 값을 구하시오. (단, n은 충분히 큰 수이고, $P(0 \leq Z \leq 1) = 0.3413$)

470 변형 평가원

어느 회사는 전체 직원의 20 %가 자격증 A를 가지고 있다. 이 회사의 직원 중에서 임의로 1600명을 선택할 때, 자격증 A를 가진 직원의 비율이 a % 이상일 확률이 0.9772이다. 오른쪽 표준정규분포표를 이용하여 구한 a의 값은?

z	$P(0 \leq Z \leq z)$
2.00	0.4772
2.25	0.4878
2.50	0.4938
2.75	0.4970

① 16.5 ② 17 ③ 17.5
④ 18 ⑤ 18.5

연습문제

471 모평균이 25, 모분산이 36인 모집단에서 크기가 9인 표본을 임의추출할 때, 표본평균 $\overline{X}$에 대하여 보기에서 옳은 것만을 있는 대로 고르시오.

> **보기**
>
> ㄱ. $\overline{X}=25$ ㄴ. $\mathrm{E}(\overline{X})=25$
>
> ㄷ. $\mathrm{V}(\overline{X})=4$ ㄹ. $\mathrm{E}(\overline{X}^2)=41$

472 모집단의 확률변수 X의 확률질량함수가 $\mathrm{P}(X=x)=\dfrac{1}{6}\ (x=1,\ 2,\ 3,\ 4,\ 5,\ 6)$이다. 이 모집단에서 크기가 5인 표본을 임의추출할 때, 표본평균 $\overline{X}$에 대하여 $\mathrm{V}(6\overline{X}+2)$를 구하시오.

473 정규분포 $\mathrm{N}(30,\ 5^2)$을 따르는 모집단에서 크기가 4인 표본을 임의추출할 때, 표본평균 $\overline{X}$에 대하여

z	$\mathrm{P}(0\leq Z\leq z)$
1.0	0.3413
1.2	0.3849
1.4	0.4192
1.6	0.4452

$\mathrm{P}(26\leq \overline{X}\leq 27.5)$를 위의 표준정규분포표를 이용하여 구하시오.

474 어느 지역 고등학생의 20 %가 하루 평균 30통 이상의 문자 메시지를 보낸다고 한다. 이 지역의 고등학생 중 임의추출한 100명 중에서 하루 평균 30통 이상의 문자 메시지를 보내는 학생의 비율이 16 % 이상 26 % 이하일 확률을 오른쪽 표준정규분포표를 이용하여 구한 것은?

z	$\mathrm{P}(0\leq Z\leq z)$
1.0	0.3413
1.5	0.4332
2.0	0.4772
2.5	0.4938

① 0.6826 ② 0.7745 ③ 0.8664
④ 0.9054 ⑤ 0.9660

475 정규분포 $\mathrm{N}(m,\ \sigma^2)$을 따르는 모집단에서 크기가 각각 n_1, n_2인 표본을 임의추출하여 구한 표본평균을 각각 $\overline{X_1}$, $\overline{X_2}$라 할 때, 보기에서 옳은 것만을 있는 대로 고른 것은?

> **보기**
>
> ㄱ. $\mathrm{E}(\overline{X_1})=\mathrm{E}(\overline{X_2})$
>
> ㄴ. $3n_1=n_2$이면 $3\mathrm{V}(n_1\overline{X_1})=\mathrm{V}(n_2\overline{X_2})$
>
> ㄷ. $n_1=16n_2$이면 $\sigma(4\overline{X_1})=\sigma(\overline{X_2})$

① ㄱ ② ㄱ, ㄴ ③ ㄱ, ㄷ
④ ㄴ, ㄷ ⑤ ㄱ, ㄴ, ㄷ

• 정답과 해설 **92**쪽

476 1부터 7까지의 자연수가 각각 하나씩 적힌 7장의 카드 중에서 임의로 4장의 카드를 동시에 뽑는 시행을 16번 반복할 때, n번째 시행에서 뽑은 4장의 카드에 적힌 수 중에서 가장 큰 수를 x_n이라 하자. 16개의 수 x_1, x_2, x_3, ⋯, x_{16}의 평균을 $\overline{X}$라 할 때, $\mathrm{E}(10\overline{X}+9)$를 구하시오. (단, $1 \le n \le 16$)

477 모집단의 확률변수 X의 확률분포를 표로 나타내면 다음과 같다. 이 모집단에서 크기가 2인 표본을 복원추출하여 구한 표본평균을 $\overline{X}$라 할 때, $\mathrm{E}(\overline{X}) = \dfrac{5}{3}$이다. 이때 $\mathrm{P}(\overline{X}=2)$를 구하시오. (단, a, b는 상수)

X	0	2	4	합계
$\mathrm{P}(X=x)$	$\dfrac{1}{2}$	a	b	1

🖉 서술형

478 어느 회사에서 생산한 배터리 1개의 수명은 평균이 20시간, 표준편차가 2시간인 정규분포를 따

z	$\mathrm{P}(0 \le Z \le z)$
1.50	0.4332
1.75	0.4599
2.00	0.4772

른다고 한다. 이 배터리 중에서 임의추출한 4개의 수명의 총합이 86시간 이상 88시간 이하일 확률을 위의 표준정규분포표를 이용하여 구하시오.

🗐 교과서

479 정규분포 $\mathrm{N}\left(5, \dfrac{81}{4}\right)$을 따르는 모집단에서 크기가 225인 표본을 임의추출하여 구한 표본평균을 $\overline{X}$, 정규분포 $\mathrm{N}(40, 9)$를 따르는 모집단에서 크기가 16인 표본을 임의추출하여 구한 표본평균을 $\overline{Y}$라 할 때, $\mathrm{P}(\overline{X} \ge 4) = \mathrm{P}(\overline{Y} \le a)$를 만족시키는 상수 a의 값은?

① 42 ② 42.5 ③ 43
④ 43.5 ⑤ 44

🎓 평가원

480 어느 회사에서 일하는 플랫폼 근로자의 일주일 근무 시간은 평균이 m시간, 표준편차가 5시간인 정규분포를 따른다고 한다. 이 회사에서 일하는 플랫폼 근로자 중에서 임의추출한 36명의 일주일 근무 시간의 표본평균이 38시간 이상일 확률을 오른쪽 표준정규분포표를 이용하여 구한 값이 0.9332일 때, m의 값은?

z	$\mathrm{P}(0 \le Z \le z)$
0.5	0.1915
1.0	0.3413
1.5	0.4332
2.0	0.4772

① 38.25 ② 38.75 ③ 39.25
④ 39.75 ⑤ 40.25

연습문제

• 정답과 해설 94쪽

481 어느 고등학교 학생 중에서 도보로 등교하는 학생의 비율은 75 %라 한다. 이 고등학교 학생 중에서 300명을 임의추출할 때, 도보로 등교하는 학생의 비율이 a % 이하일 확률은 0.1151이다. 이때 a의 값을 위의 정규분포표를 이용하여 구한 것은?

z	$P(0 \leq Z \leq z)$
0.8	0.2881
1.2	0.3849
1.6	0.4452

① 69   ② 70   ③ 71

④ 72   ⑤ 73

483 어느 지역 신생아의 출생 시 몸무게 X가 정규분포를 따르고

$$P(X \geq 3.4) = \frac{1}{2},$$

$$P(X \leq 3.9) + P(Z \leq -1) = 1$$

이다. 이 지역 신생아 중에서 임의추출한 25명의 출생 시 몸무게의 표본평균을 $\overline{X}$라 할 때, $P(\overline{X} \geq 3.55)$의 값을 오른쪽 표준정규분포표를 이용하여 구한 것은? (단, 몸무게의 단위는 kg이고, Z는 표준정규분포를 따르는 확률변수이다.)

z	$P(0 \leq Z \leq z)$
1.0	0.3413
1.5	0.4332
2.0	0.4772
2.5	0.4938

① 0.0062   ② 0.0228   ③ 0.0668

④ 0.1587   ⑤ 0.3413

3단계

482 어느 과수원에서 수확한 감귤 1개의 무게는 평균이 117.4 g, 표준편차가 20 g인 정규분포를 따른다고 한다. 이 감귤을 임의로 100개씩 한 상자에 포장하여 판매할 때, 한 상자의 무게가 12000 g 이상인 것을 1등급 상품으로 정한다. 이 과수원에서 판매하는 감귤 상자 400개 중에서 1등급 상품인 상자가 52개 이상일 확률을 위의 표준정규분포표를 이용하여 구하시오. (단, 상자의 무게는 고려하지 않는다.)

z	$P(0 \leq Z \leq z)$
1.3	0.40
1.6	0.45
1.8	0.46
2.0	0.48

484 어느 모집단의 분포가 정규분포 $N(m, 5^2)$을 따르고, 확률밀도함수 $f(x)$는 모든 실수 x에 대하여

$$f(x) = f(200 - x)$$

를 만족시킨다. 이 모집단에서 크기가 64인 표본을 임의추출할 때, 표본평균 $\overline{X}$에 대하여 $P(99 \leq \overline{X} \leq k) = 0.9445$를 만족시키는 상수 k의 값을 위의 표준정규분포표를 이용하여 구하시오.

z	$P(0 \leq Z \leq z)$
1.6	0.4452
2.4	0.4918
3.2	0.4993

1 모평균의 추정

개념 01 추정

> 표본에서 얻은 자료를 이용하여 모평균과 같은 모집단의 특성을 나타내는 값을 추측하는 것을 **추정**이라 한다.

표본조사의 목적은 모집단 전체를 조사하지 않고, 그 일부인 표본을 조사하여 얻은 정보를 바탕으로 모집단의 특성을 알아보는 데 있다. 이와 같이 표본을 조사하여 얻은 자료인 표본평균, 표본표준편차 등을 이용하여 모평균, 모표준편차 등을 추정하여 모집단의 특성을 파악할 수 있다.

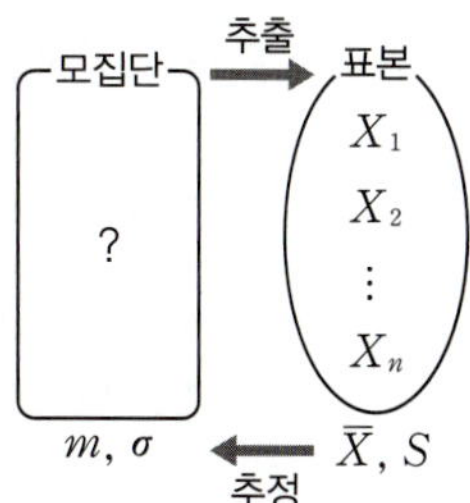

Ⅲ-3 통계적 추정

개념 02 모평균의 신뢰구간

◎ 예제 01, 02, 04

> 정규분포 $\mathrm{N}(m, \sigma^2)$을 따르는 모집단에서 크기가 n인 표본을 임의추출할 때, 표본평균 $\overline{X}$의 값이 $\bar{x}$이면 **신뢰도**에 따른 모평균 m에 대한 **신뢰구간**은 다음과 같다.
>
> (1) 신뢰도 95 %의 신뢰구간: $\bar{x}-1.96\dfrac{\sigma}{\sqrt{n}}\leq m\leq \bar{x}+1.96\dfrac{\sigma}{\sqrt{n}}$ ◀ $\mathrm{P}(|Z|\leq 1.96)=0.95$
>
> (2) 신뢰도 99 %의 신뢰구간: $\bar{x}-2.58\dfrac{\sigma}{\sqrt{n}}\leq m\leq \bar{x}+2.58\dfrac{\sigma}{\sqrt{n}}$ ◀ $\mathrm{P}(|Z|\leq 2.58)=0.99$

표본조사에 의하여 얻어지는 어떤 수치가 모집단의 어떤 구간에 있을 것이라고 추정할 수 있을 때, 이 추정이 적중할 확률을 그 추정의 **신뢰도**라 하고, 그 구간을 **신뢰구간**이라 한다. 표본평균 $\overline{X}$는 확률변수이므로 추출되는 표본에 따라 표본평균 $\bar{x}$의 값이 달라지고, 이에 따라 신뢰구간도 달라진다. 이와 같이 신뢰구간 중에는 모평균 m을 포함하는 것과 포함하지 않는 것이 있을 수 있다.

모평균 m에 대한 신뢰도 95 %의 신뢰구간이란 크기가 n인 표본을 여러 번 임의추출하여 신뢰구간을 구하는 것을 반복할 때, 구한 신뢰구간 중에서 약 95 %는 모평균 m을 포함한다는 뜻이다.

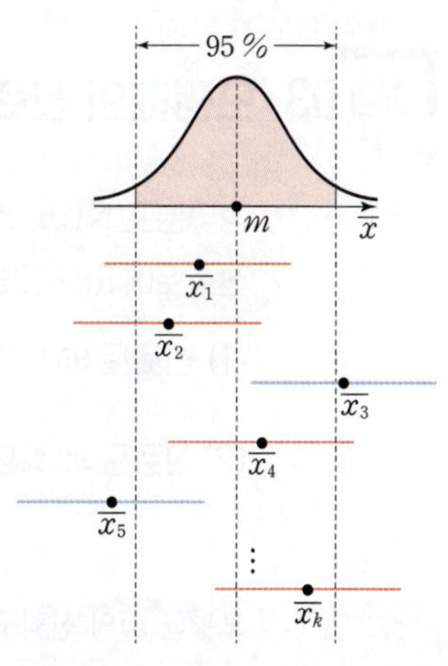

정규분포 $N(m, \sigma^2)$을 따르는 모집단에서 크기가 n인 표본을 임의추출할 때,

표본평균 $\overline{X}$는 정규분포 $N\left(m, \dfrac{\sigma^2}{n}\right)$을 따르므로 $Z=\dfrac{\overline{X}-m}{\dfrac{\sigma}{\sqrt{n}}}$으로 놓으면 확률변수 Z는

표준정규분포 $N(0, 1)$을 따른다.

이때 $P(0 \leq Z \leq 1.96)=0.475$이므로

$$P(-1.96 \leq Z \leq 1.96)=2 \times 0.475=0.95$$

$$P\left(-1.96 \leq \frac{\overline{X}-m}{\dfrac{\sigma}{\sqrt{n}}} \leq 1.96\right)=0.95$$

$$\therefore P\left(\overline{X}-1.96\frac{\sigma}{\sqrt{n}} \leq m \leq \overline{X}+1.96\frac{\sigma}{\sqrt{n}}\right)=0.95$$

이는 모평균 m이 $\overline{X}-1.96\dfrac{\sigma}{\sqrt{n}}$ 이상 $\overline{X}+1.96\dfrac{\sigma}{\sqrt{n}}$ 이하일 확률이 95 %라는 뜻이다.

이때 표본평균 $\overline{X}$의 값을 $\bar{x}$라 할 때, $\bar{x}-1.96\dfrac{\sigma}{\sqrt{n}} \leq m \leq \bar{x}+1.96\dfrac{\sigma}{\sqrt{n}}$를 모평균 m에 대한

신뢰도 95 %의 신뢰구간이라 한다.

같은 방법으로 $P(-2.58 \leq Z \leq 2.58)=0.99$이므로 모평균 m에 대한 신뢰도 99 %의 신뢰구간은

$$\bar{x}-2.58\frac{\sigma}{\sqrt{n}} \leq m \leq \bar{x}+2.58\frac{\sigma}{\sqrt{n}}$$

| 예 | 정규분포 $N(m, 8^2)$을 따르는 모집단에서 크기가 16인 표본을 임의추출하여 구한 표본평균이
120일 때

(1) 모평균 m에 대한 신뢰도 95 %의 신뢰구간은

$$120-1.96\frac{8}{\sqrt{16}} \leq m \leq 120+1.96\frac{8}{\sqrt{16}} \qquad \therefore 116.08 \leq m \leq 123.92$$

(2) 모평균 m에 대한 신뢰도 99 %의 신뢰구간은

$$120-2.58\frac{8}{\sqrt{16}} \leq m \leq 120+2.58\frac{8}{\sqrt{16}} \qquad \therefore 114.84 \leq m \leq 125.16$$

| 참고 | • $P(|Z| \leq k)=\dfrac{\alpha}{100}$일 때, 모평균 m에 대한 신뢰도 α %의 신뢰구간은 $\bar{x}-k\dfrac{\sigma}{\sqrt{n}} \leq m \leq \bar{x}+k\dfrac{\sigma}{\sqrt{n}}$

• 모평균을 추정할 때, 모표준편차 σ를 모르는 경우가 많다. 이때 표본의 크기 n이 충분히 크면
σ 대신 표본표준편차 S를 이용하여 근사적으로 모평균의 신뢰구간을 구할 수 있다. $n \geq 30$

개념 03 모평균의 신뢰구간의 길이

○ 예제 03

정규분포 $N(m, \sigma^2)$을 따르는 모집단에서 크기가 n인 표본을 임의추출할 때,
신뢰도에 따른 모평균 m에 대한 신뢰구간의 길이는 다음과 같다.

(1) 신뢰도 95 %의 신뢰구간의 길이: $2 \times 1.96\dfrac{\sigma}{\sqrt{n}}$ ◀ $\left(\bar{x}+1.96\dfrac{\sigma}{\sqrt{n}}\right)-\left(\bar{x}-1.96\dfrac{\sigma}{\sqrt{n}}\right)$

(2) 신뢰도 99 %의 신뢰구간의 길이: $2 \times 2.58\dfrac{\sigma}{\sqrt{n}}$ ◀ $\left(\bar{x}+2.58\dfrac{\sigma}{\sqrt{n}}\right)-\left(\bar{x}-2.58\dfrac{\sigma}{\sqrt{n}}\right)$

모평균 m의 신뢰구간이 $a \leq m \leq b$일 때, $b-a$의 값을 **신뢰구간의 길이**라 한다.

개념 04 신뢰구간의 성질

(1) 표본의 크기가 일정할 때, 신뢰도가 높아지면 신뢰구간의 길이는 길어지고
  신뢰도가 낮아지면 신뢰구간의 길이는 짧아진다.
(2) 신뢰도가 일정할 때, 표본의 크기가 커지면 신뢰구간의 길이는 짧아지고
  표본의 크기가 작아지면 신뢰구간의 길이는 길어진다.

정규분포 $N(m, \sigma^2)$을 따르는 모집단에서 크기가 n인 표본을 임의추출할 때,
모평균 m에 대한 신뢰도 α %의 신뢰구간을 $a \leq m \leq b$라 하면 신뢰구간의 길이는

$$b-a=2 \times k \times \frac{\sigma}{\sqrt{n}} \quad \left(단, P(|Z| \leq k) = \frac{\alpha}{100} \right)$$

이때 신뢰구간의 길이는 다음과 같은 성질이 있다.
① 표본의 크기가 일정할 때,
  신뢰도가 높아지면 $b-a$의 값이 커지므로 신뢰구간의 길이는 길어지고
  신뢰도가 낮아지면 $b-a$의 값이 작아지므로 신뢰구간의 길이는 짧아진다.
② 신뢰도가 일정할 때,
  표본의 크기가 커지면 $b-a$의 값이 작아지므로 신뢰구간의 길이는 짧아지고
  표본의 크기가 작아지면 $b-a$의 값이 커지므로 신뢰구간의 길이는 길어진다.
③ 신뢰도가 높아지고 표본의 크기가 작아지면 신뢰구간의 길이는 길어지고
  신뢰도가 낮아지고 표본의 크기가 커지면 신뢰구간의 길이는 짧아진다.
④ 신뢰도가 일정할 때, 표본의 크기가 p배가 되면 신뢰구간의 길이는 $\frac{1}{\sqrt{p}}$배가 된다.
⑤ 신뢰구간의 길이는 표본평균 $\overline{x}$의 값에 따라 달라지지 않는다.
⑥ 동일한 표본을 사용할 때, 신뢰도 99 %의 신뢰구간은 신뢰도 95 %의 신뢰구간을 포함한다.

$$b-a=2 \times k{\uparrow} \times \frac{\sigma}{\sqrt{n}{\downarrow}} \qquad\qquad b-a=2 \times k \times \frac{\sigma}{\sqrt{n}{\uparrow}}$$

개념 확인

• 정답과 해설 96쪽

개념 02

485 표준편차가 3인 정규분포를 따르는 모집단에서 크기가 9인 표본을 임의추출하여 구한 표본
평균이 10일 때, 다음과 같은 신뢰도로 추정한 모평균 m에 대한 신뢰구간을 구하시오.

(단, $P(|Z| \leq 1.96) = 0.95$, $P(|Z| \leq 2.58) = 0.99$)

(1) 신뢰도 95 %　　　　　　　　　　(2) 신뢰도 99 %

개념 03

486 정규분포 $N(m, 4^2)$을 따르는 모집단에서 크기가 25인 표본을 임의추출할 때, 다음과 같은
신뢰도로 추정한 모평균 m에 대한 신뢰구간의 길이를 구하시오.

(단, $P(|Z| \leq 1.96) = 0.95$, $P(|Z| \leq 2.58) = 0.99$)

(1) 신뢰도 95 %　　　　　　　　　　(2) 신뢰도 99 %

예제 01 / 모평균의 추정

정규분포 $N(m, \sigma^2)$을 따르는 모집단에서 표본의 크기가 n, 표본평균이 $\bar{x}$이면
모평균 m에 대한 신뢰도 95 %, 99 %의 신뢰구간은 각각

$$\bar{x}-1.96\frac{\sigma}{\sqrt{n}}\leq m\leq \bar{x}+1.96\frac{\sigma}{\sqrt{n}}, \quad \bar{x}-2.58\frac{\sigma}{\sqrt{n}}\leq m\leq \bar{x}+2.58\frac{\sigma}{\sqrt{n}}$$

다음 물음에 답하시오.

(1) 어느 가게에서 만든 빙수 1그릇의 열량은 평균이 m kcal, 표준편차가 48 kcal인 정규분포를 따른다고 한다. 이 가게에서 임의추출한 빙수 144그릇의 열량의 평균이 800 kcal이었다. 이 가게에서 만든 빙수 1그릇의 열량의 모평균 m에 대한 신뢰도 95 %의 신뢰구간을 구하시오.

(단, $P(|Z|\leq 1.96)=0.95$)

(2) 어느 고등학교 여학생의 하루 운동 시간은 정규분포 $N(m, \sigma^2)$을 따른다고 한다. 이 학교 여학생 중에서 임의추출한 100명의 하루 운동 시간의 평균이 50분이고 표준편차가 6분이었다. 이 학교 여학생의 하루 운동 시간의 모평균 m에 대한 신뢰도 99 %의 신뢰구간을 구하시오. (단, $P(|Z|\leq 2.58)=0.99$)

• 유형만렙 확률과 통계 118쪽에서 문제 더 풀기

| 풀이 | (1) 표본의 크기가 144, 표본평균이 800, 모표준편차가 48이므로
모평균 m에 대한 신뢰도 95 %의 신뢰구간은

$$800-1.96\times\frac{48}{\sqrt{144}}\leq m\leq 800+1.96\times\frac{48}{\sqrt{144}}$$

$$800-7.84\leq m\leq 800+7.84$$

$$\therefore\ 792.16\leq m\leq 807.84$$

(2) 표본의 크기가 100, 표본평균이 50이고, 표본의 크기는 충분히 크므로
모표준편차 σ 대신 표본표준편차 6을 이용할 수 있다.
모평균 m에 대한 신뢰도 99 %의 신뢰구간은

$$50-2.58\times\frac{6}{\sqrt{100}}\leq m\leq 50+2.58\times\frac{6}{\sqrt{100}}$$

$$50-1.548\leq m\leq 50+1.548$$

$$\therefore\ 48.452\leq m\leq 51.548$$

답 (1) $792.16\leq m\leq 807.84$ (2) $48.452\leq m\leq 51.548$

487 유사 📖 교과서

어느 지역의 1인 가구의 월 식료품 구입비는 평균이 m만 원, 표준편차가 8만 원인 정규분포를 따른다고 한다. 이 지역의 1인 가구 중에서 임의추출한 16명의 월 식료품 구입비의 평균이 32만 원이었을 때, 이 지역의 1인 가구의 월 식료품 구입비의 모평균 m에 대한 신뢰도 99 %의 신뢰구간을 구하시오. (단, $\mathrm{P}(|Z|\leq 2.58)=0.99$)

488 유사

어느 고등학교 학생의 연간 독서량은 정규분포를 따른다고 한다. 이 학교 학생 중에서 임의추출한 81명의 연간 독서량의 평균이 12권, 표준편차가 9권이었다. 이 학교 학생의 연간 독서량의 모평균 m에 대한 신뢰도 95 %의 신뢰구간을 구하시오. (단, $\mathrm{P}(|Z|\leq 1.96)=0.95$)

489 변형 🎓 수능

어느 농가에서 생산하는 석류의 무게는 평균이 m, 표준편차가 40인 정규분포를 따른다고 한다. 이 농가에서 생산하는 석류 중에서 임의추출한, 크기가 64인 표본을 조사하였더니 석류 무게의 표본평균의 값이 $\bar{x}$이었다. 이 결과를 이용하여, 이 농가에서 생산하는 석류 무게의 평균 m에 대한 신뢰도 99 %의 신뢰구간을 구하면 $\bar{x}-c\leq m\leq \bar{x}+c$이다. c의 값은? (단, 무게의 단위는 g이고, Z가 표준정규분포를 따르는 확률변수일 때 $\mathrm{P}(0\leq Z\leq 2.58)=0.495$로 계산한다.)

① 25.8　　② 21.5　　③ 17.2

④ 12.9　　⑤ 8.6

490 변형

어느 공장에서 생산하는 탁구공을 일정한 높이에서 바닥에 떨어뜨렸을 때 탁구공이 튀어 오른 높이는 정규분포를 따른다고 한다. 이 공장에서 생산하는 탁구공 중에서 임의추출한 196개가 튀어 오른 높이의 평균이 250 mm, 표준편차가 28 mm이었다. 이 공장에서 생산하는 탁구공의 튀어 오른 높이의 모평균 m에 대한 신뢰도 95 %의 신뢰구간에 속하는 자연수의 개수를 구하시오. (단, $\mathrm{P}(|Z|\leq 1.96)=0.95$)

신뢰구간에 대한 식을 세운 후 주어진 신뢰구간과 비교하여 표본의 크기 n의 값을 구한다.

모평균이 m, 모표준편차가 6인 정규분포를 따르는 모집단에서 크기가 n인 표본을 임의추출하였더니 평균이 7이었을 때, 모평균 m을 신뢰도 99 %로 추정한 신뢰구간이 $5.71 \leq m \leq 8.29$이다. 이때 n의 값을 구하시오. (단, $P(0 \leq Z \leq 2.58) = 0.495$)

• 유형만렙 확률과 통계 119쪽에서 문제 더 풀기

| 풀이 | 표본의 크기가 n, 표본평균이 7, 모표준편차가 6이므로

모평균 m에 대한 신뢰도 99 %의 신뢰구간은

$$7 - 2.58 \times \frac{6}{\sqrt{n}} \leq m \leq 7 + 2.58 \times \frac{6}{\sqrt{n}}$$

◀ 모평균 m에 대한 신뢰도 99 %의 신뢰구간은
$$\bar{x} - 2.58 \frac{\sigma}{\sqrt{n}} \leq m \leq \bar{x} + 2.58 \frac{\sigma}{\sqrt{n}}$$

이 신뢰구간이 $5.71 \leq m \leq 8.29$와 같으므로

$$7 - 2.58 \times \frac{6}{\sqrt{n}} = 5.71, \ 7 + 2.58 \times \frac{6}{\sqrt{n}} = 8.29$$

따라서 $2.58 \times \dfrac{6}{\sqrt{n}} = 1.29$이므로

$$\sqrt{n} = 12 \qquad \therefore n = 144$$

답 144

정규분포 $N(m, \sigma^2)$을 따르는 모집단에서 크기가 n인 표본을 임의추출할 때,

모평균 m에 대한 신뢰도 95 %, 99 %의 신뢰구간의 길이는 각각 $2 \times 1.96 \dfrac{\sigma}{\sqrt{n}}$, $2 \times 2.58 \dfrac{\sigma}{\sqrt{n}}$

어느 공장에서 생산하는 제품 1개의 길이는 표준편차가 18 mm인 정규분포를 따른다고 한다. 이 공장에서 생산하는 제품 중에서 n개를 임의추출하여 제품의 길이의 모평균 m을 신뢰도 95 %로 추정할 때, 신뢰구간의 길이가 11.76 이하가 되도록 하는 자연수 n의 최솟값을 구하시오. (단, $P(0 \leq Z \leq 1.96) = 0.475$)

• 유형만렙 확률과 통계 119쪽에서 문제 더 풀기

| 풀이 | 표본의 크기가 n, 모표준편차가 18이므로

모평균 m을 신뢰도 95 %로 추정한 신뢰구간의 길이는

$$2 \times 1.96 \times \frac{18}{\sqrt{n}}$$

신뢰구간의 길이가 11.76 이하이어야 하므로

$$2 \times 1.96 \times \frac{18}{\sqrt{n}} \leq 11.76$$

$$\sqrt{n} \geq 6 \qquad \therefore n \geq 36$$

따라서 자연수 n의 최솟값은 36이다.

답 36

491 _{예제 02} 유사

모평균이 m, 모표준편차가 4인 정규분포를 따르는 모집단에서 크기가 n인 표본을 임의추출하였더니 평균이 11이었을 때, 모평균 m을 신뢰도 95 %로 추정한 신뢰구간이 $10.02 \leq m \leq 11.98$이다. 이때 n의 값을 구하시오.

(단, $\mathrm{P}(0 \leq Z \leq 1.96) = 0.475$)

492 _{예제 03} 유사

어느 양계장에서 낳은 지 1일 된 달걀 1개의 무게는 평균이 m g, 표준편차가 20 g인 정규분포를 따른다고 한다. 이 양계장에서 낳은 지 1일 된 달걀 n개를 임의추출하여 달걀 1개의 무게의 모평균 m을 신뢰도 99 %로 추정할 때, 신뢰구간의 길이가 6.45 이하가 되도록 하는 자연수 n의 최솟값을 구하시오.

(단, $\mathrm{P}(0 \leq Z \leq 2.58) = 0.495$)

493 _{예제 02} 변형

어느 전구 회사에서 생산하는 형광등 1개의 수명은 평균이 m시간, 모표준편차가 300시간인 정규분포를 따른다고 한다. 이 회사에서 생산하는 형광등 중에서 n개를 임의추출하여 구한 형광등의 수명의 평균이 $\bar{x}$시간이었다. 이 회사에서 생산한 형광등 1개의 수명의 모평균 m을 신뢰도 99 %로 추정한 신뢰구간이 $3574.2 \leq m \leq 3625.8$일 때, $n + \bar{x}$의 값을 구하시오. (단, $\mathrm{P}(|Z| \leq 2.58) = 0.99$)

494 _{예제 03} 변형

 교과서

정규분포 $\mathrm{N}(m,\ \sigma^2)$을 따르는 모집단에서 크기가 n, $16n$인 표본을 각각 임의추출하여 모평균 m을 신뢰도 95 %로 추정한 신뢰구간의 길이가 각각 l_1, l_2이다. 이때 $\dfrac{l_1}{l_2}$의 값을 구하시오.

(단, $\mathrm{P}(|Z| \leq 1.96) = 0.95$)

예제 04 / 모평균과 표본평균의 차

정규분포 $N(m, \sigma^2)$을 따르는 모집단에서 크기가 n인 표본을 임의추출하여 모평균 m을 신뢰도 α %로 추정할 때, 표본평균 $\bar{x}$에 대하여 ➡ $|m-\bar{x}| \leq k\dfrac{\sigma}{\sqrt{n}}$ $\left(\text{단, } P(|Z| \leq k) = \dfrac{\alpha}{100}\right)$

어느 고등학교 남학생의 키는 표준편차 15 cm인 정규분포를 따른다고 한다. 모평균 m을 신뢰도 95 %로 추정할 때, 표본평균 $\bar{x}$에 대하여 모평균과 표본평균의 차가 1.4 이하가 되도록 하는 표본의 크기의 최솟값을 구하시오. (단, $P(0 \leq Z \leq 1.96) = 0.475$)

• 유형만렙 확률과 통계 120쪽에서 문제 더 풀기

| 풀이 | 표본의 크기를 n이라 하면 모표준편차가 15이므로 모평균 m에 대한 신뢰도 95 %의 신뢰구간은

$$\bar{x} - 1.96 \times \frac{15}{\sqrt{n}} \leq m \leq \bar{x} + 1.96 \times \frac{15}{\sqrt{n}}, \quad -1.96 \times \frac{15}{\sqrt{n}} \leq m - \bar{x} \leq 1.96 \times \frac{15}{\sqrt{n}}$$

$$\therefore |m - \bar{x}| \leq 1.96 \times \frac{15}{\sqrt{n}}$$

$|m - \bar{x}| \leq 1.4$이어야 하므로 $1.96 \times \dfrac{15}{\sqrt{n}} \leq 1.4$, $\sqrt{n} \geq 21$ $\therefore n \geq 441$

따라서 표본의 크기의 최솟값은 441이다.

답 441

예제 05 / 신뢰구간의 성질

표본의 크기와 신뢰도에 따른 신뢰구간의 길이의 변화를 파악한다.

정규분포를 따르는 모집단에서 표본을 임의추출하여 모평균을 추정할 때, 모평균의 신뢰구간에 대하여 보기에서 옳은 것만을 있는 대로 고르시오.

┌ **보기** ┐
ㄱ. 신뢰도가 일정할 때, 표본의 크기를 크게 하면 신뢰구간의 길이는 짧아진다.
ㄴ. 신뢰도를 낮추면서 표본의 크기를 작게 하면 신뢰구간의 길이는 길어진다.
ㄷ. 신뢰구간의 길이는 표본평균의 값에 따라 달라지지 않는다.

• 유형만렙 확률과 통계 121쪽에서 문제 더 풀기

| 풀이 | 표본의 크기를 n, 모표준편차를 σ, $P(|Z| \leq k) = \dfrac{\alpha}{100}$라 하면 모평균을 신뢰도 α %로 추정한 신뢰구간의 길이는 $2k\dfrac{\sigma}{\sqrt{n}}$

ㄱ. 신뢰도가 일정할 때, 표본의 크기를 크게 하면 $\sqrt{n}$의 값이 커지므로 $2k\dfrac{\sigma}{\sqrt{n}}$의 값은 작아진다.

즉, 신뢰구간의 길이는 짧아진다.

ㄴ. 신뢰도를 낮추면 k의 값이 작아지고, 표본의 크기를 작게 하면 $\sqrt{n}$의 값이 작아지므로 $2k\dfrac{\sigma}{\sqrt{n}}$의 값은 반드시 커진다고 할 수 없다.

ㄷ. 표본평균의 값은 신뢰구간의 길이에 영향을 주지 않는다.

따라서 보기에서 옳은 것은 ㄱ, ㄷ이다.

답 ㄱ, ㄷ

495 ^{예제 04} 유사

어느 제과점에서 생산하는 과자 1상자의 무게는 정규분포 $N(m, 30^2)$을 따른다고 한다. 이 제과점에서 생산하는 상자 n개를 임의추출하여 모평균 m을 신뢰도 99 %로 추정할 때, 표본평균 $\overline{x}$에 대하여 모평균과 표본평균의 차가 4.3 이하가 되도록 하는 n의 최솟값을 구하시오.

(단, $P(|Z| \leq 2.58) = 0.99$)

497 ^{예제 04} 변형

표준편차가 8인 정규분포를 따르는 모집단에서 크기가 n인 표본을 임의추출하여 모평균 m을 신뢰도 95 %로 추정할 때, 모평균과 표본평균의 차가 모표준편차의 $\dfrac{2}{5}$ 이하가 되도록 하는 n의 최솟값을 구하시오. (단, $P(|Z| \leq 1.96) = 0.95$)

496 ^{예제 05} 유사

모표준편차가 σ인 정규분포를 따르는 모집단에서 표본을 임의추출하여 모평균 m을 신뢰도 a %로 추정한 신뢰구간이 $a \leq m \leq b$일 때, 보기에서 옳은 것만을 있는 대로 고르시오.

┤ 보기 ├
ㄱ. 표본의 크기가 일정할 때, 신뢰도를 높게 하면 $b-a$의 값은 커진다.
ㄴ. 신뢰도가 일정할 때, 표본의 크기를 작게 하면 $b-a$의 값은 커진다.
ㄷ. 신뢰도가 일정할 때, 표본의 크기를 4배로 늘리면 $b-a$의 값은 2배가 된다.

498 ^{예제 05} 변형

정규분포 $N(m, \sigma^2)$을 따르는 모집단에서 크기가 n인 표본을 임의추출하여 모평균을 신뢰도 a %로 추정하려고 한다. 다음 중 신뢰구간의 길이가 가장 긴 것은?

① $n=16, a=95$ ② $n=16, a=99$
③ $n=25, a=95$ ④ $n=36, a=95$
⑤ $n=36, a=99$

모비율의 추정

개념 01 모비율의 신뢰구간   ◎ 예제 06, 07

모집단에서 크기가 n인 표본을 임의추출하여 구한 표본비율이 $\hat{p}$일 때,
n이 충분히 크면 모비율 p에 대한 신뢰구간은 다음과 같다. (단, $\hat{q}=1-\hat{p}$)

(1) 신뢰도 95 %의 신뢰구간: $\hat{p}-1.96\sqrt{\dfrac{\hat{p}\hat{q}}{n}}\leq p\leq\hat{p}+1.96\sqrt{\dfrac{\hat{p}\hat{q}}{n}}$ ◀ $\mathrm{P}(|Z|\leq1.96)=0.95$

(2) 신뢰도 99 %의 신뢰구간: $\hat{p}-2.58\sqrt{\dfrac{\hat{p}\hat{q}}{n}}\leq p\leq\hat{p}+2.58\sqrt{\dfrac{\hat{p}\hat{q}}{n}}$ ◀ $\mathrm{P}(|Z|\leq2.58)=0.99$

표본평균을 이용하여 모평균을 추정할 수 있는 것과 같이
표본비율을 이용하여 모비율을 추정할 수 있다.
모비율이 p인 모집단에서 크기가 n인 표본을 임의추출할 때,

표본의 크기 n이 충분히 크면 표본비율 $\hat{p}$은 근사적으로 정규분포 $\mathrm{N}\left(p,\ \dfrac{pq}{n}\right)$를 따르므로   ◀ 237쪽 개념 03

확률변수 $Z=\dfrac{\hat{p}-p}{\sqrt{\dfrac{pq}{n}}}$ 는 근사적으로 표준정규분포 $\mathrm{N}(0,\ 1)$을 따른다. (단, $q=1-p$)

이때 표본의 크기 n이 충분히 크면 $\sqrt{\dfrac{pq}{n}}$ 에서 모비율 p 대신 표본비율 $\hat{p}$을 이용한

확률변수 $Z=\dfrac{\hat{p}-p}{\sqrt{\dfrac{\hat{p}\hat{q}}{n}}}$ 도 근사적으로 표준정규분포 $\mathrm{N}(0,\ 1)$을 따른다. (단, $\hat{q}=1-\hat{p}$)

이때 $\mathrm{P}(0\leq Z\leq1.96)=0.475$이므로

$$\mathrm{P}(-1.96\leq Z\leq1.96)=0.95$$

$$\mathrm{P}\left(-1.96\leq\dfrac{\hat{p}-p}{\sqrt{\dfrac{\hat{p}\hat{q}}{n}}}\leq1.96\right)=0.95$$

$$\therefore\ \mathrm{P}\left(\hat{p}-1.96\sqrt{\dfrac{\hat{p}\hat{q}}{n}}\leq p\leq\hat{p}+1.96\sqrt{\dfrac{\hat{p}\hat{q}}{n}}\right)=0.95$$

이는 모비율 p가 $\hat{p}-1.96\sqrt{\dfrac{\hat{p}\hat{q}}{n}}$ 이상 $\hat{p}+1.96\sqrt{\dfrac{\hat{p}\hat{q}}{n}}$ 이하일 확률이 95 %라는 뜻이다. 이 범위

$$\hat{p}-1.96\sqrt{\dfrac{\hat{p}\hat{q}}{n}}\leq p\leq\hat{p}+1.96\sqrt{\dfrac{\hat{p}\hat{q}}{n}}$$

을 모비율 p에 대한 신뢰도 95 %의 신뢰구간이라 한다.
같은 방법으로 $\mathrm{P}(-2.58\leq Z\leq2.58)=0.99$이므로 모비율 p에 대한 신뢰도 99 %의 신뢰구간은

$$\hat{p}-2.58\sqrt{\dfrac{\hat{p}\hat{q}}{n}}\leq p\leq\hat{p}+2.58\sqrt{\dfrac{\hat{p}\hat{q}}{n}}$$

| 예 | 모집단에서 크기가 300인 표본을 임의추출하여 구한 표본비율이 $\dfrac{1}{4}$일 때,

표본의 크기 $n=300$, 표본비율 $\hat{p}=\dfrac{1}{4}=0.25$이고, n은 충분히 크므로

(1) 모비율 p에 대한 신뢰도 95 %의 신뢰구간은

$$0.25-1.96\sqrt{\dfrac{0.25\times0.75}{300}}\leq p\leq 0.25+1.96\sqrt{\dfrac{0.25\times0.75}{300}} \qquad \therefore\ 0.201\leq p\leq 0.299$$

(2) 모비율 p에 대한 신뢰도 99 %의 신뢰구간은

$$0.25-2.58\sqrt{\dfrac{0.25\times0.75}{300}}\leq p\leq 0.25+2.58\sqrt{\dfrac{0.25\times0.75}{300}} \qquad \therefore\ 0.1855\leq p\leq 0.3145$$

| 참고 | $\cdot$ $n\hat{p}\geq5$, $n\hat{q}\geq5$를 만족시키면 n을 충분히 큰 값으로 생각한다. (단, $\hat{q}=1-\hat{p}$)

$\cdot$ $\mathrm{P}(|Z|\leq k)=\dfrac{\alpha}{100}$일 때, 모비율 p에 대한 신뢰도 α %의 신뢰구간은

$$\hat{p}-k\sqrt{\dfrac{\hat{p}\hat{q}}{n}}\leq p\leq \hat{p}+k\sqrt{\dfrac{\hat{p}\hat{q}}{n}} \quad (단,\ \hat{q}=1-\hat{p})$$

개념 02 모비율의 신뢰구간의 길이

◐ 예제 08

모집단에서 크기가 n인 표본을 임의추출할 때,
신뢰도에 따른 모비율 p에 대한 신뢰구간의 길이는 다음과 같다. (단, $\hat{q}=1-\hat{p}$)

(1) 신뢰도 95 %의 신뢰구간의 길이: $2\times1.96\sqrt{\dfrac{\hat{p}\hat{q}}{n}}$ ◀ $\left(\hat{p}+1.96\sqrt{\dfrac{\hat{p}\hat{q}}{n}}\right)-\left(\hat{p}-1.96\sqrt{\dfrac{\hat{p}\hat{q}}{n}}\right)$

(2) 신뢰도 99 %의 신뢰구간의 길이: $2\times2.58\sqrt{\dfrac{\hat{p}\hat{q}}{n}}$ ◀ $\left(\hat{p}+2.58\sqrt{\dfrac{\hat{p}\hat{q}}{n}}\right)-\left(\hat{p}-2.58\sqrt{\dfrac{\hat{p}\hat{q}}{n}}\right)$

| 참고 | $\cdot$ 표본의 크기가 일정할 때, 신뢰도가 높을수록 신뢰구간의 길이는 길어진다.
$\cdot$ 신뢰도가 일정할 때, 표본의 크기가 커질수록 신뢰구간의 길이는 짧아진다.

개념 확인

$\cdot$ 정답과 해설 **98**쪽

개념 01
499

모집단에서 크기가 400인 표본을 임의추출하여 구한 표본비율이 0.2일 때, 다음과 같은 신뢰도로 추정한 모비율 p에 대한 신뢰구간을 구하시오.

$$(단,\ \mathrm{P}(|Z|\leq1.96)=0.95,\ \mathrm{P}(|Z|\leq2.58)=0.99)$$

(1) 신뢰도 95 %　　　　　　　　　(2) 신뢰도 99 %

개념 02
500

모집단에서 크기가 100인 표본을 임의추출하여 구한 표본비율이 0.5일 때, 다음과 같은 신뢰도로 추정한 모비율 p에 대한 신뢰구간의 길이를 구하시오.

$$(단,\ \mathrm{P}(|Z|\leq1.96)=0.95,\ \mathrm{P}(|Z|\leq2.58)=0.99)$$

(1) 신뢰도 95 %　　　　　　　　　(2) 신뢰도 99 %

크기가 n인 표본을 임의추출하여 구한 표본비율이 $\hat{p}$일 때, n이 충분히 크면 모비율 p에 대한 신뢰구간은

신뢰도 95 %: $\hat{p}-1.96\sqrt{\dfrac{\hat{p}(1-\hat{p})}{n}}\leq p\leq\hat{p}+1.96\sqrt{\dfrac{\hat{p}(1-\hat{p})}{n}}$

신뢰도 99 %: $\hat{p}-2.58\sqrt{\dfrac{\hat{p}(1-\hat{p})}{n}}\leq p\leq\hat{p}+2.58\sqrt{\dfrac{\hat{p}(1-\hat{p})}{n}}$

어느 과수원에서 재배하는 참외 중에서 600개를 임의추출하여 당도를 조사하였더니 당도가 12브릭스 이상인 참외가 240개이었다. 이 과수원에서 재배하는 모든 참외 중에서 당도가 12브릭스 이상인 참외의 비율 p에 대하여 다음을 구하시오. (단, $\mathrm{P}(|Z|\leq1.96)=0.95$, $\mathrm{P}(|Z|\leq2.58)=0.99$)

(1) 신뢰도 95 %의 신뢰구간

(2) 신뢰도 99 %의 신뢰구간

• 유형만렙 확률과 통계 121쪽에서 문제 더 풀기

| **풀이** | 표본의 크기가 600, 표본비율이 $\dfrac{240}{600}=0.4$이고, 표본의 크기는 충분히 크므로

(1) 모비율 p에 대한 신뢰도 95 %의 신뢰구간은

$$0.4-1.96\sqrt{\dfrac{0.4\times0.6}{600}}\leq p\leq0.4+1.96\sqrt{\dfrac{0.4\times0.6}{600}}$$

$0.4-0.0392\leq p\leq0.4+0.0392$

$\therefore\ 0.3608\leq p\leq0.4392$

(2) 모비율 p에 대한 신뢰도 99 %의 신뢰구간은

$$0.4-2.58\sqrt{\dfrac{0.4\times0.6}{600}}\leq p\leq0.4+2.58\sqrt{\dfrac{0.4\times0.6}{600}}$$

$0.4-0.0516\leq p\leq0.4+0.0516$

$\therefore\ 0.3484\leq p\leq0.4516$

답 (1) $0.3608\leq p\leq0.4392$ (2) $0.3484\leq p\leq0.4516$

501 유사   교과서

어느 기업에서 제품 A의 고객 중에서 100명을 대상으로 만족률을 조사한 결과 조사한 고객 중에서 80명이 만족한다고 답하였다. 이 기업의 제품 A의 전체 고객 만족률 p에 대하여 다음을 구하시오. (단, $\mathrm{P}(|Z|\leq 1.96)=0.95$, $\mathrm{P}(|Z|\leq 2.58)=0.99$)

(1) 신뢰도 95 %의 신뢰구간

(2) 신뢰도 99 %의 신뢰구간

502 유사

어느 지역의 고등학생 중에서 144명을 임의추출할 때, 일주일 동안 3시간 이상 독서를 하는 학생의 비율이 50 %라 한다. 이 지역의 전체 고등학생 중에서 일주일 동안 3시간 이상 독서를 하는 학생의 비율 p에 대한 신뢰도 99 %의 신뢰구간을 구하시오. $(\mathrm{P}(|Z|\leq 2.58)=0.99)$

503 변형

어느 도시의 자전거 사용률을 조사하기 위하여 이 도시의 주민 1200명을 임의추출하여 조사하였더니 조사한 주민의 25 %가 자전거를 사용하는 것으로 나타났다. 이 도시 전체 주민의 자전거 사용률 p를 신뢰도 95 %로 추정한 신뢰구간이 $0.25-k\leq p\leq 0.25+k$일 때, k의 값을 구하시오. (단, $\mathrm{P}(|Z|\leq 1.96)=0.95$)

504 변형

어느 회사 직원 중에서 400명을 대상으로 선호하는 과일을 조사하였더니 딸기, 바나나, 사과의 비율이 각각 0.5, 0.4, 0.1로 나타났다. 이 회사 전체 직원 중에서 사과를 선호하는 직원의 비율 p를 신뢰도 95 %로 추정한 신뢰구간이 $a\leq p\leq b$, 신뢰도 99 %로 추정한 신뢰구간이 $c\leq p\leq d$일 때, $d-a$의 값을 구하시오.
(단, $\mathrm{P}(|Z|\leq 1.96)=0.95$,
$\mathrm{P}(|Z|\leq 2.58)=0.99$)

신뢰구간에 대한 식을 세운 후 주어진 신뢰구간과 비교하여 표본의 크기 n의 값을 구한다.

어느 회사의 직원 중에서 n명을 임의추출하여 출근 소요 시간을 조사하였더니 출근 소요 시간이 30분 이하인 직원의 비율이 0.2이었다고 한다. 이 회사의 전체 직원 중에서 출근 소요 시간이 30분 이하인 직원의 비율 p를 신뢰도 99 %로 추정한 신뢰구간이 $0.0968 \le p \le 0.3032$일 때, n의 값을 구하시오.

(단, n은 충분히 큰 수이고, $\mathrm{P}(0 \le Z \le 2.58) = 0.495$)

• 유형마렙 확률과 통계 122쪽에서 문제 더 풀기

| 풀이 | 표본비율이 0.2이고, n은 충분히 크므로 모비율 p에 대한 신뢰도 99 %의 신뢰구간은

$$0.2 - 2.58\sqrt{\frac{0.2 \times 0.8}{n}} \le p \le 0.2 + 2.58\sqrt{\frac{0.2 \times 0.8}{n}}$$

◀ 모비율 p에 대한 신뢰도 99 %의 신뢰구간은
$$\hat{p} - 2.58\sqrt{\frac{\hat{p}(1-\hat{p})}{n}} \le p \le \hat{p} + 2.58\sqrt{\frac{\hat{p}(1-\hat{p})}{n}}$$

이 신뢰구간이 $0.0968 \le p \le 0.3032$와 같으므로

$$0.2 - 2.58\sqrt{\frac{0.2 \times 0.8}{n}} = 0.0968, \quad 0.2 + 2.58\sqrt{\frac{0.2 \times 0.8}{n}} = 0.3032$$

따라서 $2.58\sqrt{\dfrac{0.2 \times 0.8}{n}} = 0.1032$이므로

$$\sqrt{n} = 10 \qquad \therefore n = 100$$

답 100

 예제 **08** / 모비율의 신뢰구간의 길이

크기가 n인 표본을 임의추출하여 구한 표본비율이 $\hat{p}$일 때, n이 충분히 크면
모비율 p에 대한 신뢰도 95 %, 99 %의 신뢰구간의 길이는 각각

$$2 \times 1.96\sqrt{\frac{\hat{p}(1-\hat{p})}{n}}, \quad 2 \times 2.58\sqrt{\frac{\hat{p}(1-\hat{p})}{n}}$$

어느 공장에서 생산하는 칫솔 중에서 n개를 임의추출하여 불량률을 조사하였더니 10 %이었다. 이 공장에서 생산하는 전체 칫솔에 대한 불량률 p를 신뢰도 95 %로 추정할 때, 신뢰구간의 길이가 0.0392 이하가 되도록 하는 n의 최솟값을 구하시오. (단, n은 충분히 큰 수이고, $\mathrm{P}(|Z| \le 1.96) = 0.95$)

• 유형마렙 확률과 통계 122쪽에서 문제 더 풀기

| 풀이 | 표본비율이 0.1이고, n은 충분히 크므로 모비율 p에 대한 신뢰도 95 %의 신뢰구간의 길이는

$$2 \times 1.96\sqrt{\frac{0.1 \times 0.9}{n}}$$

신뢰구간의 길이가 0.0392 이하이어야 하므로

$$2 \times 1.96\sqrt{\frac{0.1 \times 0.9}{n}} \le 0.0392$$

$$\sqrt{n} \ge 30 \qquad \therefore n \ge 900$$

따라서 n의 최솟값은 900이다.

답 900

505 예제 07 유사

모집단에서 크기가 n인 표본을 임의추출할 때, 표본비율이 0.36이면 모비율 p를 신뢰도 95 %로 추정한 신뢰구간은 $0.2928 \le p \le 0.4272$이다. 이때 n의 값을 구하시오. (단, n은 충분히 큰 수이고, $\mathrm{P}(|Z| \le 1.96) = 0.95$)

507 예제 07 변형

새 복지 정책에 대한 의견을 파악하기 위하여 시민 n명을 임의추출하여 조사하였더니 찬성 70 %, 반대 25 %, 무응답 5 %이었다. 이 정책에 반대하는 전체 시민의 비율 p를 신뢰도 99 %로 추정한 신뢰구간이 $0.1855 \le p \le 0.3145$일 때, n의 값을 구하시오. (단, n은 충분히 큰 수이고, $\mathrm{P}(0 \le Z \le 2.58) = 0.495$)

506 예제 08 유사

어느 도시의 주민 중에서 n명을 임의추출하여 조사하였더니 60 %가 작년에 해외여행을 다녀왔다고 답하였다. 이 도시의 주민 전체의 작년에 해외여행을 다녀온 주민의 비율 p를 신뢰도 99 %로 추정할 때, 신뢰구간의 길이가 0.1032 이하가 되도록 하는 n의 최솟값을 구하시오. (단, n은 충분히 큰 수이고, $\mathrm{P}(|Z| \le 2.58) = 0.99$)

508 예제 08 변형 수능

어느 도시의 중앙공원을 이용한 경험이 있는 주민의 비율을 알아보기 위하여 이 도시의 주민 중 n명을 임의추출하여 조사한 결과 80 %가 이 중앙공원을 이용한 경험이 있다고 답하였다. 이 결과를 이용하여 구한 이 도시 주민 전체의 중앙공원을 이용한 경험이 있는 주민의 비율 p에 대한 신뢰도 95 %의 신뢰구간이 $a \le p \le b$이다. $b - a = 0.098$일 때, n의 값을 구하시오. (단, Z가 표준정규분포를 따르는 확률변수일 때, $\mathrm{P}(|Z| \le 1.96) = 0.95$로 계산한다.)

연습문제

509 어느 지역 주민의 1일 인터넷 사용 시간은 표준편차가 32분인 정규분포를 따른다고 한다. 이 지역 주민 1600명을 임의추출하여 조사하였더니 1일 인터넷 사용 시간의 평균이 100분이었다. 이 지역 주민의 1일 인터넷 사용 시간의 모평균 m을 신뢰도 99 %로 추정한 신뢰구간이 $a \leq m \leq b$일 때, $b-a$의 값은?

(단, $\mathrm{P}(0 \leq Z \leq 2.58)=0.495$)

① 1.032 ② 2.064 ③ 2.58
④ 4.128 ⑤ 5.16

510 정규분포 $\mathrm{N}(m,\ 2^2)$을 따르는 모집단에서 크기가 n인 표본을 임의추출하여 모평균 m을 신뢰도 95 %로 추정할 때, 표본평균 $\bar{x}$에 대하여 $|m-\bar{x}| \leq 0.49$가 되도록 하는 n의 최솟값은? (단, $\mathrm{P}(0 \leq Z \leq 1.96)=0.475$)

① 25 ② 36 ③ 49
④ 64 ⑤ 81

511 어느 회사에서 출시한 휴대 전화 A의 만족도를 알아보기 위하여 휴대 전화 A의 사용자 중에서 108명을 임의추출하여 조사하였더니 27명이 만족한다고 응답하였다. 휴대 전화 A의 사용자 전체의 만족도 p를 신뢰도 99 %로 추정한 신뢰구간이 $a \leq p \leq b$일 때, $3a+b$의 값을 구하시오. (단, $\mathrm{P}(|Z| \leq 2.58)=0.99$)

512 어느 음식점에 방문한 고객 중에서 n명을 임의추출하여 재방문 여부를 조사하였더니 60 %가 재방문하겠다고 답하였다. 이 음식점에 재방문 의사가 있는 전체 고객의 비율 p를 신뢰도 95 %로 추정한 신뢰구간이 $0.5216 \leq p \leq 0.6784$일 때, n의 값을 구하시오. (단, n은 충분히 큰 수이고, $\mathrm{P}(|Z| \leq 1.96)=0.95$)

📘 교과서

513 어느 도시에서 공장을 유치하기 위하여 이 도시 주민 225명을 임의추출하여 여론 조사를 하였더니 20 %가 찬성하였다. 이 도시 주민 전체의 공장 유치에 대한 찬성률 p를 신뢰도 99 %로 추정할 때, 신뢰구간의 길이를 구하시오. (단, $\mathrm{P}(0 \leq Z \leq 2.58)=0.495$)

2단계

수능

514 어느 지역 주민들의 하루 여가 활동 시간은 평균이 m분, 표준편차가 σ분인 정규분포를 따른다고 한다. 이 지역 주민 중 16명을 임의추출하여 구한 하루 여가 활동 시간의 표본평균이 75분일 때, 모평균 m에 대한 신뢰도 95 %의 신뢰구간이 $a \leq m \leq b$이다. 이 지역 주민 중 16명을 다시 임의추출하여 구한 하루 여가 활동 시간의 표본평균이 77분일 때, 모평균 m에 대한 신뢰도 99 %의 신뢰구간이 $c \leq m \leq d$이다. $d-b=3.86$을 만족시키는 σ의 값을 구하시오. (단, Z가 표준정규분포를 따르는 확률변수일 때, $\mathrm{P}(|Z| \leq 1.96)=0.95$, $\mathrm{P}(|Z| \leq 2.58)=0.99$로 계산한다.)

서술형

515 어느 회사 지원자의 입사 시험 점수는 평균이 m점, 표준편차가 σ점인 정규분포를 따른다고 한다. 이 회사 지원자 중에서 49명을 임의추출하여 지원자 1명의 입사 시험 점수의 모평균 m을 신뢰도 95 %로 추정한 신뢰구간이 $a \leq m \leq a+11.2$이다. 이때 σ의 값을 구하시오. (단, $\mathrm{P}(|Z| \leq 1.96)=0.95$)

교육청

516 어느 회사에서 생산하는 다회용 컵 1개의 무게는 평균이 m, 표준편차가 0.5인 정규분포를 따른다고 한다. 이 회사에서 생산한 다회용 컵 중에서 n개를 임의추출하여 얻은 표본평균이 67.27일 때, 모평균 m에 대한 신뢰도 95 %의 신뢰구간이 $a \leq m \leq 67.41$이다. $n+a$의 값은? (단, 무게의 단위는 g이고, Z가 표준정규분포를 따르는 확률변수일 때, $\mathrm{P}(|Z| \leq 1.96)=0.95$로 계산한다.)

① 92.13 　② 97.63 　③ 103.13
④ 109.63 　⑤ 116.13

517 어느 과일 가게에서 판매하는 멜론 1개의 무게는 표준편차가 72 g인 정규분포를 따른다고 한

z	$\mathrm{P}(0 \leq Z \leq z)$
1.75	0.460
1.81	0.465
1.88	0.470

다. 이 가게에서 판매하는 멜론 중에서 81개를 임의추출하여 모평균을 신뢰도 α %로 추정한 신뢰구간의 길이가 28.96일 때, α의 값을 위의 표준정규분포표를 이용하여 구하시오.

연습문제

• 정답과 해설 **101**쪽

518 정규분포 $N(m, \sigma^2)$을 따르는 모집단에서 표본을 임의추출하여 모평균 m을 추정할 때, 모평균의 신뢰구간에 대하여 보기에서 옳은 것만을 있는 대로 고른 것은?

┤ 보기 ├

ㄱ. 동일한 표본을 사용할 때, 신뢰도 99 %의 신뢰구간은 신뢰도 95 %의 신뢰구간을 포함한다.

ㄴ. 신뢰도를 높이면서 표본의 크기를 작게 하면 신뢰구간의 길이는 길어진다.

ㄷ. 신뢰도가 일정할 때, 표본의 크기를 9배로 늘리면 신뢰구간의 길이는 $\dfrac{1}{3}$배가 된다.

① ㄱ   ② ㄴ   ③ ㄱ, ㄴ
④ ㄱ, ㄷ   ⑤ ㄱ, ㄴ, ㄷ

519 어느 회사 직원 중에서 n명을 임의추출하여 점심 식사 방법을 조사하였더니 도시락을 먹는 직원이 50 %이었다. 전체 직원 중에서 도시락을 먹는 직원의 비율 p를 신뢰도 95 %로 추정할 때, 모비율과 표본비율의 차가 0.07 이하가 되도록 하는 n의 최솟값은? (단, n은 충분히 큰 수이고, $P(0 \leq Z \leq 1.96) = 0.475$)

① 100   ② 144   ③ 196
④ 324   ⑤ 400

3단계

520 정규분포를 따르는 모집단에서 표본을 임의추출하여 모평균을 추정하려고 할 때, 표본의 크기가 9이고 신뢰도 94 %일 때의 신뢰구간의 길이가 l, 표본의 크기가 n이고 신뢰도 98 %일 때의 신뢰구간의 길이가 $\dfrac{2}{5}l$이 되도록 하는 n의 값을 구하시오. (단, $P(0 \leq Z \leq 1.89) = 0.47$, $P(0 \leq Z \leq 2.52) = 0.49$)

521 어느 고등학교의 학생 중에서 n명을 임의추출하여 조사하였더니 노트북을 가진 학생의 비율이 $\hat{p}$이었다. 이 학교 전체 학생 중에서 노트북을 가진 학생의 비율 p를 신뢰도 95 %로 추정한 신뢰구간이 $0.7608 \leq p \leq 0.8392$일 때, 임의추출한 학생 n명 중에서 노트북을 가진 학생의 수를 구하시오. (단, n은 충분히 큰 수이고, $P(|Z| \leq 1.96) = 0.95$)

표준정규분포표

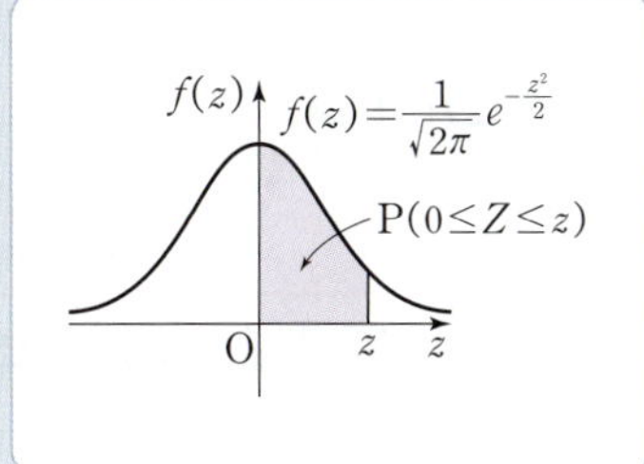

z	0.00	0.01	0.02	0.03	0.04	0.05	0.06	0.07	0.08	0.09
0.0	0.0000	0.0040	0.0080	0.0120	0.0160	0.0199	0.0239	0.0279	0.0319	0.0359
0.1	0.0398	0.0438	0.0478	0.0517	0.0557	0.0596	0.0636	0.0675	0.0714	0.0753
0.2	0.0793	0.0832	0.0871	0.0910	0.0948	0.0987	0.1026	0.1064	0.1103	0.1141
0.3	0.1179	0.1217	0.1255	0.1293	0.1331	0.1368	0.1406	0.1443	0.1480	0.1517
0.4	0.1554	0.1591	0.1628	0.1664	0.1700	0.1736	0.1772	0.1808	0.1844	0.1879
0.5	0.1915	0.1950	0.1985	0.2019	0.2054	0.2088	0.2123	0.2157	0.2190	0.2224
0.6	0.2257	0.2291	0.2324	0.2357	0.2389	0.2422	0.2454	0.2486	0.2517	0.2549
0.7	0.2580	0.2611	0.2642	0.2673	0.2704	0.2734	0.2764	0.2794	0.2823	0.2852
0.8	0.2881	0.2910	0.2939	0.2967	0.2995	0.3023	0.3051	0.3078	0.3106	0.3133
0.9	0.3159	0.3186	0.3212	0.3238	0.3264	0.3289	0.3315	0.3340	0.3365	0.3389
1.0	0.3413	0.3438	0.3461	0.3485	0.3508	0.3531	0.3554	0.3577	0.3599	0.3621
1.1	0.3643	0.3665	0.3686	0.3708	0.3729	0.3749	0.3770	0.3790	0.3810	0.3830
1.2	0.3849	0.3869	0.3888	0.3907	0.3925	0.3944	0.3962	0.3980	0.3997	0.4015
1.3	0.4032	0.4049	0.4066	0.4082	0.4099	0.4115	0.4131	0.4147	0.4162	0.4177
1.4	0.4192	0.4207	0.4222	0.4236	0.4251	0.4265	0.4279	0.4292	0.4306	0.4319
1.5	0.4332	0.4345	0.4357	0.4370	0.4382	0.4394	0.4406	0.4418	0.4429	0.4441
1.6	0.4452	0.4463	0.4474	0.4484	0.4495	0.4505	0.4515	0.4525	0.4535	0.4545
1.7	0.4554	0.4564	0.4573	0.4582	0.4591	0.4599	0.4608	0.4616	0.4625	0.4633
1.8	0.4641	0.4649	0.4656	0.4664	0.4671	0.4678	0.4686	0.4693	0.4699	0.4706
1.9	0.4713	0.4719	0.4726	0.4732	0.4738	0.4744	0.4750	0.4756	0.4761	0.4767
2.0	0.4772	0.4778	0.4783	0.4788	0.4793	0.4798	0.4803	0.4808	0.4812	0.4817
2.1	0.4821	0.4826	0.4830	0.4834	0.4838	0.4842	0.4846	0.4850	0.4854	0.4857
2.2	0.4861	0.4864	0.4868	0.4871	0.4875	0.4878	0.4881	0.4884	0.4887	0.4890
2.3	0.4893	0.4896	0.4898	0.4901	0.4904	0.4906	0.4909	0.4911	0.4913	0.4916
2.4	0.4918	0.4920	0.4922	0.4925	0.4927	0.4929	0.4931	0.4932	0.4934	0.4936
2.5	0.4938	0.4940	0.4941	0.4943	0.4945	0.4946	0.4948	0.4949	0.4951	0.4952
2.6	0.4953	0.4955	0.4956	0.4957	0.4959	0.4960	0.4961	0.4962	0.4963	0.4964
2.7	0.4965	0.4966	0.4967	0.4968	0.4969	0.4970	0.4971	0.4972	0.4973	0.4974
2.8	0.4974	0.4975	0.4976	0.4977	0.4977	0.4978	0.4979	0.4979	0.4980	0.4981
2.9	0.4981	0.4982	0.4982	0.4983	0.4984	0.4984	0.4985	0.4985	0.4986	0.4986
3.0	0.4987	0.4987	0.4987	0.4988	0.4988	0.4989	0.4989	0.4989	0.4990	0.4990
3.1	0.4990	0.4991	0.4991	0.4991	0.4992	0.4992	0.4992	0.4992	0.4993	0.4993
3.2	0.4993	0.4993	0.4994	0.4994	0.4994	0.4994	0.4994	0.4995	0.4995	0.4995
3.3	0.4995	0.4995	0.4995	0.4996	0.4996	0.4996	0.4996	0.4996	0.4996	0.4997
3.4	0.4997	0.4997	0.4997	0.4997	0.4997	0.4997	0.4997	0.4997	0.4997	0.4998

Ⅰ. 경우의 수

01 중복순열과 같은 것이 있는 순열

개념 확인   13쪽

001 (1) $_4\Pi_5$ (2) $_7\Pi_3$
002 (1) 5   (2) 16   (3) 64   (4) 27
003 (1) 13   (2) 6   (3) 5   (4) 5
004 64

유제   15~24쪽

005 625   **006** 243   **007** 81   **008** 5
009 864   **010** 175   **011** 256   **012** 126
013 (1) 500   (2) 200   **014** ②   **015** 81
016 175   **017** 360   **018** 243   **019** 126
020 27   **021** (1) 625   (2) 120   (3) 125
022 192   **023** 81   **024** 40   **025** ⑤

개념 확인   27쪽

026 (1) 15   (2) 56   (3) 90   **027** 60
028 10

유제   29~37쪽

029 (1) 10080   (2) 360   (3) 2520   **030** 560
031 70   **032** ③   **033** 3360   **034** 3024
035 105   **036** 30   **037** 120   **038** 46
039 ②   **040** 9   **041** ①   **042** 44
043 36   **044** 51   **045** 132   **046** 26
047 100   **048** 50

연습문제   38~40쪽

049 81   **050** ⑤   **051** ③   **052** 5040
053 360   **054** 100   **055** ③   **056** 720
057 ⑤   **058** 7   **059** 32   **060** ④
061 ④   **062** ③   **063** 53   **064** 56
065 ④   **066** 162

01 중복조합

개념 확인   45쪽

067 (1) $_6H_4$ (2) $_3H_7$
068 (1) 21   (2) 70   (3) 1   (4) 3
069 (1) 13   (2) 8   (3) 5   (4) 2
070 84

유제   47~56쪽

071 165   **072** 91   **073** 9   **074** ①
075 171   **076** 495   **077** 84   **078** ①
079 165   **080** 84   **081** 560   **082** 315
083 120   **084** 78   **085** 31   **086** 105
087 (1) 15   (2) 126   **088** 35   **089** 350
090 45
091 (1) 10   (2) 20   (3) 252   (4) 9   (5) 625
     (6) 210

연습문제   57~58쪽

092 495   **093** ③   **094** ④   **095** 30
096 175   **097** 6   **098** 20   **099** ②
100 ③   **101** 35   **102** ②   **103** 63

02 이항정리

개념 확인 — 61쪽

104 (1) $16a^4+32a^3b+24a^2b^2+8ab^3+b^4$
 (2) $x^6-6x^5y+15x^4y^2-20x^3y^3+15x^2y^4$
$$-6xy^5+y^6$$

유제 — 63~73쪽

105 (1) 720 (2) 448 106 (1) 189 (2) 270
107 $\dfrac{1}{2}$ 108 ① 109 196 110 ①
111 4 112 2 113 ③ 114 ⑤
115 18 116 209 117 792 118 126
119 660 120 252 121 (1) 11 (2) 2
122 (1) 1024 (2) 5 123 ③ 124 9
125 40 126 221 127 15 128 18

연습문제 — 75~76쪽

129 $\dfrac{7}{4}$ 130 ⑤ 131 ㄱ, ㄴ, ㄷ
132 ⑤ 133 ③ 134 540 135 282
136 2 137 4096 138 ③ 139 125
140 ②

II. 확률

01 확률의 개념

개념 확인 — 83쪽

141 (1) $\{1, 2, 3, 4, 5, 6, 7, 8\}$
 (2) $\{1\}, \{2\}, \{3\}, \{4\}, \{5\}, \{6\}, \{7\}, \{8\}$
 (3) $\{1, 3, 5, 7\}$
142 (1) $\{1, 2, 3, 4, 5\}$ (2) $\varnothing$ (3) $\{1, 4\}$
 (4) 배반사건
143 (1) $\dfrac{5}{8}$ (2) 1 (3) 0
144 $\dfrac{297}{500}$

유제 — 85~100쪽

145 ㄹ 146 256 147 3 148 32
149 (1) $\dfrac{1}{6}$ (2) $\dfrac{7}{36}$ 150 ① 151 $\dfrac{5}{54}$
152 $\dfrac{1}{4}$ 153 $\dfrac{5}{18}$ 154 $\dfrac{1}{2}$ 155 $\dfrac{1}{7}$
156 $\dfrac{2}{5}$ 157 $\dfrac{3}{8}$ 158 $\dfrac{24}{125}$ 159 $\dfrac{2}{5}$
160 $\dfrac{1}{4}$ 161 $\dfrac{1}{14}$ 162 $\dfrac{1}{6}$ 163 ②
164 $\dfrac{3}{10}$ 165 (1) $\dfrac{1}{2}$ (2) $\dfrac{8}{15}$ 166 $\dfrac{10}{63}$
167 $\dfrac{9}{91}$ 168 9 169 $\dfrac{5}{14}$ 170 $\dfrac{7}{27}$
171 $\dfrac{10}{91}$ 172 $\dfrac{12}{35}$ 173 $\dfrac{9}{20}$ 174 7개
175 $\dfrac{17}{90}$ 176 5개 177 $\dfrac{8}{9}$

연습문제 — 101~103쪽

178 ㄴ 179 8 180 $\dfrac{1}{14}$ 181 ②
182 $\dfrac{1}{6}$ 183 ③ 184 $\dfrac{7}{55}$ 185 ③
186 25 187 $\dfrac{17}{36}$ 188 $\dfrac{2}{9}$ 189 8
190 $\dfrac{1}{20}$ 191 13개 192 ④ 193 $\dfrac{1}{5}$
194 ①

02 확률의 덧셈 정리

개념 확인   105쪽

195 $\dfrac{3}{5}$ **196** $\dfrac{19}{24}$ **197** $\dfrac{2}{3}$

유제   107~113쪽

198 $\dfrac{3}{22}$ **199** $\dfrac{11}{30}$ **200** ④   **201** $\dfrac{3}{4}$

202 $\dfrac{1}{3}$ **203** $\dfrac{34}{55}$ **204** $\dfrac{18}{35}$ **205** $\dfrac{2}{3}$

206 $\dfrac{19}{91}$ **207** $\dfrac{43}{45}$ **208** $\dfrac{4}{21}$ **209** $\dfrac{7}{8}$

210 ⑤   **211** $\dfrac{23}{42}$ **212** $\dfrac{101}{125}$ **213** $\dfrac{51}{55}$

연습문제   114~116쪽

214 $\dfrac{11}{16}$ **215** ㄱ, ㄴ   **216** $\dfrac{14}{25}$ **217** ⑤

218 $\dfrac{16}{33}$ **219** ③   **220** ③   **221** $\dfrac{9}{20}$

222 $\dfrac{29}{50}$ **223** $\dfrac{1}{5}$ **224** $\dfrac{20}{27}$ **225** 4

226 $\dfrac{151}{165}$ **227** ⑤   **228** $\dfrac{13}{15}$ **229** $\dfrac{23}{40}$

230 $\dfrac{11}{13}$

01 조건부확률

개념 확인   121쪽

231 (1) $\dfrac{2}{3}$ (2) $\dfrac{5}{9}$ **232** $\dfrac{2}{3}$

233 (1) $\dfrac{1}{3}$ (2) $\dfrac{2}{3}$ **234** (1) $\dfrac{1}{20}$ (2) $\dfrac{1}{12}$

유제   123~131쪽

235 $\dfrac{1}{4}$ **236** $\dfrac{1}{5}$ **237** ④   **238** 0.14

239 $\dfrac{10}{19}$ **240** $\dfrac{8}{15}$ **241** $\dfrac{4}{9}$ **242** 7

243 18   **244** 3개   **245** $\dfrac{4}{25}$ **246** $\dfrac{27}{55}$

247 0.68   **248** $\dfrac{3}{8}$ **249** $\dfrac{13}{50}$ **250** $\dfrac{19}{70}$

251 $\dfrac{16}{31}$ **252** $\dfrac{3}{13}$ **253** $\dfrac{9}{34}$ **254** $\dfrac{12}{47}$

연습문제   132~135쪽

255 ③   **256** $\dfrac{1}{2}$ **257** $\dfrac{1}{5}$ **258** ①

259 $\dfrac{1}{22}$ **260** $\dfrac{4}{7}$ **261** $\dfrac{1}{4}$ **262** ④

263 ③   **264** 300명   **265** $\dfrac{1}{4}$ **266** 8

267 $\dfrac{17}{48}$ **268** ⑤   **269** $\dfrac{9}{23}$ **270** ③

271 47   **272** $\dfrac{44}{105}$ **273** ⑤

02 사건의 독립과 종속

개념 확인   137쪽

274 (1) $\dfrac{1}{4}$ (2) $\dfrac{1}{7}$

유제   139~144쪽

275 ㄱ, ㄴ   276 ㄴ   277 종속   278 2

279 $\dfrac{2}{15}$ 280 $\dfrac{2}{9}$ 281 $\dfrac{5}{8}$ 282 $\dfrac{1}{6}$

283 $\dfrac{8}{15}$ 284 $\dfrac{37}{56}$ 285 0.94   286 $\dfrac{3}{4}$

287 ㄱ, ㄴ

개념 확인   145쪽

288 (1) 0.6   (2) 0.4   (3) 0.432

유제   147~151쪽

289 (1) $\dfrac{80}{243}$ (2) $\dfrac{11}{243}$ 290 ③   291 $\dfrac{40}{243}$

292 $\dfrac{67}{256}$ 293 $\dfrac{5}{32}$ 294 $\dfrac{32}{243}$ 295 $\dfrac{189}{256}$

296 $\dfrac{3}{8}$ 297 $\dfrac{40}{243}$ 298 $\dfrac{8}{27}$ 299 $\dfrac{80}{243}$

300 $\dfrac{5}{16}$

연습문제   152~154쪽

301 ㄱ, ㄹ   302 $\dfrac{31}{36}$ 303 $\dfrac{1}{2}$ 304 ③

305 $\dfrac{256}{729}$ 306 $\dfrac{3}{256}$ 307 45   308 ㄴ, ㄷ

309 ④   310 0.19   311 $\dfrac{512}{625}$ 312 $\dfrac{1}{9}$

313 $\dfrac{3}{10}$ 314 $\dfrac{5}{324}$ 315 ⑤   316 $\dfrac{45}{512}$

Ⅲ. 통계

01 이산확률변수와 이항분포

개념 확인   159쪽

317 ㄱ, ㄴ, ㅁ

318 (1) 0, 1, 2

(2) $\mathrm{P}(X=0)=\dfrac{4}{9}$, $\mathrm{P}(X=1)=\dfrac{4}{9}$,

     $\mathrm{P}(X=2)=\dfrac{1}{9}$

(3)

X	0	1	2	합계
$\mathrm{P}(X=x)$	$\dfrac{4}{9}$	$\dfrac{4}{9}$	$\dfrac{1}{9}$	1

유제   161~163쪽

319 $\dfrac{2}{3}$ 320 $\dfrac{1}{2}$ 321 $\dfrac{7}{120}$ 322 $\dfrac{3}{7}$

323 (1) $\mathrm{P}(X=x)=\dfrac{{}_2\mathrm{C}_x \times {}_4\mathrm{C}_{2-x}}{{}_6\mathrm{C}_2}$ $(x=0,\ 1,\ 2)$

(2)

X	0	1	2	합계
$\mathrm{P}(X=x)$	$\dfrac{2}{5}$	$\dfrac{8}{15}$	$\dfrac{1}{15}$	1

(3) $\dfrac{14}{15}$

324 $\dfrac{4}{5}$ 325 $\dfrac{2}{3}$ 326 $\dfrac{3}{5}$

개념 확인   167쪽

327 (1) 2   (2) 7   (3) 3   (4) $\sqrt{3}$

328 (1) 평균: 20, 분산: 64, 표준편차: 8

(2) 평균: $-\dfrac{5}{2}$, 분산: 1, 표준편차: 1

(3) 평균: 3, 분산: 16, 표준편차: 4

(4) 평균: -10, 분산: 36, 표준편차: 6

329 (1) 평균: 3, 분산: 12, 표준편차: $2\sqrt{3}$

(2) 평균: 10, 분산: 108, 표준편차: $6\sqrt{3}$

유제 169~177쪽

330 (1) $a=\dfrac{3}{10}$, $b=\dfrac{1}{5}$ (2) $\dfrac{11}{5}$ **331** ⑤

332 $-\dfrac{3}{4}$ **333** 1

334 (1)

X	0	1	2	3	합계
$\mathrm{P}(X=x)$	$\dfrac{1}{14}$	$\dfrac{3}{7}$	$\dfrac{3}{7}$	$\dfrac{1}{14}$	1

(2) 평균: $\dfrac{3}{2}$, 분산: $\dfrac{15}{28}$

335 $\dfrac{\sqrt{3}}{2}$ **336** 400원   **337** 3

338 $a=2$, $b=-2$ **339** 7   **340** -2

341 70   **342** 평균: 5, 분산: 20, 표준편차: $2\sqrt{5}$

343 29   **344** 9   **345** 48

346 평균: 10, 분산: 81, 표준편차: 9

347 평균: 4, 분산: 5, 표준편차: $\sqrt{5}$

348 54   **349** 40

개념 확인 181쪽

350 (1) $\mathrm{B}\left(6,\ \dfrac{1}{3}\right)$ (2) 이항분포를 따르지 않는다.

(3) $\mathrm{B}\left(10,\ \dfrac{1}{2}\right)$ (4) 이항분포를 따르지 않는다.

351 (1) $\mathrm{P}(X=x)={}_4\mathrm{C}_x\left(\dfrac{3}{4}\right)^{x}\left(\dfrac{1}{4}\right)^{4-x}$

$$(x=0,\ 1,\ 2,\ 3,\ 4)$$

(2) $\dfrac{27}{64}$

352 (1) 평균: 24, 분산: 8, 표준편차: $2\sqrt{2}$

(2) 평균: 72, 분산: 45, 표준편차: $3\sqrt{5}$

353 (1) 60   (2) 42

유제 183~185쪽

354 (1) $\mathrm{P}(X=x)={}_4\mathrm{C}_x\left(\dfrac{3}{5}\right)^{x}\left(\dfrac{2}{5}\right)^{4-x}$

$$(x=0,\ 1,\ 2,\ 3,\ 4)$$

(2) $\dfrac{297}{625}$

355 (1) 24   (2) 1624   **356** $\dfrac{41}{64}$ **357** 96

358 평균: 6, 분산: 5   **359** 84   **360** 19

361 20

연습문제 187~190쪽

362 2   **363** $\dfrac{1}{3}$ **364** ②   **365** 2

366 $\dfrac{3}{5}$ **367** 8   **368** ③   **369** ③

370 16   **371** $\dfrac{1}{3}$ **372** 2   **373** ②

374 36   **375** 21   **376** 3   **377** $\dfrac{2}{9}$

378 84   **379** 21   **380** 121   **381** ③

382 ⑤   **383** 48   **384** -16

Ⅲ-2. 연속확률변수와 정규분포

01 연속확률변수와 정규분포

개념 확인 193쪽

385 ㄱ, ㄴ   **386** (1) $\dfrac{1}{16}$ (2) $\dfrac{25}{2}$ **387** $\dfrac{1}{2}$

유제 195쪽

388 (1) $-\dfrac{1}{8}$ (2) $\dfrac{3}{16}$ **389** ③   **390** $\dfrac{2}{5}$

391 $\dfrac{2}{3}$

개념 확인 201쪽

392 (1) $\mathrm{N}(5,\ 4^2)$ (2) $\mathrm{N}(24,\ 5^2)$ **393** ㄱ, ㄷ

394 (1) 0.4938   (2) 0.4772   (3) 0.2417

(4) 0.6915   (5) 0.0062   (6) 0.6826

395 (1) $Z=\dfrac{X-7}{2}$ (2) $Z=\dfrac{X+20}{3}$

(3) $Z=\dfrac{X-96}{12}$

유제 203~213쪽

396 ㄴ, ㄷ   **397** 6   **398** ㄱ   **399** 12

400 0.82   **401** 0.77   **402** $0.5-a+b$

403 0.6247

404 (1) 0.8664   (2) 0.1525   (3) 0.6687

(4) 0.1587   (5) 0.9938

405 0.0606   **406** 0.0013   **407** 37   **408** 66

409 79   **410** ④   **411** 0.0668   **412** 249

413 ⑤   **414** 456   **415** 71점   **416** 231점

417 142점   **418** 110 g

개념 확인 _______________________ 215쪽

419 (1) $N(36, 3^2)$　(2) $N(80, 8^2)$　(3) $N(392, 7^2)$

420 (1) $N(192, 8^2)$　(2) $Z = \dfrac{X-192}{8}$

　　(3) 0.383

421 (1) $B\left(100, \dfrac{9}{10}\right)$　(2) $N(90, 3^2)$　(3) 0.8413

유제 _______________________ 217~219쪽

422 0.0215　423 0.9772　424 0.8664　425 253

426 0.9759　427 0.0668　428 0.2857　429 0.9938

연습문제 _______________________ 220~222쪽

430 ④　　431 ④　　432 10　　433 ④

434 0.9104　435 ④　　436 ⑤

437 음악, 체육, 미술　　438 79점　439 45

440 $\dfrac{2}{9}$　　441 ③　　442 0.0228　443 0.04

---

01 표본평균과 표본비율의 분포

개념 확인 _______________________ 227쪽

444 ㄴ, ㄷ　445 (1) 125　(2) 60　(3) 10

446 (1) 평균: 15, 분산: 4, 표준편차: 2

　　(2) 평균: 15, 분산: 1, 표준편차: 1

　　(3) 평균: 15, 분산: $\dfrac{9}{25}$, 표준편차: $\dfrac{3}{5}$

447 (1) $E(\overline{X})=10$, $V(\overline{X})=4$, $\sigma(\overline{X})=2$

　　(2) $N(10, 2^2)$

유제 _______________________ 229~235쪽

448 582　　449 81　　450 6　　451 6

452 2　　453 $\sqrt{6}$　　454 $\dfrac{1}{5}$　　455 4

456 0.0228　457 ②　　458 0.9876　459 0.1815

460 36　　461 77　　462 3　　463 $\dfrac{8}{5}$

개념 확인 _______________________ 237쪽

464 $\dfrac{3}{10}$

465 $E(\hat{p}) = \dfrac{1}{3}$, $V(\hat{p}) = \dfrac{1}{81}$, $\sigma(\hat{p}) = \dfrac{1}{9}$

466 (1) $E(\hat{p}) = 0.4$, $V(\hat{p}) = 0.0004$, $\sigma(\hat{p}) = 0.02$

　　(2) $N(0.4, 0.02^2)$

유제 _______________________ 239쪽

467 0.0062　468 0.2661　469 100　　470 ④

연습문제 _______________________ 240~242쪽

471 ㄴ, ㄷ　472 21　　473 0.1039　474 ②

475 ⑤　　476 73　　477 $\dfrac{13}{36}$　　478 0.044

479 ②　　480 ③　　481 ④　　482 0.02

483 ③　　484 102

02 모평균과 모비율의 추정

개념 확인   245쪽

485 (1) $8.04 \leq m \leq 11.96$ (2) $7.42 \leq m \leq 12.58$

486 (1) 3.136 (2) 4.128

유제   247~251쪽

487 $26.84 \leq m \leq 37.16$ **488** $10.04 \leq m \leq 13.96$

489 ④   **490** 7   **491** 64   **492** 256

493 4500   **494** 4   **495** 324   **496** ㄱ, ㄴ

497 25   **498** ②

개념 확인   253쪽

499 (1) $0.1608 \leq p \leq 0.2392$

     (2) $0.1484 \leq p \leq 0.2516$

500 (1) 0.196 (2) 0.258

유제   255~257쪽

501 (1) $0.7216 \leq p \leq 0.8784$

     (2) $0.6968 \leq p \leq 0.9032$

502 $0.3925 \leq p \leq 0.6075$ **503** 0.0245 **504** 0.0681

505 196   **506** 600   **507** 300   **508** 256

연습문제   258~260쪽

509 ④   **510** ④   **511** 0.785 **512** 150

513 0.1376 **514** 12   **515** 20   **516** ⑤

517 93   **518** ⑤   **519** ③   **520** 100

521 320

정답과 해설

확률과 통계

**책 속의 가접 별책** (특허 제 0557442호)

'정답과 해설'은 본책에서 쉽게 분리할 수 있도록 제작되었으므로
유통 과정에서 분리될 수 있으나 파본이 아닌 정상제품입니다.

정답과 해설

확률과 통계

Ⅰ. 경우의 수

I-1. 중복순열과 같은 것이 있는 순열

01 중복순열과 같은 것이 있는 순열

개념 확인   13쪽

001 답 (1) $_4\Pi_5$ (2) $_7\Pi_3$

002 답 (1) 5 (2) 16 (3) 64 (4) 27

003 답 (1) 13 (2) 6 (3) 5 (4) 5
(1) $_n\Pi_2=169$에서
   $n^2=13^2$ $\therefore n=13$
(2) $_n\Pi_3=216$에서
   $n^3=6^3$ $\therefore n=6$
(3) $_2\Pi_r=32$에서
   $2^r=2^5$ $\therefore r=5$
(4) $_3\Pi_r=243$에서
   $3^r=3^5$ $\therefore r=5$

004 답 64
구하는 경우의 수는
$_4\Pi_3=4^3=64$

유제   15~24쪽

005 답 625
구하는 경우의 수는 서로 다른 5개의 우체통에서 중복을 허용하여 4개를 택하여 일렬로 배열하는 경우의 수와 같으므로
$_5\Pi_4=5^4=625$

006 답 243
구하는 경우의 수는 서로 다른 3명의 후보에서 중복을 허용하여 5명을 택하여 일렬로 배열하는 경우의 수와 같으므로
$_3\Pi_5=3^5=243$

007 답 81
구하는 경우의 수는 서로 다른 3개에서 중복을 허용하여 4개를 택하여 일렬로 배열하는 경우의 수와 같으므로
$_3\Pi_4=3^4=81$

008 답 5
n명의 학생이 각각 축구, 농구, 배구, 피구 중에서 1가지씩 택하여 방과 후 체육 활동을 하는 경우의 수는 서로 다른 4가지의 체육 활동에서 중복을 허용하여 n가지를 택하여 일렬로 배열하는 경우의 수와 같으므로
$_4\Pi_n=1024$
$4^n=4^5$
$\therefore n=5$

009 답 864
맨 앞자리에 올 수 있는 문자는 b, c, d, f의 4가지
나머지 자리에 6개의 문자 a, b, c, d, e, f에서 중복을 허용하여 3개를 택하여 일렬로 배열하는 경우의 수는
$_6\Pi_3=6^3=216$
따라서 구하는 경우의 수는
$4\times216=864$

010 답 175
4명의 선거인이 기명으로 투표하는 모든 경우의 수에서 어느 1명의 선거인도 후보 A에게 투표하지 않는 경우의 수를 빼면 된다.
(ⅰ) 4명의 선거인이 기명으로 투표하는 모든 경우의 수는 서로 다른 4명의 후보에서 중복을 허용하여 4명을 택하여 일렬로 배열하는 경우의 수와 같으므로
   $_4\Pi_4=4^4=256$
(ⅱ) 어느 1명의 선거인도 후보 A에게 투표하지 않는 경우의 수는 A를 제외한 나머지 3명의 후보에서 중복을 허용하여 4명을 택하여 일렬로 배열하는 경우의 수와 같으므로
   $_3\Pi_4=3^4=81$
(ⅰ), (ⅱ)에서 구하는 경우의 수는
$256-81=175$

011 目 256

문자 b를 네 자리 중에서 한 자리에 배열하는 경우의
수는 4
나머지 자리에 b를 제외한 4개의 문자 a, c, d, e에서
중복을 허용하여 3개를 택하여 일렬로 배열하는 경우
의 수는 $_4\Pi_3=4^3=64$
따라서 구하는 경우의 수는
$4\times64=256$

012 目 126

연필을 필통에 나누어 담는 모든 경우의 수에서 1개의
필통에만 연필을 모두 담는 경우의 수를 **빼면** 된다.
(i) 연필을 필통에 나누어 담는 모든 경우의 수는 서로
  다른 2개의 필통에서 중복을 허용하여 7개를 택하
  여 일렬로 배열하는 경우의 수와 같으므로
  $_2\Pi_7=2^7=128$
(ii) 1개의 필통에만 연필을 모두 담는 경우의 수는 2
(i), (ii)에서 구하는 경우의 수는
$128-2=126$

013 目 (1) 500 (2) 200

(1) 천의 자리에는 0이 올 수 없으므로 천의 자리에 올
  수 있는 숫자는 1, 2, 3, 4의 4가지
  나머지 자리에 5개의 숫자에서 중복을 허용하여 3
  개를 택하여 일렬로 배열하는 경우의 수는
  $_5\Pi_3=5^3=125$
  따라서 구하는 자연수의 개수는
  $4\times125=500$
(2) (i) 천의 자리의 숫자가 1인 경우
  나머지 자리에 5개의 숫자에서 중복을 허용하
  여 3개를 택하여 일렬로 배열하는 경우의 수는
  $_5\Pi_3=5^3=125$
  (ii) 천의 자리의 숫자가 2인 경우
  20□□, 21□□, 22□□ 꼴인 경우에 대하여 생
  각한다.
  각각의 경우에 대하여 나머지 자리에 5개의 숫
  자에서 중복을 허용하여 2개를 택하여 일렬로
  배열하는 경우의 수는
  $_5\Pi_2=5^2=25$
  따라서 자연수의 개수는 $3\times25=75$
  (i), (ii)에서 구하는 자연수의 개수는
  $125+75=200$

014 目 ②

천의 자리에 올 수 있는 숫자는 4, 5의 2가지
홀수의 일의 자리에 올 수 있는 숫자는 1, 3, 5의 3가
지
나머지 자리에 5개의 숫자에서 중복을 허용하여 2개
를 택하여 일렬로 배열하는 경우의 수는
$_5\Pi_2=5^2=25$
따라서 구하는 자연수의 개수는
$2\times3\times25=150$

015 目 81

만의 자리의 숫자와 일의 자리의 숫자의 합이 6인 다
섯 자리의 자연수는 2□□□4, 3□□□3, 4□□□2
꼴이다.
각각의 경우에 대하여 나머지 자리에 3개의 숫자에서
중복을 허용하여 3개를 택하여 일렬로 배열하는 경우
의 수는
$_3\Pi_3=3^3=27$
따라서 구하는 자연수의 개수는
$3\times27=81$

016 目 175

만들 수 있는 모든 네 자리의 자연수의 개수에서 1을
포함하지 않는 네 자리의 자연수의 개수를 빼면 된다.
(i) 1, 2, 3, 4로 중복을 허용하여 만들 수 있는 네 자
  리의 자연수의 개수는
  $_4\Pi_4=4^4=256$
(ii) 2, 3, 4로 중복을 허용하여 만들 수 있는 네 자리의
  자연수의 개수는
  $_3\Pi_4=3^4=81$
(i), (ii)에서 구하는 자연수의 개수는
$256-81=175$

017 目 360

세 기호 ○, △, □를 2개 사용하여 만들 수 있는 신호
의 개수는
$_3\Pi_2=3^2=9$
세 기호 ○, △, □를 3개 사용하여 만들 수 있는 신호
의 개수는
$_3\Pi_3=3^3=27$

세 기호 ○, △, □를 4개 사용하여 만들 수 있는 신호의 개수는

$$_3\Pi_4=3^4=81$$

세 기호 ○, △, □를 5개 사용하여 만들 수 있는 신호의 개수는

$$_3\Pi_5=3^5=243$$

따라서 구하는 신호의 개수는

$$9+27+81+243=360$$

018 답 243

$A\cap B=\{1,\ 3,\ 5\}$이므로 전체집합 U의 원소 중에서 1, 3, 5를 제외한 나머지 5개의 원소 2, 4, 6, 7, 8은 세 집합 $A\cap B^C$, $A^C\cap B$, $(A\cup B)^C$ 중에서 어느 하나의 원소이다.

따라서 구하는 경우의 수는

$$_3\Pi_5=3^5=243$$

019 답 126

깃발을 1번 들어 올려서 만들 수 있는 신호의 개수는

$$_2\Pi_1=2$$

깃발을 2번 들어 올려서 만들 수 있는 신호의 개수는

$$_2\Pi_2=2^2=4$$

깃발을 3번 들어 올려서 만들 수 있는 신호의 개수는

$$_2\Pi_3=2^3=8$$

깃발을 4번 들어 올려서 만들 수 있는 신호의 개수는

$$_2\Pi_4=2^4=16$$

깃발을 5번 들어 올려서 만들 수 있는 신호의 개수는

$$_2\Pi_5=2^5=32$$

깃발을 6번 들어 올려서 만들 수 있는 신호의 개수는

$$_2\Pi_6=2^6=64$$

따라서 구하는 신호의 개수는

$$2+4+8+16+32+64=126$$

020 답 27

$A-B=\{1,\ 2,\ 3,\ 4\}$, 즉 $A\cap B^C=\{1,\ 2,\ 3,\ 4\}$이므로 전체집합 U의 원소 중에서 1, 2, 3, 4를 제외한 나머지 3개의 원소 5, 6, 7은 세 집합 $A\cap B$, $A^C\cap B$, $(A\cup B)^C$ 중에서 어느 하나의 원소이다.

따라서 구하는 경우의 수는

$$_3\Pi_3=3^3=27$$

021 답 (1) 625 (2) 120 (3) 125

(1) 구하는 함수의 개수는 집합 Y의 원소 a, b, c, d, e의 5개에서 중복을 허용하여 4개를 택하여 집합 X의 원소 1, 2, 3, 4에 대응시키는 경우의 수와 같으므로

$$_5\Pi_4=5^4=625$$

(2) 구하는 일대일함수의 개수는 집합 Y의 원소 a, b, c, d, e의 5개에서 서로 다른 4개를 택하여 집합 X의 원소 1, 2, 3, 4에 대응시키는 경우의 수와 같으므로

$$_5P_4=5\times4\times3\times2=120$$

(3) $f(3)=d$로 정해졌으므로 집합 Y의 원소 a, b, c, d, e의 5개에서 중복을 허용하여 3개를 택하여 집합 X의 나머지 원소 1, 2, 4에 대응시키면 된다.

따라서 구하는 함수의 개수는

$$_5\Pi_3=5^3=125$$

022 답 192

$f(1)\neq4$이므로 $f(1)$의 값이 될 수 있는 것은 1, 2, 3의 3가지

또 집합 X의 원소 1, 2, 3, 4의 4개에서 중복을 허용하여 3개를 택하여 집합 X의 나머지 원소 2, 3, 4에 대응시키는 경우의 수는

$$_4\Pi_3=4^3=64$$

따라서 구하는 함수의 개수는

$$3\times64=192$$

| 다른 풀이 |

X에서 X로의 함수의 개수에서 $f(1)=4$인 함수의 개수를 빼면 된다.

(ⅰ) X에서 X로의 함수의 개수는 집합 X의 원소 1, 2, 3, 4의 4개에서 중복을 허용하여 4개를 택하여 집합 X의 원소 1, 2, 3, 4에 대응시키는 경우의 수와 같으므로

$$_4\Pi_4=4^4=256$$

(ⅱ) $f(1)=4$인 함수의 개수는 집합 X의 원소 1, 2, 3, 4의 4개에서 중복을 허용하여 3개를 택하여 집합 X의 나머지 원소 2, 3, 4에 대응시키는 경우의 수와 같으므로

$$_4\Pi_3=4^3=64$$

(ⅰ), (ⅱ)에서 구하는 함수의 개수는

$$256-64=192$$

023 답 81

$f(2)+f(3)=0$을 만족시키는 경우는

$f(2)=-2$, $f(3)=2$ 또는 $f(2)=0$, $f(3)=0$

또는 $f(2)=2$, $f(3)=-2$의 3가지

각각의 경우에 대하여 집합 Y의 원소 -2, 0, 2의 3개에서 중복을 허용하여 3개를 택하여 집합 X의 나머지 원소 1, 4, 5에 대응시키는 경우의 수는

$_3\Pi_3=3^3=27$

따라서 구하는 함수의 개수는

$3\times27=81$

024 답 40

$f(x_1)=f(x_2)$인 서로 다른 x_1, x_2가 존재하면 함수 f는 일대일함수가 아니다.

즉, X에서 Y로의 함수의 개수에서 X에서 Y로의 일대일함수의 개수를 빼면 된다.

(i) X에서 Y로의 함수의 개수는 집합 Y의 원소 5, 6, 7, 8의 4개에서 중복을 허용하여 3개를 택하여 집합 X의 원소 1, 2, 3에 대응시키는 경우의 수와 같으므로 $_4\Pi_3=4^3=64$

(ii) X에서 Y로의 일대일함수의 개수는 집합 Y의 원소 5, 6, 7, 8의 4개에서 서로 다른 3개를 택하여 집합 X의 원소 1, 2, 3에 대응시키는 경우의 수와 같으므로 $_4P_3=4\times3\times2=24$

(i), (ii)에서 구하는 함수의 개수는

$64-24=40$

025 답 ⑤

① 4개의 자리를 p, q, r, s라 하자.

4개의 자리는 각각 반드시 1개의 문자와 대응이 되어야 하므로 정의역 $X=\{p, q, r, s\}$로 생각할 수 있고, 3개의 문자 각각은 택하지 않을 수도 있으므로 공역 $Y=\{a, b, c\}$로 생각할 수 있다.

따라서 구하는 경우의 수는 X에서 Y로의 함수의 개수와 같으므로 $_3\Pi_4=3^4=81$

② 서로 다른 4송이의 꽃을 a, b, c, d, 서로 다른 3개의 꽃병을 p, q, r라 하자.

4송이의 꽃은 각각 반드시 1개의 꽃병에 꽂아야 하므로 정의역 $X=\{a, b, c, d\}$로 생각할 수 있고, 3개의 꽃병 각각에 꽃을 꽂지 않을 수도 있으므로 공역 $Y=\{p, q, r\}$로 생각할 수 있다.

따라서 구하는 경우의 수는 X에서 Y로의 함수의 개수와 같으므로 $_3\Pi_4=3^4=81$

③ 서로 다른 4명의 학생을 a, b, c, d, 서로 다른 3개의 학급을 p, q, r라 하자.

4명의 학생은 각각 반드시 1개의 학급에 배정되어야 하므로 정의역 $X=\{a, b, c, d\}$로 생각할 수 있고, 3개의 학급 각각에 학생을 배정하지 않을 수도 있으므로 공역 $Y=\{p, q, r\}$로 생각할 수 있다.

따라서 구하는 경우의 수는 X에서 Y로의 함수의 개수와 같으므로 $_3\Pi_4=3^4=81$

④ 서로 다른 4명의 여행자를 a, b, c, d, 서로 다른 3곳의 호텔을 p, q, r라 하자.

4명의 여행자는 각각 반드시 1곳의 호텔에 투숙해야 하므로 정의역 $X=\{a, b, c, d\}$로 생각할 수 있고, 3곳의 호텔 각각에 투숙하지 않을 수도 있으므로 공역 $Y=\{p, q, r\}$로 생각할 수 있다.

따라서 구하는 경우의 수는 X에서 Y로의 함수의 개수와 같으므로 $_3\Pi_4=3^4=81$

⑤ 서로 다른 4명의 후보를 a, b, c, d, 서로 다른 3명의 선거인을 p, q, r라 하자.

3명의 선거인은 각각 반드시 1명의 후보에게 기명으로 투표해야 하므로 정의역 $X=\{p, q, r\}$로 생각할 수 있고, 4명의 후보 각각은 표를 받지 않을 수도 있으므로 공역 $Y=\{a, b, c, d\}$로 생각할 수 있다.

따라서 구하는 경우의 수는 X에서 Y로의 함수의 개수와 같으므로 $_4\Pi_3=4^3=64$

따라서 구하는 경우의 수가 나머지 넷과 다른 하나는 ⑤이다.

026 답 (1) 15   (2) 56   (3) 90

027 답 60

d, e를 모두 X로 바꾸어 a, b, c, X, X를 일렬로 배열한 후 첫 번째 X는 d, 두 번째 X는 e로 바꾸면 되므로 구하는 경우의 수는

$\dfrac{5!}{2!}=60$

028 답 10

029 답 (1) **10080** (2) **360** (3) **2520**

(1) 8개의 문자 t, e, x, t, b, o, o, k를 일렬로 배열하는 경우의 수는

$$\frac{8!}{2! \times 2!} = 10080$$

(2) 양 끝에 o를 고정시키고 그 사이에 t, e, x, t, b, k의 6개의 문자를 일렬로 배열하면 되므로 구하는 경우의 수는

$$\frac{6!}{2!} = 360$$

(3) 2개의 t를 한 묶음으로 생각하여 나머지 문자 e, x, b, o, o, k와 함께 일렬로 배열하면 되므로 구하는 경우의 수는

$$\frac{7!}{2!} = 2520$$

030 답 **560**

구하는 신호의 개수는 $\dfrac{8!}{3! \times 2! \times 3!} = 560$

031 답 **70**

모든 구슬을 일렬로 배열하는 경우의 수에서 양 끝에 서로 같은 색의 구슬이 오도록 배열하는 경우의 수를 빼면 된다.

(i) 파란 구슬 2개, 노란 구슬 4개, 초록 구슬 1개를 일렬로 배열하는 경우의 수는

$$\frac{7!}{2! \times 4!} = 105$$

(ii) 양 끝에 서로 같은 색의 구슬이 오도록 배열하는 경우

양 끝에 파란 구슬이 오는 경우의 수는 양 끝에 파란 구슬을 고정시키고 그 사이에 노란 구슬 4개, 초록 구슬 1개를 일렬로 배열하는 경우의 수와 같으므로

$$\frac{5!}{4!} = 5$$

양 끝에 노란 구슬이 오는 경우의 수는 양 끝에 노란 구슬을 고정시키고 그 사이에 파란 구슬 2개, 노란 구슬 2개, 초록 구슬 1개를 일렬로 배열하는 경우의 수와 같으므로

$$\frac{5!}{2! \times 2!} = 30$$

따라서 양 끝에 서로 같은 색의 구슬이 오도록 배열하는 경우의 수는 5+30=35

(i), (ii)에서 구하는 경우의 수는

$$105 - 35 = 70$$

| 다른 풀이 |

(i) 양 끝에 파란 구슬, 노란 구슬이 오는 경우

파란 구슬과 노란 구슬 사이에 파란 구슬 1개, 노란 구슬 3개, 초록 구슬 1개를 일렬로 배열하는 경우의 수는

$$\frac{5!}{3!} = 20$$

파란 구슬과 노란 구슬이 자리를 바꾸는 경우의 수는 2!=2

따라서 그 경우의 수는

$$20 \times 2 = 40$$

(ii) 양 끝에 파란 구슬, 초록 구슬이 오는 경우

파란 구슬과 초록 구슬 사이에 파란 구슬 1개, 노란 구슬 4개를 일렬로 배열하는 경우의 수는

$$\frac{5!}{4!} = 5$$

파란 구슬과 초록 구슬이 자리를 바꾸는 경우의 수는 2!=2

따라서 그 경우의 수는

$$5 \times 2 = 10$$

(iii) 양 끝에 노란 구슬, 초록 구슬이 오는 경우

노란 구슬과 초록 구슬 사이에 파란 구슬 2개, 노란 구슬 3개를 일렬로 배열하는 경우의 수는

$$\frac{5!}{2! \times 3!} = 10$$

노란 구슬과 초록 구슬이 자리를 바꾸는 경우의 수는 2!=2

따라서 그 경우의 수는

$$10 \times 2 = 20$$

(i), (ii), (iii)에서 구하는 경우의 수는

$$40 + 10 + 20 = 70$$

032 답 ③

b, b, c, c를 일렬로 배열하는 경우의 수는

$$\frac{4!}{2! \times 2!} = 6$$

b, b, c, c 사이사이와 양 끝의 5개의 자리 중에서 2개의 자리에 2개의 a를 배열하는 경우의 수는

$$_5C_2 = \frac{5 \times 4}{2 \times 1} = 10$$

따라서 구하는 경우의 수는

$$6 \times 10 = 60$$

| 다른 풀이 |

a, a, b, b, c, c를 일렬로 배열하는 경우의 수에서 a끼리 서로 이웃하도록 배열하는 경우의 수를 빼면 된다.

(i) a, a, b, b, c, c를 일렬로 배열하는 경우의 수는

$$\frac{6!}{2! \times 2! \times 2!} = 90$$

(ii) a끼리 서로 이웃하도록 배열하는 경우의 수는 2개의 a를 한 묶음으로 생각하여 나머지 문자 b, b, c, c와 함께 일렬로 배열하는 경우의 수와 같으므로

$$\frac{5!}{2! \times 2!} = 30$$

(i), (ii)에서 구하는 경우의 수는

$$90 - 30 = 60$$

033 답 3360

x, s를 모두 X로 바꾸어 e, X, e, r, c, i, X, e의 8개의 문자를 일렬로 배열한 후 첫 번째 X는 s, 두 번째 X는 x로 바꾸면 되므로 구하는 경우의 수는

$$\frac{8!}{3! \times 2!} = 3360$$

034 답 3024

홀수 1, 3, 5, 7, 9가 적힌 카드를 모두 X가 적힌 카드로 바꾸어 X, 2, X, 4, X, 6, X, 8, X가 각각 적힌 9장의 카드를 일렬로 배열한 후 첫 번째 X는 9, 두 번째 X는 7, 세 번째 X는 5, 네 번째 X는 3, 다섯 번째 X는 1로 바꾸면 되므로 구하는 경우의 수는

$$\frac{9!}{5!} = 3024$$

035 답 105

자음 l, g, b, r를 모두 X로 바꾸어 a, X, X, e, X, X, a의 7개의 문자를 일렬로 배열한 후 첫 번째 X는 b, 두 번째 X는 g, 세 번째 X는 l, 네 번째 X는 r로 바꾸면 되므로 구하는 경우의 수는

$$\frac{7!}{2! \times 4!} = 105$$

036 답 30

a, b를 모두 X로 바꾸고, d, e를 모두 Y로 바꾸어 X, X, c, Y, Y의 5개의 문자를 일렬로 배열한 후 첫 번째 X는 a, 두 번째 X는 b로 바꾸고, 첫 번째 Y는 d, 두 번째 Y는 e로 바꾸면 되므로 구하는 경우의 수는

$$\frac{5!}{2! \times 2!} = 30$$

037 답 120

맨 앞자리에는 0이 올 수 없으므로 맨 앞자리에 올 수 있는 숫자는 1, 2, 3이다.

(i) 맨 앞자리에 1이 오는 경우

나머지 자리에 0, 0, 1, 2, 3의 5개의 숫자를 일렬로 배열하는 경우의 수는

$$\frac{5!}{2!} = 60$$

(ii) 맨 앞자리에 2가 오는 경우

나머지 자리에 0, 0, 1, 1, 3의 5개의 숫자를 일렬로 배열하는 경우의 수는

$$\frac{5!}{2! \times 2!} = 30$$

(iii) 맨 앞자리에 3이 오는 경우

나머지 자리에 0, 0, 1, 1, 2의 5개의 숫자를 일렬로 배열하는 경우의 수는

$$\frac{5!}{2! \times 2!} = 30$$

(i), (ii), (iii)에서 구하는 자연수의 개수는

$$60 + 30 + 30 = 120$$

| 다른 풀이 |

여섯 개의 숫자 0, 0, 1, 1, 2, 3을 일렬로 배열하는 경우의 수에서 맨 앞자리에 0이 오는 경우의 수를 빼면 된다.

(i) 여섯 개의 숫자 0, 0, 1, 1, 2, 3을 일렬로 배열하는 경우의 수는

$$\frac{6!}{2! \times 2!} = 180$$

(ii) 맨 앞자리에 0이 오는 경우의 수는 나머지 자리에 0, 1, 1, 2, 3의 5개의 숫자를 일렬로 배열하는 경우의 수와 같으므로

$$\frac{5!}{2!} = 60$$

(i), (ii)에서 구하는 자연수의 개수는

$$180 - 60 = 120$$

038 답 46

1, 1, 1, 2, 2, 2, 3에서 4개의 숫자를 택하는 경우는

$(1, 1, 1, 2)$ 또는 $(1, 1, 1, 3)$ 또는 $(1, 1, 2, 2)$

또는 $(1, 1, 2, 3)$ 또는 $(1, 2, 2, 2)$

또는 $(1, 2, 2, 3)$ 또는 $(2, 2, 2, 3)$

(i) 1, 1, 1, 2를 일렬로 배열하여 만들 수 있는 자연수의 개수는

$$\frac{4!}{3!} = 4$$

(ii) 1, 1, 1, 3을 일렬로 배열하여 만들 수 있는 자연수
의 개수는

$$\frac{4!}{3!}=4$$

(iii) 1, 1, 2, 2를 일렬로 배열하여 만들 수 있는 자연수
의 개수는

$$\frac{4!}{2!\times 2!}=6$$

(iv) 1, 1, 2, 3을 일렬로 배열하여 만들 수 있는 자연수
의 개수는

$$\frac{4!}{2!}=12$$

(v) 1, 2, 2, 2를 일렬로 배열하여 만들 수 있는 자연수
의 개수는

$$\frac{4!}{3!}=4$$

(vi) 1, 2, 2, 3을 일렬로 배열하여 만들 수 있는 자연수
의 개수는

$$\frac{4!}{2!}=12$$

(vii) 2, 2, 2, 3을 일렬로 배열하여 만들 수 있는 자연수
의 개수는

$$\frac{4!}{3!}=4$$

(i)~(vii)에서 구하는 자연수의 개수는

$$4+4+6+12+4+12+4=46$$

039 답 ②

홀수의 일의 자리에 올 수 있는 숫자는 1, 3이다.

(i) 일의 자리의 숫자가 1인 경우

나머지 자리에 1, 2, 2, 2, 3의 5개의 숫자를 일렬
로 배열하는 경우의 수는

$$\frac{5!}{3!}=20$$

(ii) 일의 자리의 숫자가 3인 경우

나머지 자리에 1, 1, 2, 2, 2의 5개의 숫자를 일렬
로 배열하는 경우의 수는

$$\frac{5!}{2!\times 3!}=10$$

(i), (ii)에서 구하는 자연수의 개수는

$$20+10=30$$

040 답 9

4의 배수이려면 끝의 두 자리의 수가 4의 배수이어야
하므로 □□□24 꼴 또는 □□□32 꼴이어야 한다.

(i) □□□24 꼴인 경우

나머지 자리에 2, 3, 3의 3개의 숫자를 일렬로 배
열하는 경우의 수는

$$\frac{3!}{2!}=3$$

(ii) □□□32 꼴인 경우

나머지 자리에 2, 3, 4의 3개의 숫자를 일렬로 배
열하는 경우의 수는

$$3!=6$$

(i), (ii)에서 구하는 자연수의 개수는

$$3+6=9$$

041 답 ①

A 지점에서 P 지점까지 최단 거리로 가는 경우의 수는

$$\frac{5!}{2!\times 3!}=10$$

P 지점에서 B 지점까지 최단 거리로 가는 경우의 수는

$$\frac{6!}{3!\times 3!}=20$$

따라서 구하는 경우의 수는

$$10\times 20=200$$

| 다른 풀이 |

합의 법칙을 이용하면 다음 그림과 같으므로 구하는
경우의 수는 $10\times 20=200$

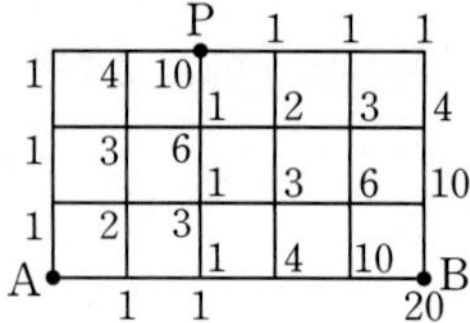

042 답 44

A 지점에서 B 지점까지 최단 거리로 가는 경우의 수
에서 A 지점에서 P 지점을 거쳐 B 지점까지 최단 거
리로 가는 경우의 수를 빼면 된다.

(i) A 지점에서 B 지점까지 최단 거리로 가는 경우의
수는

$$\frac{9!}{6!\times 3!}=84$$

(ii) A 지점에서 P 지점까지 최단 거리로 가는 경우의
수는

$$\frac{5!}{3!\times 2!}=10$$

P 지점에서 B 지점까지 최단 거리로 가는 경우의 수는

$$\frac{4!}{3! \times 1!} = 4$$

따라서 A 지점에서 P 지점을 거쳐 B 지점까지 최단 거리로 가는 경우의 수는

$$10 \times 4 = 40$$

(ⅰ), (ⅱ)에서 구하는 경우의 수는

$$84 - 40 = 44$$

043 답 36

A 지점에서 P 지점까지 최단 거리로 가는 경우의 수는

$$\frac{4!}{2! \times 2!} = 6$$

P 지점에서 Q 지점까지 최단 거리로 가는 경우의 수는

$$\frac{2!}{1! \times 1!} = 2$$

Q 지점에서 B 지점까지 최단 거리로 가는 경우의 수는

$$\frac{3!}{2! \times 1!} = 3$$

따라서 구하는 경우의 수는

$$6 \times 2 \times 3 = 36$$

| 다른 풀이 |

합의 법칙을 이용하면 다음 그림과 같으므로 구하는 경우의 수는 $6 \times 2 \times 3 = 36$

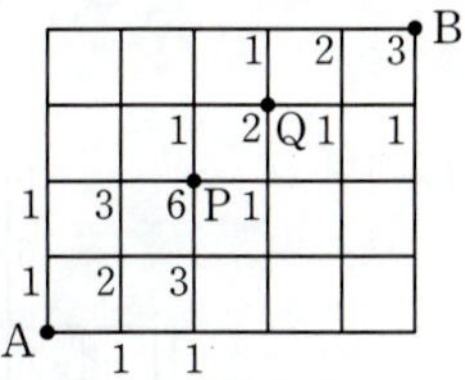

044 답 51

(ⅰ) A 지점에서 Q 지점까지 최단 거리로 가는 경우의 수는

$$\frac{7!}{4! \times 3!} = 35$$

A 지점에서 P 지점까지 최단 거리로 가는 경우의 수는

$$\frac{4!}{2! \times 2!} = 6$$

P 지점에서 Q 지점까지 최단 거리로 가는 경우의 수는

$$\frac{3!}{2! \times 1!} = 3$$

따라서 A 지점에서 P 지점을 거치지 않고 Q 지점까지 최단 거리로 가는 경우의 수는

$$35 - 6 \times 3 = 17$$

(ⅱ) Q 지점에서 B 지점까지 최단 거리로 가는 경우의 수는

$$\frac{3!}{2! \times 1!} = 3$$

(ⅰ), (ⅱ)에서 구하는 경우의 수는

$$17 \times 3 = 51$$

045 답 132

오른쪽 그림과 같이 네 지점 P, Q, R, S를 잡으면 P, Q, R, S 중에서 어느 한 지점은 반드시 거치지만 두 지점 이상을 동시에 거쳐 최단 거리로 가는 경우는 없으므로 A 지점에서 B 지점까지 최단 거리로 가는 경우는

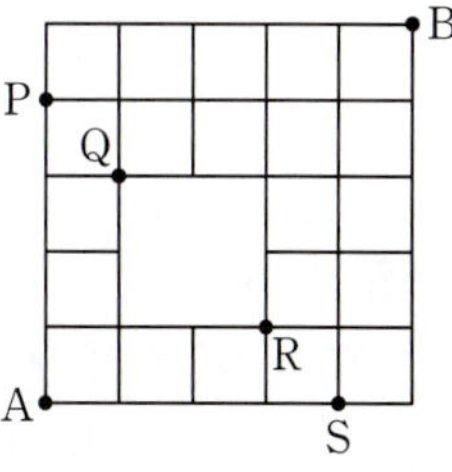

$A \to P \to B$ 또는 $A \to Q \to B$
또는 $A \to R \to B$ 또는 $A \to S \to B$

(ⅰ) $A \to P \to B$로 가는 경우의 수는

$$1 \times \frac{6!}{5! \times 1!} = 6$$

(ⅱ) $A \to Q \to B$로 가는 경우의 수는

$$\frac{4!}{1! \times 3!} \times \frac{6!}{4! \times 2!} = 4 \times 15 = 60$$

(ⅲ) $A \to R \to B$로 가는 경우의 수는

$$\frac{4!}{3! \times 1!} \times \frac{6!}{2! \times 4!} = 4 \times 15 = 60$$

(ⅳ) $A \to S \to B$로 가는 경우의 수는

$$1 \times \frac{6!}{1! \times 5!} = 6$$

(ⅰ)~(ⅳ)에서 구하는 경우의 수는

$$6 + 60 + 60 + 6 = 132$$

| 다른 풀이 |

오른쪽 그림과 같이 지나갈 수 없는 길을 점선으로 연결하여 그 교점을 C라 하면 구하는 경우의 수는 $A \to B$로 가는 경우의 수에서 $A \to C \to B$로 가는 경우의 수를 뺀 것과 같으므로

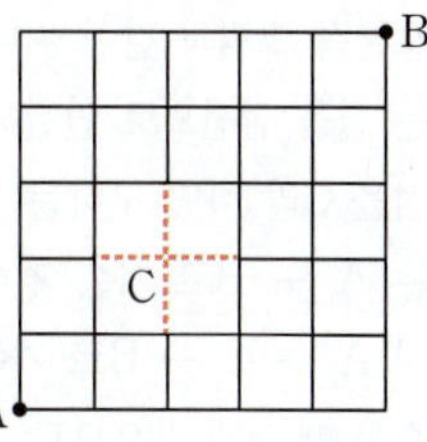

$$\frac{10!}{5! \times 5!} - \frac{4!}{2! \times 2!} \times \frac{6!}{3! \times 3!} = 252 - 6 \times 20 = 132$$

합의 법칙을 이용하면 다음 그림과 같으므로 구하는 경우의 수는

132

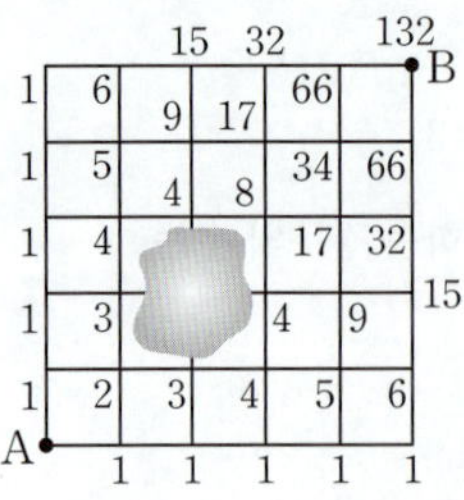

합의 법칙을 이용하면 오른쪽 그림과 같으므로 구하는 경우의 수는

26

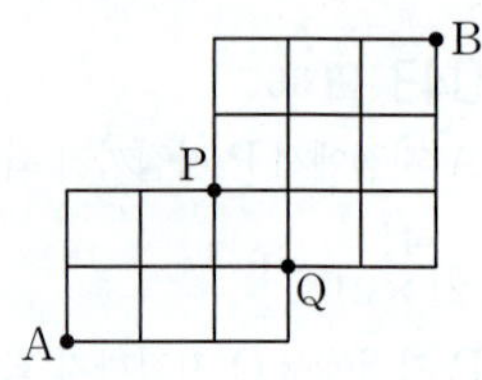

046 답 26

오른쪽 그림과 같이 세 지점 P, Q, R를 잡으면 P, Q, R 중에서 어느 한 지점은 반드시 거치지만 두 지점 이상을 동시에 거쳐 최단 거리로 가는 경우는 없으므로 A 지점에서 B 지점까지 최단 거리로 가는 경우는

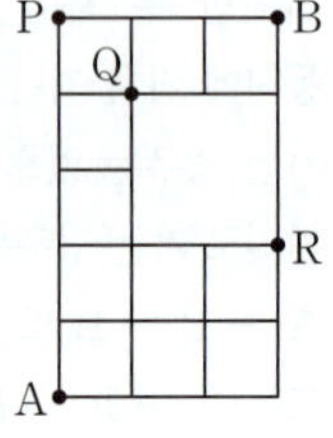

$A \rightarrow P \rightarrow B$ 또는 $A \rightarrow Q \rightarrow B$

또는 $A \rightarrow R \rightarrow B$

(i) $A \rightarrow P \rightarrow B$로 가는 경우의 수는

$1 \times 1 = 1$

(ii) $A \rightarrow Q \rightarrow B$로 가는 경우의 수는

$\dfrac{5!}{1! \times 4!} \times \dfrac{3!}{2! \times 1!} = 5 \times 3 = 15$

(iii) $A \rightarrow R \rightarrow B$로 가는 경우의 수는

$\dfrac{5!}{3! \times 2!} \times 1 = 10$

(i), (ii), (iii)에서 구하는 경우의 수는

$1 + 15 + 10 = 26$

| 다른 풀이 |

오른쪽 그림과 같이 지나갈 수 없는 길을 점선으로 연결하여 그 교점을 C라 하면 구하는 경우의 수는 $A \rightarrow B$로 가는 경우의 수에서 $A \rightarrow C \rightarrow B$로 가는 경우의 수를 뺀 것과 같으므로

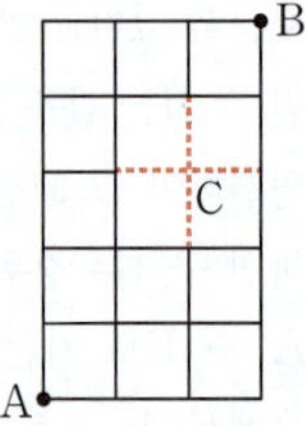

$$\dfrac{8!}{3! \times 5!} - \dfrac{5!}{2! \times 3!} \times \dfrac{3!}{1! \times 2!} = 56 - 10 \times 3$$
$$= 26$$

047 답 100

오른쪽 그림과 같이 두 지점 P, Q를 잡으면 P, Q 중에서 어느 한 지점은 반드시 거치지만 두 지점 이상을 동시에 거쳐 최단 거리로 가는 경우는 없으므로 A 지점에서 B 지점까지 최단 거리로 가는 경우는

$A \rightarrow P \rightarrow B$ 또는 $A \rightarrow Q \rightarrow B$

(i) $A \rightarrow P \rightarrow B$로 가는 경우의 수는

$\dfrac{4!}{2! \times 2!} \times \dfrac{5!}{3! \times 2!} = 6 \times 10 = 60$

(ii) $A \rightarrow Q \rightarrow B$로 가는 경우의 수는

$\dfrac{4!}{3! \times 1!} \times \dfrac{5!}{2! \times 3!} = 4 \times 10 = 40$

(i), (ii)에서 구하는 경우의 수는

$60 + 40 = 100$

| 다른 풀이 |

합의 법칙을 이용하면 오른쪽 그림과 같으므로 구하는 경우의 수는

100

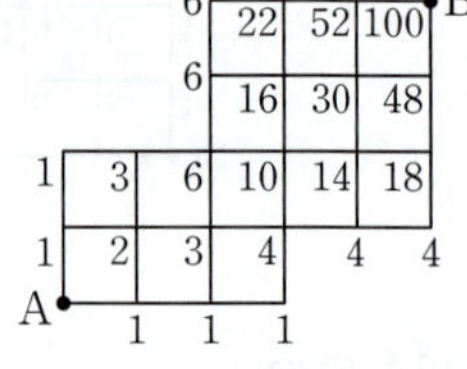

048 답 50

오른쪽 그림과 같이 네 지점 P, Q, R, S를 잡으면 P, Q, R, S 중에서 어느 한 지점은 반드시 거치지만 두 지점 이상을 동시에 거쳐 최단 거리로 가는 경우는 없으므로 A 지점에서 B 지점까지 최단 거리로 가는 경우는 $A \rightarrow P \rightarrow B$ 또는 $A \rightarrow Q \rightarrow B$ 또는 $A \rightarrow R \rightarrow B$ 또는 $A \rightarrow S \rightarrow B$

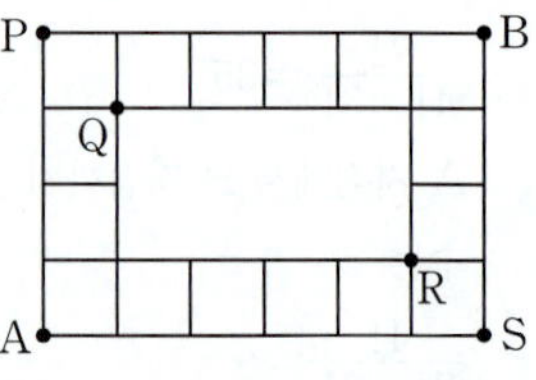

(ⅰ) A → P → B로 가는 경우의 수는

$$1 \times 1 = 1$$

(ⅱ) A → Q → B로 가는 경우의 수는

$$\frac{4!}{1! \times 3!} \times \frac{6!}{5! \times 1!} = 4 \times 6 = 24$$

(ⅲ) A → R → B로 가는 경우의 수는

$$\frac{6!}{5! \times 1!} \times \frac{4!}{1! \times 3!} = 6 \times 4 = 24$$

(ⅳ) A → S → B로 가는 경우의 수는

$$1 \times 1 = 1$$

(ⅰ)~(ⅳ)에서 구하는 경우의 수는

$$1 + 24 + 24 + 1 = 50$$

| 다른 풀이 |

합의 법칙을 이용하면 다음 그림과 같으므로 구하는 경우의 수는

50

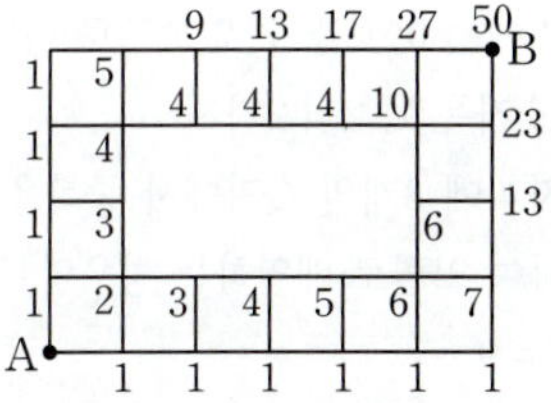

049 🖍 **81**

구하는 경우의 수는 서로 다른 3곳의 대학교에서 중복을 허용하여 4곳을 택하여 일렬로 배열하는 경우의 수와 같으므로

$$_3\Pi_4 = 3^4 = 81$$

050 🖍 ⑤

만의 자리에는 0이 올 수 없으므로 만의 자리에 올 수 있는 숫자는 1, 2, 3, 4, 5의 5가지

짝수의 일의 자리에 올 수 있는 숫자는 0, 2, 4의 3가지

나머지 자리에 6개의 숫자에서 중복을 허용하여 3개를 택하여 일렬로 배열하는 경우의 수는

$$_6\Pi_3 = 6^3 = 216$$

따라서 구하는 자연수의 개수는

$$5 \times 3 \times 216 = 3240$$

051 🖍 ③

X에서 Y로의 함수의 개수는 집합 Y의 n개의 원소에서 중복을 허용하여 3개를 택하여 집합 X의 3개의 원소에 대응시키는 경우의 수와 같으므로

$$_n\Pi_3 = n^3$$

즉, $n^3 = 216$이므로

$$n^3 = 6^3 \qquad \therefore n = 6$$

052 🖍 **5040**

(ⅰ) 양 끝에 e가 오도록 배열하는 경우

양 끝에 e를 고정시키고 그 사이에 n, w, s, p, a, p, r의 7개의 문자를 일렬로 배열하면 되므로 그 경우의 수는 $\dfrac{7!}{2!} = 2520$

(ⅱ) 양 끝에 p가 오도록 배열하는 경우

양 끝에 p를 고정시키고 그 사이에 n, e, w, s, a, e, r의 7개의 문자를 일렬로 배열하면 되므로 그 경우의 수는 $\dfrac{7!}{2!} = 2520$

(ⅰ), (ⅱ)에서 구하는 경우의 수는

$$2520 + 2520 = 5040$$

053 🖍 **360**

오늘 복습해야 할 과목을 A, B, C, D, E, F라 하면 A, B를 모두 X로 바꾸어 X, X, C, D, E, F의 6개의 과목을 일렬로 배열한 후 첫 번째 X는 A, 두 번째 X는 B로 바꾸면 되므로 구하는 경우의 수는

$$\frac{6!}{2!} = 360$$

054 🖍 **100**

집에서 학교까지 최단 거리로 가는 경우의 수는

$$\frac{5!}{2! \times 3!} = 10$$

학교에서 도서관까지 최단 거리로 가는 경우의 수는

$$\frac{5!}{3! \times 2!} = 10$$

따라서 구하는 경우의 수는 $10 \times 10 = 100$

| 다른 풀이 |

합의 법칙을 이용하면 오른쪽 그림과 같으므로 구하는 경우의 수는

$$10 \times 10 = 100$$

055 답 ③

(가)에서 양 끝에 2개의 문자 X, Y에서 중복을 허용하여 2개를 택하여 배열하는 경우의 수는

$$_2\Pi_2 = 2^2 = 4$$

(나)에서 a는 양 끝을 제외한 4개의 자리 중에서 한 자리에 올 수 있으므로 그 경우의 수는

$$_4C_1 = 4$$

나머지 자리에 3개의 문자 b, X, Y에서 중복을 허용하여 3개를 택하여 일렬로 배열하는 경우의 수는

$$_3\Pi_3 = 3^3 = 27$$

따라서 구하는 경우의 수는

$$4 \times 4 \times 27 = 432$$

056 답 720

서로 다른 6개의 공을 서로 다른 3개의 상자에 넣는 모든 경우의 수에서 한 상자에 넣은 공에 적힌 수의 합이 19보다 큰 경우의 수를 빼면 된다.

(i) 서로 다른 6개의 공을 서로 다른 3개의 상자에 넣는 경우의 수는 서로 다른 3개의 상자에서 중복을 허용하여 6개를 택하여 일렬로 배열하는 경우의 수와 같으므로

$$_3\Pi_6 = 3^6 = 729 \qquad \blacktriangleright\blacktriangleright\blacktriangleright\blacktriangleright\ \mathbf{❶}$$

(ii) 한 상자에 넣은 공에 적힌 수의 합이 19보다 큰 경우는

1, 2, 3, 4, 5, 6 또는 2, 3, 4, 5, 6

이 적힌 공을 한 상자에 넣는 경우이다.

　① 한 상자에 1, 2, 3, 4, 5, 6이 적힌 공을 넣는 경우

　　3개의 상자에서 1개를 택하여 모든 공을 넣으면 되므로 그 경우의 수는

$$_3C_1 = 3$$

　② 한 상자에 2, 3, 4, 5, 6이 적힌 공을 넣는 경우

　　3개의 상자에서 1개를 택하여 2, 3, 4, 5, 6이 적힌 공을 넣고, 나머지 2개의 상자에서 1개를 택하여 1이 적힌 공을 넣으면 되므로 그 경우의 수는

$$_3C_1 \times _2C_1 = 3 \times 2 = 6$$

　①, ②에서 한 상자에 넣은 공에 적힌 수의 합이 19보다 큰 경우의 수는

$$3 + 6 = 9 \qquad \blacktriangleright\blacktriangleright\blacktriangleright\blacktriangleright\ \mathbf{❷}$$

(i), (ii)에서 구하는 경우의 수는

$$729 - 9 = 720 \qquad \blacktriangleright\blacktriangleright\blacktriangleright\blacktriangleright\ \mathbf{❸}$$

단계	채점 기준	비율
❶	전체 경우의 수 구하기	30 %
❷	한 상자에 넣은 공에 적힌 수의 합이 19보다 큰 경우의 수 구하기	50 %
❸	각 상자에 넣은 공에 적힌 수의 합이 19 이하가 되는 경우의 수 구하기	20 %

057 답 ⑤

(i) 한 자리의 자연수는 1, 2의 2가지

(ii) 두 자리의 자연수의 개수

　십의 자리에는 0이 올 수 없으므로 십의 자리에 올 수 있는 숫자는 1, 2의 2가지

　일의 자리에 올 수 있는 숫자는 0, 1, 2의 3가지

　따라서 두 자리의 자연수의 개수는

$$2 \times 3 = 6$$

(iii) 세 자리의 자연수의 개수

　백의 자리에는 0이 올 수 없으므로 백의 자리에 올 수 있는 숫자는 1, 2의 2가지

　나머지 자리에 3개의 숫자에서 중복을 허용하여 2개를 택하여 일렬로 배열하는 경우의 수는

$$_3\Pi_2 = 3^2 = 9$$

　따라서 세 자리의 자연수의 개수는

$$2 \times 9 = 18$$

(iv) 천의 자리의 숫자가 1인 네 자리의 자연수의 개수는 나머지 자리에 3개의 숫자에서 중복을 허용하여 3개를 택하여 일렬로 배열하는 경우의 수와 같으므로

$$_3\Pi_3 = 3^3 = 27$$

(i)~(iv)에서 2000보다 작은 자연수의 개수는

$$2 + 6 + 18 + 27 = 53$$

따라서 2000은 54번째 수이다.

058 답 7

깃발을 1번 들어 올려서 만들 수 있는 신호의 개수는

$$_2\Pi_1 = 2$$

깃발을 2번 들어 올려서 만들 수 있는 신호의 개수는

$$_2\Pi_2 = 2^2 = 4$$

깃발을 3번 들어 올려서 만들 수 있는 신호의 개수는

$$_2\Pi_3 = 2^3 = 8$$

깃발을 4번 들어 올려서 만들 수 있는 신호의 개수는

$$_2\Pi_4 = 2^4 = 16$$

깃발을 5번 들어 올려서 만들 수 있는 신호의 개수는

$$_2\Pi_5 = 2^5 = 32$$

깃발을 6번 들어 올려서 만들 수 있는 신호의 개수는
$$_2\Pi_6=2^6=64$$
깃발을 7번 들어 올려서 만들 수 있는 신호의 개수는
$$_2\Pi_7=2^7=128$$
깃발을 6번 이하로 들어 올려서 만들 수 있는 신호의 개수는
$$2+4+8+16+32+64=126<200$$
깃발을 7번 이하로 들어 올려서 만들 수 있는 신호의 개수는
$$2+4+8+16+32+64+128=254>200$$
따라서 서로 다른 신호가 200개 이상이 되도록 하는 n의 최솟값은 7이다.

059 　답 32
$A\cup B=U$, $A\cap B=\{1,\ 7\}$이므로 전체집합 U의 원소 중에서 1, 7을 제외한 나머지 5개의 원소 2, 3, 4, 5, 6은 두 집합 $A\cap B^C$, $A^C\cap B$ 중에서 어느 하나의 원소이다.
따라서 구하는 경우의 수는
$$_2\Pi_5=2^5=32$$

060 　답 ④
A, B, B, C, C, C가 각각 적힌 6장의 카드 중에서 5장을 택하는 경우는
(A, B, B, C, C) 또는 (A, B, C, C, C)
또는 (B, B, C, C, C)
(ⅰ) A, B, B, C, C가 적힌 카드를 일렬로 배열하는 경우
　　C가 적힌 카드 1장을 왼쪽에서 두 번째의 위치에 놓고, 나머지 자리에 A, B, B, C가 적힌 4장의 카드를 일렬로 배열하는 경우의 수는 $\dfrac{4!}{2!}=12$
(ⅱ) A, B, C, C, C가 적힌 카드를 일렬로 배열하는 경우
　　C가 적힌 카드 1장을 왼쪽에서 두 번째의 위치에 놓고, 나머지 자리에 A, B, C, C가 적힌 4장의 카드를 일렬로 배열하는 경우의 수는 $\dfrac{4!}{2!}=12$
(ⅲ) B, B, C, C, C가 적힌 카드를 일렬로 배열하는 경우
　　C가 적힌 카드 1장을 왼쪽에서 두 번째의 위치에 놓고, 나머지 자리에 B, B, C, C가 적힌 4장의 카드를 일렬로 배열하는 경우의 수는 $\dfrac{4!}{2!\times2!}=6$

(ⅰ), (ⅱ), (ⅲ)에서 구하는 경우의 수는
$$12+12+6=30$$

061 　답 ④
A, B, C를 모두 X로 바꾸어 6개의 문자를 일렬로 배열하는 경우의 수는 $\dfrac{6!}{3!}=120$
첫 번째 X와 세 번째 X에 두 문자 B, C를 배열하는 경우의 수는 2!=2이고, 두 번째 X는 A로 바꾸면 되므로 구하는 경우의 수는
$$120\times2=240$$

062 　답 ③
각 자리의 숫자의 합이 8이 되도록 4개의 숫자를 택하는 경우는
(1, 1, 3, 3) 또는 (1, 2, 2, 3) 또는 (2, 2, 2, 2)
(ⅰ) 1, 1, 3, 3을 일렬로 배열하여 만들 수 있는 자연수의 개수는 $\dfrac{4!}{2!\times2!}=6$
(ⅱ) 1, 2, 2, 3을 일렬로 배열하여 만들 수 있는 자연수의 개수는 $\dfrac{4!}{2!}=12$
(ⅲ) 2, 2, 2, 2를 일렬로 배열하여 만들 수 있는 자연수의 개수는 1
(ⅰ), (ⅱ), (ⅲ)에서 구하는 자연수의 개수는
$$6+12+1=19$$

063 　답 53
오른쪽 그림과 같이 세 지점 P, Q, R를 잡으면 P, Q, R 중에서 어느 한 지점은 반드시 거치지만 두 지점 이상을 동시에 거쳐 최단 거리로 가는 경우는 없으므로 A 지점에서 B 지점까지 최단 거리로 가는 경우는

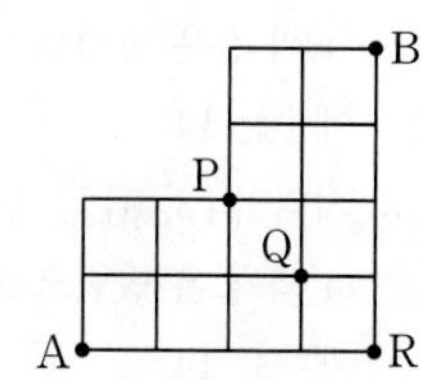

A → P → B 또는 A → Q → B
또는 A → R → B
(ⅰ) A → P → B로 가는 경우의 수는
$$\dfrac{4!}{2!\times2!}\times\dfrac{4!}{2!\times2!}=6\times6=36$$
(ⅱ) A → Q → B로 가는 경우의 수는
$$\dfrac{4!}{3!\times1!}\times\dfrac{4!}{1!\times3!}=4\times4=16$$
(ⅲ) A → R → B로 가는 경우의 수는 $1\times1=1$

(i), (ii), (iii)에서 구하는 경우의 수는

$36+16+1=53$

| 다른 풀이 |

합의 법칙을 이용하면 오른쪽 그림과 같으므로 구하는 경우의 수는

53

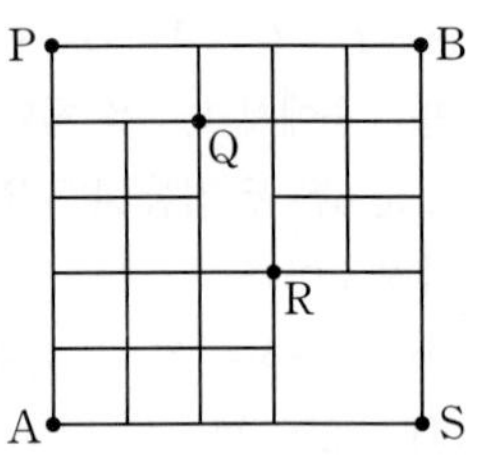

064 답 56

| 접근 방법 | 치역이 될 수 있는 집합을 먼저 구하고, 치역이 $\{p, q\}$인 함수의 개수는 공역이 $\{p, q\}$인 함수의 개수에서 치역이 $\{p\}$ 또는 $\{q\}$인 함수의 개수를 뺀 것과 같음을 이용한다.

㈎, ㈏에서 치역이 될 수 있는 집합은

$\{1, 3\}$ 또는 $\{1, 5\}$ 또는 $\{2, 4\}$ 또는 $\{3, 5\}$

(i) 치역이 $\{1, 3\}$인 경우

1, 3의 2개에서 중복을 허용하여 4개를 택하여 집합 X의 원소 a, b, c, d에 대응시키는 경우의 수는 $_2\Pi_4=2^4=16$

그런데 치역이 $\{1\}$ 또는 $\{3\}$인 함수를 빼야 하므로 치역이 $\{1, 3\}$인 함수의 개수는

$16-2=14$

(ii) 치역이 $\{1, 5\}$인 경우

(i)과 같은 방법으로 하면 치역이 $\{1, 5\}$인 함수의 개수는 14

(iii) 치역이 $\{2, 4\}$인 경우

(i)과 같은 방법으로 하면 치역이 $\{2, 4\}$인 함수의 개수는 14

(iv) 치역이 $\{3, 5\}$인 경우

(i)과 같은 방법으로 하면 치역이 $\{3, 5\}$인 함수의 개수는 14

(i)~(iv)에서 구하는 함수의 개수는

$14+14+14+14=56$

065 답 ④

| 접근 방법 | 네 자연수의 곱이 8이 되는 경우 중에서 그 합이 10보다 작은 경우를 구한다.

㈎의 $a \times b \times c \times d=8$을 만족시키는 경우는

1, 1, 1, 8 또는 1, 1, 2, 4 또는 1, 2, 2, 2

이때 ㈏의 $a+b+c+d<10$을 만족시키는 경우는

1, 1, 2, 4 또는 1, 2, 2, 2

(i) 1, 1, 2, 4인 경우

순서쌍 (a, b, c, d)의 개수는 1, 1, 2, 4를 일렬로 배열하는 경우의 수와 같으므로

$\dfrac{4!}{2!}=12$

(ii) 1, 2, 2, 2인 경우

순서쌍 (a, b, c, d)의 개수는 1, 2, 2, 2를 일렬로 배열하는 경우의 수와 같으므로

$\dfrac{4!}{3!}=4$

(i), (ii)에서 구하는 순서쌍 (a, b, c, d)의 개수는

$12+4=16$

066 답 162

오른쪽 그림과 같이 네 지점 P, Q, R, S를 잡으면 P, Q, R, S 중에서 어느 한 지점은 반드시 거치지만 두 지점 이상을 동시에 거쳐 최단 거리로 가는 경우는 없으므로 A 지점에서 B 지점까지 최단 거리로 가는 경우는

$A \rightarrow P \rightarrow B$ 또는 $A \rightarrow Q \rightarrow B$

또는 $A \rightarrow R \rightarrow B$ 또는 $A \rightarrow S \rightarrow B$

(i) $A \rightarrow P \rightarrow B$로 가는 경우의 수는

$1 \times 1=1$

(ii) $A \rightarrow Q \rightarrow B$로 가는 경우의 수는

$\dfrac{6!}{2! \times 4!} \times \dfrac{4!}{3! \times 1!}=15 \times 4=60$

(iii) $A \rightarrow R \rightarrow B$로 가는 경우의 수는

$\dfrac{5!}{3! \times 2!} \times \dfrac{5!}{2! \times 3!}=10 \times 10=100$

(iv) $A \rightarrow S \rightarrow B$로 가는 경우의 수는

$1 \times 1=1$

(i)~(iv)에서 구하는 경우의 수는

$1+60+100+1=162$

| 다른 풀이 |

합의 법칙을 이용하면 오른쪽 그림과 같으므로 구하는 경우의 수는

162

01 중복조합

067 🖪 (1) $_6\mathrm{H}_4$　(2) $_3\mathrm{H}_7$

068 🖪 (1) **21**　(2) **70**　(3) **1**　(4) **3**

(1) $_3\mathrm{H}_5=_7\mathrm{C}_5=_7\mathrm{C}_2=\dfrac{7\times6}{2\times1}=21$

(2) $_5\mathrm{H}_4=_8\mathrm{C}_4=\dfrac{8\times7\times6\times5}{4\times3\times2\times1}=70$

(3) $_6\mathrm{H}_0=_5\mathrm{C}_0=1$

(4) $_2\mathrm{H}_2=_3\mathrm{C}_2=_3\mathrm{C}_1=3$

069 🖪 (1) **13**　(2) **8**　(3) **5**　(4) **2**

(1) $_7\mathrm{H}_7=_{13}\mathrm{C}_7$이므로 $n=13$

(2) $_3\mathrm{H}_6=_8\mathrm{C}_6=_8\mathrm{C}_2$이므로 $n=8$

(3) $_6\mathrm{H}_r=_{5+r}\mathrm{C}_r=_{5+r}\mathrm{C}_5$이므로 $_{5+r}\mathrm{C}_5=_{10}\mathrm{C}_5$에서

　$5+r=10$　∴ $r=5$

(4) $_5\mathrm{H}_r=_{4+r}\mathrm{C}_r$이므로 $_{4+r}\mathrm{C}_r=_6\mathrm{C}_2$에서

　$r=2$

070 🖪 **84**

$_4\mathrm{H}_6=_9\mathrm{C}_6=_9\mathrm{C}_3=\dfrac{9\times8\times7}{3\times2\times1}=84$

071 🖪 **165**

구하는 경우의 수는 서로 다른 4개의 접시에서 중복을 허용하여 8개를 택하는 경우의 수와 같으므로

$_4\mathrm{H}_8=_{11}\mathrm{C}_8=_{11}\mathrm{C}_3=\dfrac{11\times10\times9}{3\times2\times1}=165$

072 🖪 **91**

구하는 경우의 수는 서로 다른 3명의 후보에서 중복을 허용하여 12명을 택하는 경우의 수와 같으므로

$_3\mathrm{H}_{12}=_{14}\mathrm{C}_{12}=_{14}\mathrm{C}_2=\dfrac{14\times13}{2\times1}=91$

073 🖪 **9**

서로 다른 3종류의 과일에서 중복을 허용하여 n개를 택하는 경우의 수가 55이므로

$_3\mathrm{H}_n=55$

$_{n+2}\mathrm{C}_n=55,\ _{n+2}\mathrm{C}_2=55$

$\dfrac{(n+2)(n+1)}{2\times1}=55$

$(n+2)(n+1)=110=11\times10$

∴ $n=9$ $(\because\ n$은 자연수$)$

074 🖪 ①

빨간색 볼펜 5자루를 4명의 학생에게 나누어 주는 경우의 수는 서로 다른 4명의 학생에서 중복을 허용하여 5명을 택하는 경우의 수와 같으므로

$_4\mathrm{H}_5=_8\mathrm{C}_5=_8\mathrm{C}_3=\dfrac{8\times7\times6}{3\times2\times1}=56$

파란색 볼펜 2자루를 4명의 학생에게 나누어 주는 경우의 수는 서로 다른 4명의 학생에서 중복을 허용하여 2명을 택하는 경우의 수와 같으므로

$_4\mathrm{H}_2=_5\mathrm{C}_2=\dfrac{5\times4}{2\times1}=10$

따라서 구하는 경우의 수는

$56\times10=560$

075 🖪 **171**

각 종류의 우유를 적어도 1개씩은 사려면 각 종류의 우유를 1개씩 먼저 사고 나머지 17개의 우유를 사면 된다.

따라서 구하는 경우의 수는 서로 다른 3종류의 우유에서 중복을 허용하여 17개를 택하는 경우의 수와 같으므로

$_3\mathrm{H}_{17}=_{19}\mathrm{C}_{17}=_{19}\mathrm{C}_2=\dfrac{19\times18}{2\times1}=171$

076 🖪 **495**

그릇 A에는 3개 이상, 그릇 B에는 5개 이상의 사탕을 담으려면 그릇 A, B에 각각 3개, 5개의 사탕을 먼저 담고 나머지 8개의 사탕을 나누어 담으면 된다.

따라서 구하는 경우의 수는 서로 다른 5개의 접시에서 중복을 허용하여 8개를 택하는 경우의 수와 같으므로

$_5\mathrm{H}_8=_{12}\mathrm{C}_8=_{12}\mathrm{C}_4=\dfrac{12\times11\times10\times9}{4\times3\times2\times1}=495$

077 🖪 **84**

각 색깔의 장미를 적어도 3송이씩은 포함하려면 각 색깔의 장미를 3송이씩 먼저 꺼내고 나머지 6송이의 장미를 꺼내면 된다.

따라서 구하는 경우의 수는 서로 다른 4종류의 장미에서 중복을 허용하여 6송이를 택하는 경우의 수와 같으므로

$_4\mathrm{H}_6=_9\mathrm{C}_6=_9\mathrm{C}_3=\dfrac{9\times8\times7}{3\times2\times1}=84$

078 답 ①

각 학생이 적어도 1자루의 연필을 받으려면 각 학생에게 연필을 1자루씩 먼저 나누어 주고 나머지 3자루의 연필을 나누어 주면 된다.

따라서 그 경우의 수는 서로 다른 3명의 학생에서 중복을 허용하여 3명을 택하는 경우의 수와 같으므로

$$_3H_3 = {}_5C_3 = {}_5C_2 = \frac{5\times4}{2\times1} = 10$$

또 같은 종류의 지우개 5개를 3명의 학생에게 나누어 주는 경우의 수는 서로 다른 3명에서 중복을 허용하여 5명을 택하는 경우의 수와 같으므로

$$_3H_5 = {}_7C_5 = {}_7C_2 = \frac{7\times6}{2\times1} = 21$$

따라서 구하는 경우의 수는 $10\times21 = 210$

079 답 165

$(x+y+z+w)^8$의 전개식에서 각 항은 4개의 문자 x, y, z, w에서 중복을 허용하여 8개를 택하여 곱한 것이므로 구하는 항의 개수는

$$_4H_8 = {}_{11}C_8 = {}_{11}C_3 = \frac{11\times10\times9}{3\times2\times1} = 165$$

080 답 84

$3\leq a\leq b\leq c\leq9$에서 자연수 a, b, c의 값을 정하는 경우의 수는 3, 4, 5, ..., 9의 7개의 자연수에서 중복을 허용하여 3개를 택하여 크기가 작거나 같은 것부터 순서대로 a, b, c에 대응시키는 경우의 수와 같으므로 구하는 순서쌍 (a, b, c)의 개수는

$$_7H_3 = {}_9C_3 = \frac{9\times8\times7}{3\times2\times1} = 84$$

081 답 560

$(x+y+z)^3(a+b+c+d)^5$의 전개식에서 각 항은 $(x+y+z)^3$의 항과 $(a+b+c+d)^5$의 항을 곱한 것이다.

$(x+y+z)^3$의 전개식에서 각 항은 3개의 문자 x, y, z에서 중복을 허용하여 3개를 택하여 곱한 것이므로 그 항의 개수는

$$_3H_3 = {}_5C_3 = {}_5C_2 = \frac{5\times4}{2\times1} = 10$$

$(a+b+c+d)^5$의 전개식에서 각 항은 4개의 문자 a, b, c, d에서 중복을 허용하여 5개를 택하여 곱한 것이므로 그 항의 개수는

$$_4H_5 = {}_8C_5 = {}_8C_3 = \frac{8\times7\times6}{3\times2\times1} = 56$$

따라서 구하는 항의 개수는 $10\times56 = 560$

082 답 315

$1\leq a\leq b\leq6$에서 자연수 a, b의 값을 정하는 경우의 수는 1, 2, 3, ..., 6의 6개의 자연수에서 중복을 허용하여 2개를 택하여 크기가 작거나 같은 것부터 순서대로 a, b에 대응시키는 경우의 수와 같으므로

$$_6H_2 = {}_7C_2 = \frac{7\times6}{2\times1} = 21$$

$6\leq c\leq d\leq10$에서 자연수 c, d의 값을 정하는 경우의 수는 6, 7, 8, 9, 10의 5개의 자연수에서 중복을 허용하여 2개를 택하여 크기가 작거나 같은 것부터 순서대로 c, d에 대응시키는 경우의 수와 같으므로

$$_5H_2 = {}_6C_2 = \frac{6\times5}{2\times1} = 15$$

따라서 구하는 순서쌍 (a, b, c, d)의 개수는
$21\times15 = 315$

083 답 120

구하는 해의 개수는 4개의 문자 x, y, z, w에서 중복을 허용하여 7개를 택하는 경우의 수와 같으므로

$$_4H_7 = {}_{10}C_7 = {}_{10}C_3 = \frac{10\times9\times8}{3\times2\times1} = 120$$

084 답 78

$x-1=x'$, $y-1=y'$, $z-1=z'$이라 하면
$x=x'+1$, $y=y'+1$, $z=z'+1$
이를 방정식 $x+y+z=14$에 대입하면
$(x'+1)+(y'+1)+(z'+1)=14$
$\therefore x'+y'+z'=11$
x', y', z'이 모두 음이 아닌 정수이므로 구하는 해의 개수는 3개의 문자 x', y', z'에서 중복을 허용하여 11개를 택하는 경우의 수와 같다.

$$\therefore {}_3H_{11} = {}_{13}C_{11} = {}_{13}C_2 = \frac{13\times12}{2\times1} = 78$$

085 답 31

x, y, z가 음이 아닌 정수이므로
$x+y+z=2$ 또는 $x+y+z=3$ 또는 $x+y+z=4$

(ⅰ) $x+y+z=2$를 만족시키는 순서쌍의 개수는 3개의 문자 x, y, z에서 중복을 허용하여 2개를 택하는 경우의 수와 같으므로

$$_3H_2 = {}_4C_2 = \frac{4\times3}{2\times1} = 6$$

(ii) $x+y+z=3$을 만족시키는 순서쌍의 개수는 3개
의 문자 x, y, z에서 중복을 허용하여 3개를 택하
는 경우의 수와 같으므로
$$_3H_3={}_5C_3={}_5C_2=\frac{5\times4}{2\times1}=10$$

(iii) $x+y+z=4$를 만족시키는 순서쌍의 개수는 3개
의 문자 x, y, z에서 중복을 허용하여 4개를 택하
는 경우의 수와 같으므로
$$_3H_4={}_6C_4={}_6C_2=\frac{6\times5}{2\times1}=15$$

(ⅰ), (ii), (iii)에서 구하는 순서쌍 $(x,\ y,\ z)$의 개수는
$$6+10+15=31$$

086 🖩 105

$x+1=x'$, $y+1=y'$, $z+1=z'$이라 하면
$x=x'-1$, $y=y'-1$, $z=z'-1$
이를 방정식 $x+y+z=10$에 대입하면
$(x'-1)+(y'-1)+(z'-1)=10$
$\therefore\ x'+y'+z'=13$
x', y', z'이 모두 음이 아닌 정수이므로 구하는 순서
쌍의 개수는 3개의 문자 x', y', z'에서 중복을 허용
하여 13개를 택하는 경우의 수와 같다.
$$\therefore\ _3H_{13}={}_{15}C_{13}={}_{15}C_2=\frac{15\times14}{2\times1}=105$$

087 🖩 (1) 15 (2) 126

(1) 주어진 조건에 의하여
$\quad f(1)<f(2)<f(3)<f(4)$
따라서 구하는 함수의 개수는 집합 Y의 원소 1, 2,
3, 4, 5, 6의 6개에서 서로 다른 4개를 택하여 크
기가 작은 것부터 순서대로 집합 X의 원소 1, 2,
3, 4에 대응시키는 경우의 수와 같으므로
$$_6C_4={}_6C_2=\frac{6\times5}{2\times1}=15$$

(2) 주어진 조건에 의하여
$\quad f(1)\leq f(2)\leq f(3)\leq f(4)$
따라서 구하는 함수의 개수는 집합 Y의 원소 1, 2,
3, 4, 5, 6의 6개에서 중복을 허용하여 4개를 택하
여 크기가 작거나 같은 것부터 순서대로 집합 X의
원소 1, 2, 3, 4에 대응시키는 경우의 수와 같으므로
$$_6H_4={}_9C_4=\frac{9\times8\times7\times6}{4\times3\times2\times1}=126$$

088 🖩 35

주어진 조건에 의하여
$$f(1)\geq f(2)\geq f(3)\geq f(4)$$
따라서 구하는 함수의 개수는 집합 Y의 원소 5, 6, 7,
8의 4개에서 중복을 허용하여 4개를 택하여 크기가
크거나 같은 것부터 순서대로 집합 X의 원소 1, 2, 3,
4에 대응시키는 경우의 수와 같으므로
$$_4H_4={}_7C_4={}_7C_3=\frac{7\times6\times5}{3\times2\times1}=35$$

089 🖩 350

$f(1)$, $f(3)$, $f(5)$, $f(7)$의 값을 정하는 경우의 수는
집합 X의 원소 1, 3, 5, 7, 9의 5개에서 중복을 허용
하여 4개를 택하여 크기가 작거나 같은 것부터 순서대
로 집합 X의 원소 1, 3, 5, 7에 대응시키는 경우의 수
와 같으므로
$$_5H_4={}_8C_4=\frac{8\times7\times6\times5}{4\times3\times2\times1}=70$$
$f(9)$의 값이 될 수 있는 것은 1, 3, 5, 7, 9의 5가지
따라서 구하는 함수의 개수는
$$70\times5=350$$

090 🖩 45

주어진 조건에 의하여
$$f(2)\leq f(4)\leq f(6)=5\leq f(8)$$
$f(2)$, $f(4)$의 값을 정하는 경우의 수는 집합 Y의 원
소 1, 2, 3, 4, 5의 5개에서 중복을 허용하여 2개를 택
하여 크기가 작거나 같은 것부터 순서대로 집합 X의
원소 2, 4에 대응시키는 경우의 수와 같으므로
$$_5H_2={}_6C_2=\frac{6\times5}{2\times1}=15$$
$f(8)$의 값이 될 수 있는 것은 5, 6, 7의 3가지
따라서 구하는 함수의 개수는
$$15\times3=45$$

091 🖩 (1) 10 (2) 20 (3) 252 (4) 9 (5) 625
(6) 210

(1) 구하는 경우의 수는 서로 다른 5개에서 2개를 택하
는 조합의 수와 같으므로 $_5C_2=\dfrac{5\times4}{2\times1}=10$

(2) 구하는 경우의 수는 서로 다른 5개에서 2개를 택하
는 순열의 수와 같으므로 $_5P_2=5\times4=20$

(3) 구하는 경우의 수는 서로 다른 6개에서 5개를 택하는 중복조합의 수와 같으므로

$$_6\mathrm{H}_5={}_{10}\mathrm{C}_5=\frac{10\times9\times8\times7\times6}{5\times4\times3\times2\times1}=252$$

(4) 구하는 경우의 수는 서로 다른 3개에서 2개를 택하는 중복순열의 수와 같으므로 $_3\Pi_2=3^2=9$

(5) 구하는 경우의 수는 서로 다른 5개에서 4개를 택하는 중복순열의 수와 같으므로 $_5\Pi_4=5^4=625$

(6) 구하는 경우의 수는 서로 다른 7개에서 4개를 택하는 중복조합의 수와 같으므로

$$_7\mathrm{H}_4={}_{10}\mathrm{C}_4=\frac{10\times9\times8\times7}{4\times3\times2\times1}=210$$

연습문제 57~58쪽

092 답 495

구하는 경우의 수는 서로 다른 5개의 상자에서 중복을 허용하여 8개를 택하는 경우의 수와 같으므로

$$_5\mathrm{H}_8={}_{12}\mathrm{C}_8={}_{12}\mathrm{C}_4=\frac{12\times11\times10\times9}{4\times3\times2\times1}=495$$

093 답 ③

A와 B가 각각 2권 이상의 공책을 받으려면 A와 B에게 각각 2권의 공책을 먼저 나누어 주고 나머지 6권의 공책을 나누어 주면 된다.

따라서 구하는 경우의 수는 서로 다른 4명의 학생에서 중복을 허용하여 6명을 택하는 경우의 수와 같으므로

$$_4\mathrm{H}_6={}_9\mathrm{C}_6={}_9\mathrm{C}_3=\frac{9\times8\times7}{3\times2\times1}=84$$

094 답 ④

$(x+y+z)^4(a+b)^5$의 전개식에서 각 항은 $(x+y+z)^4$의 항과 $(a+b)^5$의 항을 곱한 것이다.

$(x+y+z)^4$의 전개식에서 각 항은 3개의 문자 x, y, z에서 중복을 허용하여 4개를 택하여 곱한 것이므로 그 항의 개수는

$$_3\mathrm{H}_4={}_6\mathrm{C}_4={}_6\mathrm{C}_2=\frac{6\times5}{2\times1}=15$$

$(a+b)^5$의 전개식에서 각 항은 2개의 문자 a, b에서 중복을 허용하여 5개를 택하여 곱한 것이므로 그 항의 개수는

$$_2\mathrm{H}_5={}_6\mathrm{C}_5={}_6\mathrm{C}_1=6$$

따라서 구하는 항의 개수는

$$15\times6=90$$

095 답 30

$1\le a\le b\le4$에서 a, b의 값을 정하는 경우의 수는 1, 2, 3, 4의 4개의 자연수에서 중복을 허용하여 2개를 택하여 크기가 작거나 같은 것부터 순서대로 a, b에 대응시키는 경우의 수와 같으므로

$$_4\mathrm{H}_2={}_5\mathrm{C}_2=\frac{5\times4}{2\times1}=10$$

c는 6 이하의 자연수이므로 $4\le c$에서 c의 값이 될 수 있는 것은 4, 5, 6의 3가지

따라서 구하는 순서쌍 (a, b, c)의 개수는

$$10\times3=30$$

096 답 175

x, y, z, w가 음이 아닌 정수이므로

$x+y+z+w=4$ 또는 $x+y+z+w=5$

또는 $x+y+z+w=6$

(i) $x+y+z+w=4$를 만족시키는 순서쌍의 개수는 4개의 문자 x, y, z, w에서 중복을 허용하여 4개를 택하는 경우의 수와 같으므로

$$_4\mathrm{H}_4={}_7\mathrm{C}_4={}_7\mathrm{C}_3=\frac{7\times6\times5}{3\times2\times1}=35$$

(ii) $x+y+z+w=5$를 만족시키는 순서쌍의 개수는 4개의 문자 x, y, z, w에서 중복을 허용하여 5개를 택하는 경우의 수와 같으므로

$$_4\mathrm{H}_5={}_8\mathrm{C}_5={}_8\mathrm{C}_3=\frac{8\times7\times6}{3\times2\times1}=56$$

(iii) $x+y+z+w=6$을 만족시키는 순서쌍의 개수는 4개의 문자 x, y, z, w에서 중복을 허용하여 6개를 택하는 경우의 수와 같으므로

$$_4\mathrm{H}_6={}_9\mathrm{C}_6={}_9\mathrm{C}_3=\frac{9\times8\times7}{3\times2\times1}=84$$

(i), (ii), (iii)에서 구하는 순서쌍 (x, y, z, w)의 개수는

$$35+56+84=175$$

097 답 6

서로 다른 3종류의 과일에서 중복을 허용하여 n개를 택하는 경우의 수가 21이므로

$$_3\mathrm{H}_n=21 \qquad\qquad \blacktriangleright\blacktriangleright\blacktriangleright\blacktriangleright \bullet\!\bullet$$

$$_{n+2}\mathrm{C}_n=21, \ _{n+2}\mathrm{C}_2=21$$

$$\frac{(n+2)(n+1)}{2\times1}=21, \ (n+2)(n+1)=42=7\times6$$

$$\therefore n=5 \ (\because n\text{은 자연수}) \qquad \blacktriangleright\blacktriangleright\blacktriangleright\blacktriangleright \bullet\!\bullet$$

5개의 과일을 살 때, 각 종류의 과일을 적어도 1개씩은 사려면 각 종류의 과일을 1개씩 먼저 사고 나머지 2개의 과일을 사면 된다.

따라서 구하는 경우의 수는 서로 다른 3종류의 과일에서 중복을 허용하여 2개를 택하는 경우의 수와 같으므로

$$_3H_2 = {_4}C_2 = \frac{4 \times 3}{2 \times 1} = 6$$ ▶▶▶▶▶ ❸

단계	채점 기준	비율
❶	n에 대한 식 세우기	20 %
❷	n의 값 구하기	40 %
❸	경우의 수 구하기	40 %

098 답 20

$90 = 2 \times 3^2 \times 5$이므로 택한 7개의 수의 곱이 90의 배수가 되려면 2를 1개, 3을 2개, 5를 1개씩 먼저 택하고 나머지 3개의 숫자를 택하면 된다.

따라서 구하는 경우의 수는 서로 다른 4개의 숫자에서 중복을 허용하여 3개를 택하는 경우의 수와 같으므로

$$_4H_3 = {_6}C_3 = \frac{6 \times 5 \times 4}{3 \times 2 \times 1} = 20$$

099 답 ②

$(a+b+c+d+e)^{11}$의 전개식에서 a를 포함하지 않는 항은 a를 제외한 4개의 문자 b, c, d, e에서 중복을 허용하여 11개를 택하여 곱한 것이므로 구하는 항의 개수는

$$_4H_{11} = {_{14}}C_{11} = {_{14}}C_3 = \frac{14 \times 13 \times 12}{3 \times 2 \times 1} = 364$$

100 답 ③

$x-1=x', \ y-1=y', \ z-1=z', \ w-1=w'$이라 하면

$x=x'+1, \ y=y'+1, \ z=z'+1, \ w=w'+1$

이를 방정식 $x+y+z+5w=14$에 대입하면

$(x'+1)+(y'+1)+(z'+1)+5(w'+1)=14$

$\therefore \ x'+y'+z'+5w'=6$

이 방정식에서 w'의 계수가 가장 크므로 w'이 될 수 있는 값을 구하면

$5w' \leq 6$

$\therefore \ w'=0$ 또는 $w'=1$ ($\because w'$은 음이 아닌 정수)

(i) $w'=0$일 때

$x'+y'+z'+5w'=6$에서 $x'+y'+z'=6$

x', y', z'이 모두 음이 아닌 정수이므로 그 순서쌍의 개수는 3개의 문자 x', y', z'에서 중복을 허용하여 6개를 택하는 경우의 수와 같다.

$\therefore \ _3H_6 = {_8}C_6 = {_8}C_2 = \frac{8 \times 7}{2 \times 1} = 28$

(ii) $w'=1$일 때

$x'+y'+z'+5w'=6$에서 $x'+y'+z'=1$

x', y', z'이 모두 음이 아닌 정수이므로 그 순서쌍의 개수는 3개의 문자 x', y', z'에서 1개를 택하는 경우의 수와 같다.

$\therefore \ _3C_1 = 3$

(i), (ii)에서 구하는 순서쌍 (x, y, z, w)의 개수는

$28+3=31$

101 답 35

$f(1) \leq f(2) < f(3) \leq f(4)$인 함수의 개수는

$f(1) \leq f(2) \leq f(3) \leq f(4)$인 함수의 개수에서

$f(1) \leq f(2) = f(3) \leq f(4)$인 함수의 개수를 뺀 것과 같다.

(i) $f(1) \leq f(2) \leq f(3) \leq f(4)$인 함수의 개수는 집합 Y의 원소 5, 6, 7, 8, 9의 5개에서 중복을 허용하여 4개를 택하여 크기가 작거나 같은 것부터 순서대로 집합 X의 원소 1, 2, 3, 4에 대응시키는 경우의 수와 같으므로

$$_5H_4 = {_8}C_4 = \frac{8 \times 7 \times 6 \times 5}{4 \times 3 \times 2 \times 1} = 70$$

(ii) $f(1) \leq f(2) = f(3) \leq f(4)$인 함수의 개수는 집합 Y의 원소 5, 6, 7, 8, 9의 5개에서 중복을 허용하여 3개를 택하여 크기가 작거나 같은 것부터 순서대로 집합 X의 원소 1, 2, 4에 대응시키는 경우의 수와 같으므로

$$_5H_3 = {_7}C_3 = \frac{7 \times 6 \times 5}{3 \times 2 \times 1} = 35$$

(i), (ii)에서 구하는 함수의 개수는

$70-35=35$

102 답 ②

| 접근 방법 | 학생 A가 받는 초콜릿의 개수에 따라 경우를 나누어 학생 B가 받는 초콜릿의 개수를 생각한다.

㈎에서 각 학생이 적어도 1개의 초콜릿을 받으려면 각 학생에게 초콜릿을 1개씩 먼저 나누어 주고 나머지 4개의 초콜릿을 나누어 주면 된다.

나머지 4개의 초콜릿 중에서

(i) 학생 A가 초콜릿을 1개 받는 경우

㈏에서 학생 B는 초콜릿을 받지 않는다.

따라서 그 경우의 수는 서로 다른 2명의 학생 C, D에서 중복을 허용하여 3명을 택하는 경우의 수와 같으므로 $_2H_3 = {_4}C_3 = {_4}C_1 = 4$

(ii) 학생 A가 초콜릿을 2개 받는 경우

(나)에서 학생 B는 초콜릿을 받지 않거나 1개 받는다.

학생 B가 초콜릿을 받지 않는 경우의 수는 서로 다른 2명의 학생 C, D에서 중복을 허용하여 2명을 택하는 경우의 수와 같으므로

$_2H_2=_3C_2=_3C_1=3$

학생 B가 초콜릿을 1개 받는 경우의 수는 서로 다른 2명의 학생 C, D에서 1명을 택하는 경우의 수와 같으므로 $_2C_1=2$

따라서 그 경우의 수는

$3+2=5$

(iii) 학생 A가 초콜릿을 3개 받는 경우

(나)에서 학생 B는 초콜릿을 받지 않거나 1개 받는다.

학생 B가 초콜릿을 받지 않는 경우의 수는 서로 다른 2명의 학생 C, D에서 1명을 택하는 경우의 수와 같으므로 $_2C_1=2$

학생 B가 초콜릿을 1개 받는 경우의 수는 1

따라서 그 경우의 수는

$2+1=3$

(iv) 학생 A가 초콜릿을 4개 받는 경우의 수는 1

(ⅰ)~(iv)에서 구하는 경우의 수는

$4+5+3+1=13$

103   답 63

| 접근 방법 | 음이 아닌 정수 x, y에 대하여 홀수는 $2x+1$, 짝수는 $2y+2$ 꼴로 놓을 수 있음을 이용하여 (나)의 방정식을 변형한다.

(가)에서 a, b, c 중 홀수는 1개이므로 홀수를 정하는 경우의 수는 $_3C_1=3$

한편 a를 홀수, b, c를 짝수라 하면 음이 아닌 정수 a', b', c'에 대하여

$a=2a'+1$, $b=2b'+2$, $c=2c'+2$

이를 (나)의 방정식 $a+b+c=15$에 대입하면

$(2a'+1)+(2b'+2)+(2c'+2)=15$

$2a'+2b'+2c'=10$ $\therefore a'+b'+c'=5$

a', b', c'이 모두 음이 아닌 정수이므로 그 순서쌍의 개수는 3개의 문자 a', b', c'에서 중복을 허용하여 5개를 택하는 경우의 수와 같다.

$\therefore {}_3H_5={}_7C_5={}_7C_2=\dfrac{7\times6}{2\times1}=21$

따라서 구하는 순서쌍 (a, b, c)의 개수는

$3\times21=63$

---

02 이항정리

개념 확인   61쪽

104 답 (1) $16a^4+32a^3b+24a^2b^2+8ab^3+b^4$
(2) $x^6-6x^5y+15x^4y^2-20x^3y^3+15x^2y^4-6xy^5+y^6$

(1) $(2a+b)^4$
$={}_4C_0(2a)^4+{}_4C_1(2a)^3b^1+{}_4C_2(2a)^2b^2$
$\qquad\qquad +{}_4C_3(2a)^1b^3+{}_4C_4b^4$
$=16a^4+32a^3b+24a^2b^2+8ab^3+b^4$

(2) $(x-y)^6$
$={}_6C_0x^6+{}_6C_1x^5(-y)^1+{}_6C_2x^4(-y)^2$
$\qquad +{}_6C_3x^3(-y)^3+{}_6C_4x^2(-y)^4+{}_6C_5x^1(-y)^5$
$\qquad\qquad\qquad\qquad\qquad +{}_6C_6(-y)^6$
$=x^6-6x^5y+15x^4y^2-20x^3y^3+15x^2y^4-6xy^5$
$\qquad\qquad\qquad\qquad\qquad\qquad +y^6$

유제   63~73쪽

105 답 (1) 720 (2) 448

(1) $(2x-3y)^5$의 전개식의 일반항은
${}_5C_r(2x)^{5-r}(-3y)^r={}_5C_r2^{5-r}(-3)^rx^{5-r}y^r$
x^3y^2항은 $r=2$일 때이므로 구하는 x^3y^2의 계수는
${}_5C_2 2^3(-3)^2=10\times8\times9=720$

(2) $(x+2y^3)^8$의 전개식의 일반항은
${}_8C_r x^{8-r}(2y^3)^r={}_8C_r 2^r x^{8-r}y^{3r}$
x^5y^9항은 $8-r=5$, $3r=9$일 때이므로
$r=3$
따라서 구하는 x^5y^9의 계수는
${}_8C_3 2^3=56\times8=448$

106 답 (1) 189 (2) 270

(1) $\left(x^2-\dfrac{3}{x}\right)^7$의 전개식의 일반항은
${}_7C_r(x^2)^{7-r}\left(-\dfrac{3}{x}\right)^r={}_7C_r(-3)^r\dfrac{x^{14-2r}}{x^r}$
x^8항은 $14-2r-r=8$일 때이므로
$r=2$
따라서 구하는 x^8의 계수는
${}_7C_2(-3)^2=21\times9=189$

(2) $\left(3x^2+\dfrac{1}{x^3}\right)^5$의 전개식의 일반항은

$$_5C_r(3x^2)^{5-r}\left(\dfrac{1}{x^3}\right)^r={}_5C_r\,3^{5-r}\dfrac{x^{10-2r}}{x^{3r}}$$

상수항은 $10-2r=3r$일 때이므로

$r=2$

따라서 구하는 상수항은

$$_5C_2\,3^3=10\times27=270$$

107 答 $\dfrac{1}{2}$

$(x+2a)^6$의 전개식의 일반항은

$$_6C_r\,x^{6-r}(2a)^r={}_6C_r\,2^r a^r x^{6-r}$$

x^2항은 $6-r=2$일 때이므로

$r=4$

따라서 x^2의 계수는

$$_6C_4\,2^4 a^4={}_6C_2\,2^4 a^4=15\times16\times a^4=240a^4$$

x^4항은 $6-r=4$일 때이므로

$r=2$

따라서 x^4의 계수는

$$_6C_2\,2^2 a^2=15\times4\times a^2=60a^2$$

이때 x^2의 계수와 x^4의 계수가 같으므로

$240a^4=60a^2$

$a^2=\dfrac{1}{4}\ (\because a>0)$

$\therefore a=\dfrac{1}{2}\ (\because a>0)$

108 答 ①

$\left(2x+\dfrac{a}{x}\right)^7$의 전개식의 일반항은

$$_7C_r(2x)^{7-r}\left(\dfrac{a}{x}\right)^r={}_7C_r\,2^{7-r}a^r\dfrac{x^{7-r}}{x^r}$$

x^3항은 $7-r-r=3$일 때이므로

$r=2$

이때 x^3의 계수가 42이므로

$_7C_2\,2^5 a^2=42$

$21\times32\times a^2=42,\ 672a^2=42$

$a^2=\dfrac{1}{16}\qquad\therefore a=\dfrac{1}{4}\ (\because a>0)$

109 答 196

$\left(x-\dfrac{1}{x}\right)^8$의 전개식의 일반항은

$$_8C_r\,x^{8-r}\left(-\dfrac{1}{x}\right)^r={}_8C_r(-1)^r\dfrac{x^{8-r}}{x^r}\qquad\cdots\cdots\ \bigcirc$$

이때

$$(2x^2-1)\left(x-\dfrac{1}{x}\right)^8=2x^2\left(x-\dfrac{1}{x}\right)^8-\left(x-\dfrac{1}{x}\right)^8$$

이므로 x^2항이 나타나는 경우는 $2x^2\times(\bigcirc$의 상수항)

인 경우와 $-1\times(\bigcirc$의 x^2항)인 경우가 있다.

(i) $\bigcirc$에서 상수항은 $8-r=r$일 때이므로

$\quad r=4$

$\quad$따라서 $\bigcirc$의 상수항은

$$_8C_4(-1)^4=70$$

(ii) $\bigcirc$에서 x^2항은 $8-r-r=2$일 때이므로

$\quad r=3$

$\quad$따라서 $\bigcirc$의 x^2항은

$$_8C_3(-1)^3 x^2=56\times(-1)\times x^2=-56x^2$$

(i), (ii)에서 구하는 x^2의 계수는

$$2\times70+(-1)\times(-56)=196$$

110 答 ①

$(x-1)^6$의 전개식의 일반항은

$$_6C_r(-1)^r x^{6-r}$$

$(2x+1)^7$의 전개식의 일반항은

$$_7C_s(2x)^{7-s}={}_7C_s\,2^{7-s}x^{7-s}$$

따라서 $(x-1)^6(2x+1)^7$의 전개식의 일반항은

$$_6C_r(-1)^r x^{6-r}\times{}_7C_s\,2^{7-s}x^{7-s}$$
$$={}_6C_r\times{}_7C_s(-1)^r 2^{7-s}x^{13-r-s}\qquad\cdots\cdots\ \bigcirc$$

x^2항은 $13-r-s=2$ (r, s는 $0\le r\le6$, $0\le s\le7$인

정수)일 때이므로 $r+s=11$에서

$r=4,\ s=7$ 또는 $r=5,\ s=6$ 또는 $r=6,\ s=5$

(i) $r=4,\ s=7$일 때

$\quad\bigcirc$의 x^2항은

$$_6C_4\times{}_7C_7(-1)^4 x^2={}_6C_2\times1\times1\times x^2$$
$$=15x^2$$

(ii) $r=5,\ s=6$일 때

$\quad\bigcirc$의 x^2항은

$$_6C_5\times{}_7C_6(-1)^5 2x^2={}_6C_1\times{}_7C_1\times(-1)\times2\times x^2$$
$$=6\times7\times(-1)\times2\times x^2$$
$$=-84x^2$$

(iii) $r=6,\ s=5$일 때

$\quad\bigcirc$의 x^2항은

$$_6C_6\times{}_7C_5(-1)^6 2^2 x^2=1\times{}_7C_2\times1\times4\times x^2$$
$$=84x^2$$

(i), (ii), (iii)에서 구하는 x^2의 계수는

$$15+(-84)+84=15$$

111 답 4

$(a+x)^3$의 전개식의 일반항은

$_3C_r\,a^{3-r}x^r$

$(1+x)^4$의 전개식의 일반항은

$_4C_s\,x^s$

따라서 $(a+x)^3(1+x)^4$의 전개식의 일반항은

$_3C_r\,a^{3-r}x^r\times{}_4C_s\,x^s={}_3C_r\times{}_4C_s\,a^{3-r}x^{r+s}$ ······ ㉠

x^6항은 $r+s=6$ (r, s는 $0\le r\le3$, $0\le s\le4$인 정수)

일 때이므로

$r=2$, $s=4$ 또는 $r=3$, $s=3$

(ⅰ) $r=2$, $s=4$일 때

㉠의 x^6항은

$_3C_2\times{}_4C_4\,ax^6={}_3C_1\times1\times a\times x^6=3ax^6$

(ⅱ) $r=3$, $s=3$일 때

㉠의 x^6항은

$_3C_3\times{}_4C_3\,x^6=1\times{}_4C_1\times x^6=4x^6$

(ⅰ), (ⅱ)에서 x^6의 계수는

$3a+4$

따라서 $3a+4=16$이므로

$a=4$

112 답 2

$\left(x+\dfrac{1}{x}\right)^4$의 전개식의 일반항은

$_4C_r\,x^{4-r}\left(\dfrac{1}{x}\right)^r={}_4C_r\,\dfrac{x^{4-r}}{x^r}$ ······ ㉠

이때

$(ax^2+3)\left(x+\dfrac{1}{x}\right)^4=ax^2\left(x+\dfrac{1}{x}\right)^4+3\left(x+\dfrac{1}{x}\right)^4$

이므로 상수항이 나타나는 경우는

$ax^2\times\left(㉠의\ \dfrac{1}{x^2}항\right)$인 경우와 $3\times(㉠의\ 상수항)$인

경우가 있다.

(ⅰ) ㉠에서 $\dfrac{1}{x^2}$항은 $r-(4-r)=2$일 때이므로

$r=3$

따라서 ㉠의 $\dfrac{1}{x^2}$항은

$_4C_3\,\dfrac{1}{x^2}={}_4C_1\,\dfrac{1}{x^2}=\dfrac{4}{x^2}$

(ⅱ) ㉠에서 상수항은 $4-r=r$일 때이므로

$r=2$

따라서 ㉠의 상수항은

$_4C_2=6$

(ⅰ), (ⅱ)에서 상수항은

$ax^2\times\dfrac{4}{x^2}+3\times6=4a+18$

따라서 $4a+18=26$이므로

$a=2$

113 답 ③

$_3C_3+{}_4C_3+{}_5C_3+\cdots+{}_{11}C_3$

$={}_4C_4+{}_4C_3+{}_5C_3+\cdots+{}_{11}C_3$

$={}_5C_4+{}_5C_3+{}_6C_3+\cdots+{}_{11}C_3$

$={}_6C_4+{}_6C_3+{}_7C_3+\cdots+{}_{11}C_3$

$\vdots$

$={}_{11}C_4+{}_{11}C_3$

$={}_{12}C_4$

114 답 ⑤

$_2C_0+{}_3C_1+{}_4C_2+\cdots+{}_9C_7$

$={}_3C_0+{}_3C_1+{}_4C_2+\cdots+{}_9C_7$

$={}_4C_1+{}_4C_2+{}_5C_3+\cdots+{}_9C_7$

$={}_5C_2+{}_5C_3+{}_6C_4+\cdots+{}_9C_7$

$\vdots$

$={}_9C_6+{}_9C_7$

$={}_{10}C_7$

115 답 18

$_7C_0+{}_8C_1+{}_9C_2+\cdots+{}_{17}C_{10}$

$={}_8C_0+{}_8C_1+{}_9C_2+\cdots+{}_{17}C_{10}$

$={}_9C_1+{}_9C_2+{}_{10}C_3+\cdots+{}_{17}C_{10}$

$={}_{10}C_2+{}_{10}C_3+{}_{11}C_4+\cdots+{}_{17}C_{10}$

$\vdots$

$={}_{17}C_9+{}_{17}C_{10}$

$={}_{18}C_{10}$

$\therefore\ n=18$

116 답 209

$_4C_1+{}_5C_2+{}_6C_3+{}_7C_4+{}_8C_5+{}_9C_6$

$=({}_4C_0+{}_4C_1+{}_5C_2+{}_6C_3+{}_7C_4+{}_8C_5+{}_9C_6)-{}_4C_0$

$=({}_5C_1+{}_5C_2+{}_6C_3+{}_7C_4+{}_8C_5+{}_9C_6)-1$

$=({}_6C_2+{}_6C_3+{}_7C_4+{}_8C_5+{}_9C_6)-1$

$\vdots$

$=({}_9C_5+{}_9C_6)-1$

$={}_{10}C_6-1={}_{10}C_4-1$

$=210-1=209$

117 📋 792

$(1+x)^n$의 전개식의 일반항은

$_nC_r x^r$

x^6항은 $(1+x)^6$의 전개식에서부터 나오므로

$(1+x)^6$의 전개식에서 x^6의 계수는 $_6C_6$

$(1+x)^7$의 전개식에서 x^6의 계수는 $_7C_6$

$(1+x)^8$의 전개식에서 x^6의 계수는 $_8C_6$

$(1+x)^9$의 전개식에서 x^6의 계수는 $_9C_6$

$(1+x)^{10}$의 전개식에서 x^6의 계수는 $_{10}C_6$

$(1+x)^{11}$의 전개식에서 x^6의 계수는 $_{11}C_6$

따라서 구하는 x^6의 계수는

$_6C_6+_7C_6+_8C_6+_9C_6+_{10}C_6+_{11}C_6$

$=_7C_7+_7C_6+_8C_6+_9C_6+_{10}C_6+_{11}C_6$

$=_8C_7+_8C_6+_9C_6+_{10}C_6+_{11}C_6$

$=_9C_7+_9C_6+_{10}C_6+_{11}C_6$

$=_{10}C_7+_{10}C_6+_{11}C_6$

$=_{11}C_7+_{11}C_6$

$=_{12}C_7$

$=_{12}C_5=792$

| 다른 풀이 | [대수]를 이수한 학생은 등비수열의 합을 이용하여 다음과 같이 풀 수 있다.

$(1+x)+(1+x)^2+(1+x)^3+\cdots+(1+x)^{11}$

$=\dfrac{(1+x)\{(1+x)^{11}-1\}}{(1+x)-1}$

$=\dfrac{(1+x)^{12}-(1+x)}{x}$

즉, 주어진 전개식에서 x^6의 계수는 $(1+x)^{12}$의 전개식에서 x^7의 계수와 같다.

$(1+x)^{12}$의 전개식의 일반항은

$_{12}C_r x^r$

따라서 $(1+x)^{12}$의 전개식에서 x^7의 계수는 $_{12}C_7$이므로 구하는 x^6의 계수는

$_{12}C_7=_{12}C_5=792$

118 📋 126

주어진 항등식에서 a_3의 값은 x^3의 계수와 같다.

$(1+x)^n$의 전개식의 일반항은

$_nC_r x^r$

x^3항은 $(1+x)^3$의 전개식에서부터 나오므로

$(1+x)^3$의 전개식에서 x^3의 계수는 $_3C_3$

$(1+x)^4$의 전개식에서 x^3의 계수는 $_4C_3$

$(1+x)^5$의 전개식에서 x^3의 계수는 $_5C_3$

$(1+x)^6$의 전개식에서 x^3의 계수는 $_6C_3$

$(1+x)^7$의 전개식에서 x^3의 계수는 $_7C_3$

$(1+x)^8$의 전개식에서 x^3의 계수는 $_8C_3$

따라서 x^3의 계수는

$_3C_3+_4C_3+_5C_3+_6C_3+_7C_3+_8C_3$

$=_4C_4+_4C_3+_5C_3+_6C_3+_7C_3+_8C_3$

$=_5C_4+_5C_3+_6C_3+_7C_3+_8C_3$

$=_6C_4+_6C_3+_7C_3+_8C_3$

$=_7C_4+_7C_3+_8C_3$

$=_8C_4+_8C_3$

$=_9C_4=126$

$\therefore a_3=126$

| 다른 풀이 | [대수]를 이수한 학생은 등비수열의 합을 이용하여 다음과 같이 풀 수 있다.

주어진 항등식에서 a_3의 값은 x^3의 계수와 같다.

$(1+x)+(1+x)^2+(1+x)^3+\cdots+(1+x)^8$

$=\dfrac{(1+x)\{(1+x)^8-1\}}{(1+x)-1}$

$=\dfrac{(1+x)^9-(1+x)}{x}$

즉, 주어진 전개식에서 x^3의 계수는 $(1+x)^9$의 전개식에서 x^4의 계수와 같다.

$(1+x)^9$의 전개식의 일반항은

$_9C_r x^r$

따라서 $(1+x)^9$의 전개식에서 x^4의 계수는 $_9C_4$이므로 x^3의 계수는 $_9C_4$이다.

$\therefore a_3=_9C_4=126$

119 📋 660

$(1+2x)^n$의 전개식의 일반항은

$_nC_r(2x)^r=_nC_r 2^r x^r$

x^2항은 $(1+2x)^2$의 전개식에서부터 나오므로

$(1+2x)^2$의 전개식에서 x^2의 계수는 $_2C_2 2^2$

$(1+2x)^3$의 전개식에서 x^2의 계수는 $_3C_2 2^2$

$(1+2x)^4$의 전개식에서 x^2의 계수는 $_4C_2 2^2$

$(1+2x)^5$의 전개식에서 x^2의 계수는 $_5C_2 2^2$

$(1+2x)^6$의 전개식에서 x^2의 계수는 $_6C_2 2^2$

$(1+2x)^7$의 전개식에서 x^2의 계수는 $_7C_2 2^2$

$(1+2x)^8$의 전개식에서 x^2의 계수는 $_8C_2 2^2$

$(1+2x)^9$의 전개식에서 x^2의 계수는 $_9C_2 2^2$

$(1+2x)^{10}$의 전개식에서 x^2의 계수는 $_{10}C_2 2^2$

따라서 구하는 x^2의 계수는
$$_2C_2 2^2 + {}_3C_2 2^2 + {}_4C_2 2^2 + {}_5C_2 2^2 + {}_6C_2 2^2 + {}_7C_2 2^2 + {}_8C_2 2^2$$
$$+ {}_9C_2 2^2 + {}_{10}C_2 2^2$$
$$= 2^2(_2C_2 + {}_3C_2 + {}_4C_2 + {}_5C_2 + {}_6C_2 + {}_7C_2 + {}_8C_2 + {}_9C_2$$
$$+ {}_{10}C_2)$$
$$= 2^2(_3C_3 + {}_3C_2 + {}_4C_2 + {}_5C_2 + {}_6C_2 + {}_7C_2 + {}_8C_2 + {}_9C_2$$
$$+ {}_{10}C_2)$$
$$= 2^2(_4C_3 + {}_4C_2 + {}_5C_2 + {}_6C_2 + {}_7C_2 + {}_8C_2 + {}_9C_2 + {}_{10}C_2)$$
$$= 2^2(_5C_3 + {}_5C_2 + {}_6C_2 + {}_7C_2 + {}_8C_2 + {}_9C_2 + {}_{10}C_2)$$
$$\vdots$$
$$= 2^2(_{10}C_3 + {}_{10}C_2)$$
$$= 2^2 \times {}_{11}C_3 = 4 \times 165 = 660$$

| 다른 풀이 | [대수]를 이수한 학생은 등비수열의 합을 이용하여 다음과 같이 풀 수 있다.
$$(1+2x) + (1+2x)^2 + (1+2x)^3 + \cdots + (1+2x)^{10}$$
$$= \frac{(1+2x)\{(1+2x)^{10}-1\}}{(1+2x)-1}$$
$$= \frac{(1+2x)^{11}-(1+2x)}{2x}$$
즉, 주어진 전개식에서 x^2의 계수는 $(1+2x)^{11}$의 전개식에서 $\frac{1}{2} \times (x^3$의 계수$)$와 같다.

$(1+2x)^{11}$의 전개식의 일반항은
$$_{11}C_r (2x)^r = {}_{11}C_r 2^r x^r$$
따라서 $(1+2x)^{11}$의 전개식에서 x^3의 계수는 ${}_{11}C_3 2^3$이므로 구하는 x^2의 계수는
$$\frac{1}{2} \times {}_{11}C_3 2^3 = 660$$

120 冒 252

$(1+x^2)^n$의 전개식의 일반항은 ${}_nC_r x^{2r}$

x^8항은 $(1+x^2)^4$의 전개식에서부터 나오므로

$(1+x^2)^4$의 전개식에서 x^8의 계수는 ${}_4C_4$

$(1+x^2)^5$의 전개식에서 x^8의 계수는 ${}_5C_4$

$(1+x^2)^6$의 전개식에서 x^8의 계수는 ${}_6C_4$

$(1+x^2)^7$의 전개식에서 x^8의 계수는 ${}_7C_4$

$(1+x^2)^8$의 전개식에서 x^8의 계수는 ${}_8C_4$

$(1+x^2)^9$의 전개식에서 x^8의 계수는 ${}_9C_4$

따라서 구하는 x^8의 계수는
$$_4C_4 + {}_5C_4 + {}_6C_4 + {}_7C_4 + {}_8C_4 + {}_9C_4$$
$$= {}_5C_5 + {}_5C_4 + {}_6C_4 + {}_7C_4 + {}_8C_4 + {}_9C_4$$
$$= {}_6C_5 + {}_6C_4 + {}_7C_4 + {}_8C_4 + {}_9C_4$$
$$= {}_7C_5 + {}_7C_4 + {}_8C_4 + {}_9C_4 = {}_8C_5 + {}_8C_4 + {}_9C_4$$
$$= {}_9C_5 + {}_9C_4 = {}_{10}C_5 = 252$$

| 다른 풀이 | [대수]를 이수한 학생은 등비수열의 합을 이용하여 다음과 같이 풀 수 있다.
$$(1+x^2) + (1+x^2)^2 + (1+x^2)^3 + \cdots + (1+x^2)^9$$
$$= \frac{(1+x^2)\{(1+x^2)^9-1\}}{(1+x^2)-1}$$
$$= \frac{(1+x^2)^{10}-(1+x^2)}{x^2}$$
즉, 주어진 전개식에서 x^8의 계수는 $(1+x^2)^{10}$의 전개식에서 x^{10}의 계수와 같다.

$(1+x^2)^{10}$의 전개식의 일반항은
$$_{10}C_r x^{2r}$$
따라서 $(1+x^2)^{10}$의 전개식에서 x^{10}의 계수는 ${}_{10}C_5$이므로 구하는 x^8의 계수는
$$_{10}C_5 = 252$$

121 冒 (1) 11 (2) 2

(1) ${}_nC_0 + {}_nC_1 + {}_nC_2 + \cdots + {}_nC_n = 2^n$이므로
$$_nC_1 + {}_nC_2 + {}_nC_3 + \cdots + {}_nC_n = 2^n - {}_nC_0$$
$$= 2^n - 1$$
$2000 < {}_nC_1 + {}_nC_2 + {}_nC_3 + \cdots + {}_nC_n < 3000$에서
$$2000 < 2^n - 1 < 3000$$
$$\therefore 2001 < 2^n < 3001$$
이때 $2^{10} = 1024$, $2^{11} = 2048$, $2^{12} = 4096$이므로
$$n = 11$$

(2) ${}_nC_0 - {}_nC_1 + {}_nC_2 - \cdots + (-1)^n {}_nC_n = 0$이므로
$$_{30}C_0 - {}_{30}C_1 + {}_{30}C_2 - \cdots + {}_{30}C_{30} = 0$$
$$_{30}C_0 - ({}_{30}C_1 - {}_{30}C_2 + \cdots + {}_{30}C_{29}) + {}_{30}C_{30} = 0$$
$$\therefore {}_{30}C_1 - {}_{30}C_2 + {}_{30}C_3 - {}_{30}C_4 + \cdots + {}_{30}C_{29}$$
$$= {}_{30}C_0 + {}_{30}C_{30}$$
$$= 1 + 1 = 2$$

122 冒 (1) 1024 (2) 5

(1) ${}_nC_1 + {}_nC_3 + {}_nC_5 + \cdots = 2^{n-1}$이므로
$$_{11}C_1 + {}_{11}C_3 + {}_{11}C_5 + {}_{11}C_7 + {}_{11}C_9 + {}_{11}C_{11}$$
$$= 2^{11-1}$$
$$= 2^{10} = 1024$$

(2) ${}_nC_0 + {}_nC_2 + {}_nC_4 + \cdots = 2^{n-1}$이므로
$$_{2n}C_0 + {}_{2n}C_2 + {}_{2n}C_4 + \cdots + {}_{2n}C_{2n} = 2^{2n-1}$$
즉, $2^{2n-1} = 512 = 2^9$이므로
$$2n - 1 = 9$$
$$\therefore n = 5$$

123 답 ③

$_n\text{C}_0+_n\text{C}_1+_n\text{C}_2+\cdots+_n\text{C}_n=2^n$이므로

$_{19}\text{C}_0+_{19}\text{C}_1+_{19}\text{C}_2+\cdots+_{19}\text{C}_{19}=2^{19}$

이때 $_{19}\text{C}_0=_{19}\text{C}_{19},\ _{19}\text{C}_1=_{19}\text{C}_{18},\ \ldots,\ _{19}\text{C}_9=_{19}\text{C}_{10}$이므로

$(_{19}\text{C}_0+_{19}\text{C}_1+_{19}\text{C}_2+\cdots+_{19}\text{C}_9)$

$\qquad\qquad+(_{19}\text{C}_{10}+_{19}\text{C}_{11}+_{19}\text{C}_{12}+\cdots+_{19}\text{C}_{19})=2^{19}$

$2(_{19}\text{C}_0+_{19}\text{C}_1+_{19}\text{C}_2+\cdots+_{19}\text{C}_9)=2^{19}$

$\therefore\ _{19}\text{C}_0+_{19}\text{C}_1+_{19}\text{C}_2+\cdots+_{19}\text{C}_9=2^{18}$

124 답 9

$_n\text{C}_0+_n\text{C}_2+_n\text{C}_4+\cdots=2^{n-1}$이므로

$_{18}\text{C}_0+_{18}\text{C}_2+_{18}\text{C}_4+\cdots+_{18}\text{C}_{18}=2^{18-1}=2^{17}$

또 $_n\text{C}_0+_n\text{C}_1+_n\text{C}_2+\cdots+_n\text{C}_n=2^n$이므로

$_9\text{C}_0+_9\text{C}_1+_9\text{C}_2+\cdots+_9\text{C}_9=2^9$

이때 $_9\text{C}_0=_9\text{C}_9,\ _9\text{C}_1=_9\text{C}_8,\ \ldots,\ _9\text{C}_4=_9\text{C}_5$이므로

$(_9\text{C}_0+_9\text{C}_1+_9\text{C}_2+_9\text{C}_3+_9\text{C}_4)$

$\qquad\qquad+(_9\text{C}_5+_9\text{C}_6+_9\text{C}_7+_9\text{C}_8+_9\text{C}_9)=2^9$

$2(_9\text{C}_0+_9\text{C}_1+_9\text{C}_2+_9\text{C}_3+_9\text{C}_4)=2^9$

$\therefore\ _9\text{C}_0+_9\text{C}_1+_9\text{C}_2+_9\text{C}_3+_9\text{C}_4=2^8$

따라서 $\dfrac{_{18}\text{C}_0+_{18}\text{C}_2+_{18}\text{C}_4+\cdots+_{18}\text{C}_{18}}{_9\text{C}_0+_9\text{C}_1+_9\text{C}_2+_9\text{C}_3+_9\text{C}_4}=\dfrac{2^{17}}{2^8}=2^9$이

므로 $n=9$

125 답 40

$(1+x)^n=_n\text{C}_0+_n\text{C}_1x+_n\text{C}_2x^2+\cdots+_n\text{C}_nx^n$의 양변

에 $x=8,\ n=20$을 대입하면

$_{20}\text{C}_0+8\,_{20}\text{C}_1+8^2\,_{20}\text{C}_2+\cdots+8^{20}\,_{20}\text{C}_{20}=9^{20}$

$\qquad\qquad\qquad\qquad\qquad\qquad\quad=(3^2)^{20}=3^{40}$

$\therefore\ n=40$

126 답 221

$(1+x)^n=_n\text{C}_0+_n\text{C}_1x+_n\text{C}_2x^2+\cdots+_n\text{C}_nx^n$의 양변

에 $x=20,\ n=31$을 대입하면

$21^{31}=_{31}\text{C}_0+20\,_{31}\text{C}_1+20^2\,_{31}\text{C}_2+\cdots+20^{31}\,_{31}\text{C}_{31}$

$\quad=1+20\times31+20^2(_{31}\text{C}_2+\cdots+20^{29}\,_{31}\text{C}_{31})$

$\quad=1+20\times(11+20)+20^2(_{31}\text{C}_2+\cdots+20^{29}\,_{31}\text{C}_{31})$

$\quad=1+220+20^2(1+_{31}\text{C}_2+\cdots+20^{29}\,_{31}\text{C}_{31})$

$\quad=221+400(1+_{31}\text{C}_2+\cdots+20^{29}\,_{31}\text{C}_{31})$

따라서 구하는 나머지는 221이다.

127 답 15

$(1+x)^n=_n\text{C}_0+_n\text{C}_1x+_n\text{C}_2x^2+\cdots+_n\text{C}_nx^n$의 양변

에 $x=6,\ n=15$를 대입하면

$_{15}\text{C}_0+6\,_{15}\text{C}_1+6^2\,_{15}\text{C}_2+\cdots+6^{15}\,_{15}\text{C}_{15}=7^{15}$

$\therefore\ 6\,_{15}\text{C}_1+6^2\,_{15}\text{C}_2+6^3\,_{15}\text{C}_3+\cdots+6^{15}\,_{15}\text{C}_{15}$

$\qquad=7^{15}-_{15}\text{C}_0$

$\qquad=7^{15}-1$

$\therefore\ n=15$

128 답 18

$(1+x)^n=_n\text{C}_0+_n\text{C}_1x+_n\text{C}_2x^2+\cdots+_n\text{C}_nx^n$의 양변

에 $x=2,\ n=6$을 대입하면

$_6\text{C}_0+2\,_6\text{C}_1+2^2\,_6\text{C}_2+\cdots+2^6\,_6\text{C}_6=3^6=729$

따라서 N의 각 자리의 숫자의 합은

$7+2+9=18$

129 답 $\dfrac{7}{4}$

$\left(\dfrac{1}{2}x+y\right)^8$의 전개식의 일반항은

$_8\text{C}_r\left(\dfrac{1}{2}x\right)^{8-r}y^r=_8\text{C}_r\left(\dfrac{1}{2}\right)^{8-r}x^{8-r}y^r$

x^5y^3항은 $r=3$일 때이므로 구하는 x^5y^3의 계수는

$_8\text{C}_3\left(\dfrac{1}{2}\right)^5=56\times\dfrac{1}{32}=\dfrac{7}{4}$

130 답 ⑤

$(x-2)^5$의 전개식의 일반항은

$_5\text{C}_r(-2)^r x^{5-r}$　　……　㉠

이때

$\left(x^2-\dfrac{1}{x}\right)^2(x-2)^5$

$=\left(x^4-2x+\dfrac{1}{x^2}\right)(x-2)^5$

$=x^4(x-2)^5-2x(x-2)^5+\dfrac{1}{x^2}(x-2)^5$

이므로 x항이 나타나는 경우는 $-2x\times$(㉠의 상수항)

인 경우와 $\dfrac{1}{x^2}\times$(㉠의 x^3항)인 경우가 있다.

(ⅰ) ㉠에서 상수항은 $r=5$일 때이므로

　㉠의 상수항은

　　$_5C_5(-2)^5=1\times(-32)=-32$

(ⅱ) ㉠에서 x^3항은 $5-r=3$일 때이므로

　$r=2$

　따라서 ㉠의 x^3항은

　　$_5C_2(-2)^2x^3=10\times4\times x^3=40x^3$

(ⅰ), (ⅱ)에서 구하는 x의 계수는

$-2\times(-32)+40=104$

131　답 ㄱ, ㄴ, ㄷ

ㄱ. $_2C_0+_2C_1+_3C_2+_4C_3+_5C_4$

　$=_3C_1+_3C_2+_4C_3+_5C_4$

　$=_4C_2+_4C_3+_5C_4$

　$=_5C_3+_5C_4$

　$=_6C_4$

ㄴ. $_3C_0+_4C_1+_5C_2+_6C_3+_7C_4$

　$=_4C_0+_4C_1+_5C_2+_6C_3+_7C_4$

　$=_5C_1+_5C_2+_6C_3+_7C_4$

　$=_6C_2+_6C_3+_7C_4$

　$=_7C_3+_7C_4$

　$=_8C_4$

ㄷ. $_4C_4+_5C_4+_6C_4+_7C_4+_8C_4$

　$=_5C_5+_5C_4+_6C_4+_7C_4+_8C_4$

　$=_6C_5+_6C_4+_7C_4+_8C_4$

　$=_7C_5+_7C_4+_8C_4$

　$=_8C_5+_8C_4$

　$=_9C_5=_9C_4$

따라서 보기에서 옳은 것은 ㄱ, ㄴ, ㄷ이다.

132　답 ⑤

$(x+1)^n$의 전개식의 일반항은

$_nC_rx^n$

x^5항은 $(x+1)^5$의 전개식에서부터 나오므로

$(x+1)^5$의 전개식에서 x^5의 계수는 $_5C_5$

$(x+1)^6$의 전개식에서 x^5의 계수는 $_6C_5$

$(x+1)^7$의 전개식에서 x^5의 계수는 $_7C_5$

$(x+1)^8$의 전개식에서 x^5의 계수는 $_8C_5$

$(x+1)^9$의 전개식에서 x^5의 계수는 $_9C_5$

$(x+1)^{10}$의 전개식에서 x^5의 계수는 $_{10}C_5$

따라서 구하는 x^5의 계수는

$_5C_5+_6C_5+_7C_5+_8C_5+_9C_5+_{10}C_5$

$=_6C_6+_6C_5+_7C_5+_8C_5+_9C_5+_{10}C_5$

$=_7C_6+_7C_5+_8C_5+_9C_5+_{10}C_5$

$=_8C_6+_8C_5+_9C_5+_{10}C_5$

$=_9C_6+_9C_5+_{10}C_5$

$=_{10}C_6+_{10}C_5$

$=_{11}C_6$

$=_{11}C_5=462$

| 다른 풀이 | [대수]를 이수한 학생은 등비수열의 합을 이용하여 다음과 같이 풀 수 있다.

$(x+1)+(x+1)^2+(x+1)^3+\cdots+(x+1)^{10}$

$=\dfrac{(x+1)\{(x+1)^{10}-1\}}{(x+1)-1}$

$=\dfrac{(x+1)^{11}-(x+1)}{x}$

즉, 주어진 전개식에서 x^5의 계수는 $(x+1)^{11}$의 전개식에서 x^6의 계수와 같다.

$(x+1)^{11}$의 전개식의 일반항은

$_{11}C_rx^r$

따라서 $(x+1)^{11}$의 전개식에서 x^6의 계수는 $_{11}C_6$이므로 구하는 x^5의 계수는

$_{11}C_6=_{11}C_5=462$

133　답 ③

$_nC_0+_nC_1+_nC_2+\cdots+_nC_n=2^n$이므로

$_nC_1+_nC_2+_nC_3+\cdots+_nC_n=2^n-_nC_0$

$\qquad\qquad\qquad\qquad\quad=2^n-1$

즉, $2^n-1=127$이므로

$2^n=128=2^7$

$\therefore n=7$

134　답 540

$(1+3x)^n$의 전개식의 일반항은

$_nC_r(3x)^r=_nC_r3^rx^r$　　　……㉠

x^2항은 $r=2$일 때이고, x^2의 계수가 135이므로

$_nC_23^2=135$　　　▶▶▶▶▶ ❶

$_nC_2=15$

$\dfrac{n(n-1)}{2\times1}=15$

$n(n-1)=30=6\times5$

$\therefore n=6\ (\because n$은 자연수$)$　　　▶▶▶▶▶ ❷

㉠에서 $(1+3x)^6$의 전개식의 일반항은 $_6\mathrm{C}_r 3^r x^r$이므로 구하는 x^3의 계수는

$$_6\mathrm{C}_3 3^3 = 20 \times 27 = 540 \qquad \text{▶▶▶▶▶ ❸}$$

단계	채점 기준	비율
❶	n에 대한 식 세우기	30 %
❷	n의 값 구하기	40 %
❸	x^3의 계수 구하기	30 %

135 답 282

$$_3\mathrm{C}_1 + {_4\mathrm{C}_1} + {_5\mathrm{C}_1} + \cdots + {_{11}\mathrm{C}_1}$$
$$= (_3\mathrm{C}_2 + {_3\mathrm{C}_1} + {_4\mathrm{C}_1} + {_5\mathrm{C}_1} + \cdots + {_{11}\mathrm{C}_1}) - {_3\mathrm{C}_2}$$
$$= (_4\mathrm{C}_2 + {_4\mathrm{C}_1} + {_5\mathrm{C}_1} + \cdots + {_{11}\mathrm{C}_1}) - 3$$
$$= (_5\mathrm{C}_2 + {_5\mathrm{C}_1} + {_6\mathrm{C}_1} + \cdots + {_{11}\mathrm{C}_1}) - 3$$
$$\vdots$$
$$= (_{11}\mathrm{C}_2 + {_{11}\mathrm{C}_1}) - 3$$
$$= {_{12}\mathrm{C}_2} - 3$$

$$_3\mathrm{C}_2 + {_4\mathrm{C}_2} + {_5\mathrm{C}_2} + \cdots + {_{11}\mathrm{C}_2}$$
$$= (_3\mathrm{C}_3 + {_3\mathrm{C}_2} + {_4\mathrm{C}_2} + {_5\mathrm{C}_2} + \cdots + {_{11}\mathrm{C}_2}) - {_3\mathrm{C}_3}$$
$$= (_4\mathrm{C}_3 + {_4\mathrm{C}_2} + {_5\mathrm{C}_2} + \cdots + {_{11}\mathrm{C}_2}) - 1$$
$$= (_5\mathrm{C}_3 + {_5\mathrm{C}_2} + \cdots + {_{11}\mathrm{C}_2}) - 1$$
$$\vdots$$
$$= (_{11}\mathrm{C}_3 + {_{11}\mathrm{C}_2}) - 1$$
$$= {_{12}\mathrm{C}_3} - 1$$

따라서 어두운 부분에 있는 모든 수의 합은
$$(_{12}\mathrm{C}_2 - 3) + (_{12}\mathrm{C}_3 - 1) = {_{12}\mathrm{C}_2} + {_{12}\mathrm{C}_3} - 4$$
$$= {_{13}\mathrm{C}_3} - 4$$
$$= 286 - 4 = 282$$

136 답 2

$(1+ax)^n$의 전개식의 일반항은
$$_n\mathrm{C}_r (ax)^r = {_n\mathrm{C}_r} a^r x^r$$
x^3항은 $(1+ax)^3$의 전개식에서부터 나오므로
$(1+ax)^3$의 전개식에서 x^3의 계수는 $_3\mathrm{C}_3 a^3$
$(1+ax)^4$의 전개식에서 x^3의 계수는 $_4\mathrm{C}_3 a^3$
$(1+ax)^5$의 전개식에서 x^3의 계수는 $_5\mathrm{C}_3 a^3$
$(1+ax)^6$의 전개식에서 x^3의 계수는 $_6\mathrm{C}_3 a^3$
$(1+ax)^7$의 전개식에서 x^3의 계수는 $_7\mathrm{C}_3 a^3$
$(1+ax)^8$의 전개식에서 x^3의 계수는 $_8\mathrm{C}_3 a^3$
$(1+ax)^9$의 전개식에서 x^3의 계수는 $_9\mathrm{C}_3 a^3$
$(1+ax)^{10}$의 전개식에서 x^3의 계수는 $_{10}\mathrm{C}_3 a^3$

따라서 x^3의 계수는
$$_3\mathrm{C}_3 a^3 + {_4\mathrm{C}_3} a^3 + {_5\mathrm{C}_3} a^3 + {_6\mathrm{C}_3} a^3 + {_7\mathrm{C}_3} a^3 + {_8\mathrm{C}_3} a^3$$
$$+ {_9\mathrm{C}_3} a^3 + {_{10}\mathrm{C}_3} a^3$$
$$= a^3 (_3\mathrm{C}_3 + {_4\mathrm{C}_3} + {_5\mathrm{C}_3} + {_6\mathrm{C}_3} + {_7\mathrm{C}_3} + {_8\mathrm{C}_3} + {_9\mathrm{C}_3} + {_{10}\mathrm{C}_3})$$
$$= a^3 (_4\mathrm{C}_4 + {_4\mathrm{C}_3} + {_5\mathrm{C}_3} + {_6\mathrm{C}_3} + {_7\mathrm{C}_3} + {_8\mathrm{C}_3} + {_9\mathrm{C}_3} + {_{10}\mathrm{C}_3})$$
$$= a^3 (_5\mathrm{C}_4 + {_5\mathrm{C}_3} + {_6\mathrm{C}_3} + {_7\mathrm{C}_3} + {_8\mathrm{C}_3} + {_9\mathrm{C}_3} + {_{10}\mathrm{C}_3})$$
$$= a^3 (_6\mathrm{C}_4 + {_6\mathrm{C}_3} + {_7\mathrm{C}_3} + {_8\mathrm{C}_3} + {_9\mathrm{C}_3} + {_{10}\mathrm{C}_3})$$
$$\vdots$$
$$= a^3 (_{10}\mathrm{C}_4 + {_{10}\mathrm{C}_3})$$
$$= a^3 \times {_{11}\mathrm{C}_4} = 330 a^3$$

즉, $330 a^3 = 2640$이므로
$$a^3 = 8 = 2^3 \qquad \therefore a = 2 \ (\because a\text{는 실수})$$

137 답 4096

원소의 개수가 1인 부분집합의 개수는 $_{13}\mathrm{C}_1$
원소의 개수가 3인 부분집합의 개수는 $_{13}\mathrm{C}_3$
원소의 개수가 5인 부분집합의 개수는 $_{13}\mathrm{C}_5$
$$\vdots$$
원소의 개수가 13인 부분집합의 개수는 $_{13}\mathrm{C}_{13}$
따라서 원소의 개수가 홀수인 부분집합의 개수는
$$_{13}\mathrm{C}_1 + {_{13}\mathrm{C}_3} + {_{13}\mathrm{C}_5} + \cdots + {_{13}\mathrm{C}_{13}} = 2^{13-1} = 2^{12}$$
$$= 4096$$

138 답 ③

$(1+x)^n = {_n\mathrm{C}_0} + {_n\mathrm{C}_1} x + {_n\mathrm{C}_2} x^2 + \cdots + {_n\mathrm{C}_n} x^n$의 양변에 $x=9$, $n=7$을 대입하면
$$_7\mathrm{C}_0 + 9 \cdot {_7\mathrm{C}_1} + 9^2 \cdot {_7\mathrm{C}_2} + \cdots + 9^7 \cdot {_7\mathrm{C}_7} = 10^7$$
$$= (2 \times 5)^7$$
$$= 2^7 \times 5^7$$

따라서 N의 양의 약수의 개수는
$$(7+1)(7+1) = 64$$

| 참고 | 자연수 N이
$N = p^a q^b r^c$ (p, q, r는 서로 다른 소수, a, b, c는 자연수) 꼴로 소인수분해될 때, 자연수 N의 양의 약수의 개수
$$\Rightarrow (a+1)(b+1)(c+1)$$

139 답 125

$(1+x)^n$의 전개식의 일반항은 $_n\mathrm{C}_r x^r$
$(1+x)^4$의 전개식에서 x의 계수는 $_4\mathrm{C}_1$

5 이상의 자연수 n에 대하여 $\dfrac{(1+x)^n}{x^{n-4}}$의 전개식에서 x의 계수는 $(1+x)^n$의 전개식에서 x^{n-3}의 계수와 같다.

$(1+x)^5$의 전개식에서 x^2의 계수는 ${}_5C_2$

$(1+x)^6$의 전개식에서 x^3의 계수는 ${}_6C_3$

$(1+x)^7$의 전개식에서 x^4의 계수는 ${}_7C_4$

$(1+x)^8$의 전개식에서 x^5의 계수는 ${}_8C_5$

따라서 구하는 x의 계수는

$${}_4C_1+{}_5C_2+{}_6C_3+{}_7C_4+{}_8C_5$$
$$=({}_4C_0+{}_4C_1+{}_5C_2+{}_6C_3+{}_7C_4+{}_8C_5)-{}_4C_0$$
$$=({}_5C_1+{}_5C_2+{}_6C_3+{}_7C_4+{}_8C_5)-1$$
$$=({}_6C_2+{}_6C_3+{}_7C_4+{}_8C_5)-1$$
$$=({}_7C_3+{}_7C_4+{}_8C_5)-1$$
$$=({}_8C_4+{}_8C_5)-1$$
$$={}_9C_5-1={}_9C_4-1$$
$$=126-1=125$$

140 답 ②

| **접근 방법** | $12=x$라 하면 $11=x-1$, $13=x+1$, $144=x^2$임을 이용한다.

$$(-1+x)^n={}_nC_0(-1)^n+{}_nC_1(-1)^{n-1}x$$
$$+{}_nC_2(-1)^{n-2}x^2+\cdots+{}_nC_nx^n$$

의 양변에 $x=12$, $n=15$를 대입하면

$$11^{15}={}_{15}C_0(-1)^{15}+{}_{15}C_1(-1)^{14}12$$
$$+{}_{15}C_2(-1)^{13}12^2+\cdots+{}_{15}C_{15}12^{15}$$
$$=-{}_{15}C_0+12\,{}_{15}C_1-12^2\,{}_{15}C_2+\cdots+12^{15}\,{}_{15}C_{15}$$
$$\cdots\cdots\ \text{㉠}$$

$(1+x)^n={}_nC_0+{}_nC_1x+{}_nC_2x^2+\cdots+{}_nC_nx^n$의 양변에 $x=12$, $n=15$를 대입하면

$$13^{15}={}_{15}C_0+12\,{}_{15}C_1+12^2\,{}_{15}C_2+\cdots+12^{15}\,{}_{15}C_{15}$$
$$\cdots\cdots\ \text{㉡}$$

㉠+㉡을 한 후 우변을 정리하면

$$11^{15}+13^{15}$$
$$=2\times(12\,{}_{15}C_1+12^3\,{}_{15}C_3+12^5\,{}_{15}C_5+\cdots+12^{15}\,{}_{15}C_{15})$$
$$=2\times(12\times15+12^3\,{}_{15}C_3+12^5\,{}_{15}C_5+\cdots+12^{15}\,{}_{15}C_{15})$$
$$=2\times\{12\times(3+12)+12^3\,{}_{15}C_3+12^5\,{}_{15}C_5$$
$$+\cdots+12^{15}\,{}_{15}C_{15}\}$$
$$=2\times(36+12^2+12^3\,{}_{15}C_3+12^5\,{}_{15}C_5$$
$$+\cdots+12^{15}\,{}_{15}C_{15})$$
$$=2\times36+2\times(12^2+12^3\,{}_{15}C_3+12^5\,{}_{15}C_5$$
$$+\cdots+12^{15}\,{}_{15}C_{15})$$
$$=72+2\times144(1+12\,{}_{15}C_3+12^3\,{}_{15}C_5$$
$$+\cdots+12^{13}\,{}_{15}C_{15})$$

따라서 구하는 나머지는 72이다.

Ⅱ. 확률

01 확률의 개념

개념 확인　　　　　83쪽

141　답 (1) $\{1, 2, 3, 4, 5, 6, 7, 8\}$
(2) $\{1\}$, $\{2\}$, $\{3\}$, $\{4\}$, $\{5\}$, $\{6\}$, $\{7\}$, $\{8\}$
(3) $\{1, 3, 5, 7\}$

142　답 (1) $\{1, 2, 3, 4, 5\}$
(2) $\varnothing$
(3) $\{1, 4\}$
(4) 배반사건

$A=\{2, 3, 5\}$, $B=\{1, 4\}$

(1) $A\cup B=\{1, 2, 3, 4, 5\}$

(2) $A\cap B=\varnothing$

(3) $A^C=\{1, 4\}$

(4) $A\cap B=\varnothing$이므로 A와 B는 서로 배반사건이다.

143　답 (1) $\dfrac{5}{8}$　(2) **1**　(3) **0**

144　답 $\dfrac{297}{500}$

유제　　　　　85~100쪽

145　답 ㄹ

표본공간을 S라 하면 $S=\{1, 2, 3, \ldots, 10\}$이므로
$A=\{2, 4, 6, 8, 10\}$, $B=\{2, 3, 5, 7\}$,
$C=\{5, 10\}$, $D=\{1, 2, 4, 8\}$

ㄱ. $A\cap B=\{2\}$이므로 A와 B는 서로 배반사건이 아니다.

ㄴ. $A^C=\{1, 3, 5, 7, 9\}$이므로
$A^C\cap C=\{5\}$
따라서 A^C와 C는 서로 배반사건이 아니다.

ㄷ. $B^C=\{1, 4, 6, 8, 9, 10\}$이므로
$B^C\cap C=\{10\}$
따라서 B^C와 C는 서로 배반사건이 아니다.

ㄹ. $C\cap D=\varnothing$이므로 C와 D는 서로 배반사건이다.

따라서 보기에서 서로 배반사건인 것은 ㄹ이다.

146 답 256

표본공간을 S라 하면 $S=\{1, 2, 3, \ldots, 12\}$이므로
$A=\{1, 2, 5, 10\}$
$\therefore A^C=\{3, 4, 6, 7, 8, 9, 11, 12\}$
사건 A와 서로 배반인 사건은 A^C의 부분집합이고,
A^C의 원소가 8개이므로 구하는 사건의 개수는
$2^8=256$

147 답 3

표본공간을 S라 하면 $S=\{1, 2, 3, \ldots, 8\}$이므로
$A=\{2, 3, 5, 7\}$
(i) $n=1$일 때, $B_1=\{1, 2, 3, \ldots, 8\}$이므로
$\quad A\cap B_1=\{2, 3, 5, 7\}$
$\quad$ 따라서 A와 B_1은 서로 배반사건이 아니다.
(ii) $n=2$일 때, $B_2=\{2, 4, 6, 8\}$이므로 $A\cap B_2=\{2\}$
$\quad$ 따라서 A와 B_2는 서로 배반사건이 아니다.
(iii) $n=3$일 때, $B_3=\{3, 6\}$이므로 $A\cap B_3=\{3\}$
$\quad$ 따라서 A와 B_3은 서로 배반사건이 아니다.
(iv) $n=4$일 때, $B_4=\{4, 8\}$이므로 $A\cap B_4=\varnothing$
$\quad$ 따라서 A와 B_4는 서로 배반사건이다.
(v) $n=5$일 때, $B_5=\{5\}$이므로 $A\cap B_5=\{5\}$
$\quad$ 따라서 A와 B_5는 서로 배반사건이 아니다.
(vi) $n=6$일 때, $B_6=\{6\}$이므로 $A\cap B_6=\varnothing$
$\quad$ 따라서 A와 B_6은 서로 배반사건이다.
(vii) $n=7$일 때, $B_7=\{7\}$이므로 $A\cap B_7=\{7\}$
$\quad$ 따라서 A와 B_7은 서로 배반사건이 아니다.
(viii) $n=8$일 때, $B_8=\{8\}$이므로 $A\cap B_8=\varnothing$
$\quad$ 따라서 A와 B_8은 서로 배반사건이다.
(i)~(viii)에서 사건 A와 서로 배반인 사건은 B_4, B_6,
B_8이므로 자연수 n은 4, 6, 8의 3개이다.

148 답 32

표본공간 S는 $S=\{1, 2, 3, \ldots, 11\}$
사건 A와 서로 배반인 사건은 A^C의 부분집합이고, 사
건 B와 서로 배반인 사건은 B^C의 부분집합이므로 두
사건 A, B와 모두 배반인 사건은 $A^C\cap B^C$의 부분집
합이다.
이때 $A^C=\{1, 3, 5, 7, 9, 11\}$,
$B^C=\{1, 2, 4, 5, 7, 8, 9, 10, 11\}$이므로
$A^C\cap B^C=\{1, 5, 7, 9, 11\}$
따라서 $A^C\cap B^C$의 원소가 5개이므로 구하는 사건의
개수는 $2^5=32$

149 답 (1) $\dfrac{1}{6}$ (2) $\dfrac{7}{36}$

서로 다른 두 개의 주사위를 동시에 던질 때, 나오는
모든 경우의 수는
$6\times 6=36$
(1) 나오는 두 눈의 수의 차가 3인 경우는
$\quad (1, 4)$, $(2, 5)$, $(3, 6)$, $(4, 1)$, $(5, 2)$, $(6, 3)$
$\quad$의 6가지
$\quad$ 따라서 구하는 확률은 $\dfrac{6}{36}=\dfrac{1}{6}$
(2) 나오는 두 눈의 수의 곱이 12의 배수인 경우는
$\quad (2, 6)$, $(3, 4)$, $(4, 3)$, $(4, 6)$, $(6, 2)$, $(6, 4)$,
$\quad (6, 6)$의 7가지
$\quad$ 따라서 구하는 확률은 $\dfrac{7}{36}$

150 답 ①

두 주머니 A, B에서 각각 카드를 임의로 1장씩 꺼내
는 모든 경우의 수는 $3\times 5=15$
두 주머니 A, B에서 꺼낸 카드에 적힌 수의 차가 1인
경우는
$(1, 2)$, $(2, 1)$, $(2, 3)$, $(3, 2)$, $(3, 4)$의 5가지
따라서 구하는 확률은 $\dfrac{5}{15}=\dfrac{1}{3}$

151 답 $\dfrac{5}{54}$

서로 다른 세 개의 주사위를 동시에 던질 때, 나오는
모든 경우의 수는 $6\times 6\times 6=216$
$a>b+c$를 만족시키는 순서쌍 (a, b, c)는
$(3, 1, 1)$, $(4, 1, 1)$, $(4, 1, 2)$, $(4, 2, 1)$,
$(5, 1, 1)$, $(5, 1, 2)$, $(5, 1, 3)$, $(5, 2, 1)$,
$(5, 2, 2)$, $(5, 3, 1)$, $(6, 1, 1)$, $(6, 1, 2)$,
$(6, 1, 3)$, $(6, 1, 4)$, $(6, 2, 1)$, $(6, 2, 2)$,
$(6, 2, 3)$, $(6, 3, 1)$, $(6, 3, 2)$, $(6, 4, 1)$의 20개
따라서 구하는 확률은 $\dfrac{20}{216}=\dfrac{5}{54}$

152 답 $\dfrac{1}{4}$

한 개의 주사위를 2번 던질 때, 나오는 모든 경우의 수
는 $6\times 6=36$
이차방정식 $x^2-ax+2b=0$이 서로 다른 두 실근을
가지려면 판별식을 D라 할 때, $D>0$이어야 하므로
$D=a^2-8b>0 \qquad \therefore a^2>8b$

이를 만족시키는 순서쌍 (a, b)는
$(3, 1)$, $(4, 1)$, $(5, 1)$, $(5, 2)$, $(5, 3)$,
$(6, 1)$, $(6, 2)$, $(6, 3)$, $(6, 4)$의 9개

따라서 구하는 확률은 $\dfrac{9}{36} = \dfrac{1}{4}$

| 참고 | 이차방정식 $ax^2 + bx + c = 0$의 판별식을
$D = b^2 - 4ac$라 할 때
(1) $D > 0$이면 서로 다른 두 실근을 갖는다.
(2) $D = 0$이면 중근을 갖는다.
(3) $D < 0$이면 서로 다른 두 허근을 갖는다.

153 답 $\dfrac{5}{18}$

(i) 9명이 일렬로 서는 경우의 수는 9!

(ii) 양 끝에 여학생이 서는 경우

양 끝에 설 여학생 2명을 택하는 경우의 수는
$_5P_2 = 20$

나머지 자리에 남은 7명의 학생이 일렬로 서는 경우의 수는 7!

따라서 양 끝에 여학생이 서는 경우의 수는
$20 \times 7!$

(i), (ii)에서 구하는 확률은 $\dfrac{20 \times 7!}{9!} = \dfrac{5}{18}$

154 답 $\dfrac{1}{2}$

(i) 만들 수 있는 다섯 자리의 자연수의 개수는
$_6P_5 = 720$

(ii) 짝수의 개수

짝수의 일의 자리에 올 수 있는 숫자는 2, 4, 6의 3가지

나머지 자리에 5개의 숫자에서 4개를 택하여 일렬로 배열하는 경우의 수는 $_5P_4 = 120$

따라서 짝수의 개수는 $3 \times 120 = 360$

(i), (ii)에서 구하는 확률은 $\dfrac{360}{720} = \dfrac{1}{2}$

155 답 $\dfrac{1}{7}$

(i) 7개의 문자 j, u, s, t, i, c, e를 일렬로 배열하는 경우의 수는 7!

(ii) 모음끼리 서로 이웃하는 경우의 수

모음 u, i, e를 한 묶음으로 생각하여 나머지 문자 j, s, t, c와 함께 일렬로 배열하는 경우의 수는 5!
모음끼리 자리를 바꾸는 경우의 수는 3!

따라서 모음끼리 서로 이웃하는 경우의 수는
$5! \times 3!$

(i), (ii)에서 구하는 확률은 $\dfrac{5! \times 3!}{7!} = \dfrac{1}{7}$

156 답 $\dfrac{2}{5}$

(i) 만들 수 있는 세 자리의 자연수의 개수는 $_5P_3 = 60$

(ii) 3의 배수의 개수

3의 배수이려면 모든 자리의 숫자의 합이 3의 배수이어야 하므로 다섯 개의 숫자 1, 2, 3, 4, 5 중에서 서로 다른 3개를 택할 때, 그 합이 3의 배수가 되는 경우는
$(1, 2, 3)$, $(1, 3, 5)$, $(2, 3, 4)$, $(3, 4, 5)$의 4가지
각각의 경우에 대하여 만들 수 있는 자연수의 개수는 3!
따라서 3의 배수의 개수는 $4 \times 3! = 24$

(i), (ii)에서 구하는 확률은 $\dfrac{24}{60} = \dfrac{2}{5}$

157 답 $\dfrac{3}{8}$

서로 다른 4개의 우체통에 서로 다른 3통의 편지를 넣는 경우의 수는 $_4\Pi_3 = 64$

3통의 편지를 모두 다른 우체통에 넣는 경우의 수는
$_4P_3 = 24$

따라서 구하는 확률은 $\dfrac{24}{64} = \dfrac{3}{8}$

158 답 $\dfrac{24}{125}$

X에서 Y로의 함수의 개수는 $_5\Pi_4 = 625$

X에서 Y로의 일대일함수의 개수는 $_5P_4 = 120$

따라서 구하는 확률은 $\dfrac{120}{625} = \dfrac{24}{125}$

159 답 $\dfrac{2}{5}$

(i) 만들 수 있는 세 자리의 자연수

백의 자리에 올 수 있는 숫자는 1, 2, 3, 4의 4가지
나머지 자리에 5개의 숫자에서 중복을 허용하여 2개를 택하여 일렬로 배열하는 경우의 수는
$_5\Pi_2 = 25$

따라서 만들 수 있는 세 자리의 자연수의 개수는
$4 \times 25 = 100$

(ii) 홀수의 개수

홀수의 일의 자리에 올 수 있는 숫자는 1, 3의 2가지

백의 자리에 올 수 있는 숫자는 1, 2, 3, 4의 4가지
십의 자리에 올 수 있는 숫자는 0, 1, 2, 3, 4의
5가지
따라서 홀수의 개수는
$$2 \times 4 \times 5 = 40$$
(i), (ii)에서 구하는 확률은 $\dfrac{40}{100} = \dfrac{2}{5}$

160 답 $\dfrac{1}{4}$

X에서 Y로의 함수의 개수는 $_4\Pi_5 = 4^5$
$f(1)$, $f(3)$의 값이 될 수 있는 것은 1, 3, 5, 7의 4가지
$f(2)$, $f(4)$, $f(5)$의 값을 정하는 경우의 수는 $_4\Pi_3$
즉, $f(1) = f(3)$을 만족시키는 함수의 개수는
$$4 \times {}_4\Pi_3 = 4^4$$
따라서 구하는 확률은 $\dfrac{4^4}{4^5} = \dfrac{1}{4}$

161 답 $\dfrac{1}{14}$

8개의 문자 a, c, a, d, e, m, i, c를 일렬로 배열하는
경우의 수는 $\dfrac{8!}{2! \times 2!}$
2개의 a, 2개의 c를 각각 한 묶음으로 생각하여 나머지 문자 d, e, m, i와 함께 일렬로 배열하는 경우의
수는 6!
따라서 구하는 확률은
$$\dfrac{6!}{\dfrac{8!}{2! \times 2!}} = \dfrac{1}{14}$$

162 답 $\dfrac{1}{6}$

8개의 문자 n, e, i, g, h, b, o, r를 일렬로 배열하는
경우의 수는 8!
모음 e, i, o를 모두 X로 바꾸어 n, X, X, g, h, b, X,
r의 8개의 문자를 일렬로 배열한 후 첫 번째 X는 e, 두
번째 X는 i, 세 번째 X는 o로 바꾸는 경우의 수는
$$\dfrac{8!}{3!}$$
따라서 구하는 확률은
$$\dfrac{\dfrac{8!}{3!}}{8!} = \dfrac{1}{6}$$

163 답 ②

A, A, A, B, B, C가 하나씩 적힌 6장의 카드를 일
렬로 배열하는 경우의 수는 $\dfrac{6!}{3! \times 2!}$

양 끝에 A가 적힌 카드를 배열하고 그 사이에 나머지
A, B, B, C가 적힌 카드를 배열하는 경우의 수는
$$\dfrac{4!}{2!}$$
따라서 구하는 확률은
$$\dfrac{\dfrac{4!}{2!}}{\dfrac{6!}{3! \times 2!}} = \dfrac{1}{5}$$

164 답 $\dfrac{3}{10}$

(i) 만들 수 있는 다섯 자리의 자연수의 개수는
$$\dfrac{5!}{2! \times 2!}$$
(ii) 4의 배수의 개수

4의 배수이려면 끝의 두 자리의 수가 4의 배수이어
야 하므로 □□□12 꼴 또는 □□□32 꼴이어야
한다.

□□□12 꼴인 자연수의 개수는 2, 3, 3을 일렬로
배열하는 경우의 수와 같으므로 $\dfrac{3!}{2!} = 3$

□□□32 꼴인 자연수의 개수는 1, 2, 3을 일렬로
배열하는 경우의 수와 같으므로 $3! = 6$
따라서 4의 배수의 개수는 $3 + 6 = 9$

(i), (ii)에서 구하는 확률은 $\dfrac{9}{\dfrac{5!}{2! \times 2!}} = \dfrac{3}{10}$

165 답 (1) $\dfrac{1}{2}$ (2) $\dfrac{8}{15}$

(1) 10개의 과일 중에서 3개를 꺼내는 경우의 수는
$$_{10}C_3 = 120$$
사과 4개 중에서 1개, 딸기 6개 중에서 2개를 꺼내
는 경우의 수는
$$_4C_1 \times {}_6C_2 = 4 \times 15 = 60$$
따라서 구하는 확률은 $\dfrac{60}{120} = \dfrac{1}{2}$

(2) 10개의 과일 중에서 2개를 꺼내는 경우의 수는
$$_{10}C_2 = 45$$
서로 다른 과일을 꺼내려면 사과 4개 중에서 1개,
딸기 6개 중에서 1개를 꺼내야 하므로 그 경우의
수는
$$_4C_1 \times {}_6C_1 = 4 \times 6 = 24$$
따라서 구하는 확률은 $\dfrac{24}{45} = \dfrac{8}{15}$

166 답 $\dfrac{10}{63}$

9대의 자전거 중에서 4대를 택하는 경우의 수는

$_9C_4=126$

자전거 A, B는 포함하지 않고, 자전거 C는 포함하여 택하는 경우의 수는 C는 택하였다고 생각하고 A, B, C를 제외한 6대의 자전거 중에서 3대를 택하는 경우의 수와 같으므로

$_6C_3=20$

따라서 구하는 확률은 $\dfrac{20}{126}=\dfrac{10}{63}$

167 답 $\dfrac{9}{91}$

14개의 공 중에서 3개를 꺼내는 경우의 수는

$_{14}C_3=364$

공에 적힌 수 중에서 가장 큰 수가 10인 경우의 수는 10이 적힌 공을 꺼내고, 1, 2, 3, ..., 9가 적힌 9개의 공 중에서 2개를 꺼내는 경우의 수와 같으므로

$_9C_2=36$

따라서 구하는 확률은 $\dfrac{36}{364}=\dfrac{9}{91}$

168 답 9

배드민턴 동호회의 남자 회원의 수를 n이라 하자.

12명의 회원 중에서 대표 2명을 뽑는 경우의 수는

$_{12}C_2=66$

n명의 남자 회원 중에서 2명을 뽑는 경우의 수는

$_nC_2=\dfrac{n(n-1)}{2}$

배드민턴 동호회에서 대표 2명을 뽑을 때, 남자 회원 2명을 뽑을 확률이 $\dfrac{6}{11}$이므로

$$\dfrac{\dfrac{n(n-1)}{2}}{66}=\dfrac{n(n-1)}{132}=\dfrac{6}{11}$$

$n(n-1)=72=9\times8$

$\therefore n=9$ ($\because n$은 자연수)

따라서 남자 회원의 수는 9이다.

169 답 $\dfrac{5}{14}$

같은 종류의 빵 5개를 4명의 학생에게 나누어 주는 경우의 수는

$_4H_5=_8C_5=_8C_3=56$

학생 A가 적어도 2개의 빵을 받는 경우의 수는 학생 A에게 빵 2개를 먼저 나누어 주고 나머지 빵 3개를 4명의 학생에게 나누어 주는 경우의 수와 같으므로

$_4H_3=_6C_3=20$

따라서 구하는 확률은 $\dfrac{20}{56}=\dfrac{5}{14}$

170 답 $\dfrac{7}{27}$

X에서 Y로의 함수의 개수는

$_6\Pi_4=6^4$

$f(a)\geq f(b)\geq f(c)$를 만족시키는 $f(a)$, $f(b)$, $f(c)$의 값을 정하는 경우의 수는

$_6H_3=_8C_3=56$

$f(d)$의 값이 될 수 있는 것은 1, 2, 3, ..., 6의 6가지

즉, $f(a)\geq f(b)\geq f(c)$를 만족시키는 함수의 개수는

56×6

따라서 구하는 확률은 $\dfrac{56\times6}{6^4}=\dfrac{7}{27}$

171 답 $\dfrac{10}{91}$

방정식 $x+y+z=12$를 만족시키는 음이 아닌 정수 x, y, z의 순서쌍 $(x,\ y,\ z)$의 개수는

$_3H_{12}=_{14}C_{12}=_{14}C_2=91$

$z=3$이면 $x+y+z=12$에서

$x+y=9$

이 방정식을 만족시키는 음이 아닌 정수 x, y의 순서쌍 $(x,\ y)$의 개수는

$_2H_9=_{10}C_9=_{10}C_1=10$

따라서 구하는 확률은 $\dfrac{10}{91}$

172 답 $\dfrac{12}{35}$

$a\leq b\leq c\leq d\leq4$를 만족시키는 자연수 a, b, c, d의 순서쌍 $(a,\ b,\ c,\ d)$의 개수는

$_4H_4=_7C_4=_7C_3=35$

$b=2$이면 $a\leq2\leq c\leq d\leq4$에서

a의 값이 될 수 있는 것은 1, 2의 2가지

$2\leq c\leq d\leq4$를 만족시키는 자연수 c, d의 순서쌍 $(c,\ d)$의 개수는

$_3H_2=_4C_2=6$

즉, $b=2$인 자연수 a, b, c, d의 순서쌍 (a, b, c, d)의 개수는

$2 \times 6 = 12$

따라서 구하는 확률은 $\dfrac{12}{35}$

173 답 $\dfrac{9}{20}$

전체 관광객 중에서 A 관광지를 선호하는 관광객 수는 180

따라서 구하는 확률은 $\dfrac{180}{400} = \dfrac{9}{20}$

174 답 7개

주머니에 들어 있는 흰 공의 개수를 n이라 하자.

9개의 공 중에서 2개를 꺼내는 경우의 수는 $_9C_2 = 36$

서로 다른 색의 공을 꺼내는 경우의 수는

$_nC_1 \times {_{9-n}C_1} = n(9-n)$

따라서 9개의 공 중에서 2개를 동시에 꺼낼 때, 서로 다른 색의 공을 꺼낼 확률은

$\dfrac{n(9-n)}{36}$ $\qquad$ …… ㉠

이 시행에서 18번에 7번 꼴로 서로 다른 색의 공을 꺼냈으므로 통계적 확률은 $\dfrac{7}{18}$ $\quad$ …… ㉡

㉠, ㉡에서

$\dfrac{n(9-n)}{36} = \dfrac{7}{18}$

$n(9-n) = 14$, $n^2 - 9n + 14 = 0$

$(n-2)(n-7) = 0$

$\therefore n=2$ 또는 $n=7$

그런데 흰 공이 빨간 공보다 많으므로 $n=7$

따라서 주머니에 흰 공이 7개 들어 있다고 볼 수 있다.

175 답 $\dfrac{17}{90}$

전체 경제 활동 인구 중에서 15세 이상 29세 이하인 인구 수는

$2320 + 6180 = 8500$

따라서 구하는 확률은 $\dfrac{8500}{45000} = \dfrac{17}{90}$

176 답 5개

파란색 지우개의 개수를 n이라 하자.

10개의 지우개 중에서 3개를 꺼내는 경우의 수는

$_{10}C_3 = 120$

모두 다른 색의 공을 꺼내는 경우의 수는

$_3C_1 \times {_nC_1} \times {_{7-n}C_1} = 3n(7-n)$

따라서 10개의 지우개에서 3개를 동시에 꺼낼 때, 모두 다른 색의 지우개를 꺼낼 확률은

$\dfrac{3n(7-n)}{120} = \dfrac{n(7-n)}{40}$ $\quad$ …… ㉠

이 시행에서 4번에 1번 꼴로 모두 다른 색의 지우개를 꺼냈으므로 통계적 확률은 $\dfrac{1}{4}$ $\quad$ …… ㉡

㉠, ㉡에서

$\dfrac{n(7-n)}{40} = \dfrac{1}{4}$, $n(7-n) = 10$

$n^2 - 7n + 10 = 0$, $(n-2)(n-5) = 0$

$\therefore n=2$ 또는 $n=5$

그런데 파란색 지우개가 검은색 지우개보다 많으므로 $n=5$

따라서 상자에 파란색 지우개가 5개 들어 있다고 볼 수 있다.

177 답 $\dfrac{8}{9}$

반지름의 길이가 1, 3인 두 원의 넓이는 각각

π, 9π

이때 어두운 부분의 넓이는 $9\pi - \pi = 8\pi$

따라서 화살이 어두운 부분에 맞을 확률은

$\dfrac{(\text{어두운 부분의 넓이})}{(\text{과녁 전체의 넓이})} = \dfrac{8\pi}{9\pi} = \dfrac{8}{9}$

178 답 ㄴ

표본공간을 S라 하면 $S = \{1, 2, 3, \ldots, 8\}$이므로

$A = \{6, 7, 8\}$, $B = \{1, 2, 4, 8\}$, $C = \{4\}$

ㄱ. $A \cap B = \{8\}$이므로 A와 B는 서로 배반사건이 아니다.

ㄴ. $A \cap C = \varnothing$이므로 A와 C는 서로 배반사건이다.

ㄷ. $C^C = \{1, 2, 3, 5, 6, 7, 8\}$이므로

$B \cap C^C = \{1, 2, 8\}$

따라서 B와 C^C는 서로 배반사건이 아니다.

ㄹ. $A \cup B = \{1, 2, 4, 6, 7, 8\}$이므로

$C \cap (A \cup B) = \{4\}$

따라서 C와 $A \cup B$는 서로 배반사건이 아니다.

따라서 보기에서 서로 배반사건인 것은 ㄴ이다.

179 답 8

표본공간 S는 $S=\{1, 2, 3, ..., 7\}$이므로
$A^c=\{2, 4, 6\}$
사건 A와 서로 배반인 사건은 A^c의 부분집합이고,
A^c의 원소가 3개이므로 구하는 사건의 개수는
$2^3=8$

180 답 $\dfrac{1}{14}$

(i) 8명이 일렬로 서는 경우의 수는 8!

(ii) 한국인끼리 서로 이웃하지 않도록 서는 경우의 수
　미국인 4명이 일렬로 서는 경우의 수는 4!
　미국인 사이사이와 양 끝의 5개의 자리 중에서 4개
　의 자리에 한국인 4명을 세우는 경우의 수는
　$_5P_4=120$
　따라서 한국인끼리 서로 이웃하지 않도록 서는 경
　우의 수는 $4! \times 120$

(i), (ii)에서 구하는 확률은 $\dfrac{4! \times 120}{8!}=\dfrac{1}{14}$

181 답 ②

(i) 4명이 가위바위보를 한 번 할 때, 나오는 모든 경
　우의 수는 $_3\Pi_4=81$

(ii) 이기는 사람이 1명인 경우의 수
　이기는 1명을 정하는 경우는 4가지
　1명이 이기는 경우는 (가위, 보, 보, 보),
　(바위, 가위, 가위, 가위), (보, 바위, 바위, 바위)
　의 3가지
　따라서 이기는 사람이 1명인 경우의 수는
　$4 \times 3=12$

(i), (ii)에서 구하는 확률은 $\dfrac{12}{81}=\dfrac{4}{27}$

182 답 $\dfrac{1}{6}$

여섯 개의 숫자 1, 1, 1, 2, 3, 4를 일렬로 배열하는 경
우의 수는 $\dfrac{6!}{3!}$

2, 3, 4를 모두 X로 바꾸어 1, 1, 1, X, X, X를 일렬
로 배열한 후 첫 번째 X는 4, 두 번째 X는 3, 세 번째
X는 2로 바꾸는 경우의 수는 $\dfrac{6!}{3! \times 3!}$

따라서 구하는 확률은

$$\dfrac{\dfrac{6!}{3! \times 3!}}{\dfrac{6!}{3!}}=\dfrac{1}{6}$$

183 답 ③

7개의 공 중에서 4개를 꺼내는 경우의 수는
$_7C_4=\,_7C_3=35$
흰 공 3개 중에서 2개, 검은 공 4개 중에서 2개를 꺼내
는 경우의 수는
$_3C_2 \times\, _4C_2=\,_3C_1 \times\, _4C_2=3 \times 6=18$
따라서 구하는 확률은 $\dfrac{18}{35}$

184 답 $\dfrac{7}{55}$

같은 종류의 컵 9개를 3명의 학생에게 나누어 주는 경
우의 수는
$_3H_9=\,_{11}C_9=\,_{11}C_2=55$
학생 A가 3개의 컵을 받는 경우의 수는 학생 A에게
컵 3개를 먼저 나누어 주고 나머지 컵 6개를 2명의 학
생에게 나누어 주는 경우의 수와 같으므로
$_2H_6=\,_7C_6=\,_7C_1=7$
따라서 구하는 확률은 $\dfrac{7}{55}$

185 답 ③

ㄱ. $\varnothing \subset A \subset S$이므로 $0 \leq P(A) \leq 1$

ㄴ. $(A \cap B) \subset A \subset (A \cup B)$이므로
　$P(A \cap B) \leq P(A) \leq P(A \cup B)$

ㄷ. [반례] $S=\{1, 2, 3\}$, $A=\{1, 2\}$, $B=\{2, 3\}$일
　때, $A \cup B=\{1, 2, 3\}$이므로
　$P(A \cup B)=1$이지만 $A \cap B=\{2\}$
　즉, A와 B는 서로 배반사건이 아니다.

따라서 보기에서 옳은 것은 ㄱ, ㄴ이다.

186 답 25

표본공간을 S라 하면
$S=\{(1, 1), (1, 2), (1, 3), ..., (6, 6)\}$이므로 그
원소의 개수는 36이다.
$A=\{(4, 6), (5, 5), (6, 4)\}$
$B=\{(1, 1), (1, 3), (1, 5), (3, 1), (3, 3),$
　　　$(3, 5), (5, 1), (5, 3), (5, 5)\}$
사건 A와 서로 배반인 사건은 A^c의 부분집합이고, 사
건 B와 서로 배반인 사건은 B^c의 부분집합이므로 두
사건 A, B와 모두 배반인 사건은 $A^c \cap B^c$의 부분집
합이다.

이때 $A^C \cap B^C = (A \cup B)^C$이고,
$A \cup B = \{(1, 1), (1, 3), (1, 5), (3, 1), (3, 3),$
$\qquad\qquad (3, 5), (4, 6), (5, 1), (5, 3), (5, 5),$
$\qquad\qquad\qquad\qquad\qquad (6, 4)\}$
이므로 $(A \cup B)^C$, 즉 $A^C \cap B^C$의 원소의 개수는
$36 - 11 = 25$
따라서 두 사건 A, B와 모두 배반인 사건의 개수는
2^{25}이므로 $k = 25$

187 $\boxed{\dfrac{17}{36}}$

서로 다른 두 개의 주사위를 동시에 던질 때, 나오는
모든 경우의 수는 $6 \times 6 = 36$
이차함수 $y = x^2 + 3ax + 2$의 그래프와 직선
$y = 2ax + 2 - b$가 만나지 않으려면 이차방정식
$x^2 + 3ax + 2 = 2ax + 2 - b$, 즉 $x^2 + ax + b = 0$이 허
근을 가져야 한다.
이 이차방정식의 판별식을 D라 할 때, $D < 0$이어야
하므로
$D = a^2 - 4b < 0$ $\quad \therefore a^2 < 4b$
이를 만족시키는 순서쌍 (a, b)는
$(1, 1), (1, 2), (1, 3), (1, 4), (1, 5), (1, 6),$
$(2, 2), (2, 3), (2, 4), (2, 5), (2, 6), (3, 3),$
$(3, 4), (3, 5), (3, 6), (4, 5), (4, 6)$의 17개
따라서 구하는 확률은 $\dfrac{17}{36}$

188 $\boxed{\dfrac{2}{9}}$

(i) X에서 Y로의 함수의 개수는 $_3\Pi_4 = 81$
(ii) $f(1) + f(2) + f(3) = 7$을 만족시키는 함수의 개수
$\quad f(1), f(2), f(3)$의 값이 1, 3, 3 또는 2, 2, 3인
경우이므로 그 경우의 수는
$$\frac{3!}{2!} + \frac{3!}{2!} = 3 + 3 = 6$$
각각의 경우에 대하여 $f(4)$의 값이 될 수 있는 것
은 1, 2, 3의 3가지
따라서 $f(1) + f(2) + f(3) = 7$을 만족시키는 함
수의 개수는 $6 \times 3 = 18$
(i), (ii)에서 구하는 확률은 $\dfrac{18}{81} = \dfrac{2}{9}$

189 $\boxed{8}$

남학생의 수를 n이라 하자.
13명의 학생 중에서 2명을 뽑는 경우의 수는
$_{13}C_2 = 78$

남학생 1명, 여학생 1명을 뽑는 경우의 수는
$_nC_1 \times _{13-n}C_1 = n(13 - n)$
남학생 2명을 뽑는 경우의 수는
$$_nC_2 = \frac{n(n-1)}{2}$$
$$\therefore P(A) = \frac{n(13 - n)}{78},$$
$$P(B) = \frac{\dfrac{n(n-1)}{2}}{78} = \frac{n(n-1)}{156} \qquad \blacktriangleright\blacktriangleright\blacktriangleright\blacktriangleright\blacktriangleright ❶$$
$P(A) = P(B) + \dfrac{2}{13}$에서
$$\frac{n(13 - n)}{78} = \frac{n(n-1)}{156} + \frac{2}{13}$$
$2n(13 - n) = n(n - 1) + 24$
$3n^2 - 27n + 24 = 0$, $n^2 - 9n + 8 = 0$
$(n - 1)(n - 8) = 0$
$\therefore n = 1$ 또는 $n = 8$
그런데 남학생이 여학생보다 많으므로 $n = 8$
따라서 남학생의 수는 8이다. $\qquad \blacktriangleright\blacktriangleright\blacktriangleright\blacktriangleright\blacktriangleright ❷$

단계	채점 기준	비율
❶	남학생의 수를 n이라 할 때, $P(A)$, $P(B)$ 를 n에 대하여 나타내기	40 %
❷	남학생의 수 구하기	60 %

190 $\boxed{\dfrac{1}{20}}$

방정식 $x + y + z + w = 7$을 만족시키는 음이 아닌 정
수 x, y, z, w의 순서쌍 (x, y, z, w)의 개수는
$_4H_7 = {}_{10}C_7 = {}_{10}C_3 = 120$
$y = 0$, $z = 2$이면 $x + y + z + w = 7$에서
$x + w = 5$
이 방정식을 만족시키는 음이 아닌 정수 x, w의 순서
쌍 (x, w)의 개수는
$_2H_5 = {}_6C_5 = {}_6C_1 = 6$
따라서 구하는 확률은 $\dfrac{6}{120} = \dfrac{1}{20}$

191 $\boxed{13개}$

20타수에 나와 타율이 0.35이므로 현재 안타 개수는
$20 \times 0.35 = 7$
앞으로 30타수 동안 더 치는 안타의 개수를 k라 하면
$$\frac{7 + k}{20 + 30} = 0.4, \ 7 + k = 20 \qquad \therefore k = 13$$
따라서 안타를 13개 더 쳐야 한다.

192 답 ④

| 접근 방법 | $f(a)f(b)<0$이면 $f(a)>0$, $f(b)<0$ 또는 $f(a)<0$, $f(b)>0$이므로 경우를 나누어 a, b가 될 수 있는 값을 구한다.

한 개의 주사위를 2번 던질 때, 나오는 모든 경우의 수는 $6\times6=36$

a, b의 값은 1부터 6까지의 자연수 중 하나이므로
$f(x)=x^2-7x+10$에서
$f(1)=1-7+10=4>0$,
$f(2)=4-14+10=0$,
$f(3)=9-21+10=-2<0$,
$f(4)=16-28+10=-2<0$,
$f(5)=25-35+10=0$,
$f(6)=36-42+10=4>0$
$f(a)f(b)<0$에서
$f(a)>0$, $f(b)<0$ 또는 $f(a)<0$, $f(b)>0$

(i) $f(a)>0$, $f(b)<0$인 경우

a의 값이 될 수 있는 것은 1, 6의 2가지이고 b의 값이 될 수 있는 것은 3, 4의 2가지이므로 그 경우의 수는
$2\times2=4$

(ii) $f(a)<0$, $f(b)>0$인 경우

a의 값이 될 수 있는 것은 3, 4의 2가지이고 b의 값이 될 수 있는 것은 1, 6의 2가지이므로 그 경우의 수는
$2\times2=4$

(i), (ii)에서 $f(a)f(b)<0$인 경우의 수는 $4+4=8$

따라서 구하는 확률은 $\dfrac{8}{36}=\dfrac{2}{9}$

193 답 $\dfrac{1}{5}$

| 접근 방법 | 좌석 번호의 차가 1 또는 10이 되도록 좌석을 2개씩 먼저 묶는다.

(i) 6명의 학생이 6개의 좌석에 앉는 모든 경우의 수는
$6!$

(ii) 같은 학년의 두 학생끼리는 좌석 번호의 차가 1 또는 10이 되도록 앉는 경우

학생들이 앉는 경우는 다음 그림과 같이 3가지 경우이다.

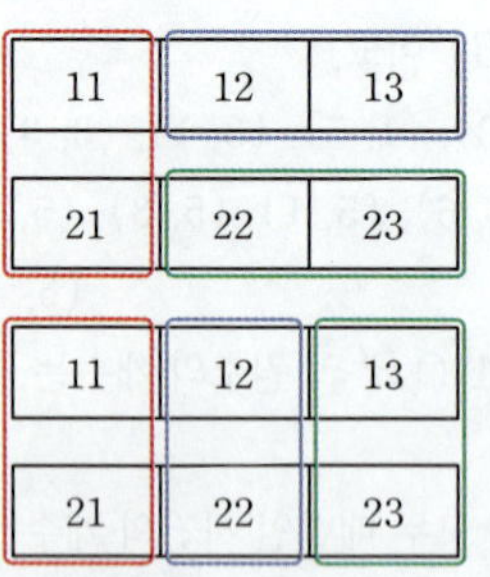

각각의 경우에 대하여 학년별로 앉을 좌석을 정하는 경우의 수는 $3!$

같은 학년의 학생끼리 자리를 바꾸는 경우의 수는 $2!\times2!\times2!$

따라서 같은 학년의 두 학생끼리는 좌석 번호의 차가 1 또는 10이 되도록 앉는 경우의 수는
$3\times3!\times(2!\times2!\times2!)$

(i), (ii)에서 구하는 확률은
$\dfrac{3\times3!\times(2!\times2!\times2!)}{6!}=\dfrac{1}{5}$

194 답 ①

주머니에 1이 적힌 공이 2개 있으므로 4개의 공을 동시에 꺼낼 때, 1이 적힌 공을 1개 꺼내는 경우와 2개 꺼내는 경우로 나눈다.

(i) 1이 적힌 공을 1개 꺼내는 경우

1, 2, 3, 4가 적힌 공을 꺼내어 일렬로 배열하는 경우의 수는
$4!=24$

(ii) 1이 적힌 공을 2개 꺼내는 경우

2, 3, 4가 적힌 공 중에서 2개를 꺼내는 경우의 수는
${}_3C_2={}_3C_1=3$

꺼낸 2개의 공과 1이 적힌 공 2개를 배열하는 경우의 수는
$\dfrac{4!}{2!}=12$

따라서 1이 적힌 공을 2개 꺼내는 경우의 수는
$3\times12=36$

(i), (ii)에서 모든 경우의 수는
$24+36=60$

$a\le b\le c\le d$인 경우는
$(1, 1, 2, 3)$, $(1, 1, 2, 4)$, $(1, 1, 3, 4)$, $(1, 2, 3, 4)$
의 4가지

따라서 구하는 확률은 $\dfrac{4}{60}=\dfrac{1}{15}$

02 확률의 덧셈 정리

195　$\dfrac{3}{5}$

확률의 덧셈 정리에 의하여
$$P(A\cup B)=P(A)+P(B)-P(A\cap B)$$
$$=\dfrac{2}{5}+\dfrac{1}{2}-\dfrac{3}{10}=\dfrac{3}{5}$$

196　$\dfrac{19}{24}$

두 사건 A, B가 서로 배반사건이므로 확률의 덧셈 정리에 의하여
$$P(A\cup B)=P(A)+P(B)$$
$$=\dfrac{1}{8}+\dfrac{2}{3}=\dfrac{19}{24}$$

197　$\dfrac{2}{3}$

여사건의 확률에 의하여
$$P(A^C)=1-P(A)=1-\dfrac{1}{3}=\dfrac{2}{3}$$

198　$\dfrac{3}{22}$

$P(A^C)=\dfrac{6}{11}$에서 여사건의 확률에 의하여
$$P(A)=1-P(A^C)=1-\dfrac{6}{11}=\dfrac{5}{11}$$
확률의 덧셈 정리에 의하여
$$P(A\cup B)=P(A)+P(B)-P(A\cap B)$$
$$\dfrac{9}{11}=\dfrac{5}{11}+\dfrac{1}{2}-P(A\cap B)$$
$$\therefore P(A\cap B)=\dfrac{3}{22}$$

199　$\dfrac{11}{30}$

$P(A^C\cap B^C)=P((A\cup B)^C)=\dfrac{1}{3}$에서 여사건의 확률에 의하여
$$P(A\cup B)=1-P((A\cup B)^C)$$
$$=1-\dfrac{1}{3}=\dfrac{2}{3}$$

두 사건 A, B가 서로 배반사건이므로 확률의 덧셈 정리에 의하여
$$P(A\cup B)=P(A)+P(B)$$
$$\dfrac{2}{3}=\dfrac{3}{10}+P(B)$$
$$\therefore P(B)=\dfrac{11}{30}$$

200　④

확률의 덧셈 정리에 의하여
$$P(A\cup B)=P(A)+P(B)-P(A\cap B)$$
$$1=P(A)+\dfrac{1}{3}-\dfrac{1}{6}$$
$$\therefore P(A)=\dfrac{5}{6}$$
따라서 여사건의 확률에 의하여
$$P(A^C)=1-P(A)=1-\dfrac{5}{6}=\dfrac{1}{6}$$

201　$\dfrac{3}{4}$

$P(A^C)=\dfrac{1}{3}$에서 여사건의 확률에 의하여
$$P(A)=1-P(A^C)$$
$$=1-\dfrac{1}{3}=\dfrac{2}{3}$$
$4P(B)=\dfrac{1}{3}$에서 $P(B)=\dfrac{1}{12}$
따라서 두 사건 A, B가 서로 배반사건이므로 확률의 덧셈 정리에 의하여
$$P(A\cup B)=P(A)+P(B)$$
$$=\dfrac{2}{3}+\dfrac{1}{12}=\dfrac{3}{4}$$

202　$\dfrac{1}{3}$

뽑은 카드에 적힌 수가 5의 배수인 사건을 A, 6의 배수인 사건을 B라 하면
$$P(A)=\dfrac{30}{150},\ P(B)=\dfrac{25}{150}$$
뽑은 카드에 적힌 수가 5와 6의 공배수, 즉 30의 배수인 사건은 $A\cap B$이므로
$$P(A\cap B)=\dfrac{5}{150}$$
따라서 구하는 확률은
$$P(A\cup B)=P(A)+P(B)-P(A\cap B)$$
$$=\dfrac{30}{150}+\dfrac{25}{150}-\dfrac{5}{150}=\dfrac{1}{3}$$

203 답 $\dfrac{34}{55}$

A를 포함하여 택하는 사건을 A, B를 포함하여 택하는 사건을 B라 하면
$$P(A)=\frac{{}_{10}C_3}{{}_{11}C_4}=\frac{120}{330},\ P(B)=\frac{{}_{10}C_3}{{}_{11}C_4}=\frac{120}{330}$$
A, B를 모두 포함하여 택하는 사건은 $A\cap B$이므로
$$P(A\cap B)=\frac{{}_9C_2}{{}_{11}C_4}=\frac{36}{330}$$
따라서 구하는 확률은
$$P(A\cup B)=P(A)+P(B)-P(A\cap B)$$
$$=\frac{120}{330}+\frac{120}{330}-\frac{36}{330}=\frac{34}{55}$$

204 답 $\dfrac{18}{35}$

택한 가구가 강아지를 키우는 사건을 A, 고양이를 키우는 사건을 B라 하면
$$P(A)=\frac{3}{10},\ P(B)=\frac{2}{7}$$
택한 가구가 강아지와 고양이를 모두 키우는 사건은
$A\cap B$이므로 $P(A\cap B)=\dfrac{10}{140}=\dfrac{1}{14}$
따라서 구하는 확률은
$$P(A\cup B)=P(A)+P(B)-P(A\cap B)$$
$$=\frac{3}{10}+\frac{2}{7}-\frac{1}{14}=\frac{18}{35}$$

205 답 $\dfrac{2}{3}$

택한 수가 짝수인 사건을 A, 5의 배수인 사건을 B라 하면
$$P(A)=\frac{5\times6\times3}{5\times{}_6\Pi_2}=\frac{90}{180},$$
$$P(B)=\frac{5\times6\times2}{5\times{}_6\Pi_2}=\frac{60}{180}$$
택한 수가 짝수이고 5의 배수인 사건, 즉 일의 자리의 수가 0인 사건은 $A\cap B$이므로
$$P(A\cap B)=\frac{5\times6\times1}{5\times{}_6\Pi_2}=\frac{30}{180}$$
따라서 구하는 확률은
$$P(A\cup B)=P(A)+P(B)-P(A\cap B)$$
$$=\frac{90}{180}+\frac{60}{180}-\frac{30}{180}=\frac{2}{3}$$

206 답 $\dfrac{19}{91}$

모두 같은 색의 연필을 꺼내는 경우는 모두 파란색 연필 또는 모두 검은색 연필을 꺼내는 경우이다.

꺼낸 3개의 연필이 모두 파란색 연필인 사건을 A, 모두 검은색 연필인 사건을 B라 하면
$$P(A)=\frac{{}_6C_3}{{}_{14}C_3}=\frac{20}{364}$$
$$P(B)=\frac{{}_8C_3}{{}_{14}C_3}=\frac{56}{364}$$
두 사건 A, B는 서로 배반사건이므로 구하는 확률은
$$P(A\cup B)=P(A)+P(B)$$
$$=\frac{20}{364}+\frac{56}{364}=\frac{19}{91}$$

207 답 $\dfrac{43}{45}$

꺼낸 카드에 적힌 두 수의 곱이 18이 아닌 사건을 A라 하면 A^c는 두 수의 곱이 18인 사건이다.
두 수의 곱이 18인 경우는 $(2,\ 9)$, $(3,\ 6)$의 2가지이므로
$$P(A^c)=\frac{2}{{}_{10}C_2}=\frac{2}{45}$$
따라서 구하는 확률은
$$P(A)=1-P(A^c)=1-\frac{2}{45}=\frac{43}{45}$$

208 답 $\dfrac{4}{21}$

양 끝에 모두 1학년 학생이 서는 사건을 A, 모두 2학년 학생이 서는 사건을 B라 하면
$$P(A)=\frac{{}_3P_2\times5!}{7!}=\frac{1}{7}$$
$$P(B)=\frac{{}_2P_2\times5!}{7!}=\frac{1}{21}$$
두 사건 A, B는 서로 배반사건이므로 구하는 확률은
$$P(A\cup B)=P(A)+P(B)$$
$$=\frac{1}{7}+\frac{1}{21}=\frac{4}{21}$$

209 답 $\dfrac{7}{8}$

abc가 짝수인 사건을 A라 하면 A^c는 abc가 홀수인 사건이다.
abc가 홀수이려면 a, b, c 모두 홀수이어야 하므로
$$P(A^c)=\frac{3\times3\times3}{6\times6\times6}=\frac{1}{8}$$
따라서 구하는 확률은
$$P(A)=1-P(A^c)=1-\frac{1}{8}=\frac{7}{8}$$

210 답 ⑤

적어도 1개가 흰색 마스크인 사건을 A라 하면 A^C는 3개 모두 검은색 마스크인 사건이므로

$$P(A^C) = \frac{{}_9C_3}{{}_{14}C_3} = \frac{3}{13}$$

따라서 구하는 확률은

$$P(A) = 1 - P(A^C) = 1 - \frac{3}{13} = \frac{10}{13}$$

211 답 $\dfrac{23}{42}$

남학생을 2명 이하로 선발하는 사건을 A라 하면 A^C는 남학생을 3명 선발하거나 4명 선발하는 사건이다.

(i) 남학생을 3명 선발할 확률은

$$\frac{{}_6C_3 \times {}_4C_1}{{}_{10}C_4} = \frac{80}{210}$$

(ii) 남학생을 4명 선발할 확률은

$$\frac{{}_6C_4}{{}_{10}C_4} = \frac{15}{210}$$

(i), (ii)에서 $P(A^C) = \dfrac{80}{210} + \dfrac{15}{210} = \dfrac{19}{42}$

따라서 구하는 확률은

$$P(A) = 1 - P(A^C) = 1 - \frac{19}{42} = \frac{23}{42}$$

212 답 $\dfrac{101}{125}$

적어도 2명이 같은 요일을 택하는 사건을 A라 하면 A^C는 4명이 모두 다른 요일을 택하는 사건이므로

$$P(A^C) = \frac{{}_5P_4}{{}_5\Pi_4} = \frac{24}{125}$$

따라서 구하는 확률은

$$P(A) = 1 - P(A^C) = 1 - \frac{24}{125} = \frac{101}{125}$$

213 답 $\dfrac{51}{55}$

꺼낸 동전의 금액의 합이 1100원 미만인 사건을 A라 하면 A^C는 1100원 이상인 사건이다.

(i) 100원짜리 동전 1개, 500원짜리 동전 2개를 꺼낼 확률은

$$\frac{{}_5C_1 \times {}_3C_2}{{}_{12}C_3} = \frac{15}{220}$$

(ii) 500원짜리 동전 3개를 꺼낼 확률은

$$\frac{{}_3C_3}{{}_{12}C_3} = \frac{1}{220}$$

(i), (ii)에서 $P(A^C) = \dfrac{15}{220} + \dfrac{1}{220} = \dfrac{4}{55}$

따라서 구하는 확률은

$$P(A) = 1 - P(A^C) = 1 - \frac{4}{55} = \frac{51}{55}$$

214 답 $\dfrac{11}{16}$

$2P(A) = \dfrac{5}{8}$에서 $P(A) = \dfrac{5}{16}$

두 사건 A, B가 서로 배반사건이므로 확률의 덧셈 정리에 의하여

$$P(A \cup B) = P(A) + P(B)$$

$$\frac{5}{8} = \frac{5}{16} + P(B) \qquad \therefore P(B) = \frac{5}{16}$$

따라서 여사건의 확률에 의하여

$$P(B^C) = 1 - P(B) = 1 - \frac{5}{16} = \frac{11}{16}$$

215 답 ㄱ, ㄴ

ㄱ. $0 \leq P(A) \leq 1$, $0 \leq P(B) \leq 1$이므로

$\quad 0 \leq P(A) + P(B) \leq 2$

ㄴ. 두 사건 A, B가 서로 배반사건이므로 확률의 덧셈 정리에 의하여

$\quad P(A \cup B) = P(A) + P(B)$

$\quad$ 이때 $\varnothing \subset (A \cup B) \subset S$에서 $0 \leq P(A \cup B) \leq 1$이므로

$\quad 0 \leq P(A) + P(B) \leq 1$

ㄷ. [반례] $S = \{1, 2, 3\}$, $A = \{1, 2\}$, $B = \{1\}$이면

$\quad P(A) + P(B) = 1$이지만

$\quad A \cap B = \{1\}$이므로 두 사건 A, B는 서로 배반사건이 아니다.

따라서 보기에서 옳은 것은 ㄱ, ㄴ이다.

216 답 $\dfrac{14}{25}$

택한 학생이 콘서트를 관람한 경험이 있는 사건을 A, 뮤지컬을 관람한 경험이 있는 사건을 B라 하면

$$P(A) = \frac{20}{50}, \ P(B) = \frac{22}{50}$$

택한 학생이 콘서트와 뮤지컬을 모두 관람한 경험이 있는 사건은 $A \cap B$이므로

$$P(A \cap B) = \frac{14}{50}$$

따라서 구하는 확률은
$$P(A \cup B) = P(A) + P(B) - P(A \cap B)$$
$$= \frac{20}{50} + \frac{22}{50} - \frac{14}{50} = \frac{14}{25}$$

217 답 ⑤

두 눈의 수의 합이 7인 사건을 A, 곱이 12인 사건을 B라 하자.

(i) 두 눈의 수의 합이 7인 경우는 $(1, 6)$, $(2, 5)$, $(3, 4)$, $(4, 3)$, $(5, 2)$, $(6, 1)$의 6가지이므로
$$P(A) = \frac{6}{6 \times 6} = \frac{6}{36}$$

(ii) 두 눈의 수의 곱이 12인 경우는 $(2, 6)$, $(3, 4)$, $(4, 3)$, $(6, 2)$의 4가지이므로
$$P(B) = \frac{4}{6 \times 6} = \frac{4}{36}$$

(iii) 두 눈의 수의 합이 7이고, 곱이 12인 경우는 $(3, 4)$, $(4, 3)$의 2가지이므로
$$P(A \cap B) = \frac{2}{6 \times 6} = \frac{2}{36}$$

(i), (ii), (iii)에서 구하는 확률은
$$P(A \cup B) = P(A) + P(B) - P(A \cap B)$$
$$= \frac{6}{36} + \frac{4}{36} - \frac{2}{36} = \frac{2}{9}$$

218 답 $\frac{16}{33}$

뽑은 카드에 적힌 세 수의 합이 홀수인 경우는 세 수가 모두 홀수이거나 홀수가 1개, 짝수가 2개인 경우이다.
뽑은 카드에 적힌 세 수가 모두 홀수인 사건을 A, 홀수가 1개, 짝수가 2개인 사건을 B라 하면
$$P(A) = \frac{_6C_3}{_{11}C_3} = \frac{20}{165}$$
$$P(B) = \frac{_6C_1 \times _5C_2}{_{11}C_3} = \frac{60}{165}$$

두 사건 A, B는 서로 배반사건이므로 구하는 확률은
$$P(A \cup B) = P(A) + P(B)$$
$$= \frac{20}{165} + \frac{60}{165} = \frac{16}{33}$$

219 답 ③

적어도 한쪽 끝에 모음이 오도록 배열하는 사건을 A라 하면 A^C는 양 끝에 모두 자음이 오도록 배열하는 사건이다.

자음 p, s, t, v의 4개 중에서 양 끝에 올 2개를 정하고, 나머지 6개의 문자를 일렬로 배열해야 하므로
$$P(A^C) = \frac{_4P_2 \times \dfrac{6!}{2!}}{\dfrac{8!}{2!}} = \frac{3}{14}$$

따라서 구하는 확률은
$$P(A) = 1 - P(A^C) = 1 - \frac{3}{14} = \frac{11}{14}$$

220 답 ③

흰색 손수건을 2장 이상 꺼내는 사건을 A라 하면 A^C는 흰색 손수건을 꺼내지 않거나 1장 꺼내는 사건이다.

(i) 검은색 손수건 4장을 꺼낼 확률은
$$\frac{_5C_4}{_9C_4} = \frac{5}{126}$$

(ii) 흰색 손수건 1장, 검은색 손수건 3장을 꺼낼 확률은 $\dfrac{_4C_1 \times _5C_3}{_9C_4} = \dfrac{40}{126}$

(i), (ii)에서 $P(A^C) = \dfrac{5}{126} + \dfrac{40}{126} = \dfrac{5}{14}$

따라서 구하는 확률은
$$P(A) = 1 - P(A^C) = 1 - \frac{5}{14} = \frac{9}{14}$$

221 답 $\frac{9}{20}$

$B = (A \cap B) \cup (A^C \cap B)$이므로
$$P(A \cap B)$$
$$= P(B) - P(A^C \cap B)$$
$$= \frac{7}{20} - \frac{1}{4} = \frac{1}{10}$$

따라서 확률의 덧셈 정리에 의하여
$$P(A \cup B) = P(A) + P(B) - P(A \cap B)$$
$$= \frac{1}{5} + \frac{7}{20} - \frac{1}{10} = \frac{9}{20}$$

222 답 $\frac{29}{50}$

$14x^2 - 9nx + n^2 = 0$에서
$$(7x - n)(2x - n) = 0 \qquad \therefore x = \frac{n}{7} \text{ 또는 } x = \frac{n}{2}$$

즉, 이차방정식 $14x^2 - 9nx + n^2 = 0$이 자연수인 해를 가지려면 자연수 n이 7의 배수 또는 2의 배수이어야 한다.

▶▶▶▶▶ ❶

n이 7의 배수인 사건을 A, 2의 배수인 사건을 B라

하면 $\mathrm{P}(A)=\dfrac{7}{50}$, $\mathrm{P}(B)=\dfrac{25}{50}$

n이 7과 2의 공배수, 즉 14의 배수인 사건은 $A\cap B$

이므로 $\mathrm{P}(A\cap B)=\dfrac{3}{50}$　　　▶▶▶▶▶ ❷

따라서 구하는 확률은

$\mathrm{P}(A\cup B)=\mathrm{P}(A)+\mathrm{P}(B)-\mathrm{P}(A\cap B)$

$\qquad=\dfrac{7}{50}+\dfrac{25}{50}-\dfrac{3}{50}=\dfrac{29}{50}$　　▶▶▶▶▶ ❸

단계	채점 기준	비율
❶	$14x^2-9nx+n^2=0$이 자연수인 해를 갖는 조건 구하기	40 %
❷	n이 7의 배수, 2의 배수, 14의 배수일 확률 구하기	30 %
❸	$14x^2-9nx+n^2=0$이 자연수인 해를 가질 확률 구하기	30 %

223　답 $\dfrac{1}{5}$

$f(1)f(2)=6$을 만족시키는 함수인 사건을 A,
$f(1)f(2)=15$를 만족시키는 함수인 사건을 B라 하자.

(i) $f(1)f(2)=6$을 만족시키는 함수인 경우

$\quad f(1)f(2)=6$을 만족시키는 순서쌍 $(f(1),\ f(2))$
는 $(2,3)$, $(3,2)$의 2개

$\quad f(0)$의 값이 될 수 있는 것은 1, 4, 5의 3가지

$\quad \therefore \mathrm{P}(A)=\dfrac{2\times 3}{{}_5\mathrm{P}_3}=\dfrac{1}{10}$　　└ 일대일함수이므로 2, 3은 제외한다.

(ii) $f(1)f(2)=15$를 만족시키는 함수인 경우

$\quad f(1)f(2)=15$를 만족시키는 순서쌍
$(f(1),\ f(2))$는 $(3,5)$, $(5,3)$의 2개

$\quad f(0)$의 값이 될 수 있는 것은 1, 2, 4의 3가지

$\quad \therefore \mathrm{P}(B)=\dfrac{2\times 3}{{}_5\mathrm{P}_3}=\dfrac{1}{10}$　　└ 일대일함수이므로 3, 5는 제외한다.

(i), (ii)에서 두 사건 A, B는 서로 배반사건이므로 구하는 확률은

$\mathrm{P}(A\cup B)=\mathrm{P}(A)+\mathrm{P}(B)$

$\qquad=\dfrac{1}{10}+\dfrac{1}{10}=\dfrac{1}{5}$

224　답 $\dfrac{20}{27}$

$a<b$ 또는 $b<c$인 사건을 A라 하면 A^C는 $a\geq b\geq c$
인 사건이다.

$a\geq b\geq c$를 만족시키는 순서쌍 (a,b,c)의 개수는

${}_6\mathrm{H}_3={}_8\mathrm{C}_3=56$이므로

$\mathrm{P}(A^C)=\dfrac{56}{6\times 6\times 6}=\dfrac{7}{27}$

따라서 구하는 확률은

$\mathrm{P}(A)=1-\mathrm{P}(A^C)=1-\dfrac{7}{27}=\dfrac{20}{27}$

225　답 4

바구니에 들어 있는 사과의 개수를 n이라 하자.

배를 적어도 1개 꺼내는 사건을 A라 하면 A^C는 2개
모두 사과를 꺼내는 사건이므로

$\mathrm{P}(A^C)=\dfrac{{}_n\mathrm{C}_2}{{}_{10}\mathrm{C}_2}=\dfrac{n(n-1)}{90}$

이때 $\mathrm{P}(A)=\dfrac{13}{15}$이므로

$\mathrm{P}(A^C)=1-\mathrm{P}(A)=1-\dfrac{13}{15}=\dfrac{2}{15}$

즉, $\dfrac{n(n-1)}{90}=\dfrac{2}{15}$이므로

$n(n-1)=12=4\times 3$

$\therefore n=4\ (\because n\text{은 자연수})$

따라서 사과의 개수는 4이다.

226　답 $\dfrac{151}{165}$

두 종류 이상의 씨앗을 꺼내는 사건을 A라 하면 A^C는
한 종류의 씨앗을 꺼내는 사건이다.

(i) 소나무 씨앗을 3개 꺼낼 확률은 $\dfrac{{}_4\mathrm{C}_3}{{}_{11}\mathrm{C}_3}=\dfrac{4}{165}$

(ii) 참나무 씨앗을 3개 꺼낼 확률은 $\dfrac{{}_5\mathrm{C}_3}{{}_{11}\mathrm{C}_3}=\dfrac{10}{165}$

(i), (ii)에서

$\mathrm{P}(A^C)=\dfrac{4}{165}+\dfrac{10}{165}=\dfrac{14}{165}$

따라서 구하는 확률은

$\mathrm{P}(A)=1-\mathrm{P}(A^C)$

$\qquad=1-\dfrac{14}{165}=\dfrac{151}{165}$

227　답 ⑤

서로 다른 두 점 사이의 거리가 1보다 큰 사건을 A라
하면 A^C는 두 점 사이의 거리가 1인 사건이다.

두 점 사이의 거리가 1이려면 두 점의 x좌표가 같고 y
좌표가 연속하는 두 자연수이거나 두 점의 y좌표가 같
고 x좌표가 연속하는 두 자연수이어야 한다.

(i) 두 점의 x좌표가 같고 y좌표가 연속하는 두 자연수

일 확률은 $\dfrac{{}_4C_1 \times 2}{{}_{12}C_2} = \dfrac{8}{66}$

(ii) 두 점의 y좌표가 같고 x좌표가 연속하는 두 자연수

일 확률은 $\dfrac{{}_3C_1 \times 3}{{}_{12}C_2} = \dfrac{9}{66}$

(i), (ii)에서 $P(A^C) = \dfrac{8}{66} + \dfrac{9}{66} = \dfrac{17}{66}$

따라서 구하는 확률은

$$P(A) = 1 - P(A^C) = 1 - \dfrac{17}{66} = \dfrac{49}{66}$$

228 🖹 $\dfrac{13}{15}$

| 접근 방법 | $P(A \cap B) = P(A) + P(B) - P(A \cup B)$이고
$P(A) \le P(A \cup B)$, $P(B) \le P(A \cup B)$,
$0 \le P(A \cup B) \le 1$임을 이용하여 부등식을 세운다.

$P(A \cup B) = P(A) + P(B) - P(A \cap B)$이므로
$P(A \cap B) = P(A) + P(B) - P(A \cup B)$

$$= \dfrac{2}{3} + \dfrac{3}{5} - P(A \cup B)$$

$$= \dfrac{19}{15} - P(A \cup B)$$

즉, $P(A \cup B)$가 최소일 때 $P(A \cap B)$가 최대이고,
$P(A \cup B)$가 최대일 때 $P(A \cap B)$가 최소이다.

$P(A \cup B) \ge P(A)$이므로

$P(A \cup B) \ge \dfrac{2}{3}$　　$\cdots\cdots$ ㉠

$P(A \cup B) \ge P(B)$이므로

$P(A \cup B) \ge \dfrac{3}{5}$　　$\cdots\cdots$ ㉡

㉠, ㉡에서 $P(A \cup B) \ge \dfrac{2}{3}$

이때 $0 \le P(A \cup B) \le 1$이므로

$\dfrac{2}{3} \le P(A \cup B) \le 1$

$\dfrac{4}{15} \le \dfrac{19}{15} - P(A \cup B) \le \dfrac{3}{5}$

$\therefore \dfrac{4}{15} \le P(A \cap B) \le \dfrac{3}{5}$

따라서 $M = \dfrac{3}{5}$, $m = \dfrac{4}{15}$이므로

$$M + m = \dfrac{13}{15}$$

229 🖹 $\dfrac{23}{40}$

| 접근 방법 | 자연수 N이 $N = p^a q^b$ (p, q는 서로 다른 소수,
a, b는 자연수) 꼴로 소인수분해될 때, N과 서로소이려면 p
의 배수도 아니고 q의 배수도 아니어야 함을 이용한다.

$21 = 3 \times 7$이므로 21과 서로소이려면 3의 배수도 아니
고 7의 배수도 아니어야 한다.

택한 수가 3의 배수인 사건을 A, 7의 배수인 사건을
B라 하면 3의 배수도 아니고 7의 배수도 아닌 사건은
$A^C \cap B^C = (A \cup B)^C$이다.

이때 $P(A) = \dfrac{26}{80}$, $P(B) = \dfrac{11}{80}$이고, 3과 7의 공배

수, 즉 21의 배수인 사건은 $A \cap B$이므로

$$P(A \cap B) = \dfrac{3}{80}$$

$\therefore P(A \cup B) = P(A) + P(B) - P(A \cap B)$

$$= \dfrac{26}{80} + \dfrac{11}{80} - \dfrac{3}{80} = \dfrac{17}{40}$$

따라서 구하는 확률은

$P(A^C \cap B^C) = P((A \cup B)^C)$

$$= 1 - P(A \cup B)$$

$$= 1 - \dfrac{17}{40} = \dfrac{23}{40}$$

230 🖹 $\dfrac{11}{13}$

| 접근 방법 | 택한 물건이 적어도 1개는 흰색이고, 적어도 1개
는 키보드인 사건의 여사건은 택한 물건이 모두 검은색 또는
모두 마우스인 사건임을 이용한다.

택한 물건이 적어도 1개는 흰색인 사건을 A라 하면
A^C는 모두 검은색인 사건이고, 적어도 1개는 키보드
인 사건을 B라 하면 B^C는 모두 마우스인 사건이다.

(i) 모두 검은색을 택할 확률은

$$P(A^C) = \dfrac{{}_5C_3}{{}_{13}C_3} = \dfrac{10}{286}$$

(ii) 모두 마우스를 택할 확률은

$$P(B^C) = \dfrac{{}_7C_3}{{}_{13}C_3} = \dfrac{35}{286}$$

(iii) 모두 검은색 마우스를 택할 확률은

$$P(A^C \cap B^C) = \dfrac{{}_3C_3}{{}_{13}C_3} = \dfrac{1}{286}$$

(i), (ii), (iii)에서

$P(A^C \cup B^C) = P(A^C) + P(B^C) - P(A^C \cap B^C)$

$$= \dfrac{10}{286} + \dfrac{35}{286} - \dfrac{1}{286} = \dfrac{2}{13}$$

이때 적어도 1개는 흰색이고 적어도 1개는 키보드인
사건은 $A \cap B$이므로 구하는 확률은
$P(A \cap B) = P((A^C \cup B^C)^C)$

$$= 1 - P(A^C \cup B^C)$$

$$= 1 - \dfrac{2}{13} = \dfrac{11}{13}$$

01 조건부확률

231 답 (1) $\dfrac{2}{3}$ (2) $\dfrac{5}{9}$

(1) $\mathrm{P}(B|A)=\dfrac{\mathrm{P}(A\cap B)}{\mathrm{P}(A)}=\dfrac{\frac{2}{9}}{\frac{1}{3}}=\dfrac{2}{3}$

(2) $\mathrm{P}(A|B)=\dfrac{\mathrm{P}(A\cap B)}{\mathrm{P}(B)}=\dfrac{\frac{2}{9}}{\frac{2}{5}}=\dfrac{5}{9}$

232 답 $\dfrac{2}{3}$

$\mathrm{P}(B|A)=\dfrac{\mathrm{P}(A\cap B)}{\mathrm{P}(A)}$에서

$\dfrac{1}{2}=\dfrac{\frac{1}{3}}{\mathrm{P}(A)}$

$\therefore \mathrm{P}(A)=\dfrac{2}{3}$

233 답 (1) $\dfrac{1}{3}$ (2) $\dfrac{2}{3}$

$A=\{1,\,2,\,3,\,6\},\ B=\{2,\,3,\,5\}$

(1) $A\cap B=\{2,\,3\}$이므로

$\quad \mathrm{P}(A\cap B)=\dfrac{2}{6}=\dfrac{1}{3}$

(2) $\mathrm{P}(B)=\dfrac{3}{6}=\dfrac{1}{2}$이므로

$\quad \mathrm{P}(A|B)=\dfrac{\mathrm{P}(A\cap B)}{\mathrm{P}(B)}=\dfrac{\frac{1}{3}}{\frac{1}{2}}=\dfrac{2}{3}$

234 답 (1) $\dfrac{1}{20}$ (2) $\dfrac{1}{12}$

(1) $\mathrm{P}(A\cap B)=\mathrm{P}(B)\mathrm{P}(A|B)$

$\qquad =\dfrac{1}{6}\times\dfrac{3}{10}=\dfrac{1}{20}$

(2) $\mathrm{P}(B|A)=\dfrac{\mathrm{P}(A\cap B)}{\mathrm{P}(A)}=\dfrac{\frac{1}{20}}{\frac{3}{5}}=\dfrac{1}{12}$

235 답 $\dfrac{1}{4}$

$\mathrm{P}(A)=1-\mathrm{P}(A^C)=1-0.6=0.4$

$\mathrm{P}(A\cup B)=\mathrm{P}(A)+\mathrm{P}(B)-\mathrm{P}(A\cap B)$이므로

$0.5=0.4+0.2-\mathrm{P}(A\cap B)$

$\therefore \mathrm{P}(A\cap B)=0.1$

$\therefore \mathrm{P}(B|A)=\dfrac{\mathrm{P}(A\cap B)}{\mathrm{P}(A)}=\dfrac{0.1}{0.4}=\dfrac{1}{4}$

236 답 $\dfrac{1}{5}$

$\mathrm{P}(A\cap B)=\mathrm{P}(B)\mathrm{P}(A|B)$

$\qquad =\dfrac{1}{3}\times\dfrac{1}{4}=\dfrac{1}{12}$

$\mathrm{P}(A\cup B)=\mathrm{P}(A)+\mathrm{P}(B)-\mathrm{P}(A\cap B)$이므로

$\dfrac{2}{3}=\mathrm{P}(A)+\dfrac{1}{3}-\dfrac{1}{12}$

$\therefore \mathrm{P}(A)=\dfrac{5}{12}$

$\therefore \mathrm{P}(B|A)=\dfrac{\mathrm{P}(A\cap B)}{\mathrm{P}(A)}=\dfrac{\frac{1}{12}}{\frac{5}{12}}=\dfrac{1}{5}$

237 답 ④

$\mathrm{P}(B)=1-\mathrm{P}(B^C)=1-\dfrac{3}{10}=\dfrac{7}{10}$

$\therefore \mathrm{P}(A\cup B)=\mathrm{P}(A)+\mathrm{P}(B)-\mathrm{P}(A\cap B)$

$\qquad =\dfrac{2}{5}+\dfrac{7}{10}-\dfrac{1}{5}=\dfrac{9}{10}$

이때 $A^C\cap B^C=(A\cup B)^C$이므로

$\mathrm{P}(A^C\cap B^C)=\mathrm{P}((A\cup B)^C)$

$\qquad =1-\mathrm{P}(A\cup B)$

$\qquad =1-\dfrac{9}{10}=\dfrac{1}{10}$

$\therefore \mathrm{P}(A^C|B^C)=\dfrac{\mathrm{P}(A^C\cap B^C)}{\mathrm{P}(B^C)}=\dfrac{\frac{1}{10}}{\frac{3}{10}}=\dfrac{1}{3}$

238 답 **0.14**

$\mathrm{P}(A\cap B)=\mathrm{P}(A)\mathrm{P}(B|A)$

$\qquad =0.7\times0.8=0.56$

이때 $\mathrm{P}(A)=\mathrm{P}(A\cap B)+\mathrm{P}(A\cap B^C)$이므로

$\mathrm{P}(A\cap B^C)=\mathrm{P}(A)-\mathrm{P}(A\cap B)$

$\qquad =0.7-0.56=0.14$

239 답 $\dfrac{10}{19}$

시설에 만족한다고 응답한 방문객인 사건을 A, 남자인 사건을 B라 하면

$$P(A)=\dfrac{57}{120},\ P(A\cap B)=\dfrac{30}{120}$$

따라서 구하는 확률은

$$P(B|A)=\dfrac{P(A\cap B)}{P(A)}=\dfrac{\dfrac{30}{120}}{\dfrac{57}{120}}=\dfrac{10}{19}$$

| 다른 풀이 |

구하는 확률은 시설에 만족한다고 응답한 방문객 중에서 남자를 택할 확률과 같으므로

$$\dfrac{(만족한다고\ 응답한\ 남자\ 방문객의\ 수)}{(만족한다고\ 응답한\ 방문객의\ 수)}=\dfrac{30}{57}=\dfrac{10}{19}$$

240 답 $\dfrac{8}{15}$

안경을 쓴 학생인 사건을 A, 여학생인 사건을 B라 하면

$$P(A)=\dfrac{3}{8},\ P(A\cap B)=\dfrac{1}{5}$$

따라서 구하는 확률은

$$P(B|A)=\dfrac{P(A\cap B)}{P(A)}=\dfrac{\dfrac{1}{5}}{\dfrac{3}{8}}=\dfrac{8}{15}$$

| 다른 풀이 |

구하는 확률은 안경을 쓴 학생 중에서 여학생을 택할 확률과 같으므로 전체 신입생 수를 a라 하면

$$\dfrac{(안경을\ 쓴\ 여학생\ 수)}{(안경을\ 쓴\ 학생\ 수)}=\dfrac{\dfrac{1}{5}a}{\dfrac{3}{8}a}=\dfrac{8}{15}$$

241 답 $\dfrac{4}{9}$

ab가 홀수인 사건을 A, $a+b$가 4의 배수인 사건을 B라 하자.

ab가 홀수인 경우는

$(1,\,1),\,(1,\,3),\,(1,\,5),\,(3,\,1),\,(3,\,3),\,(3,\,5),$
$(5,\,1),\,(5,\,3),\,(5,\,5)$의 9가지

$$\therefore P(A)=\dfrac{9}{36}$$

ab가 홀수이고, $a+b$가 4의 배수인 경우는

$(1,\,3),\,(3,\,1),\,(3,\,5),\,(5,\,3)$의 4가지

$$\therefore P(A\cap B)=\dfrac{4}{36}$$

따라서 구하는 확률은

$$P(B|A)=\dfrac{P(A\cap B)}{P(A)}=\dfrac{\dfrac{4}{36}}{\dfrac{9}{36}}=\dfrac{4}{9}$$

242 답 7

조사한 전체 직장인 수는 $28+25+x+15=x+68$

아침 식사를 한 직장인인 사건을 A, 남자인 사건을 B라 하면

$$P(A)=\dfrac{x+28}{x+68},\ P(A\cap B)=\dfrac{28}{x+68}$$

임의로 택한 1명이 아침 식사를 한 직장인일 때, 그 직장인이 남자일 확률은

$$P(B|A)=\dfrac{P(A\cap B)}{P(A)}=\dfrac{\dfrac{28}{x+68}}{\dfrac{x+28}{x+68}}=\dfrac{28}{x+28}$$

즉, $\dfrac{28}{x+28}=\dfrac{4}{5}$이므로

$$35=x+28 \qquad \therefore x=7$$

243 답 18

A가 딸기 맛 사탕을 꺼내는 사건을 A, B가 포도 맛 사탕을 꺼내는 사건을 B라 하면

A가 딸기 맛 사탕을 꺼낼 확률은

$$P(A)=\dfrac{6}{15}$$

A가 딸기 맛 사탕을 꺼냈을 때, B가 포도 맛 사탕을 꺼낼 확률은

$$P(B|A)=\dfrac{9}{14}$$

$$\therefore p=P(A\cap B)=P(A)P(B|A)$$
$$=\dfrac{6}{15}\times\dfrac{9}{14}=\dfrac{9}{35}$$

$$\therefore 70p=70\times\dfrac{9}{35}=18$$

244 답 3개

국내 음반의 개수를 n이라 하자.

미현이가 국내 음반을 택하는 사건을 A, 보영이가 해외 음반을 택하는 사건을 B라 하면

미현이가 국내 음반을 택할 확률은

$$P(A)=\dfrac{n}{7}$$

미현이가 국내 음반을 택했을 때, 보영이가 해외 음반을 택할 확률은

$$P(B|A)=\dfrac{7-n}{6}$$

따라서 미현이가 국내 음반, 보영이가 해외 음반을 택할 확률은
$$P(A \cap B) = P(A)P(B \mid A)$$
$$= \frac{n}{7} \times \frac{7-n}{6} = \frac{n(7-n)}{42}$$
즉, $\dfrac{n(7-n)}{42} = \dfrac{2}{7}$ 이므로
$$n(7-n) = 12$$
$$n^2 - 7n + 12 = 0$$
$$(n-3)(n-4) = 0 \qquad \therefore n=3 \text{ 또는 } n=4$$
그런데 국내 음반이 해외 음반보다 적으므로 $n=3$
따라서 국내 음반은 3개이다.

245 🈁 $\dfrac{4}{25}$

마라톤 대회에 출전한 남자 선수인 사건을 A, 완주한 선수인 사건을 B라 하면
택한 1명이 마라톤 대회에 출전한 남자 선수일 확률은
$$P(A) = \frac{4}{5}$$
택한 1명이 마라톤 대회에 출전한 남자 선수일 때, 그 선수가 완주할 확률은 $P(B \mid A) = \dfrac{20}{100}$
따라서 구하는 확률은
$$P(A \cap B) = P(A)P(B \mid A)$$
$$= \frac{4}{5} \times \frac{20}{100} = \frac{4}{25}$$

246 🈁 $\dfrac{27}{55}$

유진이가 검은 공을 꺼내는 사건을 A, 혜진이가 검은 공을 꺼내는 사건을 B라 하자.
두 사람이 꺼낸 공 중에서 적어도 1개가 빨간 공인 사건은 $(A \cap B)^C$이고, 이때 $A \cap B$는 두 사람이 모두 검은 공을 꺼내는 사건이다.
유진이가 검은 공을 꺼낼 확률은
$$P(A) = \frac{8}{11}$$
유진이가 검은 공을 꺼냈을 때, 혜진이가 검은 공을 꺼낼 확률은
$$P(B \mid A) = \frac{7}{10}$$
따라서 두 사람이 모두 검은 공을 꺼낼 확률은
$$P(A \cap B) = P(A)P(B \mid A)$$
$$= \frac{8}{11} \times \frac{7}{10} = \frac{28}{55}$$

따라서 구하는 확률은
$$P((A \cap B)^C) = 1 - P(A \cap B) = 1 - \frac{28}{55} = \frac{27}{55}$$

247 🈁 0.68

오늘 비가 오는 사건을 A, 매출 목표액을 달성하는 사건을 B라 하자.
(i) 오늘 비가 오고 매출 목표액을 달성할 확률은
$$P(A \cap B) = P(A)P(B \mid A)$$
$$= 0.4 \times 0.8 = 0.32$$
(ii) 오늘 비가 오지 않고 매출 목표액을 달성할 확률은
$$P(A^C \cap B) = P(A^C)P(B \mid A^C)$$
$$= (1 - 0.4) \times 0.6$$
$$= 0.6 \times 0.6 = 0.36$$
(i), (ii)에서 구하는 확률은
$$P(B) = P(A \cap B) + P(A^C \cap B)$$
$$= 0.32 + 0.36 = 0.68$$

248 🈁 $\dfrac{3}{8}$

해리가 치즈 과자를 꺼내는 사건을 A, 민정이가 치즈 과자를 꺼내는 사건을 B라 하자.
(i) 해리와 민정이가 모두 치즈 과자를 꺼낼 확률은
$$P(A \cap B) = P(A)P(B \mid A)$$
$$= \frac{3}{8} \times \frac{2}{7} = \frac{3}{28}$$
(ii) 해리가 초코 과자를 꺼내고 민정이가 치즈 과자를 꺼낼 확률은
$$P(A^C \cap B) = P(A^C)P(B \mid A^C)$$
$$= \frac{5}{8} \times \frac{3}{7} = \frac{15}{56}$$
(i), (ii)에서 구하는 확률은
$$P(B) = P(A \cap B) + P(A^C \cap B)$$
$$= \frac{3}{28} + \frac{15}{56} = \frac{3}{8}$$

249 🈁 $\dfrac{13}{50}$

독감에 걸린 사람인 사건을 A, 독감이라 진단하는 사건을 B라 하자.
(i) 독감에 걸린 사람이고 그 사람을 독감이라 진단할 확률은
$$P(A \cap B) = P(A)P(B \mid A)$$
$$= \frac{40}{200} \times \frac{90}{100} = \frac{9}{50}$$

(ii) 독감에 걸리지 않은 사람이고 그 사람을 독감이라
　진단할 확률은
$$P(A^c \cap B) = P(A^c)P(B \mid A^c)$$
$$= \frac{160}{200} \times \left(1 - \frac{90}{100}\right)$$
$$= \frac{160}{200} \times \frac{10}{100} = \frac{2}{25}$$
(i), (ii)에서 구하는 확률은
$$P(B) = P(A \cap B) + P(A^c \cap B)$$
$$= \frac{9}{50} + \frac{2}{25}$$
$$= \frac{13}{50}$$

250 답 $\dfrac{19}{70}$

상자 A를 택하는 사건을 A, 모두 파란 공을 꺼내는
사건을 B라 하자.
(i) 상자 A를 택하고 모두 파란 공을 꺼낼 확률은
$$P(A \cap B) = P(A)P(B \mid A)$$
$$= \frac{1}{2} \times \frac{{}_2C_2}{{}_6C_2}$$
$$= \frac{1}{2} \times \frac{1}{15} = \frac{1}{30}$$
(ii) 상자 B를 택하고 모두 파란 공을 꺼낼 확률은
$$P(A^c \cap B) = P(A^c)P(B \mid A^c)$$
$$= \frac{1}{2} \times \frac{{}_5C_2}{{}_7C_2}$$
$$= \frac{1}{2} \times \frac{10}{21} = \frac{5}{21}$$
(i), (ii)에서 구하는 확률은
$$P(B) = P(A \cap B) + P(A^c \cap B)$$
$$= \frac{1}{30} + \frac{5}{21}$$
$$= \frac{19}{70}$$

251 답 $\dfrac{16}{31}$

주머니 A를 택하는 사건을 A, 검은 공 1개, 흰 공 1
개를 꺼내는 사건을 B라 하자.
(i) 주머니 A를 택하고 주머니 A에서 검은 공 1개, 흰
　공 1개를 꺼낼 확률은
$$P(A \cap B) = P(A)P(B \mid A)$$
$$= \frac{1}{2} \times \frac{{}_2C_1 \times {}_4C_1}{{}_6C_2}$$
$$= \frac{1}{2} \times \frac{8}{15} = \frac{4}{15}$$

(ii) 주머니 B를 택하고 주머니 B에서 검은 공 1개, 흰
　공 1개를 꺼낼 확률은
$$P(A^c \cap B) = P(A^c)P(B \mid A^c)$$
$$= \frac{1}{2} \times \frac{{}_1C_1 \times {}_3C_1}{{}_4C_2}$$
$$= \frac{1}{2} \times \frac{3}{6} = \frac{1}{4}$$
(i), (ii)에서 검은 공 1개, 흰 공 1개를 꺼낼 확률은
$$P(B) = P(A \cap B) + P(A^c \cap B)$$
$$= \frac{4}{15} + \frac{1}{4} = \frac{31}{60}$$
따라서 구하는 확률은
$$P(A \mid B) = \frac{P(A \cap B)}{P(B)} = \frac{\frac{4}{15}}{\frac{31}{60}} = \frac{16}{31}$$

252 답 $\dfrac{3}{13}$

동아리 A를 택하는 사건을 A, 발표자가 모두 2학년
인 사건을 B라 하자.
(i) 동아리 A를 택하고 발표자가 모두 2학년일 확률은
$$P(A \cap B) = P(A)P(B \mid A)$$
$$= \frac{1}{2} \times \frac{{}_3C_2}{{}_6C_2}$$
$$= \frac{1}{2} \times \frac{3}{15} = \frac{1}{10}$$
(ii) 동아리 B를 택하고 발표자가 모두 2학년일 확률은
$$P(A^c \cap B) = P(A^c)P(B \mid A^c)$$
$$= \frac{1}{2} \times \frac{{}_5C_2}{{}_6C_2}$$
$$= \frac{1}{2} \times \frac{10}{15} = \frac{1}{3}$$
(i), (ii)에서 발표자가 모두 2학년일 확률은
$$P(B) = P(A \cap B) + P(A^c \cap B)$$
$$= \frac{1}{10} + \frac{1}{3} = \frac{13}{30}$$
따라서 구하는 확률은
$$P(A \mid B) = \frac{P(A \cap B)}{P(B)} = \frac{\frac{1}{10}}{\frac{13}{30}} = \frac{3}{13}$$

253 답 $\dfrac{9}{34}$

홈 경기인 사건을 A, 경기에서 이기는 사건을 B라 하자.
(i) 홈 경기이고 그 경기에서 이길 확률은
$$P(A \cap B) = P(A)P(B \mid A)$$
$$= \frac{1}{6} \times \frac{3}{5} = \frac{1}{10}$$

(ii) 원정 경기이고 그 경기에서 이길 확률은
$$P(A^C \cap B) = P(A^C)P(B \mid A^C)$$
$$= \left(1 - \frac{1}{6}\right) \times \frac{1}{3}$$
$$= \frac{5}{6} \times \frac{1}{3} = \frac{5}{18}$$

(ⅰ), (ⅱ)에서 경기에서 이길 확률은
$$P(B) = P(A \cap B) + P(A^C \cap B)$$
$$= \frac{1}{10} + \frac{5}{18} = \frac{17}{45}$$

따라서 구하는 확률은
$$P(A \mid B) = \frac{P(A \cap B)}{P(B)} = \frac{\frac{1}{10}}{\frac{17}{45}} = \frac{9}{34}$$

254 답 $\dfrac{12}{47}$

기계 B가 생산한 제품인 사건을 A, 불량품인 사건을 B라 하자.

(ⅰ) 기계 B가 생산한 제품이고 그 제품이 불량품일 확률은
$$P(A \cap B) = P(A)P(B \mid A)$$
$$= 0.3 \times 0.04 = 0.012$$

(ⅱ) 기계 A가 생산한 제품이고 그 제품이 불량품일 확률은
$$P(A^C \cap B) = P(A^C)P(B \mid A^C)$$
$$= 0.7 \times 0.05 = 0.035$$

(ⅰ), (ⅱ)에서 택한 제품이 불량품일 확률은
$$P(B) = P(A \cap B) + P(A^C \cap B)$$
$$= 0.012 + 0.035 = 0.047$$

따라서 구하는 확률은
$$P(A \mid B) = \frac{P(A \cap B)}{P(B)} = \frac{0.012}{0.047} = \frac{12}{47}$$

연습문제

132~135쪽

255 답 ③

$P(A \cap B) = P(B)P(A \mid B)$이므로
$$\frac{1}{5} = \frac{1}{2}P(B) \qquad \therefore P(B) = \frac{2}{5}$$
$$\therefore P(A \cup B) = P(A) + P(B) - P(A \cap B)$$
$$= \frac{1}{2} + \frac{2}{5} - \frac{1}{5} = \frac{7}{10}$$

256 답 $\dfrac{1}{2}$

$P(A^C \cap B^C) = 0.3$에서 $A^C \cap B^C = (A \cup B)^C$이므로
$$P((A \cup B)^C) = 0.3$$
$$1 - P(A \cup B) = 0.3 \qquad \therefore P(A \cup B) = 0.7$$
$$P(A \cup B) = P(A) + P(B) - P(A \cap B)$$이므로
$$0.7 = 0.5 + 0.4 - P(A \cap B)$$
$$\therefore P(A \cap B) = 0.2$$
$$\therefore P(A \mid B) = \frac{P(A \cap B)}{P(B)} = \frac{0.2}{0.4} = \frac{1}{2}$$

257 답 $\dfrac{1}{5}$

꺼낸 공에 적힌 수가 짝수인 사건을 A, 18의 약수인 사건을 B라 하면
$$A = \{2, 4, 6, \ldots, 30\}, \ A \cap B = \{2, 6, 18\}$$
$$\therefore P(A) = \frac{15}{30}, \ P(A \cap B) = \frac{3}{30}$$

따라서 구하는 확률은
$$P(B \mid A) = \frac{P(A \cap B)}{P(A)} = \frac{\frac{3}{30}}{\frac{15}{30}} = \frac{1}{5}$$

258 답 ①

생태연구를 선택한 학생인 사건을 A, 여학생인 사건을 B라 하면
$$P(A) = \frac{110}{200}, \ P(A \cap B) = \frac{50}{200}$$

따라서 구하는 확률은
$$P(B \mid A) = \frac{P(A \cap B)}{P(A)} = \frac{\frac{50}{200}}{\frac{110}{200}} = \frac{5}{11}$$

| 다른 풀이 |

구하는 확률은 생태연구를 선택한 학생 중에서 여학생을 택할 확률과 같으므로
$$\frac{(생태연구를\ 선택한\ 여학생의\ 수)}{(생태연구를\ 선택한\ 학생의\ 수)} = \frac{50}{110} = \frac{5}{11}$$

259 답 $\dfrac{1}{22}$

현우가 불량품을 꺼내는 사건을 A, 윤호가 불량품을 꺼내는 사건을 B라 하면
현우가 불량품을 꺼낼 확률은
$$P(A) = \frac{3}{12}$$

현우가 불량품을 꺼냈을 때, 윤호가 불량품을 꺼낼 확률은

$$P(B|A)=\frac{2}{11}$$

따라서 구하는 확률은

$$P(A\cap B)=P(A)P(B|A)$$
$$=\frac{3}{12}\times\frac{2}{11}=\frac{1}{22}$$

260 답 $\frac{4}{7}$

A가 고기만두를 먹는 사건을 A, B가 고기만두를 먹는 사건을 B라 하자.

A, B가 먹은 만두 중에서 적어도 1개가 김치만두인 사건은 $(A\cap B)^C$이고, 이때 $A\cap B$는 A, B가 모두 고기만두를 먹는 사건이다.

A가 고기만두를 먹을 확률은

$$P(A)=\frac{10}{15}$$

A가 고기만두를 먹었을 때, B가 고기만두를 먹을 확률은

$$P(B|A)=\frac{9}{14}$$

따라서 A, B가 모두 고기만두를 먹을 확률은

$$P(A\cap B)=P(A)P(B|A)=\frac{10}{15}\times\frac{9}{14}=\frac{3}{7}$$

따라서 구하는 확률은

$$P((A\cap B)^C)=1-P(A\cap B)$$
$$=1-\frac{3}{7}=\frac{4}{7}$$

261 답 $\frac{1}{4}$

재호가 당첨권을 뽑는 사건을 A, 창민이가 당첨권을 뽑는 사건을 B라 하자.

(ⅰ) 재호와 창민이가 모두 당첨권을 뽑을 확률은

$$P(A\cap B)=P(A)P(B|A)$$
$$=\frac{4}{16}\times\frac{3}{15}=\frac{1}{20}$$

(ⅱ) 재호가 당첨권을 뽑지 않고 창민이가 당첨권을 뽑을 확률은

$$P(A^C\cap B)=P(A^C)P(B|A^C)$$
$$=\frac{12}{16}\times\frac{4}{15}=\frac{1}{5}$$

(ⅰ), (ⅱ)에서 구하는 확률은

$$P(B)=P(A\cap B)+P(A^C\cap B)$$
$$=\frac{1}{20}+\frac{1}{5}=\frac{1}{4}$$

262 답 ④

$P(B|A)=\frac{1}{4}$에서 $\dfrac{P(A\cap B)}{P(A)}=\dfrac{1}{4}$

$$\therefore P(A)=4P(A\cap B)$$

$P(A|B)=\frac{1}{3}$에서 $\dfrac{P(A\cap B)}{P(B)}=\dfrac{1}{3}$

$$\therefore P(B)=3P(A\cap B)$$

$P(A)+P(B)=\frac{7}{10}$에서

$$4P(A\cap B)+3P(A\cap B)=\frac{7}{10}$$
$$7P(A\cap B)=\frac{7}{10}$$
$$\therefore P(A\cap B)=\frac{1}{10}$$

263 답 ③

전체 학생이 200명이므로

$$10a+b+(48-2a)+(b-8)=200$$
$$\therefore 4a+b=80 \quad \cdots\cdots \text{㉠}$$

남학생인 사건을 A, 휴대폰 요금제 A를 선택한 학생인 사건을 B라 하면

$$P(A)=\frac{10a+b}{200}, \quad P(A\cap B)=\frac{10a}{200}$$

임의로 택한 1명이 남학생일 때, 그 학생이 휴대폰 요금제 A를 선택한 학생일 확률은

$$P(B|A)=\frac{P(A\cap B)}{P(A)}$$
$$=\frac{\frac{10a}{200}}{\frac{10a+b}{200}}=\frac{10a}{10a+b}$$

즉, $\dfrac{10a}{10a+b}=\dfrac{5}{8}$이므로

$$6a-b=0 \quad \cdots\cdots \text{㉡}$$

㉠, ㉡을 연립하여 풀면 $a=8$, $b=48$

$$\therefore b-a=40$$

264 답 300명

남학생의 수를 a라 하면 여학생의 수는 $450-a$이고 헌혈 경험 여부를 표로 나타내면 다음과 같다.

(단위: 명)

	남학생	여학생	합계
헌혈 경험 있음	$0.7a$	$0.4(450-a)$	$180+0.3a$
헌혈 경험 없음	$0.3a$	$0.6(450-a)$	$270-0.3a$
합계	a	$450-a$	450

헌혈 경험이 있는 학생인 사건을 A, 남학생인 사건을 B라 하면

$$P(A)=\frac{180+0.3a}{450},\ P(A\cap B)=\frac{0.7a}{450}$$

$$\therefore p=P(B\,|\,A)=\frac{P(A\cap B)}{P(A)}$$

$$=\frac{\dfrac{0.7a}{450}}{\dfrac{180+0.3a}{450}}=\frac{0.7a}{180+0.3a}$$

또 $P(A\cap B^C)=\dfrac{0.4(450-a)}{450}$ 이므로

$$q=P(B^C\,|\,A)=\frac{P(A\cap B^C)}{P(A)}$$

$$=\frac{\dfrac{0.4(450-a)}{450}}{\dfrac{180+0.3a}{450}}=\frac{180-0.4a}{180+0.3a}$$

이때 $2p=7q$에서

$$2\times\frac{0.7a}{180+0.3a}=7\times\frac{180-0.4a}{180+0.3a}$$

$$1.4a=1260-2.8a,\ 4.2a=1260$$

$$\therefore a=300$$

따라서 이 학교의 남학생은 300명이다.

265 답 $\dfrac{1}{4}$

$f(2)\le f(3)$을 만족시키는 함수인 사건을 A,
$f(1)+f(4)=5$를 만족시키는 함수인 사건을 B라 하자.

(i) $f(2)\le f(3)$을 만족시킬 확률

 $f(2)$, $f(3)$의 값을 정하는 경우의 수는
 ${}_4H_2={}_5C_2=10$

 $f(1)$, $f(4)$의 값을 정하는 경우의 수는 ${}_4\Pi_2=16$
 따라서 $f(2)\le f(3)$을 만족시키는 함수의 개수는
 $10\times16=160$

$$\therefore P(A)=\frac{160}{{}_4\Pi_4}=\frac{5}{8}$$

(ii) $f(2)\le f(3)$을 만족시키고, $f(1)+f(4)=5$를 만
 족시킬 확률

 $f(2)$, $f(3)$의 값을 정하는 경우의 수는
 ${}_4H_2={}_5C_2=10$

 $f(1)+f(4)=5$를 만족시키는 경우는
 $f(1)=1,\ f(4)=4$ 또는 $f(1)=2,\ f(4)=3$
 또는 $f(1)=3,\ f(4)=2$
 또는 $f(1)=4,\ f(4)=1$의 4가지

따라서 $f(2)\le f(3)$을 만족시키고,
$f(1)+f(4)=5$를 만족시키는 함수의 개수는
 $10\times4=40$

$$\therefore P(A\cap B)=\frac{40}{{}_4\Pi_4}=\frac{5}{32}$$

(i), (ii)에서 구하는 확률은

$$P(B\,|\,A)=\frac{P(A\cap B)}{P(A)}$$

$$=\frac{\dfrac{5}{32}}{\dfrac{5}{8}}=\frac{1}{4}$$

266 답 8

검은 볼펜의 개수를 n이라 하자.

진우가 검은 볼펜을 꺼내는 사건을 A, 은지가 파란 볼펜을 꺼내는 사건을 B라 하면

진우가 검은 볼펜을 꺼낼 확률은 $P(A)=\dfrac{n}{12}$

진우가 검은 볼펜을 꺼냈을 때, 은지가 파란 볼펜을 꺼낼 확률은 $P(B\,|\,A)=\dfrac{12-n}{11}$

따라서 진우가 검은 볼펜, 은지가 파란 볼펜을 꺼낼 확률은

$$P(A\cap B)=P(A)P(B\,|\,A)$$

$$=\frac{n}{12}\times\frac{12-n}{11}$$

$$=\frac{n(12-n)}{132} \qquad\blacktriangleright\!\!\blacktriangleright\!\!\blacktriangleright\ \pmb{❶}$$

즉, $\dfrac{n(12-n)}{132}=\dfrac{8}{33}$이므로 $n(12-n)=32$

$n^2-12n+32=0,\ (n-4)(n-8)=0$

$$\therefore n=4\ \text{또는}\ n=8$$

그런데 검은 볼펜이 파란 볼펜보다 많으므로 $n=8$
따라서 검은 볼펜의 개수는 8이다. $\qquad\blacktriangleright\!\!\blacktriangleright\!\!\blacktriangleright\ \pmb{❷}$

단계	채점 기준	비율
❶	검은 볼펜의 개수를 n이라 할 때, 진우가 검은 볼펜, 은지가 파란 볼펜을 꺼낼 확률을 n에 대하여 나타내기	40 %
❷	검은 볼펜의 개수 구하기	60 %

267 답 $\dfrac{17}{48}$

다음 날 비가 오는 사건을 A, 이틀 후 비가 오는 사건을 B라 하자.

(ⅰ) 다음 날 비가 오고 이틀 후 비가 올 확률은

$$P(A \cap B) = P(A)P(B|A) = \frac{1}{4} \times \frac{2}{3} = \frac{1}{6}$$

(ⅱ) 다음 날 비가 오지 않고 이틀 후 비가 올 확률은

$$P(A^c \cap B) = P(A^c)P(B|A^c)$$
$$= \left(1 - \frac{1}{4}\right) \times \frac{1}{4} = \frac{3}{4} \times \frac{1}{4} = \frac{3}{16}$$

(ⅰ), (ⅱ)에서 구하는 확률은

$$P(B) = P(A \cap B) + P(A^c \cap B)$$
$$= \frac{1}{6} + \frac{3}{16} = \frac{17}{48}$$

268 답 ⑤

암에 걸린 사람인 사건을 A, 암이라 진단하는 사건을 B라 하자.

(ⅰ) 암에 걸린 사람이고 그 사람을 암이라 진단할 확률은

$$P(A \cap B) = P(A)P(B|A)$$
$$= \frac{n}{n+800} \times \frac{85}{100} = \frac{17n}{20n+16000}$$

(ⅱ) 암에 걸리지 않은 사람이고 그 사람을 암이라 진단할 확률은

$$P(A^c \cap B) = P(A^c)P(B|A^c)$$
$$= \frac{800}{n+800} \times \left(1 - \frac{85}{100}\right)$$
$$= \frac{800}{n+800} \times \frac{15}{100} = \frac{2400}{20n+16000}$$

(ⅰ), (ⅱ)에서

$$P(B) = P(A \cap B) + P(A^c \cap B)$$
$$= \frac{17n}{20n+16000} + \frac{2400}{20n+16000}$$
$$= \frac{17n+2400}{20n+16000}$$

즉, $\dfrac{17n+2400}{20n+16000} = \dfrac{29}{100}$ 이므로

$$1700n + 240000 = 580n + 464000$$
$$1120n = 224000 \qquad \therefore n = 200$$

269 답 $\dfrac{9}{23}$

남자가 작성한 후기인 사건을 A, 단어 '디자인'이 포함된 후기인 사건을 B라 하자.

(ⅰ) 남자가 작성하고 단어 '디자인'이 포함된 후기일 확률은

$$P(A \cap B) = P(A)P(B|A) = 0.6 \times 0.3 = 0.18$$

(ⅱ) 여자가 작성하고 단어 '디자인'이 포함된 후기일 확률은

$$P(A^c \cap B) = P(A^c)P(B|A^c)$$
$$= (1 - 0.6) \times 0.7 = 0.4 \times 0.7 = 0.28$$

(ⅰ), (ⅱ)에서 단어 '디자인'이 포함된 후기일 확률은

$$P(B) = P(A \cap B) + P(A^c \cap B)$$
$$= 0.18 + 0.28 = 0.46$$

따라서 구하는 확률은

$$P(A|B) = \frac{P(A \cap B)}{P(B)} = \frac{0.18}{0.46} = \frac{9}{23}$$

270 답 ③

| 접근 방법 | 3이 적힌 공을 2개 꺼내는 경우와 4가 적힌 공을 2개 꺼내는 경우로 나누어 생각한다. 이때 3, 4가 적힌 공을 모두 꺼내는 경우가 중복됨에 유의한다.

꺼낸 공에 적힌 수가 같은 것이 있는 사건을 A, 꺼낸 공 중 검은 공이 2개인 사건을 B라 하자.

(ⅰ) 꺼낸 공에 적힌 수가 같은 것이 있을 확률

3이 적힌 공 2개를 꺼낸 후 나머지 6개의 공 중에서 2개를 꺼내는 경우의 수는 $_6C_2 = 15$

4가 적힌 공 2개를 꺼낸 후 나머지 6개의 공 중에서 2개를 꺼내는 경우의 수는 $_6C_2 = 15$

이때 3, 4가 적힌 흰 공 2개와 3, 4가 적힌 검은 공 2개를 꺼내는 경우가 중복되므로 그 경우의 수는 1

$$\therefore P(A) = \frac{15+15-1}{_8C_4} = \frac{29}{70}$$

(ⅱ) 꺼낸 공에 적힌 수가 같은 것이 있고, 검은 공이 2개일 확률

3이 적힌 공 2개를 꺼낸 후 검은 공 3개 중에서 1개, 흰 공 3개 중에서 1개를 꺼내는 경우의 수는 $_3C_1 \times _3C_1 = 9$

4가 적힌 공 2개를 꺼낸 후 검은 공 3개 중에서 1개, 흰 공 3개 중에서 1개를 꺼내는 경우의 수는 $_3C_1 \times _3C_1 = 9$

이때 3, 4가 적힌 흰 공 2개와 3, 4가 적힌 검은 공 2개를 꺼내는 경우가 중복되므로 그 경우의 수는 1

$$\therefore P(A \cap B) = \frac{9+9-1}{_8C_4} = \frac{17}{70}$$

(ⅰ), (ⅱ)에서 구하는 확률은

$$P(B|A) = \frac{P(A \cap B)}{P(A)} = \frac{\frac{17}{70}}{\frac{29}{70}} = \frac{17}{29}$$

271 답 47

| 접근 방법 | 전체 학생 수를 a로 놓고 주어진 조건을 이용하여 표로 나타낸다.

전체 학생 수를 a라 하자.

점심에 한식을 선택한 학생 수는 $0.6a$

점심에 양식을 선택한 학생 수는 $0.4a$

또 점심에 양식을 선택하고 저녁에도 양식을 선택한 학생 수는

$0.4a \times 0.25 = 0.1a$

점심에 한식을 선택하고 저녁에도 한식을 선택한 학생 수는

$0.6a \times 0.3 = 0.18a$

따라서 주어진 조건을 표로 나타내면 다음과 같다.

(단위: 명)

	저녁 한식	저녁 양식	합계
점심 한식	$0.18a$	$0.42a$	$0.6a$
점심 양식	$0.3a$	$0.1a$	$0.4a$
합계	$0.48a$	$0.52a$	a

저녁에 양식을 선택한 학생인 사건을 A, 점심에 한식을 선택한 학생인 사건을 B라 하면

$$\mathrm{P}(B|A) = \frac{\mathrm{P}(A \cap B)}{\mathrm{P}(A)}$$

$$= \frac{\dfrac{0.42a}{a}}{\dfrac{0.52a}{a}} = \frac{21}{26}$$

따라서 $p=26$, $q=21$이므로

$p+q=47$

272 답 $\dfrac{44}{105}$

| 접근 방법 | 진호가 수진이에게 주는 파란 구슬이 2개, 1개, 0개인 경우로 나누어 수진이가 갖게 되는 파란 구슬과 노란 구슬의 개수를 확인한다.

(ⅰ) 진호가 수진이에게 파란 구슬 2개를 주는 경우

진호가 파란 구슬 2개를 주면 진호는 파란 구슬 2개, 노란 구슬 2개를 갖게 되고, 수진이는 파란 구슬 4개, 노란 구슬 4개를 갖게 된다.

파란 구슬의 개수가 같으려면 수진이는 파란 구슬 1개, 노란 구슬 1개를 진호에게 주어야 하므로 그 확률은

$$\frac{{}_4\mathrm{C}_2}{{}_6\mathrm{C}_2} \times \frac{{}_4\mathrm{C}_1 \times {}_4\mathrm{C}_1}{{}_8\mathrm{C}_2} = \frac{6}{15} \times \frac{16}{28} = \frac{8}{35}$$

(ⅱ) 진호가 수진이에게 파란 구슬 1개, 노란 구슬 1개를 주는 경우

진호가 파란 구슬 1개, 노란 구슬 1개를 주면 진호는 파란 구슬 3개, 노란 구슬 1개를 갖게 되고, 수진이는 파란 구슬 3개, 노란 구슬 5개를 갖게 된다.

파란 구슬의 개수가 같으려면 수진이는 노란 구슬 2개를 진호에게 주어야 하므로 그 확률은

$$\frac{{}_4\mathrm{C}_1 \times {}_2\mathrm{C}_1}{{}_6\mathrm{C}_2} \times \frac{{}_5\mathrm{C}_2}{{}_8\mathrm{C}_2} = \frac{8}{15} \times \frac{10}{28} = \frac{4}{21}$$

(ⅲ) 진호가 수진이에게 노란 구슬 2개를 주는 경우

진호가 노란 구슬 2개를 주면 진호는 파란 구슬 4개, 노란 구슬 0개를 갖게 되고, 수진이는 파란 구슬 2개, 노란 구슬 6개를 갖게 된다.

이때 수진이가 진호에게 어떤 구슬을 주어도 파란 구슬의 개수가 같아질 수 없다.

(ⅰ), (ⅱ), (ⅲ)에서 구하는 확률은

$$\frac{8}{35} + \frac{4}{21} = \frac{44}{105}$$

273 답 ⑤

| 접근 방법 | a의 값에 따라 경우를 나누어 b의 값을 구하고 각각의 확률을 구한다.

$3a \le b$인 사건을 A, 흰 공을 1개 꺼내는 사건을 B라 하자.

$a+b=4$이므로 $b=4-a$ $\quad \cdots\cdots$ ㉠

$3a \le b$에서 $3a \le 4-a$ $\quad \therefore a \le 1$

(ⅰ) $a=0$인 경우

㉠에서 $b=4$

따라서 검은 공 4개를 꺼낼 확률은

$$\frac{{}_5\mathrm{C}_4}{{}_9\mathrm{C}_4} = \frac{5}{126}$$

(ⅱ) $a=1$인 경우

㉠에서 $b=3$

따라서 흰 공 1개, 검은 공 3개를 꺼낼 확률은

$$\frac{{}_4\mathrm{C}_1 \times {}_5\mathrm{C}_3}{{}_9\mathrm{C}_4} = \frac{40}{126} \quad \blacktriangleleft \mathrm{P}(A \cap B) = \frac{40}{126}$$

(ⅰ), (ⅱ)에서 $\mathrm{P}(A) = \dfrac{5}{126} + \dfrac{40}{126} = \dfrac{5}{14}$

따라서 구하는 확률은

$$\mathrm{P}(B|A) = \frac{\mathrm{P}(A \cap B)}{\mathrm{P}(A)} = \frac{\dfrac{40}{126}}{\dfrac{5}{14}} = \frac{8}{9}$$

02 사건의 독립과 종속

274 답 (1) $\dfrac{1}{4}$ (2) $\dfrac{1}{7}$

(1) $P(A|B)=P(A)=\dfrac{1}{4}$

(2) $P(A\cap B)=P(A)P(B)=\dfrac{1}{4}\times\dfrac{4}{7}=\dfrac{1}{7}$

275 답 ㄱ, ㄴ

표본공간을 S라 하면 $S=\{1,\,2,\,3,\,\cdots,\,10\}$이므로

$A=\{1,\,3,\,5,\,7,\,9\}$, $B=\{1,\,2,\,3,\,6\}$, $C=\{5,\,10\}$

$\therefore\ P(A)=\dfrac{5}{10}=\dfrac{1}{2}$, $P(B)=\dfrac{4}{10}=\dfrac{2}{5}$,

$\quad P(C)=\dfrac{2}{10}=\dfrac{1}{5}$

ㄱ. $A\cap B=\{1,\,3\}$이므로 $P(A\cap B)=\dfrac{2}{10}=\dfrac{1}{5}$

$\quad P(A)P(B)=\dfrac{1}{2}\times\dfrac{2}{5}=\dfrac{1}{5}$이므로

$\quad P(A\cap B)=P(A)P(B)$

$\qquad$ 따라서 두 사건 A, B는 서로 독립이다.

ㄴ. $A\cap C=\{5\}$이므로 $P(A\cap C)=\dfrac{1}{10}$

$\quad P(A)P(C)=\dfrac{1}{2}\times\dfrac{1}{5}=\dfrac{1}{10}$이므로

$\quad P(A\cap C)=P(A)P(C)$

$\qquad$ 따라서 두 사건 A, C는 서로 독립이다.

ㄷ. $B\cap C=\varnothing$이므로 $P(B\cap C)=0$

$\quad P(B)P(C)=\dfrac{2}{5}\times\dfrac{1}{5}=\dfrac{2}{25}$이므로

$\quad P(B\cap C)\neq P(B)P(C)$

$\qquad$ 따라서 두 사건 B, C는 서로 종속이다.

따라서 보기에서 서로 독립인 사건은 ㄱ, ㄴ이다.

276 답 ㄴ

$S=\{1,\,2,\,4,\,5,\,10,\,20\}$이므로 $A=\{1,\,2,\,4,\,5\}$라

하면

$P(A)=\dfrac{4}{6}=\dfrac{2}{3}$

ㄱ. $B=\{1,\,2\}$라 하면 $P(B)=\dfrac{2}{6}=\dfrac{1}{3}$

$\quad A\cap B=\{1,\,2\}$이므로

$\quad P(A\cap B)=\dfrac{2}{6}=\dfrac{1}{3}$

$\quad P(A)P(B)=\dfrac{2}{3}\times\dfrac{1}{3}=\dfrac{2}{9}$이므로

$\quad P(A\cap B)\neq P(A)P(B)$

$\qquad$ 따라서 두 사건 A, B는 서로 종속이다.

ㄴ. $C=\{4,\,5,\,10\}$이라 하면 $P(C)=\dfrac{3}{6}=\dfrac{1}{2}$

$\quad A\cap C=\{4,\,5\}$이므로

$\quad P(A\cap C)=\dfrac{2}{6}=\dfrac{1}{3}$

$\quad P(A)P(C)=\dfrac{2}{3}\times\dfrac{1}{2}=\dfrac{1}{3}$이므로

$\quad P(A\cap C)=P(A)P(C)$

$\qquad$ 따라서 두 사건 A, C는 서로 독립이다.

ㄷ. $D=\{5,\,10,\,20\}$이라 하면 $P(D)=\dfrac{3}{6}=\dfrac{1}{2}$

$\quad A\cap D=\{5\}$이므로

$\quad P(A\cap D)=\dfrac{1}{6}$

$\quad P(A)P(D)=\dfrac{2}{3}\times\dfrac{1}{2}=\dfrac{1}{3}$이므로

$\quad P(A\cap D)\neq P(A)P(D)$

$\qquad$ 따라서 두 사건 A, D는 서로 종속이다.

ㄹ. $E=\{1,\,4,\,5,\,20\}$이라 하면 $P(E)=\dfrac{4}{6}=\dfrac{2}{3}$

$\quad A\cap E=\{1,\,4,\,5\}$이므로

$\quad P(A\cap E)=\dfrac{3}{6}=\dfrac{1}{2}$

$\quad P(A)P(E)=\dfrac{2}{3}\times\dfrac{2}{3}=\dfrac{4}{9}$이므로

$\quad P(A\cap E)\neq P(A)P(E)$

$\qquad$ 따라서 두 사건 A, E는 서로 종속이다.

따라서 보기에서 서로 독립인 사건은 ㄴ이다.

277 답 종속

$P(A)=\dfrac{12}{30}=\dfrac{2}{5}$, $P(B)=\dfrac{10}{30}=\dfrac{1}{3}$,

$P(A\cap B)=\dfrac{5}{30}=\dfrac{1}{6}$이고

$P(A)P(B)=\dfrac{2}{5}\times\dfrac{1}{3}=\dfrac{2}{15}$이므로

$P(A\cap B)\neq P(A)P(B)$

따라서 두 사건 A, B는 서로 종속이다.

278 답 **2**

표본공간을 S라 하면 $S=\{1, 2, 3, 4\}$이므로

$A=\{2, 3\}$

$\therefore \mathrm{P}(A)=\dfrac{2}{4}=\dfrac{1}{2}$

(i) $k=1$일 때

$\quad B_1=\{2, 3, 4\}$, $A\cap B_1=\{2, 3\}$이므로

$\quad \mathrm{P}(B_1)=\dfrac{3}{4}$, $\mathrm{P}(A\cap B_1)=\dfrac{2}{4}=\dfrac{1}{2}$

$\quad \mathrm{P}(A)\mathrm{P}(B_1)=\dfrac{1}{2}\times\dfrac{3}{4}=\dfrac{3}{8}$이므로

$\quad \mathrm{P}(A\cap B_1)\neq\mathrm{P}(A)\mathrm{P}(B_1)$

$\quad$ 따라서 두 사건 A, B_1은 서로 종속이다.

(ii) $k=2$일 때

$\quad B_2=\{3, 4\}$, $A\cap B_2=\{3\}$이므로

$\quad \mathrm{P}(B_2)=\dfrac{2}{4}=\dfrac{1}{2}$, $\mathrm{P}(A\cap B_2)=\dfrac{1}{4}$

$\quad \mathrm{P}(A)\mathrm{P}(B_2)=\dfrac{1}{2}\times\dfrac{1}{2}=\dfrac{1}{4}$이므로

$\quad \mathrm{P}(A\cap B_2)=\mathrm{P}(A)\mathrm{P}(B_2)$

$\quad$ 따라서 두 사건 A, B_2는 서로 독립이다.

(iii) $k=3$일 때

$\quad B_3=\{4\}$, $A\cap B_3=\varnothing$이므로

$\quad \mathrm{P}(B_3)=\dfrac{1}{4}$, $\mathrm{P}(A\cap B_3)=0$

$\quad \mathrm{P}(A)\mathrm{P}(B_3)=\dfrac{1}{2}\times\dfrac{1}{4}=\dfrac{1}{8}$이므로

$\quad \mathrm{P}(A\cap B_3)\neq\mathrm{P}(A)\mathrm{P}(B_3)$

$\quad$ 따라서 두 사건 A, B_3은 서로 종속이다.

(i), (ii), (iii)에서 구하는 자연수 k의 값은 2이다.

279 답 $\dfrac{2}{15}$

두 사건 A, B가 서로 독립이므로

$\mathrm{P}(B|A)=\mathrm{P}(B)=\dfrac{2}{3}$

$\mathrm{P}(A\cup B)=\mathrm{P}(A)+\mathrm{P}(B)-\mathrm{P}(A\cap B)$이므로

$\mathrm{P}(A\cup B)=\mathrm{P}(A)+\mathrm{P}(B)-\mathrm{P}(A)\mathrm{P}(B)$

$\dfrac{11}{15}=\mathrm{P}(A)+\dfrac{2}{3}-\dfrac{2}{3}\mathrm{P}(A)$

$\dfrac{1}{3}\mathrm{P}(A)=\dfrac{1}{15}$

$\therefore \mathrm{P}(A)=\dfrac{1}{5}$

$\therefore \mathrm{P}(A\cap B)=\mathrm{P}(A)\mathrm{P}(B)$

$\qquad\qquad\quad=\dfrac{1}{5}\times\dfrac{2}{3}=\dfrac{2}{15}$

280 답 $\dfrac{2}{9}$

두 사건 A, B가 서로 독립이면 두 사건 A^c, B도 서로 독립이므로

$\mathrm{P}(A^c\cap B)=\mathrm{P}(A^c)\mathrm{P}(B)$

$\qquad\qquad\quad=\left(1-\dfrac{1}{2}\right)\times\dfrac{4}{9}=\dfrac{2}{9}$

| 다른 풀이 |

두 사건 A, B가 서로 독립이므로

$\mathrm{P}(A^c\cap B)=\mathrm{P}(B)-\mathrm{P}(A\cap B)$

$\qquad\qquad\quad=\mathrm{P}(B)-\mathrm{P}(A)\mathrm{P}(B)$

$\qquad\qquad\quad=\dfrac{4}{9}-\dfrac{1}{2}\times\dfrac{4}{9}=\dfrac{2}{9}$

281 답 $\dfrac{5}{8}$

두 사건 A, B가 서로 독립이므로

$\mathrm{P}(A\cap B)=\mathrm{P}(A)\mathrm{P}(B)$

이때 $\mathrm{P}(A)=2\mathrm{P}(B)$이므로

$\mathrm{P}(A\cap B)=2\mathrm{P}(B)\times\mathrm{P}(B)$

$\qquad\qquad\quad=2\{\mathrm{P}(B)\}^2$

즉, $2\{\mathrm{P}(B)\}^2=\dfrac{1}{8}$이므로

$\mathrm{P}(B)=\dfrac{1}{4}$ $(\because \mathrm{P}(B)>0)$

$\therefore \mathrm{P}(A)=2\mathrm{P}(B)=2\times\dfrac{1}{4}=\dfrac{1}{2}$

$\therefore \mathrm{P}(A\cup B)=\mathrm{P}(A)+\mathrm{P}(B)-\mathrm{P}(A\cap B)$

$\qquad\qquad\quad=\dfrac{1}{2}+\dfrac{1}{4}-\dfrac{1}{8}=\dfrac{5}{8}$

282 답 $\dfrac{1}{6}$

두 사건 A, B가 서로 독립이면 두 사건 A^c, B^c도 서로 독립이므로

$\mathrm{P}(A^c\cap B^c)=\mathrm{P}(A^c)\mathrm{P}(B^c)$

$\mathrm{P}(A^c\cap B^c)=\{1-\mathrm{P}(A)\}\{1-\mathrm{P}(B)\}$

$\dfrac{1}{2}=\left(1-\dfrac{2}{5}\right)\{1-\mathrm{P}(B)\}$

$1-\mathrm{P}(B)=\dfrac{5}{6}$

$\therefore \mathrm{P}(B)=\dfrac{1}{6}$

| 다른 풀이 |

$\mathrm{P}(A^c\cap B^c)=\mathrm{P}((A\cup B)^c)=\dfrac{1}{2}$이므로

$\mathrm{P}(A\cup B)=1-\mathrm{P}((A\cup B)^c)$

$\qquad\qquad\quad=1-\dfrac{1}{2}=\dfrac{1}{2}$

두 사건 A, B가 서로 독립이므로
$\mathrm{P}(A\cup B)=\mathrm{P}(A)+\mathrm{P}(B)-\mathrm{P}(A\cap B)$에서
$\mathrm{P}(A\cup B)=\mathrm{P}(A)+\mathrm{P}(B)-\mathrm{P}(A)\mathrm{P}(B)$
$\dfrac{1}{2}=\dfrac{2}{5}+\mathrm{P}(B)-\dfrac{2}{5}\mathrm{P}(B)$
$\dfrac{3}{5}\mathrm{P}(B)=\dfrac{1}{10}$　　$\therefore \mathrm{P}(B)=\dfrac{1}{6}$

283　답 $\dfrac{8}{15}$

야구 선수 A, B가 안타를 치는 사건을 각각 A, B라
하면 두 사건 A, B는 서로 독립이다.
야구 선수 A, B가 모두 안타를 치는 사건은 $A\cap B$이
므로 구하는 확률은
$\mathrm{P}(A\cap B)=\mathrm{P}(A)\mathrm{P}(B)$
$\qquad\qquad=\dfrac{2}{3}\times\dfrac{4}{5}=\dfrac{8}{15}$

284　답 $\dfrac{37}{56}$

총을 한 발씩 쏠 때, 지민이와 민재가 명중하는 사건
을 각각 A, B라 하면 두 사건 A, B는 서로 독립이다.
(i) 지민이만 명중하는 경우
　지민이가 명중하고 민재가 명중하지 못하는 사건
　은 $A\cap B^C$이다.
　이때 두 사건 A, B가 서로 독립이면 두 사건 A,
　B^C도 서로 독립이므로
　$\mathrm{P}(A\cap B^C)=\mathrm{P}(A)\mathrm{P}(B^C)$
　$\qquad\qquad=\dfrac{5}{7}\times\left(1-\dfrac{1}{8}\right)=\dfrac{5}{8}$
(ii) 민재만 명중하는 경우
　지민이가 명중하지 못하고 민재가 명중하는 사건
　은 $A^C\cap B$이다.
　이때 두 사건 A, B가 서로 독립이면 두 사건 A^C,
　B도 서로 독립이므로
　$\mathrm{P}(A^C\cap B)=\mathrm{P}(A^C)\mathrm{P}(B)$
　$\qquad\qquad=\left(1-\dfrac{5}{7}\right)\times\dfrac{1}{8}=\dfrac{1}{28}$
(i), (ii)에서 구하는 확률은
$\mathrm{P}(A\cap B^C)+\mathrm{P}(A^C\cap B)=\dfrac{5}{8}+\dfrac{1}{28}=\dfrac{37}{56}$

285　답 0.94

규민이와 가은이가 예선을 통과하는 사건을 각각 A,
B라 하면 두 사건 A, B는 서로 독립이다.

두 사람 중 적어도 1명이 예선을 통과하는 사건은
$(A^C\cap B^C)^C$이고, 이때 $A^C\cap B^C$는 두 사람이 모두 예
선을 통과하지 못하는 사건이다.
두 사건 A, B가 서로 독립이면 두 사건 A^C, B^C도 서
로 독립이므로
$\mathrm{P}(A^C\cap B^C)=\mathrm{P}(A^C)\mathrm{P}(B^C)$
$\qquad\qquad=(1-0.8)\times(1-0.7)=0.06$
따라서 구하는 확률은
$\mathrm{P}((A^C\cap B^C)^C)=1-\mathrm{P}(A^C\cap B^C)$
$\qquad\qquad\qquad=1-0.06=0.94$

| 다른 풀이 |

규민이와 가은이가 예선을 통과하는 사건을 각각 A,
B라 하면 두 사건 A, B는 서로 독립이다.
적어도 1명이 예선을 통과하는 사건은 $A\cup B$이므로
구하는 확률은
$\mathrm{P}(A\cup B)=\mathrm{P}(A)+\mathrm{P}(B)-\mathrm{P}(A\cap B)$
$\qquad\qquad=\mathrm{P}(A)+\mathrm{P}(B)-\mathrm{P}(A)\mathrm{P}(B)$
$\qquad\qquad=0.8+0.7-0.8\times0.7=0.94$

286　답 $\dfrac{3}{4}$

혜빈이와 영주가 시험에 합격하는 사건을 각각 A, B
라 하면 두 사건 A, B는 서로 독립이다.
이때 두 사람이 모두 합격하지 못하는 사건은 $A^C\cap B^C$
이고, 두 사건 A, B가 서로 독립이면 두 사건 A^C, B^C
도 서로 독립이므로
$\mathrm{P}(A^C\cap B^C)=\mathrm{P}(A^C)\mathrm{P}(B^C)$
$\qquad\qquad=\left(1-\dfrac{3}{5}\right)\times(1-p)$
$\qquad\qquad=\dfrac{2}{5}(1-p)$
즉, $\dfrac{2}{5}(1-p)=\dfrac{1}{10}$이므로
$1-p=\dfrac{1}{4}$
$\therefore p=\dfrac{3}{4}$

287　답 ㄱ, ㄴ

ㄱ. 두 사건 A, B가 서로 독립이므로
　$\mathrm{P}(A\cap B)=\mathrm{P}(A)\mathrm{P}(B)$
　$\mathrm{P}(A\cup B)=\mathrm{P}(A)+\mathrm{P}(B)-\mathrm{P}(A\cap B)$에서
　$\mathrm{P}(A\cup B)=\mathrm{P}(A)+\mathrm{P}(B)-\mathrm{P}(A)\mathrm{P}(B)$
ㄴ. 사건 A와 여사건 A^C는 서로 배반사건이므로 서
　로 종속이다.

ㄷ. [반례] 표본공간 $S=\{1,\ 2,\ 3,\ 4\}$에 대하여
$A=\{1,\ 2\}$, $B=\{1,\ 2,\ 3\}$이라 하면
$A\cap B=\{1,\ 2\}$이므로 두 사건 A, B는 서로 배
반사건이 아니다.

이때 $\mathrm{P}(A)\mathrm{P}(B)=\dfrac{1}{2}\times\dfrac{3}{4}=\dfrac{3}{8}$,

$\mathrm{P}(A\cap B)=\dfrac{1}{2}$이므로

$\mathrm{P}(A\cap B)\neq\mathrm{P}(A)\mathrm{P}(B)$

따라서 두 사건 A, B는 서로 종속이다.

따라서 보기에서 옳은 것은 ㄱ, ㄴ이다.

288 🔲 (1) **0.6** (2) **0.4** (3) **0.432**

(2) $\mathrm{P}(A^C)=1-0.6=0.4$

(3) $_3\mathrm{C}_2(0.6)^2(0.4)^1=0.432$

289 🔲 (1) $\dfrac{80}{243}$ (2) $\dfrac{11}{243}$

(1) 구하는 확률은

$$_5\mathrm{C}_2\left(\dfrac{1}{3}\right)^2\left(\dfrac{2}{3}\right)^3=\dfrac{80}{243}$$

(2) (i) 자유투를 4번 성공할 확률은

$$_5\mathrm{C}_4\left(\dfrac{1}{3}\right)^4\left(\dfrac{2}{3}\right)^1=\dfrac{10}{243}$$

(ii) 자유투를 5번 성공할 확률은

$$_5\mathrm{C}_5\left(\dfrac{1}{3}\right)^5=\dfrac{1}{243}$$

(i), (ii)에서 구하는 확률은

$$\dfrac{10}{243}+\dfrac{1}{243}=\dfrac{11}{243}$$

290 🔲 ③

한 개의 주사위를 던져서 소수의 눈이 나올 확률은

$$\dfrac{3}{6}=\dfrac{1}{2}$$

따라서 구하는 확률은

$$_3\mathrm{C}_1\left(\dfrac{1}{2}\right)^1\left(\dfrac{1}{2}\right)^2=\dfrac{3}{8}$$

291 🔲 $\dfrac{40}{243}$

서로 다른 색의 공을 꺼낼 확률은

$$\dfrac{_2\mathrm{C}_1\times{}_2\mathrm{C}_1}{_4\mathrm{C}_2}=\dfrac{2}{3}$$

따라서 구하는 확률은

$$_5\mathrm{C}_2\left(\dfrac{2}{3}\right)^2\left(\dfrac{1}{3}\right)^3=\dfrac{40}{243}$$

292 🔲 $\dfrac{67}{256}$

모두 같은 면이 적어도 2번 나오는 사건을 A라 하면
A^C는 모두 같은 면이 한 번도 나오지 않거나 한 번만
나오는 사건이다.

서로 다른 세 개의 동전을 동시에 던져서 모두 같은 면
이 나오는 경우는 모두 앞면이 나오거나 모두 뒷면이 나
오는 경우의 2가지이므로 그 확률은 $\dfrac{2}{2\times2\times2}=\dfrac{1}{4}$

$$\therefore\ \mathrm{P}(A^C)=_4\mathrm{C}_0\left(\dfrac{3}{4}\right)^4+{}_4\mathrm{C}_1\left(\dfrac{1}{4}\right)^1\left(\dfrac{3}{4}\right)^3$$

$$=\dfrac{81}{256}+\dfrac{108}{256}=\dfrac{189}{256}$$

따라서 구하는 확률은

$$\mathrm{P}(A)=1-\dfrac{189}{256}=\dfrac{67}{256}$$

293 🔲 $\dfrac{5}{32}$

A 팀이 6번째 경기에서 우승하려면 5번째 경기까지
는 먼저 4번을 이긴 팀이 없어야 한다.

즉, A 팀이 5번째 경기까지 3번 이겨야 하므로 그 확
률은
└─ A 팀이 3번, B 팀이 2번 이겨야 한다.

$$_5\mathrm{C}_3\left(\dfrac{1}{2}\right)^3\left(\dfrac{1}{2}\right)^2=\dfrac{5}{16}$$

6번째 경기에서 A 팀이 이길 확률은 $\dfrac{1}{2}$

따라서 구하는 확률은

$$\dfrac{5}{16}\times\dfrac{1}{2}=\dfrac{5}{32}$$

294 🔲 $\dfrac{32}{243}$

한 개의 동전을 던져서 앞면이 나올 확률은 $\dfrac{1}{2}$

한 개의 주사위를 던져서 나오는 눈의 수가 3의 배수

일 확률은 $\dfrac{2}{6}=\dfrac{1}{3}$

(ⅰ) 한 개의 동전을 던져서 앞면이 나오고, 한 개의 주사위를 4번 던져서 3의 배수의 눈이 3번 나올 확률은

$$\frac{1}{2}\times{}_4C_3\left(\frac{1}{3}\right)^3\left(\frac{2}{3}\right)^1=\frac{1}{2}\times\frac{8}{81}=\frac{4}{81}$$

(ⅱ) 한 개의 동전을 던져서 뒷면이 나오고, 한 개의 주사위를 5번 던져서 3의 배수의 눈이 3번 나올 확률은

$$\frac{1}{2}\times{}_5C_3\left(\frac{1}{3}\right)^3\left(\frac{2}{3}\right)^2=\frac{1}{2}\times\frac{40}{243}=\frac{20}{243}$$

(ⅰ), (ⅱ)에서 구하는 확률은

$$\frac{4}{81}+\frac{20}{243}=\frac{32}{243}$$

295 달 $\dfrac{189}{256}$

(ⅰ) 선수 A가 3번째 경기에서 우승하는 경우

선수 A가 연속으로 3번 이겨야 하므로 그 확률은

$${}_3C_3\left(\frac{3}{4}\right)^3=\frac{27}{64}$$

(ⅱ) 선수 A가 4번째 경기에서 우승하는 경우

선수 A가 3번째 경기까지 2번 이기고, 4번째 경기에서 이겨야 하므로 그 확률은

$${}_3C_2\left(\frac{3}{4}\right)^2\left(\frac{1}{4}\right)^1\times\frac{3}{4}=\frac{27}{64}\times\frac{3}{4}=\frac{81}{256}$$

(ⅰ), (ⅱ)에서 구하는 확률은

$$\frac{27}{64}+\frac{81}{256}=\frac{189}{256}$$

296 달 $\dfrac{3}{8}$

주머니에서 2개의 공을 동시에 꺼낼 때, 서로 다른 색의 공을 꺼낼 확률은

$$\frac{{}_2C_1\times{}_3C_1}{{}_5C_2}=\frac{3}{5}$$

한 개의 동전을 던져서 앞면이 나올 확률은 $\dfrac{1}{2}$

(ⅰ) 서로 다른 색의 공 2개를 꺼내고, 한 개의 동전을 3번 던져서 앞면이 2번 나올 확률은

$$\frac{3}{5}\times{}_3C_2\left(\frac{1}{2}\right)^2\left(\frac{1}{2}\right)^1=\frac{3}{5}\times\frac{3}{8}=\frac{9}{40}$$

(ⅱ) 서로 같은 색의 공 2개를 꺼내고, 한 개의 동전을 4번 던져서 앞면이 2번 나올 확률은

$$\frac{2}{5}\times{}_4C_2\left(\frac{1}{2}\right)^2\left(\frac{1}{2}\right)^2=\frac{2}{5}\times\frac{3}{8}=\frac{3}{20}$$

(ⅰ), (ⅱ)에서 구하는 확률은

$$\frac{9}{40}+\frac{3}{20}=\frac{3}{8}$$

297 달 $\dfrac{40}{243}$

한 개의 주사위를 던져서 나오는 눈의 수가 2 이하일 확률은

$$\frac{2}{6}=\frac{1}{3}$$

주사위를 5번 던져서 2 이하의 눈이 나오는 횟수를 x, 3 이상의 눈이 나오는 횟수를 y라 하면

$$x+y=5 \qquad\cdots\cdots\ ㉠$$

주사위를 5번 던져서 점 P가 -3의 위치에 있으므로

$$x-3y=-3 \qquad\cdots\cdots\ ㉡$$

㉠, ㉡을 연립하여 풀면 $x=3$, $y=2$

따라서 구하는 확률은 주사위를 5번 던져서 2 이하의 눈이 3번 나올 확률과 같으므로

$${}_5C_3\left(\frac{1}{3}\right)^3\left(\frac{2}{3}\right)^2=\frac{40}{243}$$

298 달 $\dfrac{8}{27}$

한 개의 주사위를 던져서 나오는 눈의 수가 6의 약수일 확률은

$$\frac{4}{6}=\frac{2}{3}$$

주사위를 4번 던져서 6의 약수의 눈이 나오는 횟수를 x, 6의 약수가 아닌 눈이 나오는 횟수를 y라 하자.

점 P가 원점에서 점 $(2,\ 4)$까지 이동하려면 x축으로 2칸, y축으로 4칸 이동해야 하므로

$$x=2,\ 2y=4 \qquad\therefore\ x=2,\ y=2$$

따라서 구하는 확률은 주사위를 4번 던져서 6의 약수의 눈이 2번 나올 확률과 같으므로

$${}_4C_2\left(\frac{2}{3}\right)^2\left(\frac{1}{3}\right)^2=\frac{8}{27}$$

299 달 $\dfrac{80}{243}$

상자에서 1개의 공을 꺼낼 때, 빨간 공을 꺼낼 확률은

$$\frac{4}{6}=\frac{2}{3}$$

6번의 시행을 해서 빨간 공이 나오는 횟수를 x, 파란 공이 나오는 횟수를 y라 하면

$$x+y=6 \qquad\cdots\cdots\ ㉠$$

6번의 시행을 한 후 8점을 얻어야 하므로

$$x+2y=8 \qquad\cdots\cdots\ ㉡$$

㉠, ㉡을 연립하여 풀면 $x=4$, $y=2$

따라서 구하는 확률은 6번의 시행에서 빨간 공이 4번 나올 확률과 같으므로

$$_6C_4\left(\frac{2}{3}\right)^4\left(\frac{1}{3}\right)^2=\frac{80}{243}$$

300 답 $\dfrac{5}{16}$

서로 다른 두 개의 동전을 동시에 던져서 서로 다른 면이 나올 확률은

$$\frac{2}{4}=\frac{1}{2}$$

서로 다른 두 개의 동전을 동시에 5번 던져서 서로 다른 면이 나오는 횟수를 x, 서로 같은 면이 나오는 횟수를 y라 하면

$$x+y=5 \qquad \cdots\cdots \text{㉠}$$

서로 다른 두 개의 동전을 동시에 5번 던져서 6점을 얻어야 하므로

$$15x-8y=6 \qquad \cdots\cdots \text{㉡}$$

㉠, ㉡을 연립하여 풀면 $x=2$, $y=3$

따라서 구하는 확률은 서로 다른 두 개의 동전을 동시에 5번 던져서 서로 다른 면이 2번 나올 확률과 같으므로

$$_5C_2\left(\frac{1}{2}\right)^2\left(\frac{1}{2}\right)^3=\frac{5}{16}$$

연습문제　　　　　152~154쪽

301 답 ㄱ, ㄹ

표본공간을 S라 하면 $S=\{1, 2, 3, \ldots, 12\}$이므로

$A=\{1, 2, 3, 4\}$, $B=\{4, 8, 12\}$,

$C=\{1, 2, 3, 4, 6, 12\}$, $D=\{1, 7\}$

$$\therefore \mathrm{P}(A)=\frac{4}{12}=\frac{1}{3},\ \mathrm{P}(B)=\frac{3}{12}=\frac{1}{4},$$

$$\mathrm{P}(C)=\frac{6}{12}=\frac{1}{2},\ \mathrm{P}(D)=\frac{2}{12}=\frac{1}{6}$$

ㄱ. $A\cap B=\{4\}$이므로

$$\mathrm{P}(A\cap B)=\frac{1}{12}$$

$$\mathrm{P}(A)\mathrm{P}(B)=\frac{1}{3}\times\frac{1}{4}=\frac{1}{12}\text{이므로}$$

$$\mathrm{P}(A\cap B)=\mathrm{P}(A)\mathrm{P}(B)$$

따라서 두 사건 A, B는 서로 독립이다.

ㄴ. $A\cap D=\{1\}$이므로

$$\mathrm{P}(A\cap D)=\frac{1}{12}$$

$$\mathrm{P}(A)\mathrm{P}(D)=\frac{1}{3}\times\frac{1}{6}=\frac{1}{18}\text{이므로}$$

$$\mathrm{P}(A\cap D)\neq\mathrm{P}(A)\mathrm{P}(D)$$

따라서 두 사건 A, D는 서로 종속이다.

ㄷ. $B\cap C=\{4, 12\}$이므로

$$\mathrm{P}(B\cap C)=\frac{2}{12}=\frac{1}{6}$$

$$\mathrm{P}(B)\mathrm{P}(C)=\frac{1}{4}\times\frac{1}{2}=\frac{1}{8}\text{이므로}$$

$$\mathrm{P}(B\cap C)\neq\mathrm{P}(B)\mathrm{P}(C)$$

따라서 두 사건 B, C는 서로 종속이다.

ㄹ. $C\cap D=\{1\}$이므로

$$\mathrm{P}(C\cap D)=\frac{1}{12}$$

$$\mathrm{P}(C)\mathrm{P}(D)=\frac{1}{2}\times\frac{1}{6}=\frac{1}{12}\text{이므로}$$

$$\mathrm{P}(C\cap D)=\mathrm{P}(C)\mathrm{P}(D)$$

따라서 두 사건 C, D는 서로 독립이다.

따라서 보기에서 서로 독립인 사건은 ㄱ, ㄹ이다.

302 답 $\dfrac{31}{36}$

$\mathrm{P}(B^C)=\dfrac{1}{6}$에서

$$\mathrm{P}(B)=1-\frac{1}{6}=\frac{5}{6}$$

두 사건 A, B가 서로 독립이므로

$$\begin{aligned}\mathrm{P}(A\cup B)&=\mathrm{P}(A)+\mathrm{P}(B)-\mathrm{P}(A\cap B)\\&=\mathrm{P}(A)+\mathrm{P}(B)-\mathrm{P}(A)\mathrm{P}(B)\\&=\frac{1}{6}+\frac{5}{6}-\frac{1}{6}\times\frac{5}{6}=\frac{31}{36}\end{aligned}$$

303 답 $\dfrac{1}{2}$

A, B가 시험에 합격하는 사건을 각각 A, B라 하자.

(i) A만 합격하는 경우

A가 시험에 합격하고 B가 시험에 합격하지 못하는 사건은 $A\cap B^C$이다.

이때 두 사건 A, B가 서로 독립이면 두 사건 A, B^C도 서로 독립이므로

$$\begin{aligned}\mathrm{P}(A\cap B^C)&=\mathrm{P}(A)\mathrm{P}(B^C)\\&=\frac{1}{2}\times\left(1-\frac{1}{3}\right)=\frac{1}{3}\end{aligned}$$

(ii) B만 합격하는 경우

A가 시험에 합격하지 못하고 B가 시험에 합격하는 사건은 $A^c \cap B$이다.

이때 두 사건 A, B가 서로 독립이면 두 사건 A^c, B도 서로 독립이므로

$$\mathrm{P}(A^c \cap B) = \mathrm{P}(A^c)\mathrm{P}(B)$$
$$= \left(1 - \frac{1}{2}\right) \times \frac{1}{3} = \frac{1}{6}$$

(i), (ii)에서 구하는 확률은

$$\mathrm{P}(A \cap B^c) + \mathrm{P}(A^c \cap B) = \frac{1}{3} + \frac{1}{6} = \frac{1}{2}$$

304 답 ③

남학생인 사건을 A, 수시 모집을 선호하는 학생인 사건을 B라 하면

$$\mathrm{P}(A) = \frac{16}{32} = \frac{1}{2}, \ \mathrm{P}(B) = \frac{14}{32} = \frac{7}{16},$$

$$\mathrm{P}(A \cap B) = \frac{a}{32}$$

두 사건 A, B가 서로 독립이므로

$\mathrm{P}(A \cap B) = \mathrm{P}(A)\mathrm{P}(B)$에서

$$\frac{a}{32} = \frac{1}{2} \times \frac{7}{16} \qquad \therefore a = 7$$

$a + b = 16$이므로 $b = 9$

$b + d = 18$이므로 $d = 9$

$$\therefore a + d = 7 + 9 = 16$$

305 답 $\dfrac{256}{729}$

한 개의 주사위를 던져서 5의 약수의 눈이 나올 확률은

$$\frac{2}{6} = \frac{1}{3}$$

(i) 5의 약수의 눈이 나오지 않을 확률은

$$_6\mathrm{C}_0 \left(\frac{2}{3}\right)^6 = \frac{64}{729}$$

(ii) 5의 약수의 눈이 한 번 나올 확률은

$$_6\mathrm{C}_1 \left(\frac{1}{3}\right)^1 \left(\frac{2}{3}\right)^5 = \frac{192}{729}$$

(i), (ii)에서 구하는 확률은 $\dfrac{64}{729} + \dfrac{192}{729} = \dfrac{256}{729}$

306 답 $\dfrac{3}{256}$

A 팀이 5번째 경기에서 우승하려면 4번째 경기까지는 먼저 4번 이긴 팀이 없어야 한다.

즉, A 팀이 4번째 경기까지 3번 이겨야 하므로 그 확률은

$$_4\mathrm{C}_3 \left(\frac{1}{4}\right)^3 \left(\frac{3}{4}\right)^1 = \frac{3}{64}$$

5번째 경기에서 A 팀이 이길 확률은 $\dfrac{1}{4}$

따라서 구하는 확률은 $\dfrac{3}{64} \times \dfrac{1}{4} = \dfrac{3}{256}$

307 답 45

표본공간을 S라 하면 $S = \{1, 2, 3, ..., 9\}$이므로

$$A = \{3, 6, 9\}$$

$$\therefore \mathrm{P}(A) = \frac{3}{9} = \frac{1}{3}$$

또 $n(A \cap B) = 1$에서 $\mathrm{P}(A \cap B) = \dfrac{1}{9}$

두 사건 A, B가 서로 독립이므로

$$\mathrm{P}(A \cap B) = \mathrm{P}(A)\mathrm{P}(B)$$

$$\frac{1}{9} = \frac{1}{3}\mathrm{P}(B) \qquad \therefore \mathrm{P}(B) = \frac{1}{3}$$

$\mathrm{P}(B) = \dfrac{1}{3} = \dfrac{3}{9}$이므로 $n(B) = 3$

따라서 사건 B는 사건 A의 원소 3개 중에서 1개, 여사건 A^c의 원소 6개 중에서 2개를 택하면 되므로 구하는 사건 B의 개수는

$$_3\mathrm{C}_1 \times _6\mathrm{C}_2 = 45$$

308 답 ㄴ, ㄷ

ㄱ. [반례] $\mathrm{P}(A) = \dfrac{1}{2}$, $\mathrm{P}(B) = \dfrac{1}{4}$, $\mathrm{P}(A \cap B) = \dfrac{1}{4}$

이면 $\mathrm{P}(B|A) = \mathrm{P}(A)$이지만

$\mathrm{P}(A \cap B) \neq \mathrm{P}(A)\mathrm{P}(B)$이므로 A, B는 서로 종속이다.

ㄴ. A, B가 서로 독립이면 $\mathrm{P}(A|B) = \mathrm{P}(A)$

또 A, B가 서로 독립이면 A^c, B도 서로 독립이므로

$$\mathrm{P}(A^c|B) = \mathrm{P}(A^c)$$

$\mathrm{P}(A^c) = 1 - \mathrm{P}(A)$이므로

$$\mathrm{P}(A^c|B) = 1 - \mathrm{P}(A|B)$$

ㄷ. A, B가 서로 배반사건이면 $\mathrm{P}(A \cap B) = 0$이므로

$$\mathrm{P}(A|B) = \frac{\mathrm{P}(A \cap B)}{\mathrm{P}(B)} = 0$$

$$\mathrm{P}(B|A) = \frac{\mathrm{P}(A \cap B)}{\mathrm{P}(A)} = 0$$

$$\therefore \mathrm{P}(A|B) = \mathrm{P}(B|A)$$

따라서 보기에서 옳은 것은 ㄴ, ㄷ이다.

309 답 ④

두 사건 A, B가 서로 독립이므로

$$\mathrm{P}(A \cap B) = \mathrm{P}(A)\mathrm{P}(B) = \frac{1}{2} \quad \cdots\cdots \text{㉠}$$

두 사건 A, B가 서로 독립이면 두 사건 A^c, B도 서로 독립이므로

$$\mathrm{P}(A^c \cap B) = \frac{1}{4} \text{에서}$$

$$\mathrm{P}(A^c)\mathrm{P}(B) = \frac{1}{4}$$

$$\{1 - \mathrm{P}(A)\}\mathrm{P}(B) = \frac{1}{4}$$

$$\mathrm{P}(B) - \mathrm{P}(A)\mathrm{P}(B) = \frac{1}{4}$$

$$\mathrm{P}(B) - \frac{1}{2} = \frac{1}{4} \ (\because \text{㉠})$$

$$\therefore \mathrm{P}(B) = \frac{3}{4}$$

따라서 ㉠에서

$$\frac{3}{4}\mathrm{P}(A) = \frac{1}{2}$$

$$\therefore \mathrm{P}(A) = \frac{2}{3}$$

| 다른 풀이 |

$$\mathrm{P}(B) = \mathrm{P}(A \cap B) + \mathrm{P}(A^c \cap B)$$
$$= \frac{1}{2} + \frac{1}{4} = \frac{3}{4}$$

두 사건 A, B가 서로 독립이므로

$$\mathrm{P}(A \cap B) = \frac{1}{2} \text{에서}$$

$$\mathrm{P}(A)\mathrm{P}(B) = \frac{1}{2}$$

$$\frac{3}{4}\mathrm{P}(A) = \frac{1}{2}$$

$$\therefore \mathrm{P}(A) = \frac{2}{3}$$

310 답 0.19

스위치 A가 닫히는 사건을 A, 두 스위치 B, C가 모두 닫히는 사건을 B라 하면
$$\mathrm{P}(A) = 0.1, \ \mathrm{P}(B) = 0.2 \times 0.5 = 0.1$$
전구에 불이 켜지는 사건은 스위치 A가 닫히거나 두 스위치 B, C가 모두 닫혀야 하므로 $A \cup B$
이때 두 사건 A, B는 서로 독립이므로 구하는 확률은
$$\mathrm{P}(A \cup B) = \mathrm{P}(A) + \mathrm{P}(B) - \mathrm{P}(A \cap B)$$
$$= \mathrm{P}(A) + \mathrm{P}(B) - \mathrm{P}(A)\mathrm{P}(B)$$
$$= 0.1 + 0.1 - 0.1 \times 0.1 = 0.19$$

311 답 $\dfrac{512}{625}$

4개의 테이블 예약에 대하여 모두 예약을 취소하지 않거나 1개의 예약만 취소하면 테이블이 부족하다.

(i) 모두 예약을 취소하지 않을 확률은
$$_4\mathrm{C}_0\left(\frac{4}{5}\right)^4 = \frac{256}{625}$$

(ii) 1개의 예약만 취소할 확률은
$$_4\mathrm{C}_1\left(\frac{1}{5}\right)^1\left(\frac{4}{5}\right)^3 = \frac{256}{625}$$

따라서 구하는 확률은
$$\frac{256}{625} + \frac{256}{625} = \frac{512}{625}$$

312 답 $\dfrac{1}{9}$

(i) 하은이가 4번째 세트에서 우승하는 경우

하은이가 이어진 3세트에서 연속으로 이겨야 하므로 그 확률은 (2~4번째 세트)
$$_3\mathrm{C}_3\left(\frac{1}{3}\right)^3 = \frac{1}{27}$$

(ii) 하은이가 5번째 세트에서 우승하는 경우

하은이가 이어진 3세트에서 2번 이기고, 5번째 세트에서 이겨야 하므로 그 확률은 (2~4번째 세트)
$$_3\mathrm{C}_2\left(\frac{1}{3}\right)^2\left(\frac{2}{3}\right)^1 \times \frac{1}{3} = \frac{2}{9} \times \frac{1}{3} = \frac{2}{27}$$

(i), (ii)에서 구하는 확률은 $\dfrac{1}{27} + \dfrac{2}{27} = \dfrac{1}{9}$

313 답 $\dfrac{3}{10}$

주머니에서 한 개의 공을 꺼낼 때, 꺼낸 공에 적힌 수가 홀수일 확률은 $\dfrac{3}{5}$

한 개의 동전을 던져서 뒷면이 나올 확률은 $\dfrac{1}{2}$

(i) 홀수가 적힌 공을 꺼내고, 한 개의 동전을 4번 던져서 뒷면이 한 번 나올 확률은
$$\frac{3}{5} \times {}_4\mathrm{C}_1\left(\frac{1}{2}\right)^1\left(\frac{1}{2}\right)^3 = \frac{3}{5} \times \frac{1}{4} = \frac{3}{20} \quad \blacktriangleright\blacktriangleright\blacktriangleright\blacktriangleright ❶$$

(ii) 짝수가 적힌 공을 꺼내고, 한 개의 동전을 3번 던져서 뒷면이 한 번 나올 확률은
$$\frac{2}{5} \times {}_3\mathrm{C}_1\left(\frac{1}{2}\right)^1\left(\frac{1}{2}\right)^2 = \frac{2}{5} \times \frac{3}{8} = \frac{3}{20} \quad \blacktriangleright\blacktriangleright\blacktriangleright\blacktriangleright ❷$$

(i), (ii)에서 구하는 확률은
$$\frac{3}{20} + \frac{3}{20} = \frac{3}{10} \quad \blacktriangleright\blacktriangleright\blacktriangleright\blacktriangleright ❸$$

단계	채점 기준	비율
❶	홀수가 적힌 공을 꺼내고, 한 개의 동전을 4번 던져서 뒷면이 한 번 나올 확률 구하기	40 %
❷	짝수가 적힌 공을 꺼내고, 한 개의 동전을 3번 던져서 뒷면이 한 번 나올 확률 구하기	40 %
❸	동전의 뒷면이 한 번 나올 확률 구하기	20 %

314 답 $\dfrac{5}{324}$

| 접근 방법 | 1단계에서 3명이 통과하고 2단계에서 3명 모두 통과하는 경우와 1단계에서 4명 모두 통과하고 2단계에서 3명이 통과하는 경우로 나누어 구한다.

(i) 1단계에서 3명이 통과하는 경우

1단계에서 3명이 통과하고 2단계에서 3명이 모두 통과할 확률은

$$_4\mathrm{C}_3\left(\frac{5}{6}\right)^3\left(\frac{1}{6}\right)^1\times_3\mathrm{C}_3\left(\frac{1}{5}\right)^3=\frac{1}{324}$$

(ii) 1단계에서 4명이 통과하는 경우

1단계에서 4명이 모두 통과하고 2단계에서 3명이 통과할 확률은

$$_4\mathrm{C}_4\left(\frac{5}{6}\right)^4\times_4\mathrm{C}_3\left(\frac{1}{5}\right)^3\left(\frac{4}{5}\right)^1=\frac{1}{81}$$

(i), (ii)에서 구하는 확률은

$$\frac{1}{324}+\frac{1}{81}=\frac{5}{324}$$

| 다른 풀이 |

1단계와 2단계 시험을 통과할 확률이 각각 $\dfrac{5}{6}$, $\dfrac{1}{5}$이므로 1명의 지원자가 1, 2단계 시험을 모두 통과할 확률은 $\dfrac{5}{6}\times\dfrac{1}{5}=\dfrac{1}{6}$

따라서 구하는 확률은

$$_4\mathrm{C}_3\left(\frac{1}{6}\right)^3\left(\frac{5}{6}\right)^1=\frac{5}{324}$$

315 답 ⑤

| 접근 방법 | 꺼낸 공에 적힌 수의 합이 소수인 경우와 소수가 아닌 경우로 나누어 동전의 앞면이 2번 나올 확률을 구한다.

꺼낸 2개의 공에 적힌 수의 합이 소수인 경우는

$(1, 2), (1, 4), (2, 3), (3, 4)$

이므로 그 확률은 $\dfrac{4}{_4\mathrm{C}_2}=\dfrac{2}{3}$

한 개의 동전을 던져서 앞면이 나올 확률은 $\dfrac{1}{2}$

꺼낸 2개의 공에 적힌 수의 합이 소수인 사건을 A, 앞면이 2번 나오는 사건을 B라 하자.

(i) 꺼낸 공에 적힌 수의 합이 소수이고, 한 개의 동전을 2번 던져서 앞면이 2번 나올 확률은

$$\mathrm{P}(A\cap B)=\frac{2}{3}\times_2\mathrm{C}_2\left(\frac{1}{2}\right)^2$$
$$=\frac{2}{3}\times\frac{1}{4}=\frac{1}{6}$$

(ii) 꺼낸 공에 적힌 수의 합이 소수가 아니고, 한 개의 동전을 3번 던져서 앞면이 2번 나올 확률은

$$\mathrm{P}(A^c\cap B)=\frac{1}{3}\times_3\mathrm{C}_2\left(\frac{1}{2}\right)^2\left(\frac{1}{2}\right)^1$$
$$=\frac{1}{3}\times\frac{3}{8}=\frac{1}{8}$$

(i), (ii)에서

$$\mathrm{P}(B)=\mathrm{P}(A\cap B)+\mathrm{P}(A^c\cap B)$$
$$=\frac{1}{6}+\frac{1}{8}=\frac{7}{24}$$

따라서 구하는 확률은

$$\mathrm{P}(A|B)=\frac{\mathrm{P}(A\cap B)}{\mathrm{P}(B)}=\frac{\frac{1}{6}}{\frac{7}{24}}=\frac{4}{7}$$

316 답 $\dfrac{45}{512}$

| 접근 방법 | 점 P가 점 A로 다시 돌아오려면 4의 배수만큼 움직여야 한다.

서로 다른 두 개의 동전을 동시에 던져서 적어도 앞면이 1개 나올 확률은

$$1-\frac{1}{4}=\frac{3}{4}$$

서로 다른 두 개의 동전을 동시에 5번 던져서 적어도 앞면이 1개 나오는 횟수를 x, 2개 모두 뒷면이 나오는 횟수를 y라 하면

$$x+y=5 \qquad \cdots\cdots \text{㉠}$$

또 정사각형의 네 변의 길이의 합이 4이므로 점 P가 점 A로 다시 돌아오려면 4의 배수만큼 움직여야 한다. 이때 점 P가 움직인 거리의 최솟값은 5, 최댓값은 10이므로 점 P는 8만큼 움직여야 한다.

$$\therefore x+2y=8 \qquad \cdots\cdots \text{㉡}$$

㉠, ㉡을 연립하여 풀면 $x=2$, $y=3$

따라서 구하는 확률은 서로 다른 두 개의 동전을 동시에 5번 던져서 적어도 앞면이 1개 나오는 횟수가 2일 확률과 같으므로

$$_5\mathrm{C}_2\left(\frac{3}{4}\right)^2\left(\frac{1}{4}\right)^3=\frac{45}{512}$$

Ⅲ. 통계

01 이산확률변수와 이항분포

개념 확인 159쪽

317 답 ㄱ, ㄴ, ㅁ

318 답 (1) 0, 1, 2

(2) $\mathrm{P}(X=0)=\dfrac{4}{9}$, $\mathrm{P}(X=1)=\dfrac{4}{9}$,

$\mathrm{P}(X=2)=\dfrac{1}{9}$

(3)

X	0	1	2	합계
$\mathrm{P}(X=x)$	$\dfrac{4}{9}$	$\dfrac{4}{9}$	$\dfrac{1}{9}$	1

(1) 서로 다른 두 개의 주사위를 던지므로 확률변수 X 가 가질 수 있는 값은 0, 1, 2이다.

(2) 한 개의 주사위를 던져서 3의 배수의 눈이 나올 확률은 $\dfrac{1}{3}$, 3의 배수가 아닌 눈이 나올 확률은 $\dfrac{2}{3}$이므로

$\mathrm{P}(X=0)=\dfrac{2}{3}\times\dfrac{2}{3}=\dfrac{4}{9}$

$\mathrm{P}(X=1)=\dfrac{1}{3}\times\dfrac{2}{3}+\dfrac{2}{3}\times\dfrac{1}{3}=\dfrac{4}{9}$

$\mathrm{P}(X=2)=\dfrac{1}{3}\times\dfrac{1}{3}=\dfrac{1}{9}$

유제 161~163쪽

319 답 $\dfrac{2}{3}$

확률의 총합은 1이므로

$a+\dfrac{a}{3}+\dfrac{1}{12}+\dfrac{7}{3}a=1$

$\dfrac{11}{3}a=\dfrac{11}{12}$ $\quad\therefore a=\dfrac{1}{4}$

$\therefore \mathrm{P}(X\geq2)=\mathrm{P}(X=2)+\mathrm{P}(X=3)$

$=\dfrac{1}{12}+\dfrac{7}{3}a$

$=\dfrac{1}{12}+\dfrac{7}{3}\times\dfrac{1}{4}=\dfrac{2}{3}$

320 답 $\dfrac{1}{2}$

확률변수 X의 확률분포를 표로 나타내면 다음과 같다.

X	-2	-1	0	1	2	합계
$\mathrm{P}(X=x)$	$4k$	$3k$	$2k$	$3k$	$4k$	1

확률의 총합은 1이므로

$4k+3k+2k+3k+4k=1$

$16k=1$ $\quad\therefore k=\dfrac{1}{16}$

$\therefore \mathrm{P}(-1\leq X\leq1)$

$=\mathrm{P}(X=-1)+\mathrm{P}(X=0)+\mathrm{P}(X=1)$

$=3k+2k+3k=8k$

$=8\times\dfrac{1}{16}=\dfrac{1}{2}$

321 답 $\dfrac{7}{120}$

확률의 총합은 1이므로

$\mathrm{P}(X=1)+\mathrm{P}(X=2)+\cdots+\mathrm{P}(X=6)=1$

$\dfrac{k}{1\times2}+\dfrac{k}{2\times3}+\cdots+\dfrac{k}{6\times7}=1$

$k\left\{\left(1-\dfrac{1}{2}\right)+\left(\dfrac{1}{2}-\dfrac{1}{3}\right)+\cdots+\left(\dfrac{1}{6}-\dfrac{1}{7}\right)\right\}=1$

$k\left(1-\dfrac{1}{7}\right)=1,\ \dfrac{6}{7}k=1$

$\therefore k=\dfrac{7}{6}$

$\therefore \mathrm{P}(X=4)=\dfrac{k}{4\times5}=\dfrac{1}{20}\times\dfrac{7}{6}=\dfrac{7}{120}$

| 참고 | $\dfrac{1}{AB}=\dfrac{1}{B-A}\left(\dfrac{1}{A}-\dfrac{1}{B}\right)$ (단, $A\neq B,\ AB\neq0$)

322 답 $\dfrac{3}{7}$

확률의 총합은 1이므로

$\dfrac{a}{4}+a+\dfrac{a}{2}+\dfrac{a}{4}+\dfrac{3}{7}=1$

$2a=\dfrac{4}{7}$ $\quad\therefore a=\dfrac{2}{7}$

한편 $X^2-6X+8\leq0$에서

$(X-2)(X-4)\leq0$ $\quad\therefore 2\leq X\leq4$

$\therefore \mathrm{P}(X^2-6X+8\leq0)=\mathrm{P}(2\leq X\leq4)$

$=\mathrm{P}(X=2)+\mathrm{P}(X=4)$

$=a+\dfrac{a}{2}=\dfrac{3}{2}a$

$=\dfrac{3}{2}\times\dfrac{2}{7}=\dfrac{3}{7}$

323 달 (1) $P(X=x)=\dfrac{{}_2C_x\times{}_4C_{2-x}}{{}_6C_2}$ $(x=0,\ 1,\ 2)$

　　(2) 풀이 참조 (3) $\dfrac{14}{15}$

(1) 확률변수 X가 가질 수 있는 값은 0, 1, 2이다.

6명 중에서 2명의 대표를 뽑는 경우의 수는 ${}_6C_2$

뽑힌 학생 중에서 여학생이 x명인 경우의 수는

$${}_2C_x\times{}_4C_{2-x}$$

따라서 X의 확률질량함수는

$$P(X=x)=\frac{{}_2C_x\times{}_4C_{2-x}}{{}_6C_2}\ (x=0,\ 1,\ 2)$$

(2) 확률변수 X가 가질 수 있는 각 값에 대한 확률은

$$P(X=0)=\frac{{}_2C_0\times{}_4C_2}{{}_6C_2}=\frac{2}{5},$$

$$P(X=1)=\frac{{}_2C_1\times{}_4C_1}{{}_6C_2}=\frac{8}{15},$$

$$P(X=2)=\frac{{}_2C_2\times{}_4C_0}{{}_6C_2}=\frac{1}{15}$$

이므로 X의 확률분포를 표로 나타내면 다음과 같다.

X	0	1	2	합계
$P(X=x)$	$\dfrac{2}{5}$	$\dfrac{8}{15}$	$\dfrac{1}{15}$	1

(3) 구하는 확률은

$$P(X\le1)=P(X=0)+P(X=1)$$
$$=\frac{2}{5}+\frac{8}{15}=\frac{14}{15}$$

| 다른 풀이 |

(3) $P(X\le1)=1-P(X=2)=1-\dfrac{1}{15}=\dfrac{14}{15}$

324 달 $\dfrac{4}{5}$

확률변수 X가 가질 수 있는 값은 0, 1, 2, 3이고, 각각의 확률은

$$P(X=0)=\frac{{}_4C_0\times{}_6C_3}{{}_{10}C_3}=\frac{1}{6},$$

$$P(X=1)=\frac{{}_4C_1\times{}_6C_2}{{}_{10}C_3}=\frac{1}{2},$$

$$P(X=2)=\frac{{}_4C_2\times{}_6C_1}{{}_{10}C_3}=\frac{3}{10},$$

$$P(X=3)=\frac{{}_4C_3\times{}_6C_0}{{}_{10}C_3}=\frac{1}{30}$$

이므로 X의 확률분포를 표로 나타내면 다음과 같다.

X	0	1	2	3	합계
$P(X=x)$	$\dfrac{1}{6}$	$\dfrac{1}{2}$	$\dfrac{3}{10}$	$\dfrac{1}{30}$	1

한편 $X^2-3X+2\le0$에서

$(X-1)(X-2)\le0$　　$\therefore\ 1\le X\le2$

$\therefore\ P(X^2-3X+2\le0)=P(1\le X\le2)$
$$=P(X=1)+P(X=2)$$
$$=\frac{1}{2}+\frac{3}{10}=\frac{4}{5}$$

325 달 $\dfrac{2}{3}$

확률변수 X가 가질 수 있는 값은 1, 2, 3, 4이다.

$X^2-5X+6=0$에서 $(X-2)(X-3)=0$

$\therefore\ X=2$ 또는 $X=3$

(i) 약수의 개수가 2인 경우는 2, 3, 5의 3가지이므로

$$P(X=2)=\frac{3}{6}=\frac{1}{2}$$

(ii) 약수의 개수가 3인 경우는 4의 1가지이므로

$$P(X=3)=\frac{1}{6}$$

(i), (ii)에서

$P(X^2-5X+6=0)=P(X=2\ \text{또는}\ X=3)$
$$=P(X=2)+P(X=3)$$
$$=\frac{1}{2}+\frac{1}{6}=\frac{2}{3}$$

326 달 $\dfrac{3}{5}$

확률변수 X가 가질 수 있는 값은 3, 4, 5, 6, 7, 8, 9 이다.

$|X-6|\le1$에서

$-1\le X-6\le1$　　$\therefore\ 5\le X\le7$

뽑은 카드에 적힌 두 수를 각각 a, $b\,(a<b)$라 하면 순서쌍 $(a,\ b)$에 대하여 두 수의 합이

(i) 5인 경우는 $(1,\ 4)$, $(2,\ 3)$의 2가지이므로

$$P(X=5)=\frac{2}{{}_5C_2}=\frac{1}{5}$$

(ii) 6인 경우는 $(1,\ 5)$, $(2,\ 4)$의 2가지이므로

$$P(X=6)=\frac{2}{{}_5C_2}=\frac{1}{5}$$

(iii) 7인 경우는 $(2,\ 5)$, $(3,\ 4)$의 2가지이므로

$$P(X=7)=\frac{2}{{}_5C_2}=\frac{1}{5}$$

(i), (ii), (iii)에서

$P(|X-6|\le1)$
$=P(5\le X\le7)$
$=P(X=5)+P(X=6)+P(X=7)$
$=\dfrac{1}{5}+\dfrac{1}{5}+\dfrac{1}{5}=\dfrac{3}{5}$

| 참고 | $a>0$일 때
- $|x|<a$이면 $-a<x<a$
- $|x|>a$이면 $x<-a$ 또는 $x>a$

327 답 (1) **2** (2) **7** (3) **3** (4) $\sqrt{3}$

(1) $\mathrm{E}(X)=0\times\dfrac{3}{8}+2\times\dfrac{1}{4}+4\times\dfrac{3}{8}=2$

(2) $\mathrm{E}(X^2)=0^2\times\dfrac{3}{8}+2^2\times\dfrac{1}{4}+4^2\times\dfrac{3}{8}=7$

(3) $\mathrm{V}(X)=\mathrm{E}(X^2)-\{\mathrm{E}(X)\}^2=7-2^2=3$

(4) $\sigma(X)=\sqrt{\mathrm{V}(X)}=\sqrt{3}$

328 답 (1) 평균: **20**, 분산: **64**, 표준편차: **8**

(2) 평균: $-\dfrac{5}{2}$, 분산: **1**, 표준편차: **1**

(3) 평균: **3**, 분산: **16**, 표준편차: **4**

(4) 평균: **−10**, 분산: **36**, 표준편차: **6**

$\mathrm{E}(X)=5$, $\mathrm{V}(X)=4$, $\sigma(X)=\sqrt{4}=2$이므로

(1) $\mathrm{E}(4X)=4\mathrm{E}(X)=4\times5=20$

$\mathrm{V}(4X)=4^2\mathrm{V}(X)=16\times4=64$

$\sigma(4X)=|4|\sigma(X)=4\times2=8$

(2) $\mathrm{E}\left(-\dfrac{1}{2}X\right)=-\dfrac{1}{2}\mathrm{E}(X)=-\dfrac{1}{2}\times5=-\dfrac{5}{2}$

$\mathrm{V}\left(-\dfrac{1}{2}X\right)=\left(-\dfrac{1}{2}\right)^2\mathrm{V}(X)=\dfrac{1}{4}\times4=1$

$\sigma\left(-\dfrac{1}{2}X\right)=\left|-\dfrac{1}{2}\right|\sigma(X)=\dfrac{1}{2}\times2=1$

(3) $\mathrm{E}(2X-7)=2\mathrm{E}(X)-7=2\times5-7=3$

$\mathrm{V}(2X-7)=2^2\mathrm{V}(X)=4\times4=16$

$\sigma(2X-7)=|2|\sigma(X)=2\times2=4$

(4) $\mathrm{E}(-3X+5)=-3\mathrm{E}(X)+5$

$=-3\times5+5=-10$

$\mathrm{V}(-3X+5)=(-3)^2\mathrm{V}(X)=9\times4=36$

$\sigma(-3X+5)=|-3|\sigma(X)=3\times2=6$

329 답 (1) 평균: **3**, 분산: **12**, 표준편차: $2\sqrt{3}$

(2) 평균: **10**, 분산: **108**, 표준편차: $6\sqrt{3}$

(1) $\mathrm{E}(X)=-3\times\dfrac{1}{6}+0\times\dfrac{1}{6}+3\times\dfrac{1}{6}+6\times\dfrac{1}{2}=3$

$\mathrm{E}(X^2)$

$=(-3)^2\times\dfrac{1}{6}+0^2\times\dfrac{1}{6}+3^2\times\dfrac{1}{6}+6^2\times\dfrac{1}{2}$

$=21$

$\therefore \mathrm{V}(X)=\mathrm{E}(X^2)-\{\mathrm{E}(X)\}^2=21-3^2=12$

$\therefore \sigma(X)=\sqrt{\mathrm{V}(X)}=\sqrt{12}=2\sqrt{3}$

(2) $\mathrm{E}(3X+1)=3\mathrm{E}(X)+1=3\times3+1=10$

$\mathrm{V}(3X+1)=3^2\mathrm{V}(X)=9\times12=108$

$\sigma(3X+1)=|3|\sigma(X)=3\times2\sqrt{3}=6\sqrt{3}$

330 답 (1) $a=\dfrac{3}{10}$, $b=\dfrac{1}{5}$ (2) $\dfrac{11}{5}$

(1) 확률의 총합은 1이므로

$\dfrac{1}{5}+a+\dfrac{3}{10}+b=1$

$\therefore a+b=\dfrac{1}{2}$ ······ ㉠

$\mathrm{E}(X)=1$에서

$-1\times\dfrac{1}{5}+0\times a+2\times\dfrac{3}{10}+3\times b=1$

$3b=\dfrac{3}{5}$ $\therefore b=\dfrac{1}{5}$

이를 ㉠에 대입하면

$a+\dfrac{1}{5}=\dfrac{1}{2}$ $\therefore a=\dfrac{3}{10}$

(2) 확률변수 X의 확률분포를 표로 나타내면 다음과 같다.

X	-1	0	2	3	합계
$\mathrm{P}(X=x)$	$\dfrac{1}{5}$	$\dfrac{3}{10}$	$\dfrac{3}{10}$	$\dfrac{1}{5}$	1

확률변수 X에 대하여

$\mathrm{E}(X^2)$

$=(-1)^2\times\dfrac{1}{5}+0^2\times\dfrac{3}{10}+2^2\times\dfrac{3}{10}+3^2\times\dfrac{1}{5}$

$=\dfrac{16}{5}$

$\therefore \mathrm{V}(X)=\mathrm{E}(X^2)-\{\mathrm{E}(X)\}^2=\dfrac{16}{5}-1^2=\dfrac{11}{5}$

331 답 ⑤

확률의 총합은 1이므로

$\dfrac{1}{3}+a+b=1$

$\therefore a+b=\dfrac{2}{3}$ ······ ㉠

$\mathrm{E}(X)=\dfrac{5}{18}$에서

$0\times\dfrac{1}{3}+a\times a+b\times b=\dfrac{5}{18}$

$\therefore a^2+b^2=\dfrac{5}{18}$ ······ ㉡

$(a+b)^2=a^2+b^2+2ab$이므로 ㉠, ㉡을 대입하면

$$\frac{4}{9}=\frac{5}{18}+2ab$$

$$2ab=\frac{1}{6} \qquad \therefore ab=\frac{1}{12}$$

332 답 $-\dfrac{3}{4}$

확률의 총합은 1이므로

$$a+\frac{3}{2}a+a+b=1$$

$$\therefore \frac{7}{2}a+b=1 \quad \cdots\cdots ㉠$$

$P(-1\le X\le 0)=\dfrac{5}{8}$에서

$$P(X=-1)+P(X=0)=\frac{5}{8}$$

$$\frac{3}{2}a+a=\frac{5}{8}, \quad \frac{5}{2}a=\frac{5}{8} \qquad \therefore a=\frac{1}{4}$$

이를 ㉠에 대입하면

$$\frac{7}{8}+b=1 \qquad \therefore b=\frac{1}{8}$$

따라서 X의 확률분포를 표로 나타내면 다음과 같다.

X	-2	-1	0	1	합계
$P(X=x)$	$\dfrac{1}{4}$	$\dfrac{3}{8}$	$\dfrac{1}{4}$	$\dfrac{1}{8}$	1

확률변수 X에 대하여

$$E(X)=-2\times\frac{1}{4}+(-1)\times\frac{3}{8}+0\times\frac{1}{4}+1\times\frac{1}{8}$$

$$=-\frac{3}{4}$$

333 답 1

확률의 총합은 1이므로

$$k+2k+3k+4k=1 \qquad \therefore k=\frac{1}{10}$$

따라서 X의 확률분포를 표로 나타내면 다음과 같다.

X	0	1	2	3	합계
$P(X=x)$	$\dfrac{1}{10}$	$\dfrac{1}{5}$	$\dfrac{3}{10}$	$\dfrac{2}{5}$	1

확률변수 X에 대하여

$$E(X)=0\times\frac{1}{10}+1\times\frac{1}{5}+2\times\frac{3}{10}+3\times\frac{2}{5}=2$$

$$E(X^2)=0^2\times\frac{1}{10}+1^2\times\frac{1}{5}+2^2\times\frac{3}{10}+3^2\times\frac{2}{5}=5$$

$$\therefore V(X)=E(X^2)-\{E(X)\}^2=5-2^2=1$$

$$\therefore \sigma(X)=\sqrt{V(X)}=\sqrt{1}=1$$

334 답 (1) 풀이 참조 (2) 평균: $\dfrac{3}{2}$, 분산: $\dfrac{15}{28}$

(1) 확률변수 X가 가질 수 있는 값은 0, 1, 2, 3이고, 각각의 확률은

$$P(X=0)=\frac{{}_4C_0\times{}_4C_3}{{}_8C_3}=\frac{1}{14},$$

$$P(X=1)=\frac{{}_4C_1\times{}_4C_2}{{}_8C_3}=\frac{3}{7},$$

$$P(X=2)=\frac{{}_4C_2\times{}_4C_1}{{}_8C_3}=\frac{3}{7},$$

$$P(X=3)=\frac{{}_4C_3\times{}_4C_0}{{}_8C_3}=\frac{1}{14}$$

이므로 X의 확률분포를 표로 나타내면 다음과 같다.

X	0	1	2	3	합계
$P(X=x)$	$\dfrac{1}{14}$	$\dfrac{3}{7}$	$\dfrac{3}{7}$	$\dfrac{1}{14}$	1

(2) 확률변수 X에 대하여

$$E(X)=0\times\frac{1}{14}+1\times\frac{3}{7}+2\times\frac{3}{7}+3\times\frac{1}{14}$$

$$=\frac{3}{2}$$

$$E(X^2)=0^2\times\frac{1}{14}+1^2\times\frac{3}{7}+2^2\times\frac{3}{7}+3^2\times\frac{1}{14}$$

$$=\frac{39}{14}$$

$$\therefore V(X)=E(X^2)-\{E(X)\}^2$$

$$=\frac{39}{14}-\left(\frac{3}{2}\right)^2=\frac{15}{28}$$

335 답 $\dfrac{\sqrt{3}}{2}$

확률변수 X가 가질 수 있는 값은 0, 1, 2, 3이다.

동전의 앞면을 H, 뒷면을 T라 하면 뒷면이 나오는 동전의 개수가

(ⅰ) 0인 경우는 HHH의 1가지이므로

$$P(X=0)=\frac{1}{8}$$

(ⅱ) 1인 경우는 HHT, HTH, THH의 3가지이므로

$$P(X=1)=\frac{3}{8}$$

(ⅲ) 2인 경우는 HTT, THT, TTH의 3가지이므로

$$P(X=2)=\frac{3}{8}$$

(ⅳ) 3인 경우는 TTT의 1가지이므로

$$P(X=3)=\frac{1}{8}$$

(i)~(iv)에서 X의 확률분포를 표로 나타내면 다음과 같다.

X	0	1	2	3	합계
$P(X=x)$	$\dfrac{1}{8}$	$\dfrac{3}{8}$	$\dfrac{3}{8}$	$\dfrac{1}{8}$	1

확률변수 X에 대하여

$$E(X)=0\times\frac{1}{8}+1\times\frac{3}{8}+2\times\frac{3}{8}+3\times\frac{1}{8}=\frac{3}{2}$$

$$E(X^2)=0^2\times\frac{1}{8}+1^2\times\frac{3}{8}+2^2\times\frac{3}{8}+3^2\times\frac{1}{8}=3$$

$$\therefore V(X)=E(X^2)-\{E(X)\}^2=3-\left(\frac{3}{2}\right)^2=\frac{3}{4}$$

$$\therefore \sigma(X)=\sqrt{V(X)}=\sqrt{\frac{3}{4}}=\frac{\sqrt{3}}{2}$$

336 달 400원

행운권 1장으로 받을 수 있는 금액을 확률변수 X라 하면 X가 가질 수 있는 값은 0, 1000, 5000, 10000 이고, 각각의 확률은

$$P(X=0)=\frac{85}{100}=\frac{17}{20},$$

$$P(X=1000)=\frac{10}{100}=\frac{1}{10},$$

$$P(X=5000)=\frac{4}{100}=\frac{1}{25},$$

$$P(X=10000)=\frac{1}{100}$$

이므로 X의 확률분포를 표로 나타내면 다음과 같다.

X	0	1000	5000	10000	합계
$P(X=x)$	$\dfrac{17}{20}$	$\dfrac{1}{10}$	$\dfrac{1}{25}$	$\dfrac{1}{100}$	1

확률변수 X에 대하여

$$E(X)$$
$$=0\times\frac{17}{20}+1000\times\frac{1}{10}+5000\times\frac{1}{25}+10000\times\frac{1}{100}$$
$$=400$$

따라서 구하는 기댓값은 400원이다.

337 달 3

확률변수 X가 가질 수 있는 값은 3, 4, 5, 6, 7이다.
꺼낸 공에 적힌 두 수를 각각 a, $b\,(a<b)$라 하면 순서쌍 (a, b)에 대하여 두 수의 합이
(i) 3인 경우는 $(1, 2)$의 1가지이므로

$$P(X=3)=\frac{1}{{}_4C_2}=\frac{1}{6}$$

(ii) 4인 경우는 $(1, 3)$의 1가지이므로

$$P(X=4)=\frac{1}{{}_4C_2}=\frac{1}{6}$$

(iii) 5인 경우는 $(1, 4)$, $(2, 3)$의 2가지이므로

$$P(X=5)=\frac{2}{{}_4C_2}=\frac{1}{3}$$

(iv) 6인 경우는 $(2, 4)$의 1가지이므로

$$P(X=6)=\frac{1}{{}_4C_2}=\frac{1}{6}$$

(v) 7인 경우는 $(3, 4)$의 1가지이므로

$$P(X=7)=\frac{1}{{}_4C_2}=\frac{1}{6}$$

(i)~(v)에서 X의 확률분포를 표로 나타내면 다음과 같다.

X	3	4	5	6	7	합계
$P(X=x)$	$\dfrac{1}{6}$	$\dfrac{1}{6}$	$\dfrac{1}{3}$	$\dfrac{1}{6}$	$\dfrac{1}{6}$	1

확률변수 X에 대하여

$$E(X)=3\times\frac{1}{6}+4\times\frac{1}{6}+5\times\frac{1}{3}+6\times\frac{1}{6}+7\times\frac{1}{6}=5$$

$$E(X^2)$$
$$=3^2\times\frac{1}{6}+4^2\times\frac{1}{6}+5^2\times\frac{1}{3}+6^2\times\frac{1}{6}+7^2\times\frac{1}{6}$$
$$=\frac{80}{3}$$

$$\therefore V(X)=E(X^2)-\{E(X)\}^2=\frac{80}{3}-5^2=\frac{5}{3}$$

$$\therefore \frac{E(X)}{V(X)}=\frac{5}{\frac{5}{3}}=3$$

338 달 $a=2$, $b=-2$

$E(X)=6$이므로 $E(Y)=3$에서
$E(bX+15)=3$, $bE(X)+15=3$
$6b+15=3$　　$\therefore b=-2$
$V(X)=a$이므로 $V(Y)=8$에서
$V(-2X+15)=8$, $(-2)^2V(X)=8$
$4a=8$　　$\therefore a=2$

339 달 7

$E(3X-1)=8$에서
$3E(X)-1=8$　　$\therefore E(X)=3$
$\sigma(-4X+5)=16$에서
$|-4|\sigma(X)=16$　　$\therefore \sigma(X)=4$
$\therefore E(X)+\sigma(X)=3+4=7$

340 답 -2

$\mathrm{E}(X)=5$이므로 $\mathrm{E}(aX+b)=9$에서

$a\mathrm{E}(X)+b=9$

$\therefore 5a+b=9$ $\qquad$ ······ ㉠

$\mathrm{V}(X)=3$이므로 $\mathrm{V}(aX+b)=12$에서

$a^2\mathrm{V}(X)=12$

$3a^2=12,\ a^2=4$ $\quad \therefore a=2\ (\because a>0)$

이를 ㉠에 대입하면

$10+b=9$ $\quad \therefore b=-1$

$\therefore ab=2\times(-1)=-2$

341 답 70

$\mathrm{E}(X)=m,\ \sigma(X)=\sigma$이고,

$T=50+20\times\dfrac{X-m}{\sigma}=\dfrac{20}{\sigma}X-\dfrac{20m}{\sigma}+50$

이므로

$\mathrm{E}(T)=\mathrm{E}\left(\dfrac{20}{\sigma}X-\dfrac{20m}{\sigma}+50\right)$

$\qquad =\dfrac{20}{\sigma}\mathrm{E}(X)-\dfrac{20m}{\sigma}+50$

$\qquad =\dfrac{20m}{\sigma}-\dfrac{20m}{\sigma}+50=50$

$\sigma(T)=\sigma\left(\dfrac{20}{\sigma}X-\dfrac{20m}{\sigma}+50\right)$

$\qquad =\left|\dfrac{20}{\sigma}\right|\sigma(X)$

$\qquad =\dfrac{20}{\sigma}\times\sigma=20$

$\therefore \mathrm{E}(T)+\sigma(T)=50+20=70$

342 답 평균: 5, 분산: 20, 표준편차: $2\sqrt{5}$

확률의 총합은 1이므로

$\dfrac{a}{4}+\dfrac{a}{2}+\dfrac{1}{8}+a=1$

$\dfrac{7}{4}a=\dfrac{7}{8}$ $\quad \therefore a=\dfrac{1}{2}$

따라서 X의 확률분포를 표로 나타내면 다음과 같다.

X	-1	0	1	2	합계
$\mathrm{P}(X=x)$	$\dfrac{1}{8}$	$\dfrac{1}{4}$	$\dfrac{1}{8}$	$\dfrac{1}{2}$	1

확률변수 X에 대하여

$\mathrm{E}(X)=-1\times\dfrac{1}{8}+0\times\dfrac{1}{4}+1\times\dfrac{1}{8}+2\times\dfrac{1}{2}=1$

$\mathrm{E}(X^2)=(-1)^2\times\dfrac{1}{8}+0^2\times\dfrac{1}{4}+1^2\times\dfrac{1}{8}+2^2\times\dfrac{1}{2}$

$\qquad =\dfrac{9}{4}$

$\therefore \mathrm{V}(X)=\mathrm{E}(X^2)-\{\mathrm{E}(X)\}^2=\dfrac{9}{4}-1^2=\dfrac{5}{4}$

$\therefore \sigma(X)=\sqrt{\mathrm{V}(X)}=\sqrt{\dfrac{5}{4}}=\dfrac{\sqrt{5}}{2}$

따라서 확률변수 Y에 대하여

$\mathrm{E}(Y)=\mathrm{E}(4X+1)=4\mathrm{E}(X)+1=4\times1+1=5$

$\mathrm{V}(Y)=\mathrm{V}(4X+1)=4^2\mathrm{V}(X)=16\times\dfrac{5}{4}=20$

$\sigma(Y)=\sigma(4X+1)=|4|\sigma(X)=4\times\dfrac{\sqrt{5}}{2}=2\sqrt{5}$

343 답 29

확률의 총합은 1이므로

$\dfrac{1}{k}+\dfrac{2}{k}+\dfrac{3}{k}+\dfrac{4}{k}+\dfrac{5}{k}=1$

$\dfrac{15}{k}=1$ $\quad \therefore k=15$

따라서 X의 확률분포를 표로 나타내면 다음과 같다.

X	3	4	5	6	7	합계
$\mathrm{P}(X=x)$	$\dfrac{1}{15}$	$\dfrac{2}{15}$	$\dfrac{1}{5}$	$\dfrac{4}{15}$	$\dfrac{1}{3}$	1

확률변수 X에 대하여

$\mathrm{E}(X)=3\times\dfrac{1}{15}+4\times\dfrac{2}{15}+5\times\dfrac{1}{5}+6\times\dfrac{4}{15}+7\times\dfrac{1}{3}$

$\qquad =\dfrac{17}{3}$

$\therefore \mathrm{E}(6X-5)=6\mathrm{E}(X)-5=6\times\dfrac{17}{3}-5=29$

344 답 9

확률변수 X에 대하여

$\mathrm{E}(X)=0\times\dfrac{1}{4}+1\times\dfrac{1}{3}+2\times\dfrac{1}{4}+3\times\dfrac{1}{6}=\dfrac{4}{3}$

$\mathrm{E}(X^2)=0^2\times\dfrac{1}{4}+1^2\times\dfrac{1}{3}+2^2\times\dfrac{1}{4}+3^2\times\dfrac{1}{6}=\dfrac{17}{6}$

$\therefore \mathrm{V}(X)=\mathrm{E}(X^2)-\{\mathrm{E}(X)\}^2$

$\qquad =\dfrac{17}{6}-\left(\dfrac{4}{3}\right)^2=\dfrac{19}{18}$

$\mathrm{E}(Y)=11$에서

$\mathrm{E}(aX+b)=11,\ a\mathrm{E}(X)+b=11$

$\therefore \dfrac{4}{3}a+b=11$ $\qquad$ ······ ㉠

$\mathrm{V}(Y)=38$에서

$\mathrm{V}(aX+b)=38,\ a^2\mathrm{V}(X)=38$

$\dfrac{19}{18}a^2=38,\ a^2=36$ $\quad \therefore a=6\ (\because a>0)$

이를 ㉠에 대입하면

$8+b=11$ $\therefore b=3$

$\therefore a+b=6+3=9$

345 답 48

확률의 총합은 1이므로

$$\frac{3}{10}+a+\frac{1}{10}+b=1$$

$$\therefore a+b=\frac{3}{5} \quad\cdots\cdots ㉠$$

$E(3X-2)=10$에서

$3E(X)-2=10$ $\therefore E(X)=4$

즉, $0\times\frac{3}{10}+2\times a+4\times\frac{1}{10}+8\times b=4$이므로

$$a+4b=\frac{9}{5} \quad\cdots\cdots ㉡$$

㉠, ㉡을 연립하여 풀면

$$a=\frac{1}{5}, \ b=\frac{2}{5}$$

따라서 X의 확률분포를 표로 나타내면 다음과 같다.

X	0	2	4	8	합계
$P(X=x)$	$\frac{3}{10}$	$\frac{1}{5}$	$\frac{1}{10}$	$\frac{2}{5}$	1

확률변수 X에 대하여

$$E(X^2)=0^2\times\frac{3}{10}+2^2\times\frac{1}{5}+4^2\times\frac{1}{10}+8^2\times\frac{2}{5}$$
$$=28$$

$$\therefore V(X)=E(X^2)-\{E(X)\}^2=28-4^2=12$$

$$\therefore V(2X+3)=2^2V(X)=4\times12=48$$

346 답 평균: 10, 분산: 81, 표준편차: 9

확률변수 X가 가질 수 있는 값은 0, 1, 2이고, 각각의 확률은

$$P(X=0)=\frac{{}_2C_0\times{}_3C_2}{{}_5C_2}=\frac{3}{10},$$

$$P(X=1)=\frac{{}_2C_1\times{}_3C_1}{{}_5C_2}=\frac{3}{5},$$

$$P(X=2)=\frac{{}_2C_2\times{}_3C_0}{{}_5C_2}=\frac{1}{10}$$

이므로 X의 확률분포를 표로 나타내면 다음과 같다.

X	0	1	2	합계
$P(X=x)$	$\frac{3}{10}$	$\frac{3}{5}$	$\frac{1}{10}$	1

확률변수 X에 대하여

$$E(X)=0\times\frac{3}{10}+1\times\frac{3}{5}+2\times\frac{1}{10}=\frac{4}{5}$$

$$E(X^2)=0^2\times\frac{3}{10}+1^2\times\frac{3}{5}+2^2\times\frac{1}{10}=1$$

$$\therefore V(X)=E(X^2)-\{E(X)\}^2=1-\left(\frac{4}{5}\right)^2=\frac{9}{25}$$

$$\therefore \sigma(X)=\sqrt{V(X)}=\sqrt{\frac{9}{25}}=\frac{3}{5}$$

따라서 확률변수 Y에 대하여

$$E(Y)=E(15X-2)=15E(X)-2$$
$$=15\times\frac{4}{5}-2=10$$

$$V(Y)=V(15X-2)=15^2V(X)$$
$$=225\times\frac{9}{25}=81$$

$$\sigma(Y)=\sigma(15X-2)=|15|\sigma(X)$$
$$=15\times\frac{3}{5}=9$$

347 답 평균: 4, 분산: 5, 표준편차: $\sqrt{5}$

확률변수 X가 가질 수 있는 값은 0, 1, 2, 3이고, 각각의 확률은

$$P(X=0)=\frac{{}_3C_0\times{}_6C_4}{{}_9C_4}=\frac{5}{42},$$

$$P(X=1)=\frac{{}_3C_1\times{}_6C_3}{{}_9C_4}=\frac{10}{21},$$

$$P(X=2)=\frac{{}_3C_2\times{}_6C_2}{{}_9C_4}=\frac{5}{14},$$

$$P(X=3)=\frac{{}_3C_3\times{}_6C_1}{{}_9C_4}=\frac{1}{21}$$

이므로 X의 확률분포를 표로 나타내면 다음과 같다.

X	0	1	2	3	합계
$P(X=x)$	$\frac{5}{42}$	$\frac{10}{21}$	$\frac{5}{14}$	$\frac{1}{21}$	1

확률변수 X에 대하여

$$E(X)=0\times\frac{5}{42}+1\times\frac{10}{21}+2\times\frac{5}{14}+3\times\frac{1}{21}=\frac{4}{3}$$

$$E(X^2)=0^2\times\frac{5}{42}+1^2\times\frac{10}{21}+2^2\times\frac{5}{14}+3^2\times\frac{1}{21}$$
$$=\frac{7}{3}$$

$$\therefore V(X)=E(X^2)-\{E(X)\}^2=\frac{7}{3}-\left(\frac{4}{3}\right)^2=\frac{5}{9}$$

$$\therefore \sigma(X)=\sqrt{V(X)}=\sqrt{\frac{5}{9}}=\frac{\sqrt{5}}{3}$$

따라서 확률변수 Y에 대하여

$$E(Y)=E(-3X+8)=-3E(X)+8$$
$$=-3\times\frac{4}{3}+8=4$$

$$\begin{aligned} V(Y) &= V(-3X+8) = (-3)^2 V(X) \\ &= 9 \times \frac{5}{9} = 5 \\ \sigma(Y) &= \sigma(-3X+8) = |-3|\sigma(X) \\ &= 3 \times \frac{\sqrt{5}}{3} = \sqrt{5} \end{aligned}$$

348 답 54

확률변수 X가 가질 수 있는 값은 1, 2, 3, 4이고, 각각의 확률은

$$P(X=1)=\frac{1}{7}, \ P(X=2)=\frac{3}{7},$$

$$P(X=3)=\frac{1}{7}, \ P(X=4)=\frac{2}{7}$$

이므로 X의 확률분포를 표로 나타내면 다음과 같다.

X	1	2	3	4	합계
$P(X=x)$	$\frac{1}{7}$	$\frac{3}{7}$	$\frac{1}{7}$	$\frac{2}{7}$	1

확률변수 X에 대하여

$$E(X)=1\times\frac{1}{7}+2\times\frac{3}{7}+3\times\frac{1}{7}+4\times\frac{2}{7}=\frac{18}{7}$$

$$E(X^2)=1^2\times\frac{1}{7}+2^2\times\frac{3}{7}+3^2\times\frac{1}{7}+4^2\times\frac{2}{7}=\frac{54}{7}$$

$$\begin{aligned} \therefore V(X) &= E(X^2)-\{E(X)\}^2 \\ &= \frac{54}{7}-\left(\frac{18}{7}\right)^2=\frac{54}{49} \end{aligned}$$

$$\therefore V(7X+6)=7^2 V(X)=49\times\frac{54}{49}=54$$

349 답 40

확률변수 X가 가질 수 있는 값은 0, 1, 2이다.

(i) 나머지가 0인 경우는 3, 6의 2가지이므로

$$P(X=0)=\frac{2}{6}=\frac{1}{3}$$

(ii) 나머지가 1인 경우는 1, 4의 2가지이므로

$$P(X=1)=\frac{2}{6}=\frac{1}{3}$$

(iii) 나머지가 2인 경우는 2, 5의 2가지이므로

$$P(X=2)=\frac{2}{6}=\frac{1}{3}$$

(i), (ii), (iii)에서 X의 확률분포를 표로 나타내면 다음과 같다.

X	0	1	2	합계
$P(X=x)$	$\frac{1}{3}$	$\frac{1}{3}$	$\frac{1}{3}$	1

확률변수 X에 대하여

$$E(X)=0\times\frac{1}{3}+1\times\frac{1}{3}+2\times\frac{1}{3}=1$$

$$E(X^2)=0^2\times\frac{1}{3}+1^2\times\frac{1}{3}+2^2\times\frac{1}{3}=\frac{5}{3}$$

$$V(X)=E(X^2)-\{E(X)\}^2=\frac{5}{3}-1^2=\frac{2}{3}$$

$$\begin{aligned} \therefore E(12X+4) &= 12E(X)+4 \\ &= 12\times1+4=16 \end{aligned}$$

$$V(6X)=6^2 V(X)=36\times\frac{2}{3}=24$$

$$\therefore E(12X+4)+V(6X)=16+24=40$$

350 답 (1) $B\left(6, \frac{1}{3}\right)$

(2) 이항분포를 따르지 않는다.

(3) $B\left(10, \frac{1}{2}\right)$

(4) 이항분포를 따르지 않는다.

351 답 (1) $P(X=x)={}_4C_x\left(\frac{3}{4}\right)^x\left(\frac{1}{4}\right)^{4-x}$
$$(x=0, 1, 2, 3, 4)$$

(2) $\frac{27}{64}$

(2) $P(X=3)={}_4C_3\left(\frac{3}{4}\right)^3\left(\frac{1}{4}\right)^1=\frac{27}{64}$

352 답 (1) 평균: 24, 분산: 8, 표준편차: $2\sqrt{2}$
(2) 평균: 72, 분산: 45, 표준편차: $3\sqrt{5}$

(1) $E(X)=36\times\frac{2}{3}=24$

$$V(X)=36\times\frac{2}{3}\times\frac{1}{3}=8$$

$$\sigma(X)=\sqrt{8}=2\sqrt{2}$$

(2) $E(X)=192\times\frac{3}{8}=72$

$$V(X)=192\times\frac{3}{8}\times\frac{5}{8}=45$$

$$\sigma(X)=\sqrt{45}=3\sqrt{5}$$

353 답 (1) 60 (2) 42

확률변수 X는 이항분포 $B\left(200, \frac{3}{10}\right)$을 따르므로

(1) $E(X)=200\times\frac{3}{10}=60$

(2) $V(X)=200\times\frac{3}{10}\times\frac{7}{10}=42$

354 〔답〕 (1) $P(X=x)={}_4C_x\left(\dfrac{3}{5}\right)^x\left(\dfrac{2}{5}\right)^{4-x}$
$$(x=0, 1, 2, 3, 4)$$
(2) $\dfrac{297}{625}$

(1) 자유투를 4번 하므로 4번의 독립시행이고, 자유투를 성공할 확률이 $\dfrac{60}{100}=\dfrac{3}{5}$이므로 확률변수 X는 이항분포 $B\left(4, \dfrac{3}{5}\right)$을 따른다.

이때 X의 확률질량함수는
$$P(X=x)={}_4C_x\left(\dfrac{3}{5}\right)^x\left(\dfrac{2}{5}\right)^{4-x} (x=0, 1, 2, 3, 4)$$
(2) 구하는 확률은
$$P(X\geq 3)=P(X=3)+P(X=4)$$
$$={}_4C_3\left(\dfrac{3}{5}\right)^3\left(\dfrac{2}{5}\right)^1+{}_4C_4\left(\dfrac{3}{5}\right)^4$$
$$=\dfrac{216}{625}+\dfrac{81}{625}=\dfrac{297}{625}$$

355 〔답〕 (1) **24** (2) **1624**

$E(X)=40$에서 $100p=40$ $\therefore p=\dfrac{2}{5}$

따라서 확률변수 X는 이항분포 $B\left(100, \dfrac{2}{5}\right)$를 따른다.

(1) $V(X)=100\times\dfrac{2}{5}\times\dfrac{3}{5}=24$

(2) $V(X)=E(X^2)-\{E(X)\}^2$이므로
$$E(X^2)=V(X)+\{E(X)\}^2=24+40^2=1624$$

356 〔답〕 $\dfrac{41}{64}$

동전을 6번 던지므로 6번의 독립시행이고, 앞면이 나올 확률은 $\dfrac{1}{2}$이므로 확률변수 X는 이항분포 $B\left(6, \dfrac{1}{2}\right)$을 따른다.

이때 X의 확률질량함수는
$$P(X=x)={}_6C_x\left(\dfrac{1}{2}\right)^x\left(\dfrac{1}{2}\right)^{6-x} (x=0, 1, 2, ..., 6)$$
$$\therefore P(1\leq X\leq 3)$$
$$=P(X=1)+P(X=2)+P(X=3)$$
$$={}_6C_1\left(\dfrac{1}{2}\right)^1\left(\dfrac{1}{2}\right)^5+{}_6C_2\left(\dfrac{1}{2}\right)^2\left(\dfrac{1}{2}\right)^4$$
$$+{}_6C_3\left(\dfrac{1}{2}\right)^3\left(\dfrac{1}{2}\right)^3$$
$$=\dfrac{6}{64}+\dfrac{15}{64}+\dfrac{20}{64}=\dfrac{41}{64}$$

357 〔답〕 **96**

$V(3X+6)=45$에서
$3^2V(X)=45$, $9V(X)=45$ $\therefore V(X)=5$
이때 확률변수 X가 이항분포 $B(36, p)$를 따르므로
$36p(1-p)=5$, $36p^2-36p+5=0$
$(6p-1)(6p-5)=0$ $\therefore p=\dfrac{5}{6}\left(\because p>\dfrac{1}{2}\right)$

$\therefore E(X)=36\times\dfrac{5}{6}=30$

$\therefore E(3X+6)=3E(X)+6=3\times 30+6=96$

358 〔답〕 **평균: 6, 분산: 5**

1개의 볼펜을 꺼내어 확인한 후 다시 넣는 시행을 36번 반복하므로 36번의 독립시행이고, 한 번의 시행에서 고장난 볼펜을 꺼낼 확률은 $\dfrac{3}{18}=\dfrac{1}{6}$이다.

따라서 확률변수 X는 이항분포 $B\left(36, \dfrac{1}{6}\right)$을 따르므로

$E(X)=36\times\dfrac{1}{6}=6$

$V(X)=36\times\dfrac{1}{6}\times\dfrac{5}{6}=5$

359 〔답〕 **84**

화살을 100발 쏘므로 100번의 독립시행이고, 화살을 10점 과녁에 맞힐 확률은 $\dfrac{70}{100}=\dfrac{7}{10}$이다.

따라서 확률변수 X는 이항분포 $B\left(100, \dfrac{7}{10}\right)$을 따르므로

$V(X)=100\times\dfrac{7}{10}\times\dfrac{3}{10}=21$

$\therefore V(2X-3)=2^2V(X)=4\times 21=84$

360 〔답〕 **19**

서로 다른 두 개의 동전을 던지는 시행을 16번 반복하므로 16번의 독립시행이고, 한 번의 시행에서 두 개의 동전이 모두 앞면이 나올 확률은 $\dfrac{1}{2}\times\dfrac{1}{2}=\dfrac{1}{4}$이다.

즉, 확률변수 X는 이항분포 $B\left(16, \dfrac{1}{4}\right)$을 따르므로

$E(X)=16\times\dfrac{1}{4}=4$

$V(X)=16\times\dfrac{1}{4}\times\dfrac{3}{4}=3$

$V(X)=E(X^2)-\{E(X)\}^2$이므로
$E(X^2)=V(X)+\{E(X)\}^2=3+4^2=19$

361 目 20

한 개의 주사위를 72번 던지므로 72번의 독립시행이고, 주사위를 한 번 던질 때 6의 약수의 눈이 나올 확률은 $\dfrac{4}{6}=\dfrac{2}{3}$이다.

즉, 확률변수 X는 이항분포 $\mathrm{B}\!\left(72,\ \dfrac{2}{3}\right)$를 따르므로

$$\sigma(X)=\sqrt{72\times\dfrac{2}{3}\times\dfrac{1}{3}}=4$$

$$\therefore\ \sigma(-5X+1)=|-5|\,\sigma(X)=5\times4=20$$

연습문제　　　　　　　　　187~190쪽

362 目 2

확률의 총합은 1이므로

$$\mathrm{P}(X=0)+\mathrm{P}(X=1)+\mathrm{P}(X=2)+\mathrm{P}(X=3)=1$$

$$\dfrac{1}{8}+\dfrac{k+3}{24}+\dfrac{2k+3}{24}+\dfrac{3k+3}{24}=1$$

$$\dfrac{1}{4}k=\dfrac{1}{2}\qquad\therefore\ k=2$$

363 目 $\dfrac{1}{3}$

확률의 총합은 1이므로

$$a+\dfrac{1}{3}+\dfrac{a}{2}+\dfrac{1}{4}+a=1$$

$$\dfrac{5}{2}a=\dfrac{5}{12}\qquad\therefore\ a=\dfrac{1}{6}$$

$$\begin{aligned}
\therefore\ \mathrm{P}(|X|<3)&=\mathrm{P}(-3<X<3)\\
&=\mathrm{P}(X=-1)+\mathrm{P}(X=1)\\
&=\dfrac{a}{2}+\dfrac{1}{4}\\
&=\dfrac{1}{2}\times\dfrac{1}{6}+\dfrac{1}{4}=\dfrac{1}{3}
\end{aligned}$$

364 目 ②

확률변수 X가 가질 수 있는 값은 0, 1, 2, 3, 4, 5이므로

$$\mathrm{P}(X\geq3)=\mathrm{P}(X=3)+\mathrm{P}(X=4)+\mathrm{P}(X=5)$$

서로 다른 두 개의 주사위를 던져서 나오는 눈의 수를 각각 a, b라 하면 순서쌍 $(a,\ b)$에 대하여 두 눈의 차가

(i) 3인 경우는 $(1, 4)$, $(2, 5)$, $(3, 6)$, $(4, 1)$, $(5, 2)$, $(6, 3)$의 6가지이므로

$$\mathrm{P}(X=3)=\dfrac{6}{6\times6}=\dfrac{1}{6}$$

(ii) 4인 경우는 $(1, 5)$, $(2, 6)$, $(5, 1)$, $(6, 2)$의 4가지이므로

$$\mathrm{P}(X=4)=\dfrac{4}{6\times6}=\dfrac{1}{9}$$

(iii) 5인 경우는 $(1, 6)$, $(6, 1)$의 2가지이므로

$$\mathrm{P}(X=5)=\dfrac{2}{6\times6}=\dfrac{1}{18}$$

(i), (ii), (iii)에서

$$\begin{aligned}
\mathrm{P}(X\geq3)&=\mathrm{P}(X=3)+\mathrm{P}(X=4)+\mathrm{P}(X=5)\\
&=\dfrac{1}{6}+\dfrac{1}{9}+\dfrac{1}{18}=\dfrac{1}{3}
\end{aligned}$$

365 目 2

확률의 총합은 1이므로

$$a+\dfrac{1}{4}+b=1$$

$$\therefore\ a+b=\dfrac{3}{4}\qquad\cdots\cdots\ \text{㉠}$$

$\mathrm{E}(X)=2$에서

$$1\times a+2\times\dfrac{1}{4}+4\times b=2$$

$$\therefore\ a+4b=\dfrac{3}{2}\qquad\cdots\cdots\ \text{㉡}$$

㉠, ㉡을 연립하여 풀면 $a=\dfrac{1}{2}$, $b=\dfrac{1}{4}$

$$\therefore\ \dfrac{a}{b}=\dfrac{\frac{1}{2}}{\frac{1}{4}}=2$$

366 目 $\dfrac{3}{5}$

확률변수 X가 가질 수 있는 값은 0, 1, 2이고, 각각의 확률은

$$\mathrm{P}(X=0)=\dfrac{{}_2\mathrm{C}_0\times{}_3\mathrm{C}_2}{{}_5\mathrm{C}_2}=\dfrac{3}{10},$$

$$\mathrm{P}(X=1)=\dfrac{{}_2\mathrm{C}_1\times{}_3\mathrm{C}_1}{{}_5\mathrm{C}_2}=\dfrac{3}{5},$$

$$\mathrm{P}(X=2)=\dfrac{{}_2\mathrm{C}_2\times{}_3\mathrm{C}_0}{{}_5\mathrm{C}_2}=\dfrac{1}{10}$$

이므로 X의 확률분포를 표로 나타내면 다음과 같다.

X	0	1	2	합계
$\mathrm{P}(X=x)$	$\dfrac{3}{10}$	$\dfrac{3}{5}$	$\dfrac{1}{10}$	1

확률변수 X에 대하여

$$\mathrm{E}(X)=0\times\dfrac{3}{10}+1\times\dfrac{3}{5}+2\times\dfrac{1}{10}=\dfrac{4}{5}$$

$$\mathrm{E}(X^2)=0^2\times\dfrac{3}{10}+1^2\times\dfrac{3}{5}+2^2\times\dfrac{1}{10}=1$$

$$\therefore \mathrm{V}(X)=\mathrm{E}(X^2)-\{\mathrm{E}(X)\}^2$$
$$=1-\left(\frac{4}{5}\right)^2=\frac{9}{25}$$
$$\therefore \sigma(X)=\sqrt{\mathrm{V}(X)}=\sqrt{\frac{9}{25}}=\frac{3}{5}$$

367 🖪 8

$\mathrm{E}(X)=6$이므로 $\mathrm{E}(aX-b)=27$에서

$a\mathrm{E}(X)-b=27$

$\therefore 6a-b=27$ $\cdots\cdots$ ㉠

$\mathrm{V}(X)=7$이므로 $\mathrm{V}(bX+a)=63$에서

$b^2\mathrm{V}(X)=63,\ 7b^2=63$

$b^2=9$ $\therefore b=3\ (\because b>0)$

이를 ㉠에 대입하면

$6a-3=27,\ 6a=30$ $\therefore a=5$

$\therefore a+b=5+3=8$

368 🖪 ③

$\mathrm{E}(X)=-1$에서

$-3\times\frac{1}{2}+0\times\frac{1}{4}+a\times\frac{1}{4}=-1$

$\frac{1}{4}a=\frac{1}{2}$ $\therefore a=2$

$\mathrm{E}(X^2)=(-3)^2\times\frac{1}{2}+0^2\times\frac{1}{4}+2^2\times\frac{1}{4}=\frac{11}{2}$

이므로

$\mathrm{V}(X)=\mathrm{E}(X^2)-\{\mathrm{E}(X)\}^2=\frac{11}{2}-(-1)^2=\frac{9}{2}$

$\therefore \mathrm{V}(aX)=\mathrm{V}(2X)=2^2\mathrm{V}(X)=4\times\frac{9}{2}=18$

369 🖪 ③

확률변수 X는 이항분포 $\mathrm{B}\left(3,\ \frac{2}{3}\right)$를 따르므로 X의

확률질량함수는

$\mathrm{P}(X=x)={}_3\mathrm{C}_x\left(\frac{2}{3}\right)^x\left(\frac{1}{3}\right)^{3-x}\ (x=0,\ 1,\ 2,\ 3)$

$\therefore \mathrm{P}(X>1)=\mathrm{P}(X=2)+\mathrm{P}(X=3)$
$$={}_3\mathrm{C}_2\left(\frac{2}{3}\right)^2\left(\frac{1}{3}\right)^1+{}_3\mathrm{C}_3\left(\frac{2}{3}\right)^3$$
$$=\frac{12}{27}+\frac{8}{27}=\frac{20}{27}$$

370 🖪 16

$\mathrm{E}(X)=36\times\frac{2}{3}=24$

$\mathrm{V}(X)=36\times\frac{2}{3}\times\frac{1}{3}=8$

$$\therefore \mathrm{E}(2X-a)=2\mathrm{E}(X)-a=2\times24-a=48-a,$$
$$\mathrm{V}(2X-a)=2^2\mathrm{V}(X)=4\times8=32$$

이때 $\mathrm{E}(2X-a)=\mathrm{V}(2X-a)$이므로

$48-a=32$ $\therefore a=16$

371 🖪 $\dfrac{1}{3}$

확률의 총합은 1이므로

$\mathrm{P}(X=1)+\mathrm{P}(X=2)+\cdots+\mathrm{P}(X=48)=1$

$\frac{k}{2\times3}+\frac{k}{3\times4}+\cdots+\frac{k}{49\times50}=1$

$k\left\{\left(\frac{1}{2}-\frac{1}{3}\right)+\left(\frac{1}{3}-\frac{1}{4}\right)+\cdots+\left(\frac{1}{49}-\frac{1}{50}\right)\right\}=1$

$k\left(\frac{1}{2}-\frac{1}{50}\right)=1$ $\therefore k=\frac{25}{12}$

$\therefore \mathrm{P}(4\leq X\leq23)$
$$=\mathrm{P}(X=4)+\mathrm{P}(X=5)+\cdots+\mathrm{P}(X=23)$$
$$=\frac{k}{5\times6}+\frac{k}{6\times7}+\cdots+\frac{k}{24\times25}$$
$$=\frac{25}{12}\left\{\left(\frac{1}{5}-\frac{1}{6}\right)+\left(\frac{1}{6}-\frac{1}{7}\right)\right.$$
$$\left.+\cdots+\left(\frac{1}{24}-\frac{1}{25}\right)\right\}$$
$$=\frac{25}{12}\left(\frac{1}{5}-\frac{1}{25}\right)=\frac{25}{12}\times\frac{4}{25}=\frac{1}{3}$$

372 🖪 2

확률변수 X가 가질 수 있는 값은 0, 1, 2, 3, 4이고,

각각의 확률은

$\mathrm{P}(X=0)=\dfrac{{}_5\mathrm{C}_0\times{}_5\mathrm{C}_4}{{}_{10}\mathrm{C}_4}=\dfrac{1}{42}$,

$\mathrm{P}(X=1)=\dfrac{{}_5\mathrm{C}_1\times{}_5\mathrm{C}_3}{{}_{10}\mathrm{C}_4}=\dfrac{5}{21}$,

$\mathrm{P}(X=2)=\dfrac{{}_5\mathrm{C}_2\times{}_5\mathrm{C}_2}{{}_{10}\mathrm{C}_4}=\dfrac{10}{21}$,

$\mathrm{P}(X=3)=\dfrac{{}_5\mathrm{C}_3\times{}_5\mathrm{C}_1}{{}_{10}\mathrm{C}_4}=\dfrac{5}{21}$,

$\mathrm{P}(X=4)=\dfrac{{}_5\mathrm{C}_4\times{}_5\mathrm{C}_0}{{}_{10}\mathrm{C}_4}=\dfrac{1}{42}$

이므로 X의 확률분포를 표로 나타내면 다음과 같다.

X	0	1	2	3	4	합계
$\mathrm{P}(X=x)$	$\dfrac{1}{42}$	$\dfrac{5}{21}$	$\dfrac{10}{21}$	$\dfrac{5}{21}$	$\dfrac{1}{42}$	1

이때 $\mathrm{P}(X=0)+\mathrm{P}(X=1)+\mathrm{P}(X=2)=\dfrac{31}{42}$이므로

$\mathrm{P}(X\leq2)=\dfrac{31}{42}$ $\therefore a=2$

373　답 ②

동전의 앞면을 H, 뒷면을 T라 할 때, 게임을 한 번 하여 나오는 모든 경우를 표로 나타내면 다음과 같다.

500원	100원	100원	받는 금액(원)
H	H	H	1400
H	H	T	1200
H	T	H	1200
H	T	T	1000
T	H	H	400
T	H	T	200
T	T	H	200
T	T	T	0

게임을 한 번 하여 받을 수 있는 금액을 확률변수 X 라 할 때, X가 가질 수 있는 값은 0, 200, 400, 1000, 1200, 1400이고, 각각의 확률은

$$P(X=0)=\frac{1}{8},\ P(X=200)=\frac{2}{8}=\frac{1}{4},$$

$$P(X=400)=\frac{1}{8},\ P(X=1000)=\frac{1}{8},$$

$$P(X=1200)=\frac{2}{8}=\frac{1}{4},\ P(X=1400)=\frac{1}{8}$$

이므로 X의 확률분포를 표로 나타내면 다음과 같다.

X	0	200	400	1000	1200	1400	합계
$P(X=x)$	$\frac{1}{8}$	$\frac{1}{4}$	$\frac{1}{8}$	$\frac{1}{8}$	$\frac{1}{4}$	$\frac{1}{8}$	1

확률변수 X에 대하여
$$E(X)$$
$$=0\times\frac{1}{8}+200\times\frac{1}{4}+400\times\frac{1}{8}+1000\times\frac{1}{8}$$
$$+1200\times\frac{1}{4}+1400\times\frac{1}{8}$$
$$=700$$

따라서 구하는 기댓값은 700원이다.

374　답 36

$E(X)=a$, $E(X^2)=4a+5$이므로
$$V(X)=E(X^2)-\{E(X)\}^2=4a+5-a^2$$
$$\therefore V(2X+5)=2^2 V(X)$$
$$=4(4a+5-a^2)$$
$$=-4a^2+16a+20$$
$$=-4(a-2)^2+36\ (-1\le a\le 5)$$
따라서 $V(2X+5)$는 $a=2$일 때 최댓값 36을 가진다.

---

x의 값의 범위가 $\alpha\le x\le\beta$일 때, 이차함수
$f(x)=a(x-p)^2+q$의 최대, 최소는 다음과 같다.
(1) $\alpha\le p\le\beta$일 때, $f(\alpha)$, $f(p)$, $f(\beta)$ 중 가장 큰 값이 최댓값, 가장 작은 값이 최솟값이다.
(2) $p<\alpha$ 또는 $p>\beta$일 때, $f(\alpha)$, $f(\beta)$ 중 큰 값이 최댓값, 작은 값이 최솟값이다.

375　답 21

확률의 총합은 1이므로 $\dfrac{2}{k}+\dfrac{3}{k}+\dfrac{4}{k}+\dfrac{5}{k}=1$

$$\frac{14}{k}=1 \qquad \therefore k=14 \qquad \blacktriangleright\blacktriangleright\blacktriangleright\blacktriangleright\blacktriangleright\ \mathbf{❶}$$

따라서 X의 확률분포를 표로 나타내면 다음과 같다.

X	2	3	4	5	합계
$P(X=x)$	$\frac{1}{7}$	$\frac{3}{14}$	$\frac{2}{7}$	$\frac{5}{14}$	1

확률변수 X에 대하여
$$E(X)=2\times\frac{1}{7}+3\times\frac{3}{14}+4\times\frac{2}{7}+5\times\frac{5}{14}=\frac{27}{7}$$
$$E(X^2)=2^2\times\frac{1}{7}+3^2\times\frac{3}{14}+4^2\times\frac{2}{7}+5^2\times\frac{5}{14}=16$$
$$\therefore V(X)=E(X^2)-\{E(X)\}^2$$
$$=16-\left(\frac{27}{7}\right)^2=\frac{55}{49} \qquad \blacktriangleright\blacktriangleright\blacktriangleright\blacktriangleright\blacktriangleright\ \mathbf{❷}$$

$E(Y)=30$에서 $E(aX+b)=30$
$$aE(X)+b=30 \qquad \therefore \frac{27}{7}a+b=30 \qquad \cdots\cdots\ ㉠$$
$V(Y)=55$에서 $V(aX+b)=55$
$$a^2 V(X)=55,\ \frac{55}{49}a^2=55$$
$$a^2=49 \qquad \therefore a=7\ (\because a>0)$$
이를 ㉠에 대입하면 $27+b=30 \qquad \therefore b=3$
$$\therefore ab=7\times 3=21 \qquad \blacktriangleright\blacktriangleright\blacktriangleright\blacktriangleright\blacktriangleright\ \mathbf{❸}$$

단계	채점 기준	비율
❶	k의 값 구하기	30 %
❷	$E(X)$, $V(X)$ 구하기	30 %
❸	ab의 값 구하기	40 %

376　답 3

확률변수 X가 가질 수 있는 값은 2, 3, 4, 5이다.
뽑은 카드에 적힌 두 수를 각각 a, $b\,(a<b)$라 하면
순서쌍 $(a,\ b)$에 대하여 두 수 중에서 큰 수가
(i) 2인 경우는 $(1,\ 2)$의 1가지이므로
$$P(X=2)=\frac{1}{{}_5C_2}=\frac{1}{10}$$

(ii) 3인 경우는 $(1, 3), (2, 3)$의 2가지이므로

$$P(X=3)=\frac{2}{{}_5C_2}=\frac{1}{5}$$

(iii) 4인 경우는 $(1, 4), (2, 4), (3, 4)$의 3가지이므로

$$P(X=4)=\frac{3}{{}_5C_2}=\frac{3}{10}$$

(iv) 5인 경우는 $(1, 5), (2, 5), (3, 5), (4, 5)$의 4가지이므로

$$P(X=5)=\frac{4}{{}_5C_2}=\frac{2}{5}$$

(i)~(iv)에서 X의 확률분포를 표로 나타내면 다음과 같다.

X	2	3	4	5	합계
$P(X=x)$	$\frac{1}{10}$	$\frac{1}{5}$	$\frac{3}{10}$	$\frac{2}{5}$	1

확률변수 X에 대하여

$$E(X)=2\times\frac{1}{10}+3\times\frac{1}{5}+4\times\frac{3}{10}+5\times\frac{2}{5}=4$$

$$E(X^2)=2^2\times\frac{1}{10}+3^2\times\frac{1}{5}+4^2\times\frac{3}{10}+5^2\times\frac{2}{5}$$
$$=17$$

$$\therefore V(X)=E(X^2)-\{E(X)\}^2=17-4^2=1$$

따라서 $\sigma(X)=\sqrt{V(X)}=1$이므로

$$\sigma(3X-8)=|3|\sigma(X)=3\times1=3$$

377 답 $\frac{2}{9}$

바닥에 놓인 면에 적힌 수가 소수일 확률은 $\frac{3}{4}$이므로

확률변수 X는 이항분포 $B\left(5, \frac{3}{4}\right)$을 따른다.

이때 X의 확률질량함수는

$$P(X=x)={}_5C_x\left(\frac{3}{4}\right)^x\left(\frac{1}{4}\right)^{5-x}\ (x=0, 1, 2, 3, 4, 5)$$

$P(X=2)=kP(X=4)$에서

$$_5C_2\left(\frac{3}{4}\right)^2\left(\frac{1}{4}\right)^3=k\times{}_5C_4\left(\frac{3}{4}\right)^4\left(\frac{1}{4}\right)^1$$

$$2\times\left(\frac{1}{4}\right)^2=k\times\left(\frac{3}{4}\right)^2$$

$$\therefore k=\frac{2}{9}$$

378 답 84

확률변수 X가 이항분포 $B\left(147, \frac{4}{7}\right)$를 따르므로

$$E(X)=147\times\frac{4}{7}=84$$

$$\sigma(X)=\sqrt{147\times\frac{4}{7}\times\frac{3}{7}}=6$$

$$\therefore E(X-12)=E(X)-12=84-12=72,$$
$$\sigma(2X+5)=|2|\sigma(X)=2\times6=12$$

$$\therefore E(X-12)+\sigma(2X+5)=72+12=84$$

379 답 21

노란 구슬을 꺼낼 확률은 $\frac{3}{3+a}$이므로 확률변수 X는

이항분포 $B\left(n, \frac{3}{3+a}\right)$을 따른다.

$E(2X+1)=7$에서

$$2E(X)+1=7$$

$$\therefore E(X)=3$$

$$\therefore n\times\frac{3}{3+a}=3 \qquad \cdots\cdots \text{㉠}$$

또 $\sigma(2X+1)=3$에서

$$|2|\sigma(X)=3$$

$$\therefore \sigma(X)=\frac{3}{2}$$

즉, $\sqrt{n\times\dfrac{3}{3+a}\times\dfrac{a}{3+a}}=\dfrac{3}{2}$이므로

$$n\times\frac{3}{3+a}\times\frac{a}{3+a}=\frac{9}{4} \qquad \cdots\cdots \text{㉡}$$

㉠을 ㉡에 대입하면

$$3\times\frac{a}{3+a}=\frac{9}{4},\ 4a=9+3a$$

$$\therefore a=9$$

이를 ㉠에 대입하면

$$\frac{1}{4}n=3 \qquad \therefore n=12$$

$$\therefore a+n=9+12=21$$

380 답 121

| **접근 방법** | 확률변수 Y를 X에 대하여 나타낸 후 $V(aX+b)=a^2V(X)$임을 이용한다.

$Y=10X+1$이므로

$$E(Y)=E(10X+1)=10E(X)+1$$
$$=10\times2+1=21$$

$$V(X)=E(X^2)-\{E(X)\}^2$$
$$=5-2^2=1$$

$$\therefore V(Y)=V(10X+1)=10^2V(X)$$
$$=100\times1=100$$

$$\therefore E(Y)+V(Y)=21+100=121$$

381 답 ③

| **접근 방법** | 2번의 가위바위보를 하여 나오는 경우를 정리하여 얻을 수 있는 점수와 각각의 확률을 먼저 구한다.

한 번의 가위바위보에서 이길 확률은 $\dfrac{1}{3}$, 비길 확률은 $\dfrac{1}{3}$, 질 확률은 $\dfrac{1}{3}$이다.

A가 이기면 ○, 비기면 △, 지면 ×라 할 때, 2번의 가위바위보를 하여 나오는 경우에 따른 점수를 표로 나타내면 다음과 같다.

1회	2회	얻는 점수(점)
○	○	6
○	△	4
○	×	3
△	○	4
△	△	2
△	×	1
×	○	3
×	△	1
×	×	0

확률변수 X가 가질 수 있는 값은 0, 1, 2, 3, 4, 6이고, 각각의 확률은

$$\mathrm{P}(X=0)=\frac{1}{3}\times\frac{1}{3}=\frac{1}{9},$$

$$\mathrm{P}(X=1)=\frac{1}{3}\times\frac{1}{3}+\frac{1}{3}\times\frac{1}{3}=\frac{2}{9},$$

$$\mathrm{P}(X=2)=\frac{1}{3}\times\frac{1}{3}=\frac{1}{9},$$

$$\mathrm{P}(X=3)=\frac{1}{3}\times\frac{1}{3}+\frac{1}{3}\times\frac{1}{3}=\frac{2}{9},$$

$$\mathrm{P}(X=4)=\frac{1}{3}\times\frac{1}{3}+\frac{1}{3}\times\frac{1}{3}=\frac{2}{9},$$

$$\mathrm{P}(X=6)=\frac{1}{3}\times\frac{1}{3}=\frac{1}{9}$$

이므로 X의 확률분포를 표로 나타내면 다음과 같다.

X	0	1	2	3	4	6	합계
$\mathrm{P}(X=x)$	$\dfrac{1}{9}$	$\dfrac{2}{9}$	$\dfrac{1}{9}$	$\dfrac{2}{9}$	$\dfrac{2}{9}$	$\dfrac{1}{9}$	1

확률변수 X에 대하여

$$\mathrm{E}(X)=0\times\frac{1}{9}+1\times\frac{2}{9}+2\times\frac{1}{9}+3\times\frac{2}{9}+4\times\frac{2}{9}$$
$$+6\times\frac{1}{9}$$
$$=\frac{8}{3}$$

$$\mathrm{E}(X^2)=0^2\times\frac{1}{9}+1^2\times\frac{2}{9}+2^2\times\frac{1}{9}+3^2\times\frac{2}{9}$$
$$+4^2\times\frac{2}{9}+6^2\times\frac{1}{9}$$
$$=\frac{92}{9}$$

$$\therefore \mathrm{V}(X)=\mathrm{E}(X^2)-\{\mathrm{E}(X)\}^2$$
$$=\frac{92}{9}-\left(\frac{8}{3}\right)^2=\frac{28}{9}$$

$$\therefore \mathrm{V}(-3X+2)=(-3)^2\mathrm{V}(X)$$
$$=9\times\frac{28}{9}=28$$

382 답 ⑤

| **접근 방법** | 예약한 사람이 실제로 호텔에 방문하는 건수를 확률변수 X로 놓고 확률질량함수를 구한 후 방이 부족하려면 $X>$(방의 개수)임을 이용하여 확률을 구한다.

예약 취소율은 0.1이므로 예약한 사람이 호텔에 방문할 확률은 0.9이다.

즉, 예약한 사람이 실제로 호텔에 방문하는 건수를 확률변수 X라 하면 X는 이항분포 $\mathrm{B}(30,\ 0.9)$를 따르므로 X의 확률질량함수는

$$\mathrm{P}(X=x)={}_{30}\mathrm{C}_x 0.9^x\times 0.1^{30-x}\ (x=0,\ 1,\ 2,\ ...,\ 30)$$

이때 방이 부족하려면 실제로 방문하는 사람의 수가 28명을 초과해야 하므로 구하는 확률은

$$\mathrm{P}(X>28)=\mathrm{P}(X=29)+\mathrm{P}(X=30)$$
$$={}_{30}\mathrm{C}_{29}0.9^{29}\times 0.1^1+{}_{30}\mathrm{C}_{30}0.9^{30}$$
$$=30\times 0.0471\times 0.1+0.0424$$
$$=0.1837$$

383 답 48

| **접근 방법** | X의 확률질량함수를 이용하여 주어진 식을 n, p에 대한 식으로 나타낸 후 n, p의 값을 구한다.

X의 확률질량함수는

$$\mathrm{P}(X=x)={}_n\mathrm{C}_x p^x(1-p)^{n-x}\ (x=0,\ 1,\ 2,\ ...,\ n)$$

이므로

$$\mathrm{P}(X=n)={}_n\mathrm{C}_n p^n=p^n$$
$$\mathrm{P}(X=n-1)={}_n\mathrm{C}_{n-1}p^{n-1}(1-p)^1$$
$$=np^{n-1}(1-p)$$

이때 $\mathrm{E}(X)=4$에서

$$np=4 \qquad \cdots\cdots\ \text{㉠}$$

또 $\dfrac{\mathrm{P}(X=n)}{\mathrm{P}(X=n-1)}=\dfrac{1}{3}$ 에서

$$\dfrac{p^n}{np^{n-1}(1-p)}=\dfrac{1}{3},\ \dfrac{p}{n(1-p)}=\dfrac{1}{3}$$

$$3p=n(1-p) \quad \cdots\cdots ㉡ \qquad \blacktriangleright\blacktriangleright\blacktriangleright\blacktriangleright\blacktriangleright ❶$$

㉠에서 $n=\dfrac{4}{p}$ 를 ㉡에 대입하면

$$3p=\dfrac{4}{p}(1-p),\ 3p^2+4p-4=0$$

$$(3p-2)(p+2)=0$$

$$\therefore\ p=\dfrac{2}{3}\ (\because\ p>0)$$

이를 ㉠에 대입하면

$$\dfrac{2}{3}n=4 \qquad \therefore\ n=6 \qquad \blacktriangleright\blacktriangleright\blacktriangleright\blacktriangleright\blacktriangleright ❷$$

따라서 확률변수 X는 이항분포 $\mathrm{B}\!\left(6,\dfrac{2}{3}\right)$를 따르므로

$$\mathrm{V}(X)=6\times\dfrac{2}{3}\times\dfrac{1}{3}=\dfrac{4}{3}$$

$$\therefore\ \mathrm{V}(6X)=6^2\mathrm{V}(X)$$

$$=36\times\dfrac{4}{3}=48 \qquad \blacktriangleright\blacktriangleright\blacktriangleright\blacktriangleright\blacktriangleright ❸$$

단계	채점 기준	비율
❶	주어진 조건을 이용하여 n, p에 대한 식 세우기	40 %
❷	n, p의 값 구하기	30 %
❸	$\mathrm{V}(6X)$ 구하기	30 %

384 답 -16

| **접근 방법** | 주사위를 24번 던질 때 3의 약수의 눈이 나오는 횟수를 새로운 확률변수 Y로 놓고 X를 Y에 대하여 나타낸다.

주사위를 24번 던질 때 3의 약수의 눈이 나오는 횟수를 확률변수 Y라 하면 3의 약수가 아닌 눈이 나오는 횟수는 $24-Y$이므로

$$X=4Y-3(24-Y)=7Y-72$$

주사위를 한 번 던질 때 3의 약수의 눈이 나올 확률이 $\dfrac{1}{3}$이므로 확률변수 Y는 이항분포 $\mathrm{B}\!\left(24,\dfrac{1}{3}\right)$을 따른다.

따라서 $\mathrm{E}(Y)=24\times\dfrac{1}{3}=8$이므로

$$\begin{aligned}\mathrm{E}(X)&=\mathrm{E}(7Y-72)\\&=7\mathrm{E}(Y)-72\\&=7\times8-72=-16\end{aligned}$$

01 연속확률변수와 정규분포

개념 확인 193쪽

385 답 ㄱ, ㄴ

ㄱ. 함수 $y=f(x)$의 그래프와 x축, y축 및 직선 $x=2$로 둘러싸인 부분의 넓이는

$$2\times\dfrac{1}{2}=1$$

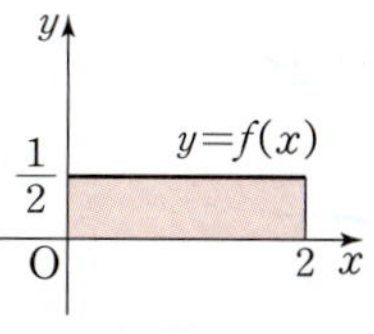

ㄴ. 함수 $y=f(x)$의 그래프와 x축, y축으로 둘러싸인 부분의 넓이는

$$\dfrac{1}{2}\times2\times1=1$$

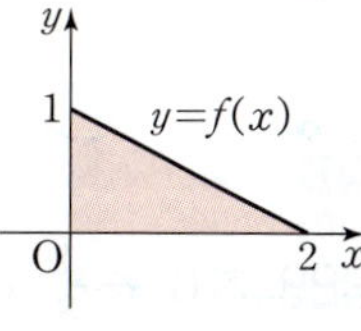

ㄷ. 함수 $y=f(x)$의 그래프와 x축, y축 및 직선 $x=2$로 둘러싸인 부분의 넓이는

$$\dfrac{1}{2}\times\left(\dfrac{1}{2}+1\right)\times2=\dfrac{3}{2}$$

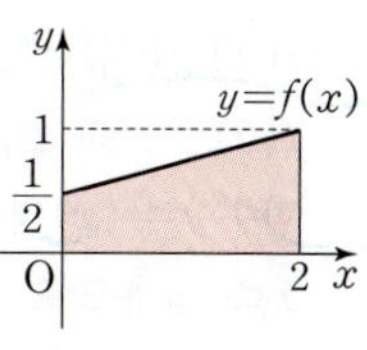

따라서 보기에서 확률밀도함수가 될 수 있는 것은 ㄱ, ㄴ이다.

386 답 (1) $\dfrac{1}{16}$ (2) $\dfrac{25}{2}$

(1) $f(x)\geq0$이므로 $k\geq0$

함수 $y=f(x)$의 그래프와 x축, y축 및 직선 $x=4$로 둘러싸인 부분의 넓이가 1 이므로

$$4\times4k=1$$

$$\therefore\ k=\dfrac{1}{16}$$

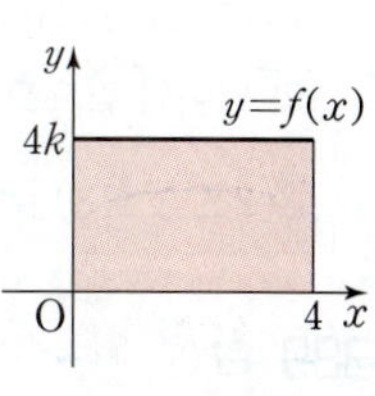

(2) $f(x)\geq0$이므로 $k\geq0$

함수 $y=f(x)$의 그래프와 x축 및 직선 $x=5$로 둘러싸인 부분의 넓이가 1이므로

$$\dfrac{1}{2}\times5\times\dfrac{5}{k}=1$$

$$\therefore\ k=\dfrac{25}{2}$$

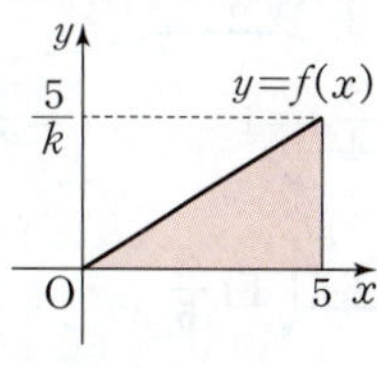

387 답 $\dfrac{1}{2}$

구하는 확률은 함수 $y=f(x)$의 그래프와 x축 및 두 직선 $x=2$, $x=5$로 둘러싸인 부분의 넓이와 같으므로

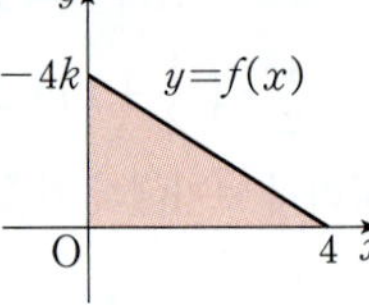

$$P(2\le X\le5)=3\times\dfrac{1}{6}=\dfrac{1}{2}$$

195쪽

유제

388 답 (1) $-\dfrac{1}{8}$ (2) $\dfrac{3}{16}$

(1) $f(x)\ge0$이므로

$f(0)=-4k\ge0$ ∴ $k\le0$

함수 $y=f(x)$의 그래프와 x축, y축으로 둘러싸인 부분의 넓이가 1이므로

$$\dfrac{1}{2}\times4\times(-4k)=1$$

$-8k=1$ ∴ $k=-\dfrac{1}{8}$

(2) 구하는 확률은 함수 $y=f(x)$의 그래프와 x축 및 두 직선 $x=2$, $x=3$으로 둘러싸인 부분의 넓이와 같으므로

$$P(2\le X\le3)=\dfrac{1}{2}\times\left(\dfrac{1}{4}+\dfrac{1}{8}\right)\times1=\dfrac{3}{16}$$

389 답 ③

연속확률변수 X의 확률밀도함수의 그래프와 x축, y축으로 둘러싸인 부분의 넓이가 1이므로

$$\dfrac{1}{2}\times\left(\dfrac{1}{2}+1\right)\times a=1$$

$$\dfrac{3}{4}a=1 \quad ∴ a=\dfrac{4}{3}$$

390 답 $\dfrac{2}{5}$

함수 $y=f(x)$의 그래프와 x축으로 둘러싸인 부분의 넓이가 1이므로

$$\dfrac{1}{2}\times5\times k=1 \quad ∴ k=\dfrac{2}{5}$$

따라서 구하는 확률은 함수 $y=f(x)$의 그래프와 x축 및 두 직선 $x=2$, $x=4$로 둘러싸인 부분의 넓이와 같으므로

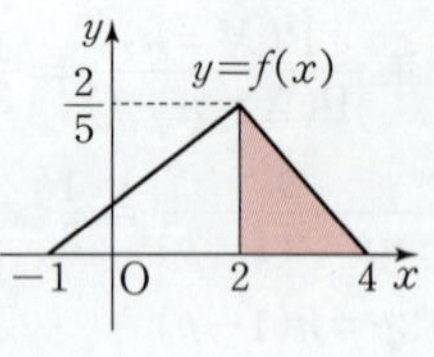

$$P(X\ge2)=\dfrac{1}{2}\times2\times\dfrac{2}{5}=\dfrac{2}{5}$$

| 참고 | 함수 $f(x)$는 다음과 같다.

$$f(x)=\begin{cases}\dfrac{2}{15}x+\dfrac{2}{15} & (-1\le x\le2)\\[2mm]-\dfrac{1}{5}x+\dfrac{4}{5} & (2\le x\le4)\end{cases}$$

391 답 $\dfrac{2}{3}$

$f(x)\ge0$이므로 $k\ge0$

함수 $y=f(x)$의 그래프와 x축 및 직선 $x=5$로 둘러싸인 부분의 넓이가 1이므로

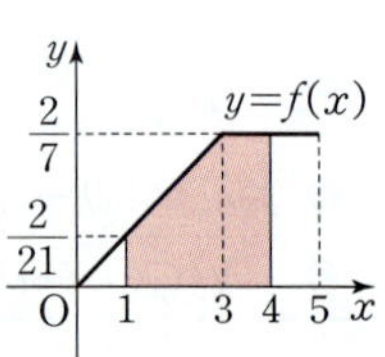

$$\dfrac{1}{2}\times(2+5)\times k=1$$

$$\dfrac{7}{2}k=1 \quad ∴ k=\dfrac{2}{7}$$

따라서 구하는 확률은 함수 $y=f(x)$의 그래프와 x축 및 두 직선 $x=1$, $x=4$로 둘러싸인 부분의 넓이와 같으므로

$$P(1\le X\le4)$$
$$=P(1\le X\le3)+P(3\le X\le4)$$
$$=\dfrac{1}{2}\times\left(\dfrac{2}{21}+\dfrac{2}{7}\right)\times2+1\times\dfrac{2}{7}=\dfrac{2}{3}$$

개념 확인

201쪽

392 답 (1) $N(5,\,4^2)$ (2) $N(24,\,5^2)$

393 답 ㄱ, ㄷ

ㄱ. 곡선 A의 대칭축이 가장 왼쪽에 있으므로 네 확률변수 중에서 평균이 가장 작은 것은 X_1이다.

ㄴ. 곡선 A의 가운데 부분의 높이가 가장 낮고 양쪽으로 넓게 퍼져 있으므로 네 확률변수 중에서 표준편차가 가장 큰 것은 X_1이다.

ㄷ. 두 곡선 B, C의 모양이 서로 같으므로

$$\sigma(X_2)=\sigma(X_3)$$

따라서 보기에서 옳은 것은 ㄱ, ㄷ이다.

394 답 (1) **0.4938** (2) **0.4772** (3) **0.2417**
  (4) **0.6915** (5) **0.0062** (6) **0.6826**

(2) $P(-2 \leq Z \leq 0) = P(0 \leq Z \leq 2) = 0.4772$

(3) $P(-1.5 \leq Z \leq -0.5)$
  $= P(0.5 \leq Z \leq 1.5)$
  $= P(0 \leq Z \leq 1.5) - P(0 \leq Z \leq 0.5)$
  $= 0.4332 - 0.1915 = 0.2417$

(4) $P(Z \leq 0.5) = P(Z \leq 0) + P(0 \leq Z \leq 0.5)$
  $= 0.5 + 0.1915 = 0.6915$

(5) $P(Z \geq 2.5) = P(Z \geq 0) - P(0 \leq Z \leq 2.5)$
  $= 0.5 - 0.4938 = 0.0062$

(6) $P(-1 \leq Z \leq 1)$
  $= P(-1 \leq Z \leq 0) + P(0 \leq Z \leq 1)$
  $= 2P(0 \leq Z \leq 1)$
  $= 2 \times 0.3413 = 0.6826$

395 답 (1) $Z = \dfrac{X-7}{2}$ (2) $Z = \dfrac{X+20}{3}$

  (3) $Z = \dfrac{X-96}{12}$

396 답 ㄴ, ㄷ

ㄱ. 두 곡선이 모두 직선 $x=0$에 대하여 대칭이므로
  $E(X_1) = 0$, $E(X_2) = 0$
  $\therefore E(X_1) = E(X_2)$

ㄴ. 표준편차가 클수록 곡선의 가운데 부분의 높이는
  낮아지고 양쪽으로 넓게 퍼진 모양이므로
  $\sigma(X_1) < \sigma(X_2)$

ㄷ. 곡선과 x축 사이의 넓이는 1이고, 두 곡선이 모두
  직선 $x=0$에 대하여 대칭이므로
  $P(X_1 \leq 0) = 0.5$, $P(X_2 \geq 0) = 0.5$
  $\therefore P(X_1 \leq 0) = P(X_2 \geq 0)$

따라서 보기에서 옳은 것은 ㄴ, ㄷ이다.

397 답 6

정규분포곡선은 직선 $x=m$에
대하여 대칭이고
$P(X \leq 3) = P(X \geq 9)$이므로
$m = \dfrac{3+9}{2} = 6$

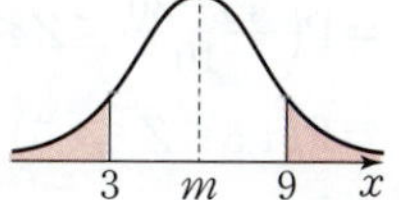

398 답 ㄱ

ㄱ. 두 곡선 $y=f(x)$, $y=g(x)$가 모두 직선 $x=10$
  에 대하여 대칭이므로
  $E(X_1) = 10$, $E(X_2) = 10$
  $\therefore E(X_1) = E(X_2) = 10$

ㄴ. 표준편차가 클수록 곡선의 가운데 부분의 높이는
  낮아지고 양쪽으로 넓게 퍼진 모양이므로
  $\sigma(X_1) < \sigma(X_3) < \sigma(X_2)$

ㄷ. 곡선과 x축 사이의 넓이는 1이고, 두 곡선
  $y=f(x)$, $y=h(x)$는 각각 직선 $x=10$, $x=20$
  에 대하여 대칭이므로
  $P(X_1 \geq 10) = 0.5$, $P(X_3 \geq 20) = 0.5$
  $\therefore P(X_1 \geq 10) = P(X_3 \geq 20)$

따라서 보기에서 옳은 것은 ㄱ이다.

399 답 12

정규분포곡선은 직선 $x=20$에 대하여 대칭이고
$P(X \geq 16) = P(X \leq a)$이므로

$\dfrac{16+a}{2} = 20$

$\therefore a = 24$

이때 곡선과 x축 사이의 넓이는 1이므로

$P(X \leq 20) = \dfrac{1}{2}$

$\therefore aP(X \leq 20) = 24 \times \dfrac{1}{2} = 12$

400 답 0.82

$P(m-\sigma \leq X \leq m+\sigma) = 0.68$에서
$P(m-\sigma \leq X \leq m) + P(m \leq X \leq m+\sigma) = 0.68$
$2P(m \leq X \leq m+\sigma) = 0.68$
$\therefore P(m \leq X \leq m+\sigma) = 0.34$
$P(m-2\sigma \leq X \leq m+2\sigma) = 0.96$에서
$P(m-2\sigma \leq X \leq m) + P(m \leq X \leq m+2\sigma) = 0.96$
$2P(m \leq X \leq m+2\sigma) = 0.96$
$\therefore P(m \leq X \leq m+2\sigma) = 0.48$
$\therefore P(m-\sigma \leq X \leq m+2\sigma)$
  $= P(m-\sigma \leq X \leq m) + P(m \leq X \leq m+2\sigma)$
  $= P(m \leq X \leq m+\sigma) + P(m \leq X \leq m+2\sigma)$
  $= 0.34 + 0.48$
  $= 0.82$

401 目 0.77

$P(X \geq m-a)=0.885$에서

$P(m-a \leq X \leq m)+P(X \geq m)=0.885$

$P(m-a \leq X \leq m)+0.5=0.885$

$\therefore P(m-a \leq X \leq m)=0.385$

$\therefore P(m-a \leq X \leq m+a)$

$\quad =P(m-a \leq X \leq m)+P(m \leq X \leq m+a)$

$\quad =2P(m-a \leq X \leq m)$

$\quad =2 \times 0.385$

$\quad =0.77$

402 目 $0.5-a+b$

$P(X \geq m+2\sigma)=a$에서

$P(X \geq m)-P(m \leq X \leq m+2\sigma)=a$

$0.5-P(m \leq X \leq m+2\sigma)=a$

$\therefore P(m \leq X \leq m+2\sigma)=0.5-a$

$P(m-\sigma \leq X \leq m+\sigma)=2b$에서

$P(m-\sigma \leq X \leq m)+P(m \leq X \leq m+\sigma)=2b$

$2P(m \leq X \leq m+\sigma)=2b$

$\therefore P(m \leq X \leq m+\sigma)=b$

$\therefore P(m-2\sigma \leq X \leq m+\sigma)$

$\quad =P(m-2\sigma \leq X \leq m)+P(m \leq X \leq m+\sigma)$

$\quad =P(m \leq X \leq m+2\sigma)+P(m \leq X \leq m+\sigma)$

$\quad =0.5-a+b$

403 目 0.6247

$m=15$, $\sigma=4$이므로

$P(13 \leq X \leq 21)$

$=P(15-2 \leq X \leq 15+6)$

$=P(m-0.5\sigma \leq X \leq m+1.5\sigma)$

$=P(m-0.5\sigma \leq X \leq m)+P(m \leq X \leq m+1.5\sigma)$

$=P(m \leq X \leq m+0.5\sigma)+P(m \leq X \leq m+1.5\sigma)$

$=0.1915+0.4332$

$=0.6247$

404 目 (1) 0.8664 (2) 0.1525 (3) 0.6687
(4) 0.1587 (5) 0.9938

$Z=\dfrac{X-63}{4}$으로 놓으면 확률변수 Z는 표준정규분

포 $N(0,\ 1)$을 따른다.

(1) $P(57 \leq X \leq 69)$

$\quad =P\left(\dfrac{57-63}{4} \leq Z \leq \dfrac{69-63}{4}\right)$

$\quad =P(-1.5 \leq Z \leq 1.5)$

$\quad =P(-1.5 \leq Z \leq 0)+P(0 \leq Z \leq 1.5)$

$\quad =2P(0 \leq Z \leq 1.5)$

$\quad =2 \times 0.4332=0.8664$

(2) $P(67 \leq X \leq 73)$

$\quad =P\left(\dfrac{67-63}{4} \leq Z \leq \dfrac{73-63}{4}\right)$

$\quad =P(1 \leq Z \leq 2.5)$

$\quad =P(0 \leq Z \leq 2.5)-P(0 \leq Z \leq 1)$

$\quad =0.4938-0.3413=0.1525$

(3) $P(55 \leq X \leq 65)$

$\quad =P\left(\dfrac{55-63}{4} \leq Z \leq \dfrac{65-63}{4}\right)$

$\quad =P(-2 \leq Z \leq 0.5)$

$\quad =P(-2 \leq Z \leq 0)+P(0 \leq Z \leq 0.5)$

$\quad =P(0 \leq Z \leq 2)+P(0 \leq Z \leq 0.5)$

$\quad =0.4772+0.1915=0.6687$

(4) $P(X \leq 59)=P\left(Z \leq \dfrac{59-63}{4}\right)$

$\qquad =P(Z \leq -1)$

$\qquad =P(Z \geq 1)$

$\qquad =P(Z \geq 0)-P(0 \leq Z \leq 1)$

$\qquad =0.5-0.3413=0.1587$

(5) $P(X \geq 53)=P\left(Z \geq \dfrac{53-63}{4}\right)$

$\qquad =P(Z \geq -2.5)$

$\qquad =P(Z \leq 2.5)$

$\qquad =P(Z \leq 0)+P(0 \leq Z \leq 2.5)$

$\qquad =0.5+0.4938=0.9938$

405 目 0.0606

$Z=\dfrac{X-30}{10}$으로 놓으면 확률변수 Z는 표준정규분

포 $N(0,\ 1)$을 따르므로

$P(|X-50| \leq 5)$

$=P(-5 \leq X-50 \leq 5)$

$=P(45 \leq X \leq 55)$

$=P\left(\dfrac{45-30}{10} \leq Z \leq \dfrac{55-30}{10}\right)$

$=P(1.5 \leq Z \leq 2.5)$

$=P(0 \leq Z \leq 2.5)-P(0 \leq Z \leq 1.5)$

$=0.4938-0.4332=0.0606$

406 目 **0.0013**

$Z=\dfrac{X-16}{6}$ 으로 놓으면 확률변수 Z는 표준정규분

포 $N(0, 1)$을 따르므로

$$P(Y \geq 70) = P(2X+2 \geq 70) = P(X \geq 34)$$
$$= P\left(Z \geq \frac{34-16}{6}\right)$$
$$= P(Z \geq 3)$$
$$= P(Z \geq 0) - P(0 \leq Z \leq 3)$$
$$= 0.5 - 0.4987$$
$$= 0.0013$$

| 다른 풀이 |

$E(X)=16$, $\sigma(X)=6$이므로

$$E(Y) = E(2X+2) = 2E(X)+2$$
$$= 2 \times 16 + 2 = 34$$
$$\sigma(Y) = \sigma(2X+2) = |2|\sigma(X)$$
$$= 2 \times 6 = 12$$

따라서 확률변수 Y는 정규분포 $N(34, 12^2)$을 따르므

로 $Z=\dfrac{Y-34}{12}$로 놓으면 Z는 표준정규분포 $N(0, 1)$

을 따른다.

$$\therefore P(Y \geq 70) = P\left(Z \geq \frac{70-34}{12}\right)$$
$$= P(Z \geq 3)$$
$$= P(Z \geq 0) - P(0 \leq Z \leq 3)$$
$$= 0.5 - 0.4987$$
$$= 0.0013$$

407 目 **37**

$Z=\dfrac{X-25}{4}$로 놓으면 확률변수 Z는 표준정규분포

$N(0, 1)$을 따르므로 $P(31 \leq X \leq k) = 0.0655$에서

$$P\left(\frac{31-25}{4} \leq Z \leq \frac{k-25}{4}\right) = 0.0655$$
$$P\left(1.5 \leq Z \leq \frac{k-25}{4}\right) = 0.0655$$
$$P\left(0 \leq Z \leq \frac{k-25}{4}\right) - P(0 \leq Z \leq 1.5) = 0.0655$$
$$P\left(0 \leq Z \leq \frac{k-25}{4}\right) - 0.4332 = 0.0655$$
$$\therefore P\left(0 \leq Z \leq \frac{k-25}{4}\right) = 0.4987$$

이때 $P(0 \leq Z \leq 3) = 0.4987$이므로

$$\frac{k-25}{4} = 3, \ k-25 = 12$$
$$\therefore k = 37$$

408 目 **66**

$Z=\dfrac{X-72}{3}$로 놓으면 확률변수 Z는 표준정규분포

$N(0, 1)$을 따르므로 $P(k \leq X \leq 78) = 0.9544$에서

$$P\left(\frac{k-72}{3} \leq Z \leq \frac{78-72}{3}\right) = 0.9544$$
$$P\left(\frac{k-72}{3} \leq Z \leq 2\right) = 0.9544$$
$$P\left(\frac{k-72}{3} \leq Z \leq 0\right) + P(0 \leq Z \leq 2) = 0.9544$$
$$P\left(0 \leq Z \leq \frac{72-k}{3}\right) + 0.4772 = 0.9544$$
$$\therefore P\left(0 \leq Z \leq \frac{72-k}{3}\right) = 0.4772$$

이때 $P(0 \leq Z \leq 2) = 0.4772$이므로

$$\frac{72-k}{3} = 2, \ 72-k = 6$$
$$\therefore k = 66$$

409 目 **79**

$Z=\dfrac{X-m}{5}$으로 놓으면 확률변수 Z는 표준정규분

포 $N(0, 1)$을 따르므로 $P(X \geq 84) = 0.1587$에서

$$P\left(Z \geq \frac{84-m}{5}\right) = 0.1587$$
$$P(Z \geq 0) - P\left(0 \leq Z \leq \frac{84-m}{5}\right) = 0.1587$$
$$0.5 - P\left(0 \leq Z \leq \frac{84-m}{5}\right) = 0.1587$$
$$\therefore P\left(0 \leq Z \leq \frac{84-m}{5}\right) = 0.3413$$

이때 $P(0 \leq Z \leq 1) = 0.3413$이므로

$$\frac{84-m}{5} = 1, \ 84-m = 5$$
$$\therefore m = 79$$

410 目 **④**

$Z=\dfrac{X-m}{\dfrac{m}{3}}$으로 놓으면 확률변수 Z는 표준정규분

포 $N(0, 1)$을 따르므로 $P\left(X \leq \dfrac{9}{2}\right) = 0.9987$에서

$$P\left(Z \leq \frac{\dfrac{9}{2}-m}{\dfrac{m}{3}}\right) = 0.9987$$
$$P\left(Z \leq \frac{27-6m}{2m}\right) = 0.9987$$

$$\mathrm{P}(Z\leq0)+\mathrm{P}\left(0\leq Z\leq\frac{27-6m}{2m}\right)=0.9987$$

$$0.5+\mathrm{P}\left(0\leq Z\leq\frac{27-6m}{2m}\right)=0.9987$$

$$\therefore\ \mathrm{P}\left(0\leq Z\leq\frac{27-6m}{2m}\right)=0.4987$$

이때 $\mathrm{P}(0\leq Z\leq3)=0.4987$이므로

$$\frac{27-6m}{2m}=3,\ 27-6m=6m$$

$$\therefore\ m=\frac{9}{4}$$

411 📋 0.0668

성인의 평균 심박수를 확률변수 X라 하면 X는 정규분포 $\mathrm{N}(80,\ 8^2)$을 따르므로 $Z=\dfrac{X-80}{8}$으로 놓으면 확률변수 Z는 표준정규분포 $\mathrm{N}(0,\ 1)$을 따른다.
따라서 구하는 확률은

$$\begin{aligned}
\mathrm{P}(X\geq92)&=\mathrm{P}\left(Z\geq\frac{92-80}{8}\right)\\
&=\mathrm{P}(Z\geq1.5)\\
&=\mathrm{P}(Z\geq0)-\mathrm{P}(0\leq Z\leq1.5)\\
&=0.5-0.4332=0.0668
\end{aligned}$$

412 📋 249

남학생의 몸무게를 확률변수 X라 하면 X는 정규분포 $\mathrm{N}(68,\ 4^2)$을 따르므로 $Z=\dfrac{X-68}{4}$로 놓으면 확률변수 Z는 표준정규분포 $\mathrm{N}(0,\ 1)$을 따른다.
남학생의 몸무게가 64 kg 이상 78 kg 이하일 확률은

$$\begin{aligned}
\mathrm{P}(64\leq X\leq78)&\\
=\mathrm{P}\left(\frac{64-68}{4}\leq Z\leq\frac{78-68}{4}\right)&\\
=\mathrm{P}(-1\leq Z\leq2.5)&\\
=\mathrm{P}(-1\leq Z\leq0)+\mathrm{P}(0\leq Z\leq2.5)&\\
=\mathrm{P}(0\leq Z\leq1)+\mathrm{P}(0\leq Z\leq2.5)&\\
=0.34+0.49=0.83&
\end{aligned}$$

따라서 구하는 남학생의 수는
$$300\times0.83=249$$

413 📋 ⑤

파프리카 1개의 무게를 확률변수 X라 하면 X는 정규분포 $\mathrm{N}(180,\ 20^2)$을 따르므로 $Z=\dfrac{X-180}{20}$으로 놓으면 확률변수 Z는 표준정규분포 $\mathrm{N}(0,\ 1)$을 따른다.

따라서 구하는 확률은

$$\begin{aligned}
&\mathrm{P}(190\leq X\leq210)\\
&=\mathrm{P}\left(\frac{190-180}{20}\leq Z\leq\frac{210-180}{20}\right)\\
&=\mathrm{P}(0.5\leq Z\leq1.5)\\
&=\mathrm{P}(0\leq Z\leq1.5)-\mathrm{P}(0\leq Z\leq0.5)\\
&=0.4332-0.1915\\
&=0.2417
\end{aligned}$$

414 📋 456

소비자의 휴대폰의 사용 기간을 확률변수 X라 하면 6개월은 0.5년이므로 X는 정규분포 $\mathrm{N}(2,\ 0.5^2)$을 따른다.
$Z=\dfrac{X-2}{0.5}$로 놓으면 확률변수 Z는 표준정규분포 $\mathrm{N}(0,\ 1)$을 따르므로 소비자의 휴대폰의 사용 기간이 3년 이상일 확률은

$$\begin{aligned}
\mathrm{P}(X\geq3)&=\mathrm{P}\left(Z\geq\frac{3-2}{0.5}\right)\\
&=\mathrm{P}(Z\geq2)\\
&=\mathrm{P}(Z\geq0)-\mathrm{P}(0\leq Z\leq2)\\
&=0.5-0.4772\\
&=0.0228
\end{aligned}$$

따라서 구하는 소비자의 수는
$$20000\times0.0228=456$$

415 📋 71점

2학년 학생의 수학 성적을 확률변수 X라 하면 X는 정규분포 $\mathrm{N}(63,\ 5^2)$을 따르므로 $Z=\dfrac{X-63}{5}$으로 놓으면 확률변수 Z는 표준정규분포 $\mathrm{N}(0,\ 1)$을 따른다.
상위 11등 이내에 속하는 학생의 최저 점수를 a점이라 하면 $\mathrm{P}(X\geq a)=\dfrac{11}{200}=0.055$이므로

$$\mathrm{P}\left(Z\geq\frac{a-63}{5}\right)=0.055$$

$$\mathrm{P}(Z\geq0)-\mathrm{P}\left(0\leq Z\leq\frac{a-63}{5}\right)=0.055$$

$$0.5-\mathrm{P}\left(0\leq Z\leq\frac{a-63}{5}\right)=0.055$$

$$\therefore\ \mathrm{P}\left(0\leq Z\leq\frac{a-63}{5}\right)=0.445$$

이때 $\mathrm{P}(0\leq Z\leq1.6)=0.445$이므로

$$\frac{a-63}{5}=1.6,\ a-63=8$$

$$\therefore\ a=71$$

따라서 구하는 최저 점수는 71점이다.

416　📋 231점

응시자의 점수를 확률변수 X라 하면 X는 정규분포 $N(200, 20^2)$을 따르므로 $Z=\dfrac{X-200}{20}$으로 놓으면 확률변수 Z는 표준정규분포 $N(0, 1)$을 따른다.
자격증을 취득한 응시자의 최저 점수를 a점이라 하면 $P(X \geq a)=0.06$이므로

$$P\left(Z \geq \frac{a-200}{20}\right)=0.06$$

$$P(Z \geq 0)-P\left(0 \leq Z \leq \frac{a-200}{20}\right)=0.06$$

$$0.5-P\left(0 \leq Z \leq \frac{a-200}{20}\right)=0.06$$

$$\therefore P\left(0 \leq Z \leq \frac{a-200}{20}\right)=0.44$$

이때 $P(0 \leq Z \leq 1.55)=0.44$이므로

$$\frac{a-200}{20}=1.55, \ a-200=31$$

$$\therefore a=231$$

따라서 구하는 최저 점수는 231점이다.

417　📋 142점

지원자의 시험 점수를 확률변수 X라 하면 X는 정규분포 $N(124, 15^2)$을 따르므로 $Z=\dfrac{X-124}{15}$로 놓으면 확률변수 Z는 표준정규분포 $N(0, 1)$을 따른다.
합격자의 최저 점수를 a점이라 하면

$$P(X \geq a)=\frac{115}{1000}=0.115$$이므로

$$P\left(Z \geq \frac{a-124}{15}\right)=0.115$$

$$P(Z \geq 0)-P\left(0 \leq Z \leq \frac{a-124}{15}\right)=0.115$$

$$0.5-P\left(0 \leq Z \leq \frac{a-124}{15}\right)=0.115$$

$$\therefore P\left(0 \leq Z \leq \frac{a-124}{15}\right)=0.385$$

이때 $P(0 \leq Z \leq 1.2)=0.385$이므로

$$\frac{a-124}{15}=1.2, \ a-124=18$$

$$\therefore a=142$$

따라서 구하는 최저 점수는 142점이다.

418　📋 110 g

옥수수 1개의 무게를 확률변수 X라 하면 X는 정규분포 $N(180, 40^2)$을 따르므로 $Z=\dfrac{X-180}{40}$으로 놓으면 확률변수 Z는 표준정규분포 $N(0, 1)$을 따른다.

알뜰 상품에 속하는 옥수수의 최고 무게를 a g이라 하면 $P(X \leq a)=\dfrac{20}{500}=0.04$이므로

$$P\left(Z \leq \frac{a-180}{40}\right)=0.04, \ P\left(Z \geq \frac{180-a}{40}\right)=0.04$$

$$P(Z \geq 0)-P\left(0 \leq Z \leq \frac{180-a}{40}\right)=0.04$$

$$0.5-P\left(0 \leq Z \leq \frac{180-a}{40}\right)=0.04$$

$$\therefore P\left(0 \leq Z \leq \frac{180-a}{40}\right)=0.46$$

이때 $P(0 \leq Z \leq 1.75)=0.46$이므로

$$\frac{180-a}{40}=1.75, \ 180-a=70 \quad \therefore a=110$$

따라서 구하는 옥수수의 최고 무게는 110 g이다.

419　📋 (1) $N(36, 3^2)$　(2) $N(80, 8^2)$
　　(3) $N(392, 7^2)$

(1) $E(X)=48 \times \dfrac{3}{4}=36$

　$V(X)=48 \times \dfrac{3}{4} \times \dfrac{1}{4}=9=3^2$

이때 시행횟수 $n=48$은 충분히 크므로 확률변수 X는 근사적으로 정규분포 $N(36, 3^2)$을 따른다.

(2) $E(X)=400 \times \dfrac{1}{5}=80$

　$V(X)=400 \times \dfrac{1}{5} \times \dfrac{4}{5}=64=8^2$

이때 시행횟수 $n=400$은 충분히 크므로 확률변수 X는 근사적으로 정규분포 $N(80, 8^2)$을 따른다.

(3) $E(X)=448 \times \dfrac{7}{8}=392$

　$V(X)=448 \times \dfrac{7}{8} \times \dfrac{1}{8}=49=7^2$

이때 시행횟수 $n=448$은 충분히 크므로 확률변수 X는 근사적으로 정규분포 $N(392, 7^2)$을 따른다.

420　📋 (1) $N(192, 8^2)$　(2) $Z=\dfrac{X-192}{8}$
　　(3) 0.383

(1) $E(X)=288 \times \dfrac{2}{3}=192$

　$V(X)=288 \times \dfrac{2}{3} \times \dfrac{1}{3}=64=8^2$

이때 시행횟수 $n=288$은 충분히 크므로 확률변수 X는 근사적으로 $N(192, 8^2)$을 따른다.

(3) $P(188 \leq X \leq 196)$
$$= P\left(\frac{188-192}{8} \leq Z \leq \frac{196-192}{8}\right)$$
$$= P(-0.5 \leq Z \leq 0.5)$$
$$= 2P(0 \leq Z \leq 0.5)$$
$$= 2 \times 0.1915$$
$$= 0.383$$

421 目 (1) $\mathbf{B}\left(\mathbf{100}, \dfrac{\mathbf{9}}{\mathbf{10}}\right)$ (2) $\mathbf{N(90, 3^2)}$

(3) **0.8413**

(2) $E(X) = 100 \times \dfrac{9}{10} = 90$

$V(X) = 100 \times \dfrac{9}{10} \times \dfrac{1}{10} = 9 = 3^2$

이때 시행횟수 $n=100$은 충분히 크므로 확률변수 X는 근사적으로 $N(90, 3^2)$을 따른다.

(3) $P(X \geq 87) = P\left(Z \geq \dfrac{87-90}{3}\right)$
$$= P(Z \geq -1) = P(Z \leq 1)$$
$$= P(Z \leq 0) + P(0 \leq Z \leq 1)$$
$$= 0.5 + 0.3413$$
$$= 0.8413$$

422 目 **0.0215**

확률변수 X가 이항분포 $B\left(960, \dfrac{3}{8}\right)$을 따르므로

$E(X) = 960 \times \dfrac{3}{8} = 360$

$V(X) = 960 \times \dfrac{3}{8} \times \dfrac{5}{8} = 225 = 15^2$

즉, 확률변수 X는 근사적으로 $N(360, 15^2)$을 따르므로 $Z = \dfrac{X-360}{15}$으로 놓으면 확률변수 Z는 표준정규분포 $N(0, 1)$을 따른다.

$\therefore$ $P(390 \leq X \leq 405)$
$$= P\left(\frac{390-360}{15} \leq Z \leq \frac{405-360}{15}\right)$$
$$= P(2 \leq Z \leq 3)$$
$$= P(0 \leq Z \leq 3) - P(0 \leq Z \leq 2)$$
$$= 0.4987 - 0.4772$$
$$= 0.0215$$

423 目 **0.9772**

확률변수 X가 이항분포 $B\left(432, \dfrac{1}{4}\right)$을 따르므로

$E(X) = 432 \times \dfrac{1}{4} = 108$

$V(X) = 432 \times \dfrac{1}{4} \times \dfrac{3}{4} = 81 = 9^2$

즉, 확률변수 X는 근사적으로 정규분포 $N(108, 9^2)$을 따르므로 $Z = \dfrac{X-108}{9}$로 놓으면 확률변수 Z는 표준정규분포 $N(0, 1)$을 따른다.

$\therefore$ $P(X \leq 126) = P\left(Z \leq \dfrac{126-108}{9}\right)$
$$= P(Z \leq 2)$$
$$= P(Z \leq 0) + P(0 \leq Z \leq 2)$$
$$= 0.5 + 0.4772$$
$$= 0.9772$$

424 目 **0.8664**

확률변수 X가 이항분포 $B\left(162, \dfrac{1}{3}\right)$을 따르므로

$E(X) = 162 \times \dfrac{1}{3} = 54$

$V(X) = 162 \times \dfrac{1}{3} \times \dfrac{2}{3} = 36 = 6^2$

즉, 확률변수 X는 근사적으로 정규분포 $N(54, 6^2)$을 따르므로 $Z = \dfrac{X-54}{6}$로 놓으면 확률변수 Z는 표준정규분포 $N(0, 1)$을 따른다.

$\therefore$ $P(45 \leq X \leq 63) = P\left(\dfrac{45-54}{6} \leq Z \leq \dfrac{63-54}{6}\right)$
$$= P(-1.5 \leq Z \leq 1.5)$$
$$= 2P(0 \leq Z \leq 1.5)$$
$$= 2 \times 0.4332$$
$$= 0.8664$$

425 目 **253**

확률변수 X가 이항분포 $B\left(600, \dfrac{2}{5}\right)$를 따르므로

$E(X) = 600 \times \dfrac{2}{5} = 240$

$V(X) = 600 \times \dfrac{2}{5} \times \dfrac{3}{5} = 144 = 12^2$

즉, 확률변수 X는 근사적으로 정규분포 $N(240, 12^2)$을 따르므로
$a = 240,\ b = 12$

$Z=\dfrac{X-240}{12}$으로 놓으면 확률변수 Z는 표준정규분포 $N(0, 1)$을 따르므로

$P(228 \leq X \leq 240)$

$=P\left(\dfrac{228-240}{12} \leq Z \leq \dfrac{240-240}{12}\right)$

$=P(-1 \leq Z \leq 0)$

$=P(0 \leq Z \leq 1)$

$\therefore c=1$

$\therefore a+b+c=240+12+1=253$

426 답 0.9759

앞면이 나오는 횟수를 확률변수 X라 하면 X는 이항분포 $B\left(36, \dfrac{1}{2}\right)$을 따르므로

$E(X)=36 \times \dfrac{1}{2}=18$

$V(X)=36 \times \dfrac{1}{2} \times \dfrac{1}{2}=9=3^2$

즉, 확률변수 X는 근사적으로 정규분포 $N(18, 3^2)$을 따르므로 $Z=\dfrac{X-18}{3}$로 놓으면 확률변수 Z는 표준정규분포 $N(0, 1)$을 따른다.

따라서 구하는 확률은

$P(12 \leq X \leq 27)=P\left(\dfrac{12-18}{3} \leq Z \leq \dfrac{27-18}{3}\right)$

$=P(-2 \leq Z \leq 3)$

$=P(-2 \leq Z \leq 0)+P(0 \leq Z \leq 3)$

$=P(0 \leq Z \leq 2)+P(0 \leq Z \leq 3)$

$=0.4772+0.4987$

$=0.9759$

427 답 0.0668

A가 이기는 횟수를 확률변수 X라 하면 X는 이항분포 $B\left(72, \dfrac{1}{3}\right)$을 따르므로

$E(X)=72 \times \dfrac{1}{3}=24$

$V(X)=72 \times \dfrac{1}{3} \times \dfrac{2}{3}=16=4^2$

즉, 확률변수 X는 근사적으로 정규분포 $N(24, 4^2)$을 따르므로 $Z=\dfrac{X-24}{4}$로 놓으면 확률변수 Z는 표준정규분포 $N(0, 1)$을 따른다.

따라서 구하는 확률은

$P(X \geq 30)=P\left(Z \geq \dfrac{30-24}{4}\right)$

$=P(Z \geq 1.5)$

$=P(Z \geq 0)-P(0 \leq Z \leq 1.5)$

$=0.5-0.4332=0.0668$

428 답 0.2857

바닥에 놓인 면에 적힌 수가 4의 약수인 횟수를 확률변수 X라 하면 X는 이항분포 $B\left(192, \dfrac{3}{4}\right)$을 따르므로

$E(X)=192 \times \dfrac{3}{4}=144$

$V(X)=192 \times \dfrac{3}{4} \times \dfrac{1}{4}=36=6^2$

즉, 확률변수 X는 근사적으로 정규분포 $N(144, 6^2)$을 따르므로 $Z=\dfrac{X-144}{6}$로 놓으면 확률변수 Z는 표준정규분포 $N(0, 1)$을 따른다.

따라서 구하는 확률은

$P(147 \leq X \leq 156)$

$=P\left(\dfrac{147-144}{6} \leq Z \leq \dfrac{156-144}{6}\right)$

$=P(0.5 \leq Z \leq 2)$

$=P(0 \leq Z \leq 2)-P(0 \leq Z \leq 0.5)$

$=0.4772-0.1915=0.2857$

429 답 0.9938

검은 공을 꺼내는 횟수를 확률변수 X라 하면 X는 이항분포 $B\left(162, \dfrac{2}{3}\right)$를 따르므로

$E(X)=162 \times \dfrac{2}{3}=108$

$V(X)=162 \times \dfrac{2}{3} \times \dfrac{1}{3}=36=6^2$

즉, 확률변수 X는 근사적으로 정규분포 $N(108, 6^2)$을 따르므로 $Z=\dfrac{X-108}{6}$로 놓으면 확률변수 Z는 표준정규분포 $N(0, 1)$을 따른다.

따라서 구하는 확률은

$P(X \leq 123)=P\left(Z \leq \dfrac{123-108}{6}\right)$

$=P(Z \leq 2.5)$

$=P(Z \leq 0)+P(0 \leq Z \leq 2.5)$

$=0.5+0.4938=0.9938$

430 답 ④

$E(X_1)=15$, $E(X_2)=E(X_3)=m$이므로

$m>15$

또 표준편차가 클수록 곡선의 가운데 부분의 높이는 낮아지고 양쪽으로 넓게 퍼진 모양이므로

$\sigma(X_2)<\sigma(X_1)<\sigma(X_3)$

$\therefore 3<\sigma<9$

431 답 ④

$P(|X-m|\leq\sigma)=a$에서

$P(-\sigma\leq X-m\leq\sigma)=a$

$P(m-\sigma\leq X\leq m+\sigma)=a$

$P(m-\sigma\leq X\leq m)+P(m\leq X\leq m+\sigma)=a$

$2P(m\leq X\leq m+\sigma)=a$

$\therefore P(m\leq X\leq m+\sigma)=\dfrac{a}{2}$

$P(m+\sigma\leq X\leq m+2\sigma)=b$에서

$P(m\leq X\leq m+2\sigma)-P(m\leq X\leq m+\sigma)=b$

$P(m\leq X\leq m+2\sigma)-\dfrac{a}{2}=b$

$\therefore P(m\leq X\leq m+2\sigma)=\dfrac{a+2b}{2}$

$\therefore P(X\geq m+2\sigma)$

$=P(X\geq m)-P(m\leq X\leq m+2\sigma)$

$=\dfrac{1}{2}-\dfrac{a+2b}{2}=\dfrac{1-a-2b}{2}$

432 답 10

$Z=\dfrac{X-25}{5}$로 놓으면 확률변수 Z는 표준정규분포

$N(0,1)$을 따르므로 $P(X\leq k)=0.0013$에서

$P\left(Z\leq\dfrac{k-25}{5}\right)=0.0013$

$P\left(Z\geq\dfrac{25-k}{5}\right)=0.0013$

$P(Z\geq0)-P\left(0\leq Z\leq\dfrac{25-k}{5}\right)=0.0013$

$0.5-P\left(0\leq Z\leq\dfrac{25-k}{5}\right)=0.0013$

$\therefore P\left(0\leq Z\leq\dfrac{25-k}{5}\right)=0.4987$

이때 $P(0\leq Z\leq3)=0.4987$이므로

$\dfrac{25-k}{5}=3$, $25-k=15$ $\therefore k=10$

433 답 ④

수하물의 무게를 확률변수 X라 하면 X는 정규분포 $N(18,2^2)$을 따르므로 $Z=\dfrac{X-18}{2}$로 놓으면 확률변수 Z는 표준정규분포 $N(0,1)$을 따른다.

따라서 구하는 확률은

$P(16\leq X\leq22)=P\left(\dfrac{16-18}{2}\leq Z\leq\dfrac{22-18}{2}\right)$

$=P(-1\leq Z\leq2)$

$=P(-1\leq Z\leq0)+P(0\leq Z\leq2)$

$=P(0\leq Z\leq1)+P(0\leq Z\leq2)$

$=0.3413+0.4772=0.8185$

434 답 0.9104

확률변수 X가 이항분포 $B\left(242,\dfrac{2}{11}\right)$를 따르므로

$E(X)=242\times\dfrac{2}{11}=44$

$V(X)=242\times\dfrac{2}{11}\times\dfrac{9}{11}=36=6^2$

즉, 확률변수 X는 근사적으로 정규분포 $N(44,6^2)$을 따르므로 $Z=\dfrac{X-44}{6}$로 놓으면 확률변수 Z는 표준정규분포 $N(0,1)$을 따른다.

$\therefore P(32\leq X\leq53)$

$=P\left(\dfrac{32-44}{6}\leq Z\leq\dfrac{53-44}{6}\right)$

$=P(-2\leq Z\leq1.5)$

$=P(-2\leq Z\leq0)+P(0\leq Z\leq1.5)$

$=P(0\leq Z\leq2)+P(0\leq Z\leq1.5)$

$=0.4772+0.4332=0.9104$

435 답 ④

연속확률변수 X의 확률밀도함수의 그래프와 x축으로 둘러싸인 부분의 넓이가 1이므로

$\dfrac{1}{2}\times\left(a-\dfrac{1}{3}+2\right)\times\dfrac{3}{4}=1$, $\dfrac{3}{8}a=\dfrac{3}{8}$

$\therefore a=1$

따라서 구하는 확률은 X의 확률밀도함수의 그래프와 x축 및 두 직선 $x=\dfrac{1}{3}$, $x=1$로 둘러싸인 부분의 넓이와 같으므로

$P\left(\dfrac{1}{3}\leq X\leq1\right)=\dfrac{2}{3}\times\dfrac{3}{4}=\dfrac{1}{2}$

436 답 ⑤

확률변수 X의 평균이 60이므로 X의 확률밀도함수는
$x=60$에서 최댓값을 갖고, 정규분포곡선은 직선
$x=60$에 대하여 대칭이다.

즉, $\mathrm{P}(k-23\leq X\leq k+3)$이
최대가 되려면 $k-23$, $k+3$
의 평균이 60이어야 하므로

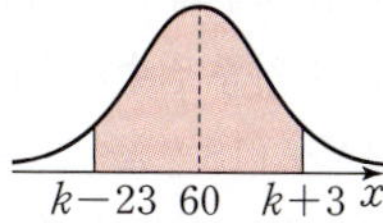

$$\frac{k-23+k+3}{2}=60,\ k-10=60$$

$$\therefore k=70$$

437 답 음악, 체육, 미술

하준이네 학교 학생의 음악, 미술, 체육 수행 평가 성
적을 각각 확률변수 X_A, X_B, X_C라 하면 X_A, X_B,
X_C는 각각 정규분포 $\mathrm{N}(26,\ 4^2)$, $\mathrm{N}(18,\ 3^2)$,
$\mathrm{N}(38,\ 7^2)$을 따르므로

$$Z_\mathrm{A}=\frac{X_\mathrm{A}-26}{4},\ Z_\mathrm{B}=\frac{X_\mathrm{B}-18}{3},\ Z_\mathrm{C}=\frac{X_\mathrm{C}-38}{7}$$

로 놓으면 세 확률변수 Z_A, Z_B, Z_C는 모두 표준정규
분포 $\mathrm{N}(0,\ 1)$을 따른다.

다른 학생보다 하준이의 음악, 미술, 체육 수행 평가
성적이 높을 확률은 각각

$$\mathrm{P}(X_\mathrm{A}<32)=\mathrm{P}\!\left(Z_\mathrm{A}<\frac{32-26}{4}\right)=\mathrm{P}\!\left(Z_\mathrm{A}<\frac{3}{2}\right)$$

$$\mathrm{P}(X_\mathrm{B}<20)=\mathrm{P}\!\left(Z_\mathrm{B}<\frac{20-18}{3}\right)=\mathrm{P}\!\left(Z_\mathrm{B}<\frac{2}{3}\right)$$

$$\mathrm{P}(X_\mathrm{C}<45)=\mathrm{P}\!\left(Z_\mathrm{C}<\frac{45-38}{7}\right)=\mathrm{P}(Z_\mathrm{C}<1)$$

이때 $\mathrm{P}\!\left(Z_\mathrm{A}<\dfrac{3}{2}\right)>\mathrm{P}(Z_\mathrm{C}<1)>\mathrm{P}\!\left(Z_\mathrm{B}<\dfrac{2}{3}\right)$이므로

$$\mathrm{P}(X_\mathrm{A}<32)>\mathrm{P}(X_\mathrm{C}<45)>\mathrm{P}(X_\mathrm{B}<20)$$

따라서 하준이의 성적이 상대적으로 높은 과목부터 순
서대로 나열하면 음악, 체육, 미술이다.

438 답 79점

응시자의 점수를 확률변수 X라 하면 X는 정규분포
$\mathrm{N}(72,\ 5^2)$을 따르므로 $Z=\dfrac{X-72}{5}$로 놓으면 확률
변수 Z는 표준정규분포 $\mathrm{N}(0,\ 1)$을 따른다.
상장을 받는 응시자의 최저 점수를 a점이라 하면

$$\mathrm{P}(X\geq a)=\frac{32}{400}=0.08$$이므로

$$\mathrm{P}\!\left(Z\geq\frac{a-72}{5}\right)=0.08$$

$$\mathrm{P}(Z\geq0)-\mathrm{P}\!\left(0\leq Z\leq\frac{a-72}{5}\right)=0.08$$

$$0.5-\mathrm{P}\!\left(0\leq Z\leq\frac{a-72}{5}\right)=0.08$$

$$\therefore \mathrm{P}\!\left(0\leq Z\leq\frac{a-72}{5}\right)=0.42$$

이때 $\mathrm{P}(0\leq Z\leq1.4)=0.42$이므로

$$\frac{a-72}{5}=1.4,\ a-72=7 \qquad \therefore a=79$$

따라서 구하는 최저 점수는 79점이다.

439 답 45

확률변수 X는 이항분포 $\mathrm{B}\!\left(100,\ \dfrac{1}{2}\right)$을 따르므로

$$\mathrm{E}(X)=100\times\frac{1}{2}=50$$

$$\mathrm{V}(X)=100\times\frac{1}{2}\times\frac{1}{2}=25=5^2 \qquad \blacktriangleright\!\!\blacktriangleright\!\!\blacktriangleright ❶$$

즉, 확률변수 X는 근사적으로 $\mathrm{N}(50,\ 5^2)$을 따르므로
$Z=\dfrac{X-50}{5}$으로 놓으면 확률변수 Z는 표준정규분
포 $\mathrm{N}(0,\ 1)$을 따른다. $\qquad \blacktriangleright\!\!\blacktriangleright\!\!\blacktriangleright ❷$

$\mathrm{P}(X\leq k)=0.1587$에서

$$\mathrm{P}\!\left(Z\leq\frac{k-50}{5}\right)=0.1587,\ \mathrm{P}\!\left(Z\geq\frac{50-k}{5}\right)=0.1587$$

$$\mathrm{P}(Z\geq0)-\mathrm{P}\!\left(0\leq Z\leq\frac{50-k}{5}\right)=0.1587$$

$$0.5-\mathrm{P}\!\left(0\leq Z\leq\frac{50-k}{5}\right)=0.1587$$

$$\therefore \mathrm{P}\!\left(0\leq Z\leq\frac{50-k}{5}\right)=0.3413$$

이때 $\mathrm{P}(0\leq Z\leq1)=0.3413$이므로

$$\frac{50-k}{5}=1,\ 50-k=5 \qquad \therefore k=45 \qquad \blacktriangleright\!\!\blacktriangleright\!\!\blacktriangleright ❸$$

단계	채점 기준	비율
❶	$\mathrm{E}(X)$, $\mathrm{V}(X)$ 구하기	30 %
❷	확률변수 X 표준화하기	20 %
❸	k의 값 구하기	50 %

440 답 $\dfrac{2}{9}$

|접근 방법| $f(2-x)=f(2+x)$이면 함수 $y=f(x)$의 그래
프가 직선 $x=2$에 대하여 대칭임을 이용한다.

$0\leq x\leq2$인 모든 x에 대하여 $f(2-x)=f(2+x)$이
므로 함수 $y=f(x)$의 그래프는 직선 $x=2$에 대하여
대칭이다.

$$P(X \geq 2) = \frac{1}{2}, \ P(3 \leq X \leq 4) = \frac{7}{18} \text{이므로}$$

$$P(2 \leq X \leq 3) = P(X \geq 2) - P(3 \leq X \leq 4)$$

$$= \frac{1}{2} - \frac{7}{18} = \frac{1}{9}$$

$$\therefore P(1 \leq X \leq 3) = P(1 \leq X \leq 2) + P(2 \leq X \leq 3)$$

$$= 2P(2 \leq X \leq 3)$$

$$= 2 \times \frac{1}{9} = \frac{2}{9}$$

441 답 ③

| **접근 방법** | 주어진 등식을 m, σ를 이용하여 표준화한다.

확률변수 X는 정규분포 $N(m, \sigma^2)$을 따르므로

$Z = \dfrac{X-m}{\sigma}$으로 놓으면 확률변수 Z는 표준정규분

포 $N(0, 1)$을 따른다.

$P(m \leq X \leq m+12) - P(X \leq m-12) = 0.3664$에서

$$P\left(\frac{m-m}{\sigma} \leq Z \leq \frac{m+12-m}{\sigma}\right)$$
$$- P\left(Z \leq \frac{m-12-m}{\sigma}\right) = 0.3664$$

$$P\left(0 \leq Z \leq \frac{12}{\sigma}\right) - P\left(Z \leq -\frac{12}{\sigma}\right) = 0.3664$$

$$P\left(0 \leq Z \leq \frac{12}{\sigma}\right) - P\left(Z \geq \frac{12}{\sigma}\right) = 0.3664$$

$$P\left(0 \leq Z \leq \frac{12}{\sigma}\right) - \left\{P(Z \geq 0) - P\left(0 \leq Z \leq \frac{12}{\sigma}\right)\right\}$$
$$= 0.3664$$

$$2P\left(0 \leq Z \leq \frac{12}{\sigma}\right) - 0.5 = 0.3664$$

$$2P\left(0 \leq Z \leq \frac{12}{\sigma}\right) = 0.8664$$

$$\therefore P\left(0 \leq Z \leq \frac{12}{\sigma}\right) = 0.4332$$

이때 $P(0 \leq Z \leq 1.5) = 0.4332$이므로

$$\frac{12}{\sigma} = 1.5 \quad \therefore \sigma = 8$$

442 답 0.0228

| **접근 방법** | 5의 약수의 눈이 나오는 횟수를 확률변수 X라 하고 게임을 해서 얻은 점수를 X를 이용하여 나타낸 후 확률을 구한다.

5의 약수의 눈이 나오는 횟수를 확률변수 X라 하면

X는 이항분포 $B\left(18, \dfrac{1}{3}\right)$을 따르므로

$$E(X) = 18 \times \frac{1}{3} = 6$$

$$V(X) = 18 \times \frac{1}{3} \times \frac{2}{3} = 4 = 2^2$$

즉, 확률변수 X는 근사적으로 정규분포 $N(6, 2^2)$을

따르므로 $Z = \dfrac{X-6}{2}$으로 놓으면 확률변수 Z는 표

준정규분포 $N(0, 1)$을 따른다.

한편 5의 약수가 아닌 눈이 나오는 횟수는 $18 - X$이

므로 최종 점수가 38점 이상이 되려면

$$3X + (18 - X) \geq 38, \ 2X \geq 20 \quad \therefore X \geq 10$$

따라서 구하는 확률은

$$P(X \geq 10) = P\left(Z \geq \frac{10-6}{2}\right) = P(Z \geq 2)$$

$$= P(Z \geq 0) - P(0 \leq Z \leq 2)$$

$$= 0.5 - 0.4772$$

$$= 0.0228$$

443 답 0.04

| **접근 방법** | 복숭아 1개의 무게와 특대 등급 상품의 개수를 각각 확률변수 X, Y라 하면 $P(X \geq 290) = p$일 때, Y는 이항분포 $B(400, p)$를 따름을 이용한다.

복숭아 1개의 무게를 확률변수 X라 하면 X는 정규분

포 $N(269, 25^2)$을 따르므로 $Z_X = \dfrac{X-269}{25}$로 놓으

면 확률변수 Z_X는 표준정규분포 $N(0, 1)$을 따른다.

복숭아 1개의 무게가 290 g 이상일 확률은

$$P(X \geq 290) = P\left(Z_X \geq \frac{290-269}{25}\right)$$

$$= P(Z_X \geq 0.84)$$

$$= P(Z_X \geq 0) - P(0 \leq Z_X \leq 0.84)$$

$$= 0.5 - 0.3 = 0.2$$

이때 수확한 복숭아 400개 중에서 무게가 290 g 이상

인 복숭아의 개수를 확률변수 Y라 하면 Y는 이항분

포 $B(400, 0.2)$를 따르므로

$$E(Y) = 400 \times 0.2 = 80$$

$$V(Y) = 400 \times 0.2 \times 0.8 = 64 = 8^2$$

즉, 확률변수 Y는 근사적으로 $N(80, 8^2)$을 따르므로

$Z_Y = \dfrac{Y-80}{8}$으로 놓으면 확률변수 Z_Y는 표준정규분

포 $N(0, 1)$을 따른다.

따라서 구하는 확률은

$$P(Y \leq 66) = P\left(Z_Y \leq \frac{66-80}{8}\right)$$

$$= P(Z_Y \leq -1.75)$$

$$= P(Z_Y \geq 1.75)$$

$$= P(Z_Y \geq 0) - P(0 \leq Z_Y \leq 1.75)$$

$$= 0.5 - 0.46 = 0.04$$

01 표본평균과 표본비율의 분포

444 답 ㄴ, ㄷ

445 답 (1) **125** (2) **60** (3) **10**

(1) 한 개씩 복원추출하는 경우의 수는 서로 다른 5개에서 중복을 허용하여 3개를 택하는 중복순열의 수와 같으므로

$$_5\Pi_3=5^3=125$$

(2) 한 개씩 비복원추출하는 경우의 수는 서로 다른 5개에서 서로 다른 3개를 택하는 순열의 수와 같으므로

$$_5P_3=60$$

(3) 동시에 추출하는 경우의 수는 서로 다른 5개에서 서로 다른 3개를 택하는 조합의 수와 같으므로

$$_5C_3=10$$

446 답 (1) **평균: 15, 분산: 4, 표준편차: 2**
　　　　(2) **평균: 15, 분산: 1, 표준편차: 1**
　　　　(3) **평균: 15, 분산: $\dfrac{9}{25}$, 표준편차: $\dfrac{3}{5}$**

모평균 $m=15$, 모분산 $\sigma^2=36=6^2$이므로

(1) $E(\overline{X})=m=15$

$$V(\overline{X})=\frac{\sigma^2}{n}=\frac{36}{9}=4$$

$$\sigma(\overline{X})=\frac{\sigma}{\sqrt{n}}=\frac{6}{\sqrt{9}}=2$$

(2) $E(\overline{X})=m=15$

$$V(\overline{X})=\frac{\sigma^2}{n}=\frac{36}{36}=1$$

$$\sigma(\overline{X})=\frac{\sigma}{\sqrt{n}}=\frac{6}{\sqrt{36}}=1$$

(3) $E(\overline{X})=m=15$

$$V(\overline{X})=\frac{\sigma^2}{n}=\frac{36}{100}=\frac{9}{25}$$

$$\sigma(\overline{X})=\frac{\sigma}{\sqrt{n}}=\frac{6}{\sqrt{100}}=\frac{3}{5}$$

447 답 (1) **$E(\overline{X})=10$, $V(\overline{X})=4$, $\sigma(\overline{X})=2$**
　　　　(2) **$N(10, 2^2)$**

(1) 모평균 $m=10$, 모표준편차 $\sigma=16$, 표본의 크기 $n=64$이므로

$$E(\overline{X})=m=10$$

$$V(\overline{X})=\frac{\sigma^2}{n}=\frac{16^2}{64}=4$$

$$\sigma(\overline{X})=\frac{\sigma}{\sqrt{n}}=\frac{16}{\sqrt{64}}=2$$

448 답 **582**

모평균이 24, 모표준편차가 8, 표본의 크기가 16이므로

$$E(\overline{X})=24$$

$$V(\overline{X})=\frac{8^2}{16}=4$$

$$\sigma(\overline{X})=\frac{8}{\sqrt{16}}=2$$

$V(\overline{X})=E(\overline{X}^2)-\{E(\overline{X})\}^2$이므로

$$E(\overline{X}^2)=V(\overline{X})+\{E(\overline{X})\}^2=4+24^2=580$$

$$\therefore\ \sigma(\overline{X})+E(\overline{X}^2)=2+580=582$$

449 답 **81**

모표준편차가 3, 표본의 크기가 n이므로

$$\sigma(\overline{X})=\frac{3}{\sqrt{n}}$$

이때 표본평균 $\overline{X}$의 표준편차가 $\dfrac{1}{3}$ 이하이어야 하므로

$$\frac{3}{\sqrt{n}}\le\frac{1}{3},\ \sqrt{n}\ge9$$

$$\therefore\ n\ge81$$

따라서 자연수 n의 최솟값은 81이다.

450 답 **6**

모평균이 18, 모표준편차가 2, 표본의 크기가 4이므로

$$E(\overline{X})=18$$

$$V(\overline{X})=\frac{2^2}{4}=1$$

$$E(3\overline{X})=3E(\overline{X})=3\times18=54,$$

$$V(3\overline{X})=3^2V(\overline{X})=9\times1=9$$

이므로

$$\frac{E(3\overline{X})}{V(3\overline{X})}=\frac{54}{9}=6$$

451 답 **6**

모분산이 225, 표본의 크기가 25이므로

$$V(\overline{X})=\frac{225}{25}=9$$

$V(\overline{X})=E(\overline{X}^2)-\{E(\overline{X})\}^2$, $E(\overline{X}^2)=45$이므로
$$9=45-m^2$$
$$m^2=36 \quad \therefore m=6 \ (\because m>0)$$

이때 표본의 크기가 3이므로
$$E(\overline{X})=3, \ \sigma(\overline{X})=\frac{\sqrt{2}}{\sqrt{3}}=\frac{\sqrt{6}}{3}$$
$$\therefore E(\overline{X})\times\sigma(\overline{X})=3\times\frac{\sqrt{6}}{3}=\sqrt{6}$$

452 📘 2

확률의 총합은 1이므로
$$\frac{1}{5}+a+\frac{3}{5}=1 \qquad \therefore a=\frac{1}{5}$$
따라서 확률변수 X에 대하여
$$E(X)=0\times\frac{1}{5}+1\times\frac{1}{5}+2\times\frac{3}{5}=\frac{7}{5}$$
$$V(X)=E(X^2)-\{E(X)\}^2$$
$$=0^2\times\frac{1}{5}+1^2\times\frac{1}{5}+2^2\times\frac{3}{5}-\left(\frac{7}{5}\right)^2$$
$$=\frac{13}{5}-\frac{49}{25}=\frac{16}{25}$$
이때 표본의 크기가 16이므로
$$E(\overline{X})=\frac{7}{5}$$
$$V(\overline{X})=\frac{\frac{16}{25}}{16}=\frac{1}{25}$$
$V(\overline{X})=E(\overline{X}^2)-\{E(\overline{X})\}^2$이므로
$$E(\overline{X}^2)=V(\overline{X})+\{E(\overline{X})\}^2=\frac{1}{25}+\left(\frac{7}{5}\right)^2=2$$

453 📘 $\sqrt{6}$

상자에서 임의로 1개의 공을 꺼낼 때, 공에 적힌 숫자를 확률변수 X라 하고, X의 확률분포를 표로 나타내면 다음과 같다.

X	1	2	3	4	5	합계
$P(X=x)$	$\frac{1}{5}$	$\frac{1}{5}$	$\frac{1}{5}$	$\frac{1}{5}$	$\frac{1}{5}$	1

확률변수 X에 대하여
$$E(X)=1\times\frac{1}{5}+2\times\frac{1}{5}+3\times\frac{1}{5}+4\times\frac{1}{5}+5\times\frac{1}{5}$$
$$=3$$
$$V(X)$$
$$=E(X^2)-\{E(X)\}^2$$
$$=1^2\times\frac{1}{5}+2^2\times\frac{1}{5}+3^2\times\frac{1}{5}+4^2\times\frac{1}{5}+5^2\times\frac{1}{5}-3^2$$
$$=11-9=2$$
$$\therefore \sigma(X)=\sqrt{V(X)}=\sqrt{2}$$

454 📘 $\frac{1}{5}$

확률의 총합은 1이므로
$$\frac{1}{6}+a+b=1$$
$$\therefore a+b=\frac{5}{6} \qquad \cdots\cdots ㉠$$
확률변수 X에 대하여
$$E(X)=0\times\frac{1}{6}+3a+6b=3a+6b$$
이때 $E(X)=E(\overline{X})=4$이므로
$$3a+6b=4 \qquad \cdots\cdots ㉡$$
㉠, ㉡을 연립하여 풀면
$$a=\frac{1}{3}, \ b=\frac{1}{2}$$
따라서 확률변수 X에 대하여
$$V(X)=E(X^2)-\{E(X)\}^2$$
$$=0^2\times\frac{1}{6}+3^2\times\frac{1}{3}+6^2\times\frac{1}{2}-4^2$$
$$=21-16=5$$
이때 표본의 크기가 25이므로
$$V(\overline{X})=\frac{5}{25}=\frac{1}{5}$$

455 📘 4

임의로 1장의 카드를 뽑을 때, 카드에 적힌 숫자를 확률변수 X라 하고, X의 확률분포를 표로 나타내면 다음과 같다.

X	1	2	3	4	합계
$P(X=x)$	$\frac{2}{5}$	$\frac{3}{10}$	$\frac{1}{5}$	$\frac{1}{10}$	1

확률변수 X에 대하여
$$E(X)=1\times\frac{2}{5}+2\times\frac{3}{10}+3\times\frac{1}{5}+4\times\frac{1}{10}=2$$
$$V(X)=E(X^2)-\{E(X)\}^2$$
$$=1^2\times\frac{2}{5}+2^2\times\frac{3}{10}+3^2\times\frac{1}{5}+4^2\times\frac{1}{10}-2^2$$
$$=5-4=1$$
$$\sigma(X)=\sqrt{V(X)}=\sqrt{1}=1$$

이때 표본의 크기가 4이므로

$$\sigma(\overline{X})=\frac{1}{\sqrt{4}}=\frac{1}{2}$$

$$\therefore \sigma(8\overline{X}+1)=|8|\sigma(\overline{X})=8\times\frac{1}{2}=4$$

456 目 0.0228

모집단이 정규분포 $N(45,\ 12^2)$을 따르고 표본의 크기가 16이므로 16명의 통학 시간의 평균을 $\overline{X}$라 하면 표본평균 $\overline{X}$는 정규분포 $N\left(45,\ \frac{12^2}{16}\right)$, 즉 $N(45,\ 3^2)$을 따른다.

$Z=\dfrac{\overline{X}-45}{3}$로 놓으면 확률변수 Z는 표준정규분포 $N(0,\ 1)$을 따르므로 구하는 확률은

$$P(\overline{X}\leq39)=P\left(Z\leq\frac{39-45}{3}\right)$$
$$=P(Z\leq-2)=P(Z\geq2)$$
$$=P(Z\geq0)-P(0\leq Z\leq2)$$
$$=0.5-0.4772=0.0228$$

457 目 ②

모집단이 정규분포 $N(14,\ 3.2^2)$을 따르고 표본의 크기가 256이므로 256명의 1년 동안 병원을 이용한 횟수의 평균을 $\overline{X}$라 하면 표본평균 $\overline{X}$는 정규분포 $N\left(14,\ \frac{3.2^2}{256}\right)$, 즉 $N(14,\ 0.2^2)$을 따른다.

$Z=\dfrac{\overline{X}-14}{0.2}$로 놓으면 확률변수 Z는 표준정규분포 $N(0,\ 1)$을 따르므로 구하는 확률은

$$P(13.7\leq\overline{X}\leq14.2)$$
$$=P\left(\frac{13.7-14}{0.2}\leq Z\leq\frac{14.2-14}{0.2}\right)$$
$$=P(-1.5\leq Z\leq1)$$
$$=P(-1.5\leq Z\leq0)+P(0\leq Z\leq1)$$
$$=P(0\leq Z\leq1.5)+P(0\leq Z\leq1)$$
$$=0.4332+0.3413=0.7745$$

458 目 0.9876

모집단이 정규분포 $N(27,\ 16)$을 따르고 표본의 크기가 25이므로 표본평균 $\overline{X}$는 정규분포 $N\left(27,\ \frac{16}{25}\right)$, 즉 $N\left(27,\ \left(\frac{4}{5}\right)^2\right)$을 따른다.

$Z=\dfrac{\overline{X}-27}{\frac{4}{5}}$로 놓으면 확률변수 Z는 표준정규분포 $N(0,\ 1)$을 따르므로 구하는 확률은

$$P(25\leq\overline{X}\leq29)$$
$$=P\left(\frac{25-27}{\frac{4}{5}}\leq Z\leq\frac{29-27}{\frac{4}{5}}\right)$$
$$=P(-2.5\leq Z\leq2.5)$$
$$=P(-2.5\leq Z\leq0)+P(0\leq Z\leq2.5)$$
$$=2P(0\leq Z\leq2.5)$$
$$=2\times0.4938=0.9876$$

459 目 0.1815

모집단이 정규분포 $N(56,\ 6^2)$을 따르고 표본의 크기가 9이므로 9개의 달걀의 무게의 평균을 $\overline{X}$라 하면 표본평균 $\overline{X}$는 정규분포 $N\left(56,\ \frac{6^2}{9}\right)$, 즉 $N(56,\ 2^2)$을 따른다.

$Z=\dfrac{\overline{X}-56}{2}$으로 놓으면 확률변수 Z는 표준정규분포 $N(0,\ 1)$을 따르므로 구하는 확률은

$$P(\overline{X}\geq60)+P(\overline{X}<54)$$
$$=P\left(Z\geq\frac{60-56}{2}\right)+P\left(Z<\frac{54-56}{2}\right)$$
$$=P(Z\geq2)+P(Z<-1)$$
$$=P(Z\geq2)+P(Z\leq-1)$$
$$=P(Z\geq2)+P(Z\geq1)$$
$$=\{P(Z\geq0)-P(0\leq Z\leq2)\}$$
$$\qquad\qquad+\{P(Z\geq0)-P(0\leq Z\leq1)\}$$
$$=(0.5-0.4772)+(0.5-0.3413)$$
$$=0.0228+0.1587=0.1815$$

460 目 36

모집단이 정규분포 $N(10,\ 1.2^2)$을 따르고 표본의 크기가 n이므로 표본평균 $\overline{X}$는 정규분포 $N\left(10,\ \frac{1.2^2}{n}\right)$, 즉 $N\left(10,\ \left(\frac{1.2}{\sqrt{n}}\right)^2\right)$을 따른다.

$Z=\dfrac{\overline{X}-10}{\frac{1.2}{\sqrt{n}}}$으로 놓으면 확률변수 Z는 표준정규분포 $N(0,\ 1)$을 따르므로 $P(\overline{X}\geq9.5)=0.9938$에서

$$P\left(Z\geq\frac{9.5-10}{\frac{1.2}{\sqrt{n}}}\right)=0.9938$$

$$\mathrm{P}\left(Z\geq-\frac{5\sqrt{n}}{12}\right)=0.9938,\ \mathrm{P}\left(Z\leq\frac{5\sqrt{n}}{12}\right)=0.9938$$

$$\mathrm{P}(Z\leq0)+\mathrm{P}\left(0\leq Z\leq\frac{5\sqrt{n}}{12}\right)=0.9938$$

$$0.5+\mathrm{P}\left(0\leq Z\leq\frac{5\sqrt{n}}{12}\right)=0.9938$$

$$\therefore\ \mathrm{P}\left(0\leq Z\leq\frac{5\sqrt{n}}{12}\right)=0.4938$$

이때 $\mathrm{P}(0\leq Z\leq2.5)=0.4938$이므로

$$\frac{5\sqrt{n}}{12}=2.5,\ \sqrt{n}=6$$

$$\therefore\ n=36$$

461 답 77

모집단이 정규분포 $\mathrm{N}(80,\ 15^2)$을 따르고 표본의 크기가 100이므로 표본평균 $\overline{X}$는 정규분포

$\mathrm{N}\left(80,\ \dfrac{15^2}{100}\right)$, 즉 $\mathrm{N}\left(80,\ \left(\dfrac{3}{2}\right)^2\right)$을 따른다.

$Z=\dfrac{\overline{X}-80}{\frac{3}{2}}$으로 놓으면 확률변수 Z는 표준정규분

포 $\mathrm{N}(0,\ 1)$을 따르므로 $\mathrm{P}(\overline{X}\leq k)=0.0228$에서

$$\mathrm{P}\left(Z\leq\frac{k-80}{\frac{3}{2}}\right)=0.0228$$

$$\mathrm{P}\left(Z\leq\frac{2k-160}{3}\right)=0.0228$$

$$\mathrm{P}\left(Z\geq\frac{160-2k}{3}\right)=0.0228$$

$$\mathrm{P}(Z\geq0)-\mathrm{P}\left(0\leq Z\leq\frac{160-2k}{3}\right)=0.0228$$

$$0.5-\mathrm{P}\left(0\leq Z\leq\frac{160-2k}{3}\right)=0.0228$$

$$\therefore\ \mathrm{P}\left(0\leq Z\leq\frac{160-2k}{3}\right)=0.4772$$

이때 $\mathrm{P}(0\leq Z\leq2)=0.4772$이므로

$$\frac{160-2k}{3}=2,\ 160-2k=6$$

$$\therefore\ k=77$$

462 답 3

모집단이 정규분포 $\mathrm{N}(m,\ 100)$을 따르고 표본의 크기

가 n^2이므로 표본평균 $\overline{X}$는 정규분포 $\mathrm{N}\left(m,\ \dfrac{100}{n^2}\right)$,

즉 $\mathrm{N}\left(m,\ \left(\dfrac{10}{n}\right)^2\right)$을 따른다.

$Z=\dfrac{\overline{X}-m}{\frac{10}{n}}$으로 놓으면 확률변수 Z는 표준정규분

포 $\mathrm{N}(0,\ 1)$을 따르므로

$\mathrm{P}(m-10\leq\overline{X}\leq m+5)=0.9319$에서

$$\mathrm{P}\left(\frac{m-10-m}{\frac{10}{n}}\leq Z\leq\frac{m+5-m}{\frac{10}{n}}\right)=0.9319$$

$$\mathrm{P}\left(-n\leq Z\leq\frac{n}{2}\right)=0.9319$$

$$\mathrm{P}(-n\leq Z\leq0)+\mathrm{P}\left(0\leq Z\leq\frac{n}{2}\right)=0.9319$$

$$\mathrm{P}(0\leq Z\leq n)+\mathrm{P}\left(0\leq Z\leq\frac{n}{2}\right)=0.9319$$

이때 $\mathrm{P}(0\leq Z\leq3)=0.4987$,

$\mathrm{P}(0\leq Z\leq1.5)=0.4332$이므로

$$\mathrm{P}(0\leq Z\leq3)+\mathrm{P}(0\leq Z\leq1.5)$$
$$=0.4987+0.4332$$
$$=0.9319$$

$$\therefore\ n=3$$

463 답 $\dfrac{8}{5}$

제품 A 중에서 임의추출한 4개의 무게의 평균을 $\overline{X_1}$

라 하면 모집단이 정규분포 $\mathrm{N}(m,\ 2^2)$을 따르고 표본

의 크기가 4이므로 표본평균 $\overline{X_1}$는 정규분포

$\mathrm{N}\left(m,\ \dfrac{2^2}{4}\right)$, 즉 $\mathrm{N}(m,\ 1^2)$을 따른다.

제품 B 중에서 임의추출한 4개의 무게의 평균을 $\overline{X_2}$

라 하면 모집단이 정규분포 $\mathrm{N}(4m,\ 8^2)$을 따르고 표

본의 크기가 4이므로 표본평균 $\overline{X_2}$는 정규분포

$\mathrm{N}\left(4m,\ \dfrac{8^2}{4}\right)$, 즉 $\mathrm{N}(4m,\ 4^2)$을 따른다.

$Z_1=\dfrac{\overline{X_1}-m}{1}$, $Z_2=\dfrac{\overline{X_2}-4m}{4}$으로 놓으면 두 확률

변수 $Z_1,\ Z_2$는 각각 표준정규분포 $\mathrm{N}(0,\ 1)$을 따르므

로 $\mathrm{P}(\overline{X_1}\geq k)=\mathrm{P}(\overline{X_2}\leq k)$에서

$$\mathrm{P}\left(Z_1\geq\frac{k-m}{1}\right)=\mathrm{P}\left(Z_2\leq\frac{k-4m}{4}\right)$$

$$\mathrm{P}(Z_1\geq k-m)=\mathrm{P}\left(Z_2\geq\frac{4m-k}{4}\right)$$

즉, $k-m=\dfrac{4m-k}{4}$이므로

$$4k-4m=4m-k$$
$$5k=8m$$

$$\therefore\ \frac{k}{m}=\frac{8}{5}$$

464 $\dfrac{3}{10}$

$$\hat{p}=\dfrac{90}{300}=\dfrac{3}{10}$$

465 $\mathrm{E}(\hat{p})=\dfrac{1}{3}$, $\mathrm{V}(\hat{p})=\dfrac{1}{81}$, $\sigma(\hat{p})=\dfrac{1}{9}$

모비율 $p=\dfrac{1}{3}$, 표본의 크기 $n=18$이므로

$$\mathrm{E}(\hat{p})=p=\dfrac{1}{3}$$

$$\mathrm{V}(\hat{p})=\dfrac{pq}{n}=\dfrac{\dfrac{1}{3}\times\dfrac{2}{3}}{18}=\dfrac{1}{81} \quad \blacktriangleleft\ q=1-p$$

$$\sigma(\hat{p})=\sqrt{\dfrac{pq}{n}}=\sqrt{\dfrac{1}{81}}=\dfrac{1}{9} \quad \blacktriangleleft\ q=1-p$$

466   (1) $\mathrm{E}(\hat{p})=0.4$, $\mathrm{V}(\hat{p})=0.0004$, $\sigma(\hat{p})=0.02$

        (2) $\mathrm{N}(0.4,\ 0.02^2)$

(1) 모비율 $p=0.4$, 표본의 크기 $n=600$이므로

$$\mathrm{E}(\hat{p})=p=0.4$$

$$\mathrm{V}(\hat{p})=\dfrac{pq}{n}=\dfrac{0.4\times0.6}{600}=0.0004 \quad \blacktriangleleft\ q=1-p$$

$$\sigma(\hat{p})=\sqrt{\dfrac{pq}{n}}=\sqrt{0.0004}=0.02 \quad \blacktriangleleft\ q=1-p$$

467   0.0062

임의추출한 400명 중에서 이 업체의 제품을 구매하는 소비자의 비율을 $\hat{p}$이라 하면 모비율이 0.36, 표본의 크기가 400이므로

$$\mathrm{E}(\hat{p})=0.36$$

$$\mathrm{V}(\hat{p})=\dfrac{0.36\times0.64}{400}=0.000576=0.024^2$$

표본의 크기 400은 충분히 크므로 표본비율 $\hat{p}$은 근사적으로 정규분포 $\mathrm{N}(0.36,\ 0.024^2)$을 따른다.

$Z=\dfrac{\hat{p}-0.36}{0.024}$으로 놓으면 확률변수 Z는 표준정규분포 $\mathrm{N}(0,\ 1)$을 따르므로 구하는 확률은

$$\mathrm{P}\left(\hat{p}\geq\dfrac{168}{400}\right)=\mathrm{P}(\hat{p}\geq0.42)$$

$$=\mathrm{P}\left(Z\geq\dfrac{0.42-0.36}{0.024}\right)$$

$$=\mathrm{P}(Z\geq2.5)$$

$$=\mathrm{P}(Z\geq0)-\mathrm{P}(0\leq Z\leq2.5)$$

$$=0.5-0.4938=0.0062$$

468   0.2661

임의추출한 900명 중에서 일주일에 2회 이상 운동하는 주민의 비율을 $\hat{p}$이라 하면 모비율이 0.5, 표본의 크기가 900이므로

$$\mathrm{E}(\hat{p})=0.5$$

$$\mathrm{V}(\hat{p})=\dfrac{0.5\times0.5}{900}=\dfrac{1}{3600}=\left(\dfrac{1}{60}\right)^2$$

표본의 크기 900은 충분히 크므로 표본비율 $\hat{p}$은 근사적으로 정규분포 $\mathrm{N}\left(0.5,\ \left(\dfrac{1}{60}\right)^2\right)$을 따른다.

$Z=\dfrac{\hat{p}-0.5}{\dfrac{1}{60}}$로 놓으면 확률변수 Z는 표준정규분포 $\mathrm{N}(0,\ 1)$을 따르므로 구하는 확률은

$$\mathrm{P}(0.51\leq\hat{p}\leq0.54)$$

$$=\mathrm{P}\left(\dfrac{0.51-0.5}{\dfrac{1}{60}}\leq Z\leq\dfrac{0.54-0.5}{\dfrac{1}{60}}\right)$$

$$=\mathrm{P}(0.6\leq Z\leq2.4)$$

$$=\mathrm{P}(0\leq Z\leq2.4)-\mathrm{P}(0\leq Z\leq0.6)$$

$$=0.4918-0.2257=0.2661$$

469   100

모비율이 0.1, 표본의 크기가 n이므로

$$\mathrm{E}(\hat{p})=0.1$$

$$\mathrm{V}(\hat{p})=\dfrac{0.1\times0.9}{n}=\dfrac{0.09}{n}=\left(\dfrac{0.3}{\sqrt{n}}\right)^2$$

표본의 크기 n은 충분히 크므로 표본비율 $\hat{p}$은 근사적으로 정규분포 $\mathrm{N}\left(0.1,\ \left(\dfrac{0.3}{\sqrt{n}}\right)^2\right)$을 따른다.

$Z=\dfrac{\hat{p}-0.1}{\dfrac{0.3}{\sqrt{n}}}$로 놓으면 확률변수 Z는 표준정규분포 $\mathrm{N}(0,\ 1)$을 따르므로 $\mathrm{P}(0.07\leq\hat{p}\leq0.13)=0.6826$에서

$$\mathrm{P}\left(\dfrac{0.07-0.1}{\dfrac{0.3}{\sqrt{n}}}\leq Z\leq\dfrac{0.13-0.1}{\dfrac{0.3}{\sqrt{n}}}\right)=0.6826$$

$$\mathrm{P}(-0.1\sqrt{n}\leq Z\leq0.1\sqrt{n})=0.6826$$

$$\mathrm{P}(-0.1\sqrt{n}\leq Z\leq0)+\mathrm{P}(0\leq Z\leq0.1\sqrt{n})=0.6826$$

$$2\mathrm{P}(0\leq Z\leq0.1\sqrt{n})=0.6826$$

$$\therefore\ \mathrm{P}(0\leq Z\leq0.1\sqrt{n})=0.3413$$

이때 $\mathrm{P}(0\leq Z\leq1)=0.3413$이므로

$$0.1\sqrt{n}=1,\ \sqrt{n}=10$$

$$\therefore\ n=100$$

470 답 ④

임의추출한 1600명 중에서 자격증 A를 가진 직원의
비율을 $\hat{p}$이라 하면 모비율이 0.2, 표본의 크기가 1600
이므로

$E(\hat{p})=0.2$

$V(\hat{p})=\dfrac{0.2\times0.8}{1600}=0.0001=0.01^2$

표본의 크기 1600은 충분히 크므로 표본비율 $\hat{p}$은 근
사적으로 정규분포 $N(0.2,\,0.01^2)$을 따른다.

$Z=\dfrac{\hat{p}-0.2}{0.01}$로 놓으면 확률변수 Z는 표준정규분포

$N(0,\,1)$을 따르므로 $P\left(\hat{p}\geq\dfrac{a}{100}\right)=0.9772$에서

$P\left(Z\geq\dfrac{\dfrac{a}{100}-0.2}{0.01}\right)=0.9772$

$P(Z\geq a-20)=0.9772$

$P(Z\leq 20-a)=0.9772$

$P(Z\leq 0)+P(0\leq Z\leq 20-a)=0.9772$

$0.5+P(0\leq Z\leq 20-a)=0.9772$

$\therefore\ P(0\leq Z\leq 20-a)=0.4772$

이때 $P(0\leq Z\leq 2)=0.4772$이므로

$20-a=2$

$\therefore\ a=18$

연습문제   240~242쪽

471 답 ㄴ, ㄷ

모평균이 25, 모분산이 36, 표본의 크기가 9이므로

ㄱ. 표본평균 $\overline{X}$의 값은 알 수 없다.

ㄴ. $E(\overline{X})=25$

ㄷ. $V(\overline{X})=\dfrac{36}{9}=4$

ㄹ. $V(\overline{X})=E(\overline{X}^2)-\{E(\overline{X})\}^2$이므로

$\quad E(\overline{X}^2)=V(\overline{X})+\{E(\overline{X})\}^2=4+25^2=629$

따라서 보기에서 옳은 것은 ㄴ, ㄷ이다.

472 답 21

확률변수 X에 대하여

$E(X)=1\times\dfrac{1}{6}+2\times\dfrac{1}{6}+3\times\dfrac{1}{6}+4\times\dfrac{1}{6}+5\times\dfrac{1}{6}$

$\qquad\qquad\qquad\qquad\qquad +6\times\dfrac{1}{6}$

$\quad=\dfrac{7}{2}$

$V(X)$

$=E(X^2)-\{E(X)\}^2$

$=1^2\times\dfrac{1}{6}+2^2\times\dfrac{1}{6}+3^2\times\dfrac{1}{6}+4^2\times\dfrac{1}{6}+5^2\times\dfrac{1}{6}$

$\qquad\qquad\qquad\qquad\qquad +6^2\times\dfrac{1}{6}-\left(\dfrac{7}{2}\right)^2$

$=\dfrac{91}{6}-\dfrac{49}{4}$

$=\dfrac{35}{12}$

이때 표본의 크기가 5이므로

$V(\overline{X})=\dfrac{\dfrac{35}{12}}{5}=\dfrac{7}{12}$

$\therefore\ V(6\overline{X}+2)=6^2 V(\overline{X})$

$\qquad\qquad\qquad =36\times\dfrac{7}{12}=21$

473 답 0.1039

모집단이 정규분포 $N(30,\,5^2)$을 따르고 표본의 크기

가 4이므로 표본평균 $\overline{X}$는 정규분포 $N\left(30,\,\dfrac{5^2}{4}\right)$, 즉

$N\left(30,\,\left(\dfrac{5}{2}\right)^2\right)$을 따른다.

$Z=\dfrac{\overline{X}-30}{\dfrac{5}{2}}$으로 놓으면 확률변수 Z는 표준정규분

포 $N(0,\,1)$을 따르므로

$P(26\leq\overline{X}\leq 27.5)$

$=P\left(\dfrac{26-30}{\dfrac{5}{2}}\leq Z\leq\dfrac{27.5-30}{\dfrac{5}{2}}\right)$

$=P(-1.6\leq Z\leq -1)$

$=P(1\leq Z\leq 1.6)$

$=P(0\leq Z\leq 1.6)-P(0\leq Z\leq 1)$

$=0.4452-0.3413$

$=0.1039$

474 답 ②

임의추출한 고등학생 100명 중에서 하루 평균 30통
이상의 문자 메시지를 보내는 학생의 비율을 $\hat{p}$이라 하
면 모비율이 0.2, 표본의 크기가 100이므로

$E(\hat{p})=0.2$

$V(\hat{p})=\dfrac{0.2\times0.8}{100}=0.0016=0.04^2$

표본의 크기 100은 충분히 크므로 표본비율 $\hat{p}$은 근사
적으로 정규분포 $N(0.2,\,0.04^2)$을 따른다.

$Z=\dfrac{\hat{p}-0.2}{0.04}$로 놓으면 확률변수 Z는 정규분포

$\mathrm{N}(0,\ 1)$을 따르므로 구하는 확률은

$\mathrm{P}(0.16\leq\hat{p}\leq0.26)$

$=\mathrm{P}\left(\dfrac{0.16-0.2}{0.04}\leq Z\leq\dfrac{0.26-0.2}{0.04}\right)$

$=\mathrm{P}(-1\leq Z\leq1.5)$

$=\mathrm{P}(-1\leq Z\leq0)+\mathrm{P}(0\leq Z\leq1.5)$

$=\mathrm{P}(0\leq Z\leq1)+\mathrm{P}(0\leq Z\leq1.5)$

$=0.3413+0.4332=0.7745$

475 답 ⑤

ㄱ. $\mathrm{E}(\overline{X_1})=\mathrm{E}(\overline{X_2})=m$

ㄴ. $3\mathrm{V}(n_1\overline{X_1})=3n_1{}^2\mathrm{V}(\overline{X_1})=3n_1{}^2\times\dfrac{\sigma^2}{n_1}=3n_1\sigma^2$

$\quad\mathrm{V}(n_2\overline{X_2})=n_2{}^2\mathrm{V}(\overline{X_2})=n_2{}^2\times\dfrac{\sigma^2}{n_2}$

$\qquad\qquad\qquad=n_2\sigma^2=3n_1\sigma^2\ (\because\ 3n_1=n_2)$

$\quad\therefore\ 3\mathrm{V}(n_1\overline{X_1})=\mathrm{V}(n_2\overline{X_2})$

ㄷ. $\sigma(4\overline{X_1})=|4|\sigma(\overline{X_1})=4\times\dfrac{\sigma}{\sqrt{n_1}}$

$\qquad\qquad=4\times\dfrac{\sigma}{\sqrt{16n_2}}=\dfrac{\sigma}{\sqrt{n_2}}\ (\because\ n_1=16n_2)$

$\quad\sigma(\overline{X_2})=\dfrac{\sigma}{\sqrt{n_2}}$

$\quad\therefore\ \sigma(4\overline{X_1})=\sigma(\overline{X_2})$

따라서 보기에서 옳은 것은 ㄱ, ㄴ, ㄷ이다.

476 답 73

임의로 4장의 카드를 동시에 한 번 뽑을 때, 4장의 카드에 적힌 수 중에서 가장 큰 수를 확률변수 X라 하면 X의 확률분포는

$\mathrm{P}(X=4)=\dfrac{{}_3\mathrm{C}_3}{{}_7\mathrm{C}_4}=\dfrac{1}{35}$, $\mathrm{P}(X=5)=\dfrac{{}_4\mathrm{C}_3}{{}_7\mathrm{C}_4}=\dfrac{4}{35}$,

$\mathrm{P}(X=6)=\dfrac{{}_5\mathrm{C}_3}{{}_7\mathrm{C}_4}=\dfrac{2}{7}$, $\mathrm{P}(X=7)=\dfrac{{}_6\mathrm{C}_3}{{}_7\mathrm{C}_4}=\dfrac{4}{7}$

이므로 X의 확률분포를 표로 나타내면 다음과 같다.

X	4	5	6	7	합계
$\mathrm{P}(X=x)$	$\dfrac{1}{35}$	$\dfrac{4}{35}$	$\dfrac{2}{7}$	$\dfrac{4}{7}$	1

확률변수 X에 대하여

$\mathrm{E}(X)=4\times\dfrac{1}{35}+5\times\dfrac{4}{35}+6\times\dfrac{2}{7}+7\times\dfrac{4}{7}=\dfrac{32}{5}$

$\therefore\ \mathrm{E}(\overline{X})=\mathrm{E}(X)=\dfrac{32}{5}$

$\therefore\ \mathrm{E}(10\overline{X}+9)=10\mathrm{E}(\overline{X})+9$

$\qquad\qquad\qquad=10\times\dfrac{32}{5}+9=73$

477 답 $\dfrac{13}{36}$

확률의 총합은 1이므로

$\dfrac{1}{2}+a+b=1\qquad\therefore\ a+b=\dfrac{1}{2}\qquad\cdots\cdots\ ㉠$

확률변수 X에 대하여

$\mathrm{E}(X)=0\times\dfrac{1}{2}+2a+4b=2a+4b$

이때 $\mathrm{E}(X)=\mathrm{E}(\overline{X})=\dfrac{5}{3}$이므로

$2a+4b=\dfrac{5}{3}\qquad\qquad\cdots\cdots\ ㉡$

㉠, ㉡을 연립하여 풀면 $a=\dfrac{1}{6},\ b=\dfrac{1}{3}$

따라서 확률변수 X의 확률분포를 표로 나타내면 다음과 같다.

X	0	2	4	합계
$\mathrm{P}(X=x)$	$\dfrac{1}{2}$	$\dfrac{1}{6}$	$\dfrac{1}{3}$	1

크기가 2인 표본을 $X_1,\ X_2$라 하면 순서쌍 $(X_1,\ X_2)$에 대하여 $\overline{X}=2$인 경우는

$(0,\ 4),\ (2,\ 2),\ (4,\ 0)$

$\therefore\ \mathrm{P}(\overline{X}=2)=\dfrac{1}{2}\times\dfrac{1}{3}+\dfrac{1}{6}\times\dfrac{1}{6}+\dfrac{1}{3}\times\dfrac{1}{2}=\dfrac{13}{36}$

478 답 0.044

모집단이 정규분포 $\mathrm{N}(20,\ 2^2)$을 따르고 표본의 크기가 4이므로 임의추출한 배터리 4개의 수명의 평균을 $\overline{X}$라 하면 표본평균 $\overline{X}$는 정규분포 $\mathrm{N}\left(20,\ \dfrac{2^2}{4}\right)$, 즉 $\mathrm{N}(20,\ 1^2)$을 따른다. ▶▶▶▶▶ ❶

$Z=\dfrac{\overline{X}-20}{1}$으로 놓으면 확률변수 Z는 표준정규분포 $\mathrm{N}(0,\ 1)$을 따르므로 구하는 확률은

$\mathrm{P}(86\leq4\overline{X}\leq88)$

$=\mathrm{P}(21.5\leq\overline{X}\leq22)$

$=\mathrm{P}\left(\dfrac{21.5-20}{1}\leq Z\leq\dfrac{22-20}{1}\right)$

$=\mathrm{P}(1.5\leq Z\leq2)$

$=\mathrm{P}(0\leq Z\leq2)-\mathrm{P}(0\leq Z\leq1.5)$

$=0.4772-0.4332=0.044$ ▶▶▶▶▶ ❷

단계	채점 기준	비율
❶	임의추출한 배터리 4개의 수명의 평균을 $\overline{X}$로 놓고 표본평균 $\overline{X}$가 따르는 정규분포 구하기	40 %
❷	$\mathrm{P}(86 \leq 4\overline{X} \leq 88)$ 구하기	60 %

479 답 ②

모집단이 정규분포 $\mathrm{N}\left(5, \dfrac{81}{4}\right)$을 따르고 표본의 크기

가 225이므로 표본평균 $\overline{X}$는 정규분포 $\mathrm{N}\left(5, \dfrac{\frac{81}{4}}{225}\right)$,

즉 $\mathrm{N}\left(5, \left(\dfrac{3}{10}\right)^2\right)$을 따른다.

또 모집단이 정규분포 $\mathrm{N}(40, 9)$를 따르고 표본의 크

기가 16이므로 표본평균 $\overline{Y}$는 정규분포 $\mathrm{N}\left(40, \dfrac{9}{16}\right)$,

즉 $\mathrm{N}\left(40, \left(\dfrac{3}{4}\right)^2\right)$을 따른다.

$Z_{\overline{X}} = \dfrac{\overline{X}-5}{\frac{3}{10}}$, $Z_{\overline{Y}} = \dfrac{\overline{Y}-40}{\frac{3}{4}}$으로 놓으면 두 확률변

수 $Z_{\overline{X}}$, $Z_{\overline{Y}}$는 표준정규분포 $\mathrm{N}(0, 1)$을 따르므로

$\mathrm{P}(\overline{X} \geq 4) = \mathrm{P}(\overline{Y} \leq a)$에서

$\mathrm{P}\left(Z_{\overline{X}} \geq \dfrac{4-5}{\frac{3}{10}}\right) = \mathrm{P}\left(Z_{\overline{Y}} \leq \dfrac{a-40}{\frac{3}{4}}\right)$

$\mathrm{P}\left(Z_{\overline{X}} \geq -\dfrac{10}{3}\right) = \mathrm{P}\left(Z_{\overline{Y}} \leq \dfrac{4a-160}{3}\right)$

$\mathrm{P}\left(Z_{\overline{X}} \leq \dfrac{10}{3}\right) = \mathrm{P}\left(Z_{\overline{Y}} \leq \dfrac{4a-160}{3}\right)$

즉, $\dfrac{10}{3} = \dfrac{4a-160}{3}$이므로

$10 = 4a - 160$, $4a = 170$

$\therefore a = 42.5$

480 답 ③

모집단이 정규분포 $\mathrm{N}(m, 5^2)$을 따르고 표본의 크기

가 36이므로 36명의 일주일 근무 시간의 평균을 $\overline{X}$라

하면 표본평균 $\overline{X}$는 정규분포 $\mathrm{N}\left(m, \dfrac{5^2}{36}\right)$, 즉

$\mathrm{N}\left(m, \left(\dfrac{5}{6}\right)^2\right)$을 따른다.

$Z = \dfrac{\overline{X}-m}{\frac{5}{6}}$으로 놓으면 확률변수 Z는 표준정규분

포 $\mathrm{N}(0, 1)$을 따르므로 $\mathrm{P}(\overline{X} \geq 38) = 0.9332$에서

$\mathrm{P}\left(Z \geq \dfrac{38-m}{\frac{5}{6}}\right) = 0.9332$

$\mathrm{P}\left(Z \geq \dfrac{228-6m}{5}\right) = 0.9332$

$\mathrm{P}\left(Z \leq \dfrac{6m-228}{5}\right) = 0.9332$

$\mathrm{P}(Z \leq 0) + \mathrm{P}\left(0 \leq Z \leq \dfrac{6m-228}{5}\right) = 0.9332$

$0.5 + \mathrm{P}\left(0 \leq Z \leq \dfrac{6m-228}{5}\right) = 0.9332$

$\therefore \mathrm{P}\left(0 \leq Z \leq \dfrac{6m-228}{5}\right) = 0.4332$

이때 $\mathrm{P}(0 \leq Z \leq 1.5) = 0.4332$이므로

$\dfrac{6m-228}{5} = 1.5$, $6m - 228 = 7.5$

$\therefore m = 39.25$

481 답 ④

임의추출한 300명 중에서 도보로 등교하는 학생의 비

율을 $\hat{p}$이라 하면 모비율이 0.75, 표본의 크기가 300이

므로

$\mathrm{E}(\hat{p}) = 0.75$

$\mathrm{V}(\hat{p}) = \dfrac{0.75 \times 0.25}{300} = 0.000625 = 0.025^2$

표본의 크기 300은 충분히 크므로 표본비율 $\hat{p}$은 근사

적으로 정규분포 $\mathrm{N}(0.75, 0.025^2)$을 따른다.

$Z = \dfrac{\hat{p}-0.75}{0.025}$로 놓으면 확률변수 Z는 표준정규분포

$\mathrm{N}(0, 1)$을 따르므로 $\mathrm{P}\left(\hat{p} \leq \dfrac{a}{100}\right) = 0.1151$에서

$\mathrm{P}\left(Z \leq \dfrac{\frac{a}{100}-0.75}{0.025}\right) = 0.1151$

$\mathrm{P}\left(Z \leq \dfrac{a-75}{2.5}\right) = 0.1151$

$\mathrm{P}\left(Z \geq \dfrac{75-a}{2.5}\right) = 0.1151$

$\mathrm{P}(Z \geq 0) - \mathrm{P}\left(0 \leq Z \leq \dfrac{75-a}{2.5}\right) = 0.1151$

$0.5 - \mathrm{P}\left(0 \leq Z \leq \dfrac{75-a}{2.5}\right) = 0.1151$

$\therefore \mathrm{P}\left(0 \leq Z \leq \dfrac{75-a}{2.5}\right) = 0.3849$

이때 $\mathrm{P}(0 \leq Z \leq 1.2) = 0.3849$이므로

$\dfrac{75-a}{2.5} = 1.2$, $75 - a = 3$

$\therefore a = 72$

482 $\boxed{답}$ 0.02

| **접근 방법** | 감귤 100개의 무게의 평균과 1등급 상품인 상자의 개수를 각각 확률변수 $\overline{X}$, Y라 하면
$P(100\overline{X} \geq 12000) = p$일 때, Y는 이항분포 $B(400, p)$를 따름을 이용한다.

모집단이 정규분포 $N(117.4, 20^2)$을 따르고 표본의 크기가 100이므로 100개의 감귤의 무게의 평균을 $\overline{X}$라 하면 표본평균 $\overline{X}$는 정규분포 $N\left(117.4, \dfrac{20^2}{100}\right)$, 즉 $N(117.4, 2^2)$을 따른다.

$Z_{\overline{X}} = \dfrac{\overline{X} - 117.4}{2}$로 놓으면 확률변수 $Z_{\overline{X}}$는 표준정규분포 $N(0, 1)$을 따르므로 한 상자가 1등급 상품으로 정해질 확률은

$$P(100\overline{X} \geq 12000) = P(\overline{X} \geq 120)$$
$$= P\left(Z_{\overline{X}} \geq \frac{120 - 117.4}{2}\right)$$
$$= P(Z_{\overline{X}} \geq 1.3)$$
$$= P(Z_{\overline{X}} \geq 0) - P(0 \leq Z_{\overline{X}} \leq 1.3)$$
$$= 0.5 - 0.4 = 0.1$$

1등급 상품인 상자의 개수를 확률변수 Y라 하면 Y는 이항분포 $B(400, 0.1)$을 따르므로
$$E(Y) = 400 \times 0.1 = 40$$
$$V(Y) = 400 \times 0.1 \times 0.9 = 36 = 6^2$$

이때 시행 횟수 400은 충분히 크므로 확률변수 Y는 근사적으로 정규분포 $N(40, 6^2)$을 따른다.

$Z_Y = \dfrac{Y - 40}{6}$으로 놓으면 확률변수 Z_Y는 표준정규분포 $N(0, 1)$을 따르므로 구하는 확률은
$$P(Y \geq 52) = P\left(Z_Y \geq \frac{52 - 40}{6}\right) = P(Z_Y \geq 2)$$
$$= P(Z_Y \geq 0) - P(0 \leq Z_Y \leq 2)$$
$$= 0.5 - 0.48 = 0.02$$

483 $\boxed{답}$ ③

| **접근 방법** | 주어진 등식을 이용하여 확률변수 X의 평균과 표준편차를 구하여 X가 따르는 정규분포를 구한다.

확률분포 X가 따르는 정규분포를 $N(m, \sigma^2)$이라 하면 $P(X \geq 3.4) = \dfrac{1}{2}$에서 $m = 3.4$

$Z = \dfrac{X - 3.4}{\sigma}$로 놓으면 확률변수 Z는 표준정규분포 $N(0, 1)$을 따르므로 $P(X \leq 3.9) + P(Z \leq -1) = 1$에서

$$P\left(Z \leq \frac{3.9 - 3.4}{\sigma}\right) + P(Z \leq -1) = 1$$

$$P\left(Z \leq \frac{0.5}{\sigma}\right) + P(Z \geq 1) = 1$$

즉, $\dfrac{0.5}{\sigma} = 1$이므로 $\sigma = 0.5$

표본의 크기가 25이므로 표본평균 $\overline{X}$는 정규분포 $N\left(3.4, \dfrac{0.5^2}{25}\right)$, 즉 $N(3.4, 0.1^2)$을 따른다.

$Z_{\overline{X}} = \dfrac{\overline{X} - 3.4}{0.1}$로 놓으면 확률변수 $Z_{\overline{X}}$는 표준정규분포 $N(0, 1)$을 따르므로 구하는 확률은
$$P(\overline{X} \geq 3.55) = P\left(Z_{\overline{X}} \geq \frac{3.55 - 3.4}{0.1}\right) = P(Z_{\overline{X}} \geq 1.5)$$
$$= P(Z_{\overline{X}} \geq 0) - P(0 \leq Z_{\overline{X}} \leq 1.5)$$
$$= 0.5 - 0.4332 = 0.0668$$

484 $\boxed{답}$ 102

| **접근 방법** | 모든 실수 x에 대하여 $f(x) = f(a - x)$를 만족시키는 함수 $f(x)$는 직선 $x = \dfrac{a}{2}$에 대하여 대칭임을 이용하여 모집단의 모평균 m을 구한다.

확률밀도함수 $f(x)$가 모든 실수 x에 대하여 $f(x) = f(200 - x)$를 만족시키므로
$$m = \frac{200}{2} = 100$$

모평균이 100, 모표준편차가 5, 표본의 크기가 64이므로 표본평균 $\overline{X}$는 정규분포 $N\left(100, \dfrac{5^2}{64}\right)$, 즉 $N\left(100, \left(\dfrac{5}{8}\right)^2\right)$을 따른다.

$Z = \dfrac{\overline{X} - 100}{\dfrac{5}{8}}$으로 놓으면 확률변수 Z는 표준정규분포 $N(0, 1)$을 따르므로 $P(99 \leq \overline{X} \leq k) = 0.9445$에서

$$P\left(\frac{99 - 100}{\dfrac{5}{8}} \leq Z \leq \frac{k - 100}{\dfrac{5}{8}}\right) = 0.9445$$

$$P\left(-1.6 \leq Z \leq \frac{8k - 800}{5}\right) = 0.9445$$

$$P(-1.6 \leq Z \leq 0) + P\left(0 \leq Z \leq \frac{8k - 800}{5}\right) = 0.9445$$

$$P(0 \leq Z \leq 1.6) + P\left(0 \leq Z \leq \frac{8k - 800}{5}\right) = 0.9445$$

$$0.4452 + P\left(0 \leq Z \leq \frac{8k - 800}{5}\right) = 0.9445$$

$$\therefore P\left(0 \leq Z \leq \frac{8k - 800}{5}\right) = 0.4993$$

이때 $P(0 \leq Z \leq 3.2) = 0.4993$이므로
$$\frac{8k - 800}{5} = 3.2, \quad 8k - 800 = 16$$
$$\therefore k = 102$$

02 모평균과 모비율의 추정

485 目 (1) $8.04 \leq m \leq 11.96$

       (2) $7.42 \leq m \leq 12.58$

표본의 크기 $n=9$, 표본평균 $\bar{x}=10$, 모표준편차 $\sigma=3$이므로

(1) 모평균 m에 대한 신뢰도 95 %의 신뢰구간은

$$10-1.96 \times \frac{3}{\sqrt{9}} \leq m \leq 10+1.96 \times \frac{3}{\sqrt{9}}$$

$$\therefore\ 8.04 \leq m \leq 11.96$$

(2) 모평균 m에 대한 신뢰도 99 %의 신뢰구간은

$$10-2.58 \times \frac{3}{\sqrt{9}} \leq m \leq 10+2.58 \times \frac{3}{\sqrt{9}}$$

$$\therefore\ 7.42 \leq m \leq 12.58$$

486 目 (1) 3.136 (2) 4.128

표본의 크기 $n=25$, 모표준편차 $\sigma=4$이므로

(1) 모평균 m을 신뢰도 95 %로 추정한 신뢰구간의 길이는

$$2 \times 1.96 \times \frac{4}{\sqrt{25}} = 3.136$$

(2) 모평균 m을 신뢰도 99 %로 추정한 신뢰구간의 길이는

$$2 \times 2.58 \times \frac{4}{\sqrt{25}} = 4.128$$

487 目 $26.84 \leq m \leq 37.16$

표본의 크기가 16, 표본평균이 32, 모표준편차가 8이므로 모평균 m에 대한 신뢰도 99 %의 신뢰구간은

$$32-2.58 \times \frac{8}{\sqrt{16}} \leq m \leq 32+2.58 \times \frac{8}{\sqrt{16}}$$

$$\therefore\ 26.84 \leq m \leq 37.16$$

488 目 $10.04 \leq m \leq 13.96$

표본의 크기 81은 충분히 크므로 모표준편차 대신 표본표준편차 9를 이용할 수 있고, 표본평균이 12이므로 모평균 m에 대한 신뢰도 95 %의 신뢰구간은

$$12-1.96 \times \frac{9}{\sqrt{81}} \leq m \leq 12+1.96 \times \frac{9}{\sqrt{81}}$$

$$\therefore\ 10.04 \leq m \leq 13.96$$

489 目 ④

표본의 크기가 64, 표본평균이 $\bar{x}$, 모표준편차가 40이므로 모평균 m에 대한 신뢰도 99 %의 신뢰구간은

$$\bar{x}-2.58 \times \frac{40}{\sqrt{64}} \leq m \leq \bar{x}+2.58 \times \frac{40}{\sqrt{64}}$$

이 신뢰구간이 $\bar{x}-c \leq m \leq \bar{x}+c$와 같으므로

$$c=2.58 \times \frac{40}{\sqrt{64}} = 12.9$$

490 目 7

표본의 크기 196은 충분히 크므로 모표준편차 대신 표본표준편차 28을 이용할 수 있고, 표본평균이 250이므로 모평균 m에 대한 신뢰도 95 %의 신뢰구간은

$$250-1.96 \times \frac{28}{\sqrt{196}} \leq m \leq 250+1.96 \times \frac{28}{\sqrt{196}}$$

$$\therefore\ 246.08 \leq m \leq 253.92$$

따라서 신뢰구간에 속하는 자연수는 247, 248, 249, …, 253의 7개이다.

491 目 64

표본의 크기가 n, 표본평균이 11, 모표준편차가 4이므로 모평균 m에 대한 신뢰도 95 %의 신뢰구간은

$$11-1.96 \times \frac{4}{\sqrt{n}} \leq m \leq 11+1.96 \times \frac{4}{\sqrt{n}}$$

이 신뢰구간이 $10.02 \leq m \leq 11.98$과 같으므로

$$11-1.96 \times \frac{4}{\sqrt{n}} = 10.02,\ 11+1.96 \times \frac{4}{\sqrt{n}} = 11.98$$

따라서 $1.96 \times \frac{4}{\sqrt{n}} = 0.98$이므로

$$\sqrt{n}=8 \qquad \therefore\ n=64$$

492 目 256

표본의 크기가 n, 모표준편차가 20이므로 모평균 m을 신뢰도 99 %로 추정한 신뢰구간의 길이는

$$2 \times 2.58 \times \frac{20}{\sqrt{n}}$$

신뢰구간의 길이가 6.45 이하이어야 하므로

$$2 \times 2.58 \times \frac{20}{\sqrt{n}} \leq 6.45,\ \sqrt{n} \geq 16$$

$$\therefore\ n \geq 256$$

따라서 자연수 n의 최솟값은 256이다.

493 📖 **4500**

표본의 크기가 n, 표본평균이 $\bar{x}$, 모표준편차가 300이므로 모평균 m에 대한 신뢰도 $99\,\%$의 신뢰구간은

$$\bar{x}-2.58\times\frac{300}{\sqrt{n}}\leq m\leq\bar{x}+2.58\times\frac{300}{\sqrt{n}}$$

이 신뢰구간이 $3574.2\leq m\leq3625.8$과 같으므로

$$\bar{x}-2.58\times\frac{300}{\sqrt{n}}=3574.2 \quad\cdots\cdots\ \bigcirc$$

$$\bar{x}+2.58\times\frac{300}{\sqrt{n}}=3625.8 \quad\cdots\cdots\ \bigcirc\!\!\bigcirc$$

$\bigcirc\!\!\bigcirc-\bigcirc$을 하면

$$2\times2.58\times\frac{300}{\sqrt{n}}=51.6$$

$$\sqrt{n}=30 \quad \therefore\ n=900$$

$\bigcirc+\bigcirc\!\!\bigcirc$을 하면

$$2\bar{x}=7200 \quad \therefore\ \bar{x}=3600$$

$$\therefore\ n+\bar{x}=900+3600=4500$$

494 📖 **4**

표본의 크기가 n, 모표준편차가 σ인 모평균 m을 신뢰도 $95\,\%$로 추정한 신뢰구간의 길이는

$$l_1=2\times1.96\times\frac{\sigma}{\sqrt{n}}$$

표본의 크기가 $16n$, 모표준편차가 σ인 모평균 m을 신뢰도 $95\,\%$로 추정한 신뢰구간의 길이는

$$l_2=2\times1.96\times\frac{\sigma}{\sqrt{16n}}=2\times1.96\times\frac{\sigma}{4\sqrt{n}}=\frac{l_1}{4}$$

$$\therefore\ \frac{l_1}{l_2}=\frac{l_1}{\dfrac{l_1}{4}}=4$$

495 📖 **324**

모표준편차가 30이므로 모평균 m에 대한 신뢰도 $99\,\%$의 신뢰구간은

$$\bar{x}-2.58\times\frac{30}{\sqrt{n}}\leq m\leq\bar{x}+2.58\times\frac{30}{\sqrt{n}}$$

$$-2.58\times\frac{30}{\sqrt{n}}\leq m-\bar{x}\leq2.58\times\frac{30}{\sqrt{n}}$$

$$\therefore\ |m-\bar{x}|\leq2.58\times\frac{30}{\sqrt{n}}$$

이때 모평균 m과 표본평균 $\bar{x}$의 차가 4.3 이하이어야 하므로

$$2.58\times\frac{30}{\sqrt{n}}\leq4.3,\ \sqrt{n}\geq18$$

$$\therefore\ n\geq324$$

따라서 n의 최솟값은 324이다.

496 📖 **ㄱ, ㄴ**

표본의 크기를 n, $\mathrm{P}(|Z|\leq k)=\dfrac{\alpha}{100}$라 하면 모평균 m에 대한 신뢰도 $\alpha\,\%$의 신뢰구간이 $a\leq m\leq b$이므로 그 신뢰구간의 길이는 $b-a=2k\dfrac{\sigma}{\sqrt{n}}$

ㄱ. 표본의 크기가 일정할 때, 신뢰도를 높게 하면 k의 값이 커지므로 $2k\dfrac{\sigma}{\sqrt{n}}$의 값은 커진다.

즉, $b-a$의 값은 커진다.

ㄴ. 신뢰도가 일정할 때, 표본의 크기를 작게 하면 $\sqrt{n}$의 값이 작아지므로 $2k\dfrac{\sigma}{\sqrt{n}}$의 값은 커진다.

즉, $b-a$의 값은 커진다.

ㄷ. 신뢰도가 일정할 때, 표본의 크기를 4배로 늘리면

$$2k\frac{\sigma}{\sqrt{4n}}=\frac{1}{2}\times2k\frac{\sigma}{\sqrt{n}}$$

즉, $b-a$의 값은 $\dfrac{1}{2}$배가 된다.

따라서 보기에서 옳은 것은 ㄱ, ㄴ이다.

497 📖 **25**

표본평균을 $\bar{x}$라 하면 모표준편차가 8이므로 모평균 m에 대한 신뢰도 $95\,\%$의 신뢰구간은

$$\bar{x}-1.96\times\frac{8}{\sqrt{n}}\leq m\leq\bar{x}+1.96\times\frac{8}{\sqrt{n}}$$

$$-1.96\times\frac{8}{\sqrt{n}}\leq m-\bar{x}\leq1.96\times\frac{8}{\sqrt{n}}$$

$$\therefore\ |m-\bar{x}|\leq1.96\times\frac{8}{\sqrt{n}}$$

이때 모평균 m과 표본평균 $\bar{x}$의 차가 모표준편차의 $\dfrac{2}{5}$ 이하이어야 하므로

$$1.96\times\frac{8}{\sqrt{n}}\leq8\times\frac{2}{5},\ \sqrt{n}\geq4.9 \quad \therefore\ n\geq24.01$$

따라서 n의 최솟값은 25이다.

498 📖 **②**

$\mathrm{P}(|Z|\leq k)=\dfrac{\alpha}{100}$라 하면 모평균 m을 신뢰도 $\alpha\,\%$로 추정한 신뢰구간의 길이는 $2k\dfrac{\sigma}{\sqrt{n}}$

표본의 크기를 작게 하면 $\sqrt{n}$의 값이 작아지고 신뢰도를 높이면 k의 값이 커지므로 $2k\dfrac{\sigma}{\sqrt{n}}$의 값은 커진다.

즉, 신뢰구간의 길이는 길어진다.

따라서 신뢰구간의 길이가 가장 긴 것은 ②이다.

253쪽

499 🔑 (1) $0.1608 \le p \le 0.2392$
   (2) $0.1484 \le p \le 0.2516$

표본의 크기 $n=400$, 표본비율 $\hat{p}=0.2$이고, n은 충분히 크므로

(1) 모비율 p에 대한 신뢰도 95 %의 신뢰구간은

$$0.2-1.96\sqrt{\frac{0.2\times0.8}{400}} \le p$$
$$\le 0.2+1.96\sqrt{\frac{0.2\times0.8}{400}}$$

$\therefore\ 0.1608 \le p \le 0.2392$

(2) 모비율 p에 대한 신뢰도 99 %의 신뢰구간은

$$0.2-2.58\sqrt{\frac{0.2\times0.8}{400}} \le p$$
$$\le 0.2+2.58\sqrt{\frac{0.2\times0.8}{400}}$$

$\therefore\ 0.1484 \le p \le 0.2516$

500 🔑 (1) 0.196 (2) 0.258

표본의 크기 $n=100$, 표본비율 $\hat{p}=0.5$이고, n은 충분히 크므로

(1) 모비율 p를 신뢰도 95 %로 추정한 신뢰구간의 길이는

$$2\times1.96\sqrt{\frac{0.5\times0.5}{100}}=0.196$$

(2) 모비율 p를 신뢰도 99 %로 추정한 신뢰구간의 길이는

$$2\times2.58\sqrt{\frac{0.5\times0.5}{100}}=0.258$$

255~257쪽

501 🔑 (1) $0.7216 \le p \le 0.8784$
   (2) $0.6968 \le p \le 0.9032$

표본의 크기가 100, 표본비율이 $\dfrac{80}{100}=0.8$이고, 표본의 크기는 충분히 크므로

(1) 모비율 p에 대한 신뢰도 95 %의 신뢰구간은

$$0.8-1.96\sqrt{\frac{0.8\times0.2}{100}} \le p$$
$$\le 0.8+1.96\sqrt{\frac{0.8\times0.2}{100}}$$

$\therefore\ 0.7216 \le p \le 0.8784$

(2) 모비율 p에 대한 신뢰도 99 %의 신뢰구간은

$$0.8-2.58\sqrt{\frac{0.8\times0.2}{100}} \le p$$
$$\le 0.8+2.58\sqrt{\frac{0.8\times0.2}{100}}$$

$\therefore\ 0.6968 \le p \le 0.9032$

502 🔑 $0.3925 \le p \le 0.6075$

표본의 크기가 144, 표본비율이 0.5이고, 표본의 크기는 충분히 크므로 모비율 p에 대한 신뢰도 99 %의 신뢰구간은

$$0.5-2.58\sqrt{\frac{0.5\times0.5}{144}} \le p \le 0.5+2.58\sqrt{\frac{0.5\times0.5}{144}}$$

$\therefore\ 0.3925 \le p \le 0.6075$

503 🔑 0.0245

표본의 크기가 1200, 표본비율이 0.25이고, 표본의 크기는 충분히 크므로 모비율 p에 대한 신뢰도 95 %의 신뢰구간은

$$0.25-1.96\sqrt{\frac{0.25\times0.75}{1200}} \le p$$
$$\le 0.25+1.96\sqrt{\frac{0.25\times0.75}{1200}}$$

이 신뢰구간이 $0.25-k \le p \le 0.25+k$와 같으므로

$$k=1.96\sqrt{\frac{0.25\times0.75}{1200}}=0.0245$$

504 🔑 0.0681

표본의 크기가 400, 표본비율이 0.1이고, 표본의 크기는 충분히 크므로 모비율 p에 대한 신뢰도 95 %의 신뢰구간은

$$0.1-1.96\sqrt{\frac{0.1\times0.9}{400}} \le p \le 0.1+1.96\sqrt{\frac{0.1\times0.9}{400}}$$

$\therefore\ 0.0706 \le p \le 0.1294$

$\therefore\ a=0.0706$

모비율 p에 대한 신뢰도 99 %의 신뢰구간은

$$0.1-2.58\sqrt{\frac{0.1\times0.9}{400}} \le p \le 0.1+2.58\sqrt{\frac{0.1\times0.9}{400}}$$

$\therefore\ 0.0613 \le p \le 0.1387$

$\therefore\ d=0.1387$

$\therefore\ d-a=0.1387-0.0706=0.0681$

505 답 196

표본비율이 0.36이고, n은 충분히 크므로 모비율 p에 대한 신뢰도 95 %의 신뢰구간은

$$0.36-1.96\sqrt{\frac{0.36\times0.64}{n}}\le p$$
$$\le 0.36+1.96\sqrt{\frac{0.36\times0.64}{n}}$$

이 신뢰구간이 $0.2928\le p\le 0.4272$와 같으므로

$$0.36-1.96\sqrt{\frac{0.36\times0.64}{n}}=0.2928$$

$$0.36+1.96\sqrt{\frac{0.36\times0.64}{n}}=0.4272$$

따라서 $1.96\sqrt{\dfrac{0.36\times0.64}{n}}=0.0672$이므로

$$\sqrt{n}=14 \qquad \therefore n=196$$

506 답 600

표본비율이 0.6이고, n은 충분히 크므로 모비율 p에 대한 신뢰도 99 %의 신뢰구간의 길이는

$$2\times2.58\sqrt{\frac{0.6\times0.4}{n}}$$

신뢰구간의 길이가 0.1032 이하이어야 하므로

$$2\times2.58\sqrt{\frac{0.6\times0.4}{n}}\le0.1032$$

$$\sqrt{\frac{n}{6}}\ge10,\ \frac{n}{6}\ge100 \qquad \therefore n\ge600$$

따라서 n의 최솟값은 600이다.

507 답 300

표본비율이 0.25이고, n은 충분히 크므로 모비율 p에 대한 신뢰도 99 %의 신뢰구간은

$$0.25-2.58\sqrt{\frac{0.25\times0.75}{n}}\le p$$
$$\le 0.25+2.58\sqrt{\frac{0.25\times0.75}{n}}$$

이 신뢰구간이 $0.1855\le p\le 0.3145$와 같으므로

$$0.25-2.58\sqrt{\frac{0.25\times0.75}{n}}=0.1855$$

$$0.25+2.58\sqrt{\frac{0.25\times0.75}{n}}=0.3145$$

따라서 $2.58\sqrt{\dfrac{0.25\times0.75}{n}}=0.0645$이므로

$$\sqrt{\frac{n}{3}}=10,\ \frac{n}{3}=100 \qquad \therefore n=300$$

508 답 256

표본비율이 0.8, n은 충분히 크고, 모비율 p에 대한 신뢰도 95 %의 신뢰구간이 $a\le p\le b$이므로 그 신뢰구간의 길이는

$$b-a=2\times1.96\sqrt{\frac{0.8\times0.2}{n}}$$

이때 $b-a=0.098$이므로

$$2\times1.96\sqrt{\frac{0.8\times0.2}{n}}=0.098$$

$$\sqrt{n}=16 \qquad \therefore n=256$$

509 답 ④

표본의 크기가 1600, 모표준편차가 32일 때, 모평균 m에 대한 신뢰도 99 %의 신뢰구간이 $a\le m\le b$이므로 그 신뢰구간의 길이는

$$b-a=2\times2.58\times\frac{32}{\sqrt{1600}}=4.128$$

510 답 ④

표본의 크기가 n, 모표준편차가 2이므로 모평균 m에 대한 신뢰도 95 %의 신뢰구간은

$$\bar{x}-1.96\times\frac{2}{\sqrt{n}}\le m\le\bar{x}+1.96\times\frac{2}{\sqrt{n}}$$

$$-1.96\times\frac{2}{\sqrt{n}}\le m-\bar{x}\le1.96\times\frac{2}{\sqrt{n}}$$

$$\therefore |m-\bar{x}|\le1.96\times\frac{2}{\sqrt{n}}$$

이때 $|m-\bar{x}|\le0.49$이어야 하므로

$$1.96\times\frac{2}{\sqrt{n}}\le0.49$$

$$\sqrt{n}\ge8 \qquad \therefore n\ge64$$

따라서 n의 최솟값은 64이다.

511 답 0.785

표본의 크기가 108, 표본비율이 $\dfrac{27}{108}=0.25$이고, 표본의 크기는 충분히 크므로 모비율 p에 대한 신뢰도 99 %의 신뢰구간은

$$0.25-2.58\sqrt{\frac{0.25\times0.75}{108}}\le p$$
$$\le 0.25+2.58\sqrt{\frac{0.25\times0.75}{108}}$$

$$\therefore 0.1425\le p\le0.3575$$

따라서 $a=0.1425$, $b=0.3575$이므로
$3a+b=3\times0.1425+0.3575=0.785$

512   답 150

표본비율이 0.6이고, n은 충분히 크므로 모비율 p에
대한 신뢰도 95 %의 신뢰구간은

$$0.6-1.96\sqrt{\frac{0.6\times0.4}{n}}\leq p\leq0.6+1.96\sqrt{\frac{0.6\times0.4}{n}}$$

이 신뢰구간이 $0.5216\leq p\leq0.6784$와 같으므로

$$0.6-1.96\sqrt{\frac{0.6\times0.4}{n}}=0.5216$$

$$0.6+1.96\sqrt{\frac{0.6\times0.4}{n}}=0.6784$$

따라서 $1.96\sqrt{\dfrac{0.6\times0.4}{n}}=0.0784$이므로

$$\sqrt{\frac{n}{6}}=5,\ \frac{n}{6}=25\qquad\therefore n=150$$

513   답 0.1376

표본의 크기가 225, 표본비율이 0.2이고, 표본의 크기
는 충분히 크므로 모비율 p를 신뢰도 99 %로 추정한
신뢰구간의 길이는

$$2\times2.58\sqrt{\frac{0.2\times0.8}{225}}=0.1376$$

514   답 12

표본평균이 75, 표본의 크기가 16일 때, 모평균 m에
대한 신뢰도 95 %의 신뢰구간은

$$75-1.96\times\frac{\sigma}{\sqrt{16}}\leq m\leq75+1.96\times\frac{\sigma}{\sqrt{16}}$$

이 신뢰구간이 $a\leq m\leq b$와 같으므로

$$b=75+1.96\times\frac{\sigma}{\sqrt{16}}$$

또 표본평균이 77, 표본의 크기가 16일 때, 모평균 m
에 대한 신뢰도 99 %의 신뢰구간은

$$77-2.58\times\frac{\sigma}{\sqrt{16}}\leq m\leq77+2.58\times\frac{\sigma}{\sqrt{16}}$$

이 신뢰구간이 $c\leq m\leq d$와 같으므로

$$d=77+2.58\times\frac{\sigma}{\sqrt{16}}$$

이때 $d-b=3.86$에서

$$77+2.58\times\frac{\sigma}{\sqrt{16}}-\left(75+1.96\times\frac{\sigma}{\sqrt{16}}\right)=3.86$$

$$0.155\sigma=1.86\qquad\therefore \sigma=12$$

515   답 20

표본평균을 $\bar{x}$라 하면 표본의 크기가 49, 모표준편차
가 σ이므로 모평균 m에 대한 신뢰도 95 %의 신뢰구
간은

$$\bar{x}-1.96\times\frac{\sigma}{\sqrt{49}}\leq m\leq\bar{x}+1.96\times\frac{\sigma}{\sqrt{49}}\qquad\blacktriangleright\blacktriangleright\blacktriangleright❶$$

이 신뢰구간이 $a\leq m\leq a+11.2$와 같으므로

$$\bar{x}-1.96\times\frac{\sigma}{\sqrt{49}}=a\qquad\cdots\cdots ㉠$$

$$\bar{x}+1.96\times\frac{\sigma}{\sqrt{49}}=a+11.2\qquad\cdots\cdots ㉡$$

$㉡-㉠$을 하면

$$2\times1.96\times\frac{\sigma}{\sqrt{49}}=11.2$$

$$\therefore \sigma=20\qquad\blacktriangleright\blacktriangleright\blacktriangleright❷$$

단계	채점 기준	비율
❶	모평균 m에 대한 신뢰도 95 %의 신뢰구간을 σ에 대하여 나타내기	40 %
❷	σ의 값 구하기	60 %

516   답 ⑤

표본평균이 67.27이고, 모표준편차가 0.5이므로 모평
균 m에 대한 신뢰도 95 %의 신뢰구간은

$$67.27-1.96\times\frac{0.5}{\sqrt{n}}\leq m\leq67.27+1.96\times\frac{0.5}{\sqrt{n}}$$

이 신뢰구간이 $a\leq m\leq67.41$과 같으므로

$$67.27+1.96\times\frac{0.5}{\sqrt{n}}=67.41$$

$$\sqrt{n}=7\qquad\therefore n=49$$

$$\therefore a=67.27-1.96\times\frac{0.5}{\sqrt{49}}=67.13$$

$$\therefore n+a=49+67.13=116.13$$

517   답 93

표본의 크기가 81, 모표준편차가 72일 때,
$\mathrm{P}(|Z|\leq k)=\dfrac{\alpha}{100}$라 하면 모평균을 신뢰도 α %로
추정한 신뢰구간의 길이는 28.96이므로

$$2\times k\times\frac{72}{\sqrt{81}}=28.96$$

$$16k=28.96$$

$$\therefore k=1.81$$

이때 $\mathrm{P}(0 \leq Z \leq 1.81)=0.465$이므로
$$\begin{aligned}
\mathrm{P}(|Z| \leq 1.81) &=\mathrm{P}(-1.81 \leq Z \leq 1.81) \\
&=2\mathrm{P}(0 \leq Z \leq 1.81) \\
&=2 \times 0.465=0.93
\end{aligned}$$
따라서 $\dfrac{\alpha}{100}=0.93$이므로 $\alpha=93$

518 답 ⑤

표본의 크기를 n, $\mathrm{P}(|Z| \leq k)=\dfrac{\alpha}{100}$라 하면 모평균 m을 신뢰도 $\alpha\,\%$로 추정한 신뢰구간의 길이는

$$2k\dfrac{\sigma}{\sqrt{n}}$$

ㄱ. 동일한 표본을 사용할 때, 표본평균의 값을 $\bar{x}$라 하면 모평균 m에 대한 신뢰도 $\alpha\,\%$의 신뢰구간은

$$\bar{x}-k\dfrac{\sigma}{\sqrt{n}} \leq m \leq \bar{x}+k\dfrac{\sigma}{\sqrt{n}}$$

신뢰도가 $99\,\%$일 때의 k의 값이 신뢰도가 $95\,\%$일 때의 k의 값보다 크므로 신뢰도 $99\,\%$의 신뢰구간은 신뢰도 $95\,\%$의 신뢰구간을 포함한다.

ㄴ. 신뢰도를 높이면 k의 값이 커지고 표본의 크기를 작게 하면 $\sqrt{n}$의 값이 작아지므로 $2k\dfrac{\sigma}{\sqrt{n}}$의 값은 커진다. 즉, 신뢰구간의 길이는 길어진다.

ㄷ. 신뢰도가 일정할 때, 표본의 크기를 9배로 늘리면

$$2k\dfrac{\sigma}{\sqrt{9n}}=\dfrac{1}{3} \times 2k\dfrac{\sigma}{\sqrt{n}}$$

즉, 신뢰구간의 길이는 $\dfrac{1}{3}$배가 된다.

따라서 보기에서 옳은 것은 ㄱ, ㄴ, ㄷ이다.

519 답 ③

표본비율이 0.5이고, n은 충분히 크므로 모비율 p에 대한 신뢰도 $95\,\%$의 신뢰구간은

$$0.5-1.96\sqrt{\dfrac{0.5 \times 0.5}{n}} \leq p \leq 0.5+1.96\sqrt{\dfrac{0.5 \times 0.5}{n}}$$

$$-1.96\sqrt{\dfrac{0.5 \times 0.5}{n}} \leq p-0.5 \leq 1.96\sqrt{\dfrac{0.5 \times 0.5}{n}}$$

$$\therefore |p-0.5| \leq 1.96\sqrt{\dfrac{0.5 \times 0.5}{n}}$$

이때 모비율과 표본비율의 차가 0.07 이하이어야 하므로

$$1.96\sqrt{\dfrac{0.5 \times 0.5}{n}} \leq 0.07$$

$$\sqrt{n} \geq 14 \qquad \therefore n \geq 196$$

따라서 n의 최솟값은 196이다.

520 답 100

| 접근 방법 | 표본의 크기가 n, 모표준편차가 σ,
$\mathrm{P}(|Z| \leq k)=\dfrac{\alpha}{100}$일 때, 모평균 m에 대한 신뢰도 $\alpha\,\%$의 신뢰구간의 길이는 $2k\dfrac{\sigma}{\sqrt{n}}$임을 이용하여 식을 세운다.

모표준편차를 σ라 하면
$$\begin{aligned}
\mathrm{P}(|Z| \leq 1.89) &=2\mathrm{P}(0 \leq Z \leq 1.89) \\
&=2 \times 0.47=0.94
\end{aligned}$$
이고, 표본의 크기가 9일 때 모평균 m에 대한 신뢰도 $94\,\%$의 신뢰구간의 길이가 l이므로

$$l=2 \times 1.89 \times \dfrac{\sigma}{\sqrt{9}}=1.26\sigma$$

$$\begin{aligned}
\mathrm{P}(|Z| \leq 2.52) &=2\mathrm{P}(0 \leq Z \leq 2.52) \\
&=2 \times 0.49=0.98
\end{aligned}$$
이고, 표본의 크기가 n일 때 모평균 m에 대한 신뢰도 $98\,\%$의 신뢰구간의 길이가 $\dfrac{2}{5}l$이므로

$$2 \times 2.52 \times \dfrac{\sigma}{\sqrt{n}}=\dfrac{2}{5} \times 1.26\sigma$$

$$\sqrt{n}=10 \qquad \therefore n=100$$

521 답 320

| 접근 방법 | 모비율 p에 대한 신뢰도 $95\,\%$의 신뢰구간을 $\hat{p}$, n에 대한 식으로 나타낸 후 주어진 신뢰구간을 이용하여 $\hat{p}$, n의 값을 구한다.

표본비율이 $\hat{p}$이고, n은 충분히 크므로 모비율 p에 대한 신뢰도 $95\,\%$의 신뢰구간은

$$\hat{p}-1.96\sqrt{\dfrac{\hat{p}(1-\hat{p})}{n}} \leq p \leq \hat{p}+1.96\sqrt{\dfrac{\hat{p}(1-\hat{p})}{n}}$$

이 신뢰구간이 $0.7608 \leq p \leq 0.8392$와 같으므로

$$\hat{p}-1.96\sqrt{\dfrac{\hat{p}(1-\hat{p})}{n}}=0.7608 \qquad \cdots\cdots\, \text{㉠}$$

$$\hat{p}+1.96\sqrt{\dfrac{\hat{p}(1-\hat{p})}{n}}=0.8392 \qquad \cdots\cdots\, \text{㉡}$$

㉠+㉡을 하면
$$2\hat{p}=1.6 \qquad \therefore \hat{p}=0.8$$
㉡−㉠을 하면
$$2 \times 1.96\sqrt{\dfrac{0.8 \times 0.2}{n}}=0.0784$$

$$\sqrt{n}=20 \qquad \therefore n=400$$

따라서 구하는 학생의 수는
$$400 \times 0.8=320$$

개념루트 개념의 다각화로 고등 수학 개념 완성의 올바른 길을 제시합니다.

대표전화 1544-0554
주소 경기도 과천시 과천대로2길 54(갈현동, 그라운드브이)
협의 없는 무단 복제는 법으로 금지되어 있습니다.